河南省"十四五"普通高等教育规划教材

高 等 数 学（上册）

（修订版）

主　编　杨国增　孟红玲

副主编　黄　坤　张小慧　程　鹏

参　编　张香伟　张瑞霞　王海霞　赵　明
　　　　杨倾泉　陈文波　朱作权

主　审　陈文波

河南大学出版社
HENAN UNIVERSITY PRESS

·郑州·

图书在版编目(CIP)数据

高等数学.上册/杨国增,孟红玲主编.--修订版.--郑州:河南大学出版社,2023.11

ISBN 978-7-5649-5710-0

Ⅰ.①高… Ⅱ.①杨…②孟… Ⅲ.①高等数学-高等学校-教材 Ⅳ.①O13

中国国家版本馆CIP数据核字(2023)第242800号

策划编辑	阮林要	
责任编辑	阮林要	
责任校对	张雪彩	
装帧设计	翟淼淼	

出版发行	河南大学出版社	
	地址:郑州市郑东新区商务外环中华大厦2401号	邮编:450046
	电话:0371-86059701(营销部)	网址:hupress.henu.edu.cn
排　版	河南金河印务有限公司	
印　刷	河南省诚和印制有限公司	
版　次	2023年11月第1版	
印　次	2023年11月第1次印刷	
开　本	787 mm×1092 mm　1/16	
印　张	19	
字　数	451千字	
定　价	59.00元	

(本书如有印装质量问题,请与河南大学出版社营销部联系调换.)

修 订 前 言

为适应习近平新时代中国特色社会主义对理工类专业大学数学基础课程的教学需求,推进课程思政、信息技术、智能技术与课程教材深度融合,实现立德树人的育人目标,河南省教育厅发起组织"十四五"规划教材的建设工作,这是本书重新修订的动力.在"十四五"规划"新工科"建设的大背景下,本次修订遵循教师的教学习惯和学生的认知心理,在保持传统高等数学教材主体下,从数学思想、历史文化、逻辑演绎及数学建模的渗透等方面着力,注重培养学生的数学素养和应用能力,旨在为培养创新型人才打好坚实的数学基础.

本书包括纸质材料、数字资源和辅助产品.纸质教材着重讲授高等数学的基本思想、基本概念、基本理论和典型例题;数字资源目标是拓展纸质教材内容,拓宽学生视野,激发学习兴趣,培养科学精神;辅助产品主要是教学课件、课程群等,支持教师更好地开展教学活动,帮助学生更好地理解巩固所学知识.

本次修订紧扣"新时代""新工科""新要求",着力在思想性、系统性、应用性、创新性上下功夫,主要有以下特点:

(1)重视知识衔接,低起点、高观点、明确中心,居高临下一以贯之.依据每章节具体内容精心设计知识链接为新学内容做自然铺垫与过渡;从简单引例剖析入手,发掘认知规律推陈出新,提出"新"定义、"新"概念,建立"新"方法、"新"体系,发掘"新"问题、"新"技巧,寻求"新"思路、"新"途径;构建符合教育规律易于接受的逻辑体系和结构简约容易传承知识体系,培养创新能力.

(2)融合思政元素,体现立德树人的中国特色.运用科学的世界观和科学的方法论为指导展开问题探讨,注重高等数学所蕴含的动与静、局部与整体、具体与一般、直与曲、线性与非线性、近似与精确、常量与变量等之间的对立统一.引入数学家故事、数学史、数学名言与诗歌等数学文化形式,以"文"化"人".

亲爱的读者,江湖传言"高等数学有用,高等数学难学".事实上,只要您善于思考,掌握科学的学习方法,就会觉得数学好玩!高等数学是以函数为研究对象,极限为理论基础,导数、级数为研究工具,微积分为核心内容,实际应用为终极目标的变量数学.从数学模型的角度看,连续、导数、微分、积分都可以用极限刻画,它的作用类似于"货币"将表面上错综复杂的生产活动带来秩序一样,极限将整个高等数学中形式上互不相干的概念、公式统一起来.事实上,整个高等数学就是一个极限学,这一思想一以贯之于高等数学教材上下册的始终!高等数学的思想精华在于变量代换、化曲为直、化曲为平、化多元为一元、化复杂为简单、化未知为已知.我们希望读者通过前言领会高等数学的真实思想、主要内容和方法,再读全书时便能居高临下,一目了然,不至于迷失在符号、定理、公式、推理的云雾之中.

本书可作为理、工、生、化、地等本科专业的高等数学教材,也可作为硕士研究生入学考试高等数学第一阶段系统复习用书,亦可供科技人员参考,对广大高校的青年教师也有一定的参考价值.同时,本书是河南省"十四五"普通高等教育规划教材建设的成果,我们也希望借助这套书与兄弟院校的同行做广泛的教学交流.

本书的修订编写工作得到河南省教育厅、郑州师范学院、华北水利水电大学、河南警察学院、南阳师范学院等院校各级领导的大力支持!在修订编写过程中,很多同事、朋友对如何编好这套书提出了很多宝贵的建议.我的好友河南大学出版社的阮林要先生对这套书的修订编辑倾注了大量的心血.本书的编者之一华北水利水电大学的黄坤先生做了大量繁杂的工作.在修订编写本书的时候,笔者参考了国内外与高等数学相关的许多优秀著作,深受这些专家、院士的启发,对以上诸位在此一并致以诚挚的谢意.由于编者水平所限,书中不当之处在所难免,敬请广大读者朋友、同行、专家学者批评指正.希望通过编者与读者、同行的共同努力,经日后修订,本书渐趋成熟.

全书由主编杨国增、孟红玲通稿,陈文波教授担任主审.具体修订编写情况如下:黄坤修订编写第1章,王海霞修订编写第2章,杨倾泉修订编写第3章,杨国增修订编写第4章,张瑞霞修订编写第5章,赵明修订编写第6章,程鹏修订编写第7章,张小慧修订编写了数学家简介,朱作权等其他参编人员进行了文字校订及课程建设等工作.

编　者

2023年11月于郑州

前　言

伽利略说过:"大自然这本书是用数学语言写成的.除非你首先学懂了它的语言,否则这本书是无法读懂的."而高等数学则是数学中最为精彩的一部分,它是以函数为研究对象,极限为理论基础,导数、级数为研究工具,微积分为核心内容的变量数学.它与最早的初等数学即常量数学有着根本的区别.高等数学是高等院校中的一门重要基础课.理、工、经、管、农、林、医等专业甚至部分文科专业的学生都要学习高等数学.高等数学也是众多专业研究生入学考试的必考科目.

高等数学课程如此重要,各高校都对高等数学的教学改革投入了大量的人力物力.高等数学课程的教材也根据教学改革的需要,因人、因时、因势而变.本书也反映了我校各位同人在高等数学教学改革方面的一些理解和感悟.

本书依据教育部数学基础课程教学指导委员会关于"工科类本科数学基础课程教学基本要求",适当考虑了硕士研究生入学考试的大纲,分上、下两册,共十三章,其主要特点包括:

(1)内容全面、结构严谨、推理严密、详略得当.

(2)本书对所涉及的重要问题都有一个全面的阐述.

(3)在一些知识板块的后面,通过思考题等形式的提示帮助读者对核心问题进行深入思考.

(4)每一章节后附有一定量的习题,题型更接近于各类选拔题,其中不少就是近几年来的考研题或专升本真题供读者练习和提高,也方便教师教学使用.

(5)本书涉及的数学家都做了简要介绍,在加深对教材内容理解的同时,帮助读者对数学学科的发展有时空上的直观认识.

本书有部分章节和习题加了"＊"号,供选学.

本书可作为工科类本科专业的高等数学教材,也可作为硕士研究生入学考试高等数学第一阶段的复习用书,亦可供科技人员参考.

同时,本书是我校数学与统计学院高等数学精品课程建设的成果,我们也希望借助这套书与兄弟院校的同行做广泛的教学交流.

本书的编写工作得到院、系、教务处各级领导的大力支持.在编写过程中,很多同事、朋友对如何编好这套书提出了很多宝贵的建议.在编写本书的时候,编者参考了国内外与高等数学相关的许多优秀著作,深受这些专家、院士的启发.我们对以上诸位在此一并致以诚挚的谢意.由于编者水平所限,书中不当之处在所难免,敬请广大读者朋友、同行、专家学者批评指正.希望通过编者与读者、同行的共同努力,经日后修订,本书渐趋成熟.

全书由主编杨国增通稿,王明建教授审稿.具体编写情况如下:黄坤(华北水利水电大学)编写第1章;李青阳编写第2章、第3章;杨国增编写第4章;张瑞霞(华北水利水电大学)编写第5章;邵君舟编写第6章、第7章、数学家简介及附录.

编　者

2016年7月

目　　录

第1章　极限与连续 ……………………………………………………………… (1)
 1.1　函数的概念与性质 ……………………………………………………… (1)
  1.1.1　函数的定义 ……………………………………………………… (1)
  1.1.2　常见的函数 ……………………………………………………… (2)
  1.1.3　函数的性质 ……………………………………………………… (3)
  1.1.4　复合函数和反函数 ……………………………………………… (5)
  1.1.5　初等函数 ………………………………………………………… (5)
  1.1.6　双曲函数 ………………………………………………………… (10)
 1.2　数列的极限 ……………………………………………………………… (14)
  1.2.1　数列极限的定义 ………………………………………………… (14)
  1.2.2　收敛数列的性质 ………………………………………………… (17)
  1.2.3　数列的子列 ……………………………………………………… (18)
 1.3　函数的极限 ……………………………………………………………… (20)
  1.3.1　自变量趋于无穷大时函数的极限 ……………………………… (20)
  1.3.2　自变量趋于有限值时函数的极限 ……………………………… (22)
  1.3.3　函数的单侧极限 ………………………………………………… (24)
  1.3.4　函数极限的性质 ………………………………………………… (24)
  1.3.5　函数极限与数列极限的关系 …………………………………… (25)
 1.4　极限运算法则 …………………………………………………………… (28)
  1.4.1　极限四则运算法则 ……………………………………………… (28)
  1.4.2　有理分式函数的极限 …………………………………………… (30)
  1.4.3　复合函数极限运算法则 ………………………………………… (31)
 1.5　极限存在定理　两个重要极限 ………………………………………… (33)
  1.5.1　夹逼定理 ………………………………………………………… (33)
  1.5.2　第一个重要极限 ………………………………………………… (35)
  1.5.3　单调有界定理 …………………………………………………… (36)

1.5.4 第二个重要极限 ………………………………………………………… (37)
1.6 无穷大量与无穷小量 …………………………………………………………… (41)
1.6.1 无穷大量 ……………………………………………………………… (41)
1.6.2 无穷小量 ……………………………………………………………… (42)
1.6.3 无穷小量的运算性质 ………………………………………………… (43)
1.6.4 无穷小量阶的比较 …………………………………………………… (44)
1.7 函数的连续性与间断点 ………………………………………………………… (48)
1.7.1 函数的连续性与连续函数 …………………………………………… (48)
1.7.2 左连续与右连续 ……………………………………………………… (50)
1.7.3 函数的间断点 ………………………………………………………… (50)
1.8 连续函数的运算及性质 ………………………………………………………… (54)
1.8.1 连续函数的四则运算 ………………………………………………… (54)
1.8.2 反函数和复合函数的连续性 ………………………………………… (54)
1.8.3 初等函数的连续性 …………………………………………………… (55)
1.8.4 闭区间上连续函数的性质 …………………………………………… (56)

第 2 章 导数与微分 …………………………………………………………………… (62)
2.1 导数的概念 ………………………………………………………………………… (62)
2.1.1 导数的定义 …………………………………………………………… (62)
2.1.2 导函数 ………………………………………………………………… (64)
2.1.3 单侧导数 ……………………………………………………………… (66)
2.1.4 导数的几何意义 ……………………………………………………… (67)
2.1.5 函数连续性与可导性的关系 ………………………………………… (68)
2.2 函数的求导法则(一) …………………………………………………………… (71)
2.2.1 函数和、差、积、商的求导法则 …………………………………… (71)
2.2.2 反函数的求导法则 …………………………………………………… (73)
2.2.3 复合函数的求导法则 ………………………………………………… (74)
2.3 函数的求导法则(二) …………………………………………………………… (79)
2.3.1 隐函数的求导法则 …………………………………………………… (79)
2.3.2 对数的求导法则 ……………………………………………………… (80)
2.3.3 由参数方程所确定的函数的求导法则 ……………………………… (81)
2.3.4 极坐标下函数的求导法则 …………………………………………… (82)
2.4 高阶导数 …………………………………………………………………………… (85)
2.4.1 高阶导数的定义 ……………………………………………………… (85)

2.4.2　高阶导数的运算法则 ……………………………………………… (87)
　　2.4.3　反函数的高阶导数 ………………………………………………… (88)
　　2.4.4　隐函数的高阶导数 ………………………………………………… (88)
　　2.4.5　由参数方程所确定的函数的高阶导数 …………………………… (89)
　2.5　函数的微分及其应用 ……………………………………………………… (92)
　　2.5.1　微分的定义 ………………………………………………………… (92)
　　2.5.2　微分的几何意义 …………………………………………………… (94)
　　2.5.3　基本初等函数的微分公式与微分运算法则 ……………………… (95)
　　2.5.4　微分在近似计算中的应用 ………………………………………… (96)

第 3 章　微分中值定理及导数的应用 ………………………………………… (101)
　3.1　微分中值定理 ……………………………………………………………… (101)
　　3.1.1　罗尔定理 …………………………………………………………… (101)
　　3.1.2　拉格朗日中值定理 ………………………………………………… (103)
　　3.1.3　柯西中值定理 ……………………………………………………… (106)
　3.2　洛必达法则 ………………………………………………………………… (110)
　　3.2.1　$\dfrac{0}{0}$ 型待定式 ……………………………………………………… (110)
　　3.2.2　$\dfrac{\infty}{\infty}$ 型待定式 ……………………………………………………… (112)
　　3.2.3　其他类型的待定式 ………………………………………………… (113)
　3.3　函数的单调性与极值 ……………………………………………………… (117)
　　3.3.1　函数的单调性 ……………………………………………………… (117)
　　3.3.2　函数的极值 ………………………………………………………… (119)
　3.4　曲线的凹凸性与拐点 ……………………………………………………… (124)
　　3.4.1　曲线的凹凸性 ……………………………………………………… (124)
　　3.4.2　曲线的拐点 ………………………………………………………… (126)
　3.5　函数的最值及其应用 ……………………………………………………… (129)
　　3.5.1　闭区间 $[a,b]$ 上的最值 …………………………………………… (129)
　　3.5.2　开区间 (a,b) 内的最值 …………………………………………… (130)
　　3.5.3　最值的应用 ………………………………………………………… (131)
　3.6　导数的应用 ………………………………………………………………… (134)
　　3.6.1　导数在几何学中的应用 …………………………………………… (134)
　　3.6.2　导数在工程学中的应用 …………………………………………… (138)

3.6.3 导数在经济学中的应用 …………………………………………………… (140)

第4章 不定积分 ……………………………………………………………………… (147)
4.1 不定积分的概念与性质 ………………………………………………………… (147)
4.1.1 原函数与不定积分的概念 ……………………………………………… (147)
4.1.2 不定积分的性质 ………………………………………………………… (149)
4.1.3 不定积分的几何意义 …………………………………………………… (150)
4.1.4 基本积分公式 …………………………………………………………… (151)
4.2 第一类换元积分法 ……………………………………………………………… (156)
4.2.1 第一类换元积分法 ……………………………………………………… (157)
4.2.2 有理函数的不定积分 …………………………………………………… (160)
4.2.3 三角函数的不定积分 …………………………………………………… (162)
4.3 第二类换元积分法 ……………………………………………………………… (167)
4.3.1 第二类换元积分法 ……………………………………………………… (167)
4.3.2 三角代换 ………………………………………………………………… (168)
4.3.3 简单无理函数的积分 …………………………………………………… (170)
4.3.4 倒代换 …………………………………………………………………… (172)
4.3.5 指数代换 ………………………………………………………………… (173)
4.3.6 可化为有理函数的积分 ………………………………………………… (174)
4.4 分部积分法 ……………………………………………………………………… (177)

第5章 定积分 ………………………………………………………………………… (187)
5.1 定积分的概念与性质 …………………………………………………………… (187)
5.1.1 引例 ……………………………………………………………………… (187)
5.1.2 定积分的定义 …………………………………………………………… (189)
5.1.3 定积分的几何意义 ……………………………………………………… (191)
5.1.4 定积分存在定理 ………………………………………………………… (193)
5.1.5 定积分的基本性质 ……………………………………………………… (193)
5.2 微积分基本定理 ………………………………………………………………… (199)
5.2.1 变速直线运动位移函数与速度函数之间的联系 ……………………… (199)
5.2.2 积分上限函数及其导数 ………………………………………………… (200)
5.2.3 牛顿[①]-莱布尼茨公式 …………………………………………………… (203)
5.3 定积分的计算 …………………………………………………………………… (207)
5.3.1 定积分的换元法 ………………………………………………………… (208)
5.3.2 分部积分法 ……………………………………………………………… (211)

5.4 反常积分 …………………………………………………………………… (216)
    5.4.1 无穷限的反常积分 ………………………………………………… (217)
    5.4.2 无界函数的反常积分 ………………………………………………… (219)

第6章 定积分的应用 …………………………………………………………… (229)
6.1 定积分的几何应用 …………………………………………………………… (229)
    6.1.1 定积分的微元法 …………………………………………………… (229)
    6.1.2 平面图形的面积 …………………………………………………… (230)
    6.1.3 立体体积 …………………………………………………………… (237)
    6.1.4 曲线的弧长 ………………………………………………………… (241)
6.2 定积分在物理学上的应用 …………………………………………………… (245)
    6.2.1 变力沿直线做功 …………………………………………………… (246)
    6.2.2 液体静压力 ………………………………………………………… (247)
    6.2.3 引力 ………………………………………………………………… (248)

第7章 常微分方程 ………………………………………………………………… (253)
7.1 常微分方程的基本概念 ……………………………………………………… (253)
    7.1.1 微分方程的定义 …………………………………………………… (253)
    7.1.2 初值问题 …………………………………………………………… (255)
7.2 一阶微分方程 ………………………………………………………………… (257)
    7.2.1 可分离变量的一阶微分方程 ……………………………………… (257)
    7.2.2 齐次微分方程 ……………………………………………………… (258)
    7.2.3 一阶线性微分方程 ………………………………………………… (260)
    7.2.4* 伯努利(Bernoulli)方程 …………………………………………… (262)
7.3 高阶微分方程的降阶法 ……………………………………………………… (264)
    7.3.1 $y^{(n)}=f(x)$ 型 …………………………………………………… (265)
    7.3.2 $y''=f(x,y')$ 型 …………………………………………………… (265)
    7.3.3 $y''=f(y,y')$ 型 …………………………………………………… (266)
7.4 n 阶齐次线性微分方程 ……………………………………………………… (269)
    7.4.1 齐次线性微分方程解的性质 ……………………………………… (270)
    7.4.2 二阶齐次线性微分方程解的结构 ………………………………… (270)
    7.4.3 二阶常系数齐次线性微分方程的通解 …………………………… (270)
7.5 n 阶非齐次线性微分方程 …………………………………………………… (276)
    7.5.1 n 阶非齐次线性微分方程解的性质 ……………………………… (276)
    7.5.2 二阶非齐次线性微分方程解的结构 ……………………………… (277)

  7.5.3 二阶常系数非齐次线性微分方程的解法 …………………………… (278)

 7.6 常微分方程的应用 ………………………………………………………… (284)

  7.6.1 在几何学中的应用 ………………………………………………… (285)

  7.6.2 在物理学中的应用 ………………………………………………… (286)

  7.6.3 在经济学中的应用 ………………………………………………… (287)

参考文献 ……………………………………………………………………………… (291)

第 1 章 极限与连续

扫码查看
☑知识拓展 ☑学习秘诀
☑干货精讲 ☑精品课程

在实践活动中,人们常常遇到两种基本量:常量和变量.常量亦称"常数",是相对保持不变的量,这在初等数学中已经学习过;变量亦称"变数",是在一定范围内变化的量.常量与变量是数学中反映事物量的一对范畴.中国清朝数学家李善兰在其著作《代数学》中写道"凡此变数中函彼变数者,则此为彼之函数",也即指当一个量随着另一个量的变化而变化,这种变量与变量之间的依赖关系就是函数关系.高等数学就是以极限概念为基础、极限理论为主要工具来研究函数的一门课程.本章介绍函数、极限及连续性的定义及基本性质,这些内容是高等数学的基础.

1.1 函数的概念与性质

知识衔接

设 A 和 B 是两个非空集合,若对于每个元素 $x \in A$,按照一定法则 f,在集合 B 中总有唯一的元素 y 与之对应,则称 y 是 x 的映射.构成映射的三个要素是_____、_____、_____.

设 f 是从集合 A 到集合 B 的映射,若对 A 中任意两个不同元素 x_1, x_2,它们的像 $f(x_1) \neq f(x_2)$,则称 f 为 A 到 B 的_____;若映射 f 既是单射,又是满射,则称 f 为_____;映射 f 有逆映射 f^{-1} 的充要条件是_____.

1.1.1 函数的定义

在自然现象和工程技术中,常常要研究在同一过程中不同变量之间的相互依赖的关系,如匀速直线运动中质点的移动时间与距离、弹簧的形变长度与恢复力、电学中电流与电压等,这种变量与变量之间的关系,也就是我们要研究的函数关系,举例如下.

引例 1 已知圆的半径 r 与圆的面积 S 之间具有关系
$$S = \pi r^2,$$
当 r 取定一值时,对应的圆的面积 S 就随之确定.

引例 2 物体由静止做自由落体运动时,位移 h 与时间 t 的关系为

$$h = \frac{1}{2}gt^2 (其中 g 是重力加速度),$$

当 t 取定一值时,位移 h 的对应值就随之确定.

上面两个例子的具体意义虽各不相同,但都体现了不同变量之间与映射类似的对应关系,这一数学模型即是函数关系.

定义 1.1 设 A,B 是两个非空数集,若对于集合 A 中每个元素 x,按照一定的法则 f,集合 B 中都有唯一确定的数 y 与之对应,则称 y 是 x 的**函数**,记为 $y=f(x)$.其中 x 称为**自变量**,y 称为**因变量**或**函数值**,数集 A 称为**定义域**.函数值 $f(x)$ 的全体构成的数集称为函数 $y=f(x)$ 的**值域**,记作 R_f,即

$$R_f = \{y \mid y=f(x), x \in A\}.$$

确定一个函数要有定义域、值域和对应法则三个基本要素,定义域是使得函数有意义的自变量 x 的取值范围,对应法则是函数的具体表现,它表示两个变量之间的一种对应关系.如果把函数 $y=f(x)$ 比喻为一部"数值变换器",将 $x \in A$ 输入到数值变换器中,通过 f 的"作用",输出的就是唯一的数值 y(或 $f(x)$).

函数的表示方法主要有三种:列表法、图像法、解析法.例如,三角函数表列出了角度与三角函数值的对应关系,这种用列表的方法表示函数,就称为列表法;常见的天气温度变化曲线图给出了时间与温度之间的函数关系,这种表示函数的方法称为图像法;初等数学中所学的幂函数、指数函数、对数函数都是由数学式子表示的,称之为解析法.

两个函数相等不仅要有相同的定义域和值域,还要有相同的法则.例如,函数 $y=\sqrt{x^2}$ 的定义域为 $\mathbf{R}$,值域为 $[0,+\infty)$,而函数 $y=|x|$ 的定义域为 $\mathbf{R}$,值域为 $[0,+\infty)$,两个函数相同.

在几何学上,点集 $C=\{(x,y) \mid y=f(x), x \in A\}$ 称为函数 $y=f(x)$ 的图形,它通常代表平面上的一条曲线,而 $y=f(x)$ 称为曲线 C 的方程.在研究函数性质时,往往可以借助于其图形来研究;反之,平面几何问题,有时也可借助函数来作理论探讨.

例 1.1 求函数 $f(x) = \ln(4-x^2) + \dfrac{1}{\sqrt{x-1}}$ 的定义域.

解 为使函数有意义,则需

$$\begin{cases} 4-x^2 > 0, \\ x-1 > 0, \end{cases}$$

解得 $1<x<2$,因此函数的定义域为 $(1,2)$.

1.1.2 常见的函数

下面将介绍常见的几种函数.

例 1.2 绝对值函数

$$y = |x| = \begin{cases} x, & x \geq 0, \\ -x, & x < 0 \end{cases}$$

的定义域为 $D=(-\infty,+\infty)$,值域 $R_f=[0,+\infty)$,如图 1-1 所示.

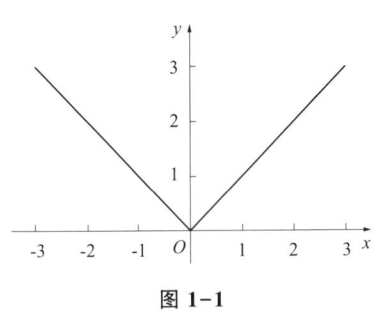

图 1-1

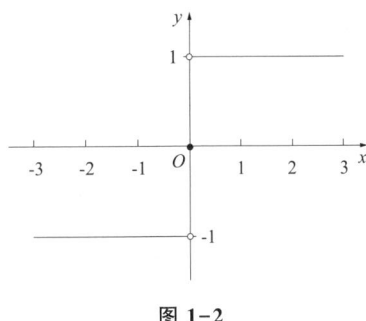

图 1-2

例 1.3 符号函数

$$y = \operatorname{sgn} x = \begin{cases} 1, & x>0, \\ 0, & x=0, \\ -1, & x<0 \end{cases}$$

的定义域为 $D=(-\infty,+\infty)$,值域 $R_f=\{-1,0,1\}$,如图 1-2 所示.

对于任何实数 x,有下列关系成立:

$$x = \operatorname{sgn} x \cdot |x|,$$

这里符号函数的作用类似于正负号,由此得名**符号函数**.

例 1.4 取整函数.设 x 是任意实数,用 $[x]$ 表示不超过 x 的最大整数.例如,

$$[-2.5] = -3, [0.5] = 0, [\sqrt{2}] = 1, [2.5] = 2.$$

函数 $y=[x]$ 称为取整函数,定义域为 $D=(-\infty,+\infty)$,值域 $R_f=\mathbf{Z}$,如图 1-3 所示.

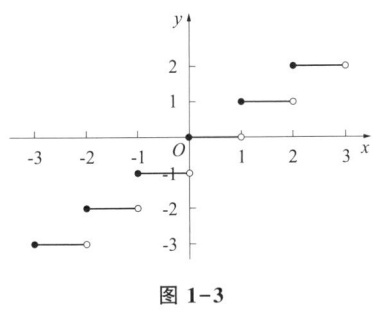

图 1-3

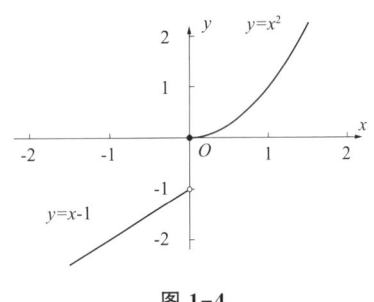

图 1-4

例 1.5 分段函数

$$y = \begin{cases} x^2, & x \geqslant 0, \\ x-1, & x<0 \end{cases}$$

的定义域为 $D=(-\infty,+\infty)$,值域 $R_f=(-\infty,-1)\cup[0,+\infty)$,如图 1-4 所示.

1.1.3 函数的性质

1. 有界性

定义 1.2 设函数 $y=f(x)$ 在数集 $I\subset\mathbf{R}$ 上有定义,对于每个 $x\in I$,若存在数 $M_1(M_2)$,使得

$$f(x) \leqslant M_1 (f(x) \geqslant M_2),$$

则称函数 $f(x)$ 在 I 上**有上(下)界**. 若函数 $f(x)$ 在 I 上既有上界, 又有下界, 则称函数 $f(x)$ 在区间 I 上**有界**, 即对于每个 $x \in I$, 存在正数 M, 使得 $|f(x)| \leq M$; 反之, 若这样的正数 M 不存在, 则称函数 $f(x)$ 在 I 上**无界**.

例如, 对于每个 $x \in (-\infty, +\infty)$, 都有 $|\sin x| \leq 1$, $|\cos x| \leq 1$, 所以正弦函数 $y = \sin x$ 和余弦函数 $y = \cos x$ 在其定义域内有界. 函数 $y = x^2$ 在定义域 $(-\infty, +\infty)$ 内只有下界, 所以无界.

注: 有界性与自变量所在的区间有关系. 例如, 函数 $y = \tan x$ 在区间 $\left(-\dfrac{\pi}{2}, \dfrac{\pi}{2}\right)$ 内无界, 而在区间 $\left[0, \dfrac{\pi}{3}\right]$ 上有界.

2. 单调性

定义 1.3 设函数在区间 I 内有定义, 若对于任意数 $x_1, x_2 \in I$, 当 $x_1 < x_2$ 时, 总有
$$f(x_1) \leq f(x_2) \,(f(x_1) \geq f(x_2)),$$
则称函数 $y = f(x)$ 在区间 I 内为**单调递增(减)函数**. 特别地, 若 $f(x_1) < f(x_2) \,(f(x_1) > f(x_2))$, 称函数 $y = f(x)$ 在区间 I 内为**严格单调递增(减)函数**.

例如, 函数 $y = x^2$ 在区间 $(-\infty, 0)$ 内为单调递减函数, 在区间 $[0, +\infty)$ 内为单调递增函数.

类似于有界性, 单调性也与自变量所在的区间有关系.

3. 奇偶性

定义 1.4 设函数 $y = f(x)$ 的定义域 D 关于原点对称, 若对于每个 $x \in D$, 都有
$$f(-x) = -f(x) \,(f(-x) = f(x)),$$
则称函数 $f(x)$ 为 D 上的**奇(偶)函数**.

奇函数的图像关于原点对称, 偶函数的图像关于 y 轴对称.

例如, 在区间 $(-\infty, +\infty)$ 内, 函数 $y = \sin x$ 是奇函数, 函数 $y = \cos x$ 是偶函数, 而函数 $y = \sin x + \cos x$ 既不是奇函数, 也不是偶函数.

例 1.6 判断函数 $f(x) = \ln(\sqrt{1+x^2} - x)$ 的奇偶性.

解 函数 $f(x)$ 的定义域为 $(-\infty, +\infty)$, 因为
$$f(-x) = \ln(\sqrt{1+x^2} + x) = \ln \dfrac{1}{\sqrt{1+x^2} - x} = -\ln(\sqrt{1+x^2} - x) = -f(x),$$
所以 $f(x)$ 为奇函数.

类似于单调性, 奇偶性也同样与自变量所在的区间有关系.

4. 周期性

定义 1.5 设函数 $y = f(x)$ 的定义域为 D, 若存在正数 T, 使得对于任意 $x \in D$, $x \pm T \in D$, 总有 $f(x \pm T) = f(x)$, 则称函数 $f(x)$ 为**周期函数**, T 称为 $f(x)$ 的一个**周期**, 所有周期中最小的正周期, 称为**最小正周期**, 简称**周期**.

例如, 函数 $y = \sin x$, $y = \cos x$ 的周期为 2π, 函数 $y = \tan x$, $y = \cot x$ 的周期为 π.

易知, 周期函数的定义域必须为实数集 **R**.

1.1.4 复合函数和反函数

定义 1.6 设函数 $y=f(u)$,其定义域为 D,函数 $u=g(x)$ 的值域为 W,若 $W \subset D$,则称函数 $y=f(g(x))$ 为函数 $y=f(u)$ 和 $u=g(x)$ 的**复合函数**,简记为 $f \circ g$,其中 u 称为**中间变量**.

例如,$y=\sin^3 x$ 是由函数 $y=u^3$ 和 $u=\sin x$ 复合而成的.

例 1.7 设函数 $f(u)=\begin{cases} -\mathrm{e}^{-u}, & u \leqslant 0, \\ u, & u>0 \end{cases}$ 和 $g(x)=\begin{cases} 0, & x \leqslant 0, \\ -x^2, & x>0, \end{cases}$ 求复合函数 $f(g(x))$.

解 当 $x \leqslant 0$ 时,
$$f(g(x))=f(0)=-\mathrm{e}^0=-1;$$
当 $x>0$ 时,
$$f(g(x))=f(-x^2)=-\mathrm{e}^{x^2},$$
所以
$$f(g(x))=\begin{cases} -1, & x \leqslant 0, \\ -\mathrm{e}^{x^2}, & x>0. \end{cases}$$

定义 1.7 若定义在数集 D 上的函数 $y=f(x)$ 是一个一一映射(任何一个 $y \in f(D)$ 的原像 $x \in D$ 只有一个),则称其逆映射 $x=f^{-1}(y)$ 为函数 $y=f(x)$ 的**反函数**,$y=f(x)$ 称为反函数 $x=f^{-1}(y)$ 的**原函数**.

易知,函数 $y=f(x)$ 的反函数 $x=f^{-1}(y)$ 是蕴含在等式 $f(x)=y$ 中由 y 到 x 的函数关系,原函数与反函数互为反函数,且原函数的值域就是反函数的定义域,原函数的定义域就是反函数的值域.

例如,函数 $y=2^x$ 的定义域为 $(-\infty,+\infty)$,值域为 $(0,+\infty)$,其反函数为 $x=\log_2 y$,定义域为 $(0,+\infty)$,值域为 $(-\infty,+\infty)$.

为研究函数的方便起见,通常将反函数 $x=f^{-1}(y)$ 的变量 x,y 对换后记作 $y=f^{-1}(x)$.

从函数的图像上看,函数 $y=f(x)$ 与其反函数 $y=f^{-1}(x)$ 的图像关于直线 $y=x$ 对称,如图 1-5 所示.

例 1.8 求函数 $y=-\sqrt{x-1}$ 的反函数如下.

解 函数 $y=-\sqrt{x-1}$ 的定义域为 $[1,+\infty)$,值域为 $(-\infty,0]$.因为
$$x=y^2+1, y \leqslant 0,$$
所以反函数为
$$y=x^2+1, x \leqslant 0.$$

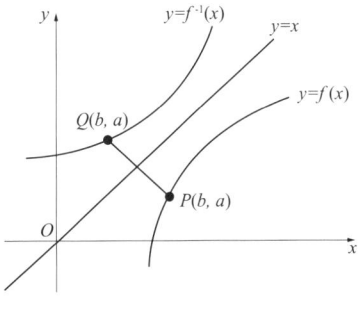

图 1-5

1.1.5 初等函数

简单回顾一下在初等数学中已经学习过的幂函数、指数函数、对数函数、三角函数及反三角函数如下.

1. 幂函数

函数
$$y = x^a \ (a\text{ 是非零常数})$$
称为幂函数.

当 $a>0$ 时,曲线过点 $(0,0)$ 和 $(1,1)$;

当 $x>1$ 时,a 越大曲线上升越快.

当 a 为偶数时,函数为偶函数,在区间 $(-\infty,0]$ 内为单调递减函数,在区间 $[0,+\infty)$ 内为单调递增函数;

当 a 为奇数时,函数为奇函数,函数单调递增,第一象限的图形如图 1-6 所示.

当 $a<0$ 时,曲线过点 $(1,1)$;

当 $x>1$ 时,$|a|$ 越大曲线下降越快.

当 a 为负偶数时,函数为偶函数,在区间 $(-\infty,0)$ 内为单调递增函数,在区间 $(0,+\infty)$ 内为单调递减函数;

当 a 为负奇数时,函数为奇函数时,函数单调递减.第一象限的图形如图 1-7 所示.

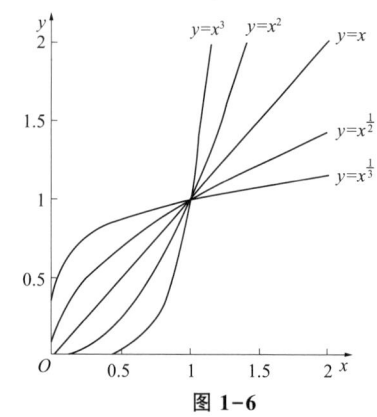

图 1-6

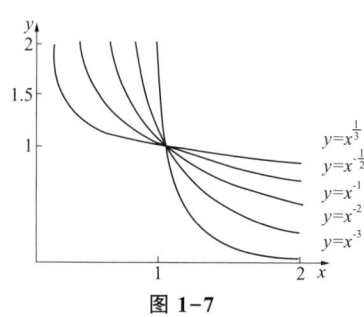

图 1-7

2. 指数函数

函数
$$y = a^x \ (a>0, a \neq 1)$$
称为指数函数,如图 1-8 所示.

曲线通过点 $(0,1)$,定义域为 $(-\infty,+\infty)$,值域为 $(0,+\infty)$.

当 $0<a<1$ 时,函数为单调递减函数;

当 $a>1$ 时,函数为单调递增函数.

函数是非奇非偶函数,渐近线为 $y=0$.

3. 对数函数

函数
$$y = \log_a x \ (a>0, a \neq 1)$$
称为对数函数,如图 1-9 所示.

曲线通过点 $(1,0)$,定义域为 $(0,+\infty)$,值域为 $(-\infty,+\infty)$.

当 $0<a<1$ 时,函数为单调递减函数;

当 $a>1$ 时,函数为单调递增函数.

函数是非奇非偶函数,渐近线为 $x=0$.

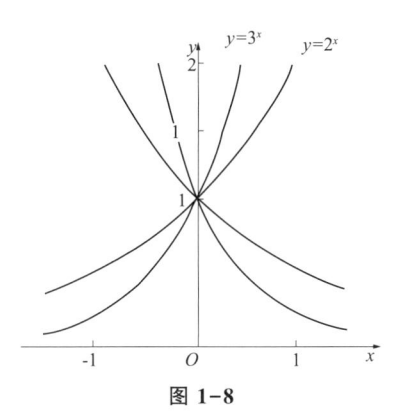

图 1-8

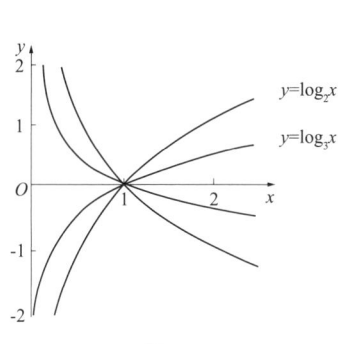

图 1-9

4. 三角函数

正弦函数 $y = \sin x$

函数定义域为 $(-\infty, +\infty)$,值域为 $[-1,1]$.

函数为奇函数,周期:$T = 2\pi$.

在区间 $\left(2k\pi - \dfrac{\pi}{2}, 2k\pi + \dfrac{\pi}{2}\right)$ ($k \in \mathbf{Z}$) 内函数单调递增,在区间 $\left(2k\pi + \dfrac{\pi}{2}, 2k\pi + \dfrac{3\pi}{2}\right)$ ($k \in \mathbf{Z}$) 内函数单调递减,如图 1-10 所示.

余弦函数 $y = \cos x$

函数定义域为 $(-\infty, +\infty)$,值域为 $[-1,1]$.

函数为偶函数,周期:$T = 2\pi$.

在区间 $(2k\pi, 2k\pi + \pi)$ ($k \in \mathbf{Z}$) 内函数单调递减,在区间 $(2k\pi + \pi, 2k\pi + 2\pi)$ ($k \in \mathbf{Z}$) 内函数单调递增,如图 1-11 所示.

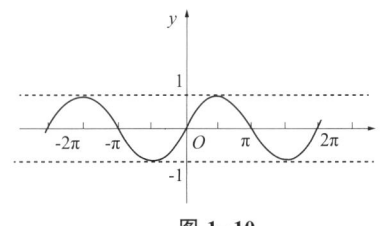

图 1-10

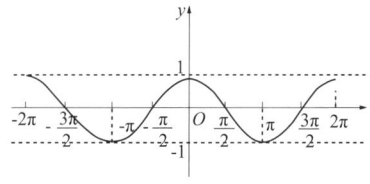

图 1-11

正切函数 $y = \tan x$

定义域为 $x \neq k\pi + \dfrac{\pi}{2}$，值域为 $(-\infty, +\infty)$.

函数为奇函数，周期：$T = \pi$.

在区间 $\left(k\pi - \dfrac{\pi}{2}, k\pi + \dfrac{\pi}{2}\right)$ $(k \in \mathbf{Z})$ 内函数单调递增.

渐近线：$x = k\pi + \dfrac{\pi}{2}$，如图 1-12 所示.

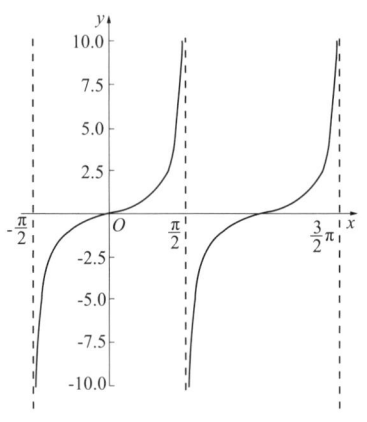

图 1-12

余切函数 $y = \cot x$

函数定义域为 $x \neq k\pi$，值域为 $(-\infty, +\infty)$.

函数为奇函数，周期：$T = \pi$.

在区间 $(k\pi, k\pi + \pi)$ $(k \in \mathbf{Z})$ 内函数单调递减.

渐近线：$x = k\pi$，如图 1-13 所示.

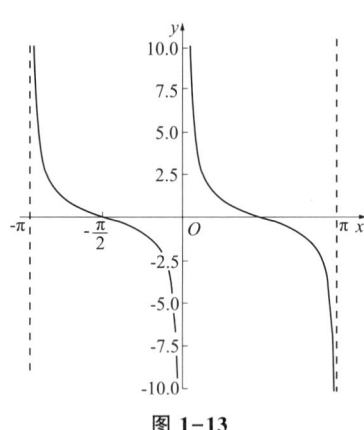

图 1-13

正割函数 $y = \sec x$

定义域为 $x \neq k\pi + \dfrac{\pi}{2}$，值域为 $(-\infty, -1] \cup [1, +\infty)$.

函数为偶函数，周期：$T = 2\pi$. 渐近线：$x = \left(k + \dfrac{1}{2}\right)\pi$.

在区间 $\left(2k\pi, 2k\pi + \dfrac{\pi}{2}\right)$，$\left(2k\pi + \dfrac{\pi}{2}, 2k\pi + \pi\right)$ $(k \in \mathbf{Z})$ 内函数单调递增，在区间 $\left(2k\pi + \pi, 2k\pi + \dfrac{3\pi}{2}\right)$，$\left(2k\pi + \dfrac{3\pi}{2}, 2k\pi + 2\pi\right)$ 内函数单调递减，如图 1-14 所示.

余割函数 $y = \csc x$

函数定义域为 $x \neq k\pi$，值域为 $(-\infty, -1] \cup [1, +\infty)$.

函数为奇函数，周期：$T = 2\pi$.

在区间 $\left(2k\pi - \dfrac{\pi}{2}, 2k\pi\right) \cup \left(2k\pi, 2k\pi + \dfrac{\pi}{2}\right)$ $(k \in \mathbf{Z})$ 内函数单调递减，在区间 $\left(2k\pi + \dfrac{\pi}{2}, 2k\pi + \pi\right) \cup \left(2k\pi + \pi, 2k\pi + \dfrac{3\pi}{2}\right)$ 内函数单调递增. 渐近线：$x = k\pi$，如图 1-15 所示.

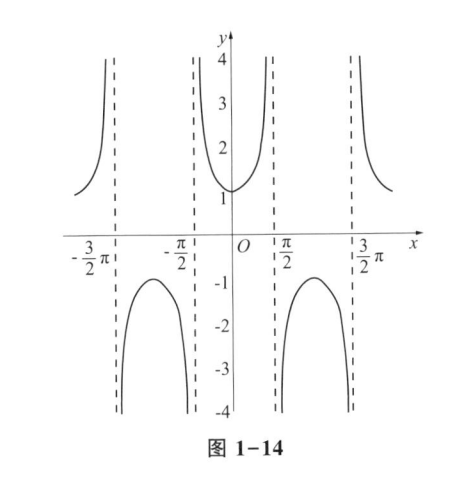

图 1-14

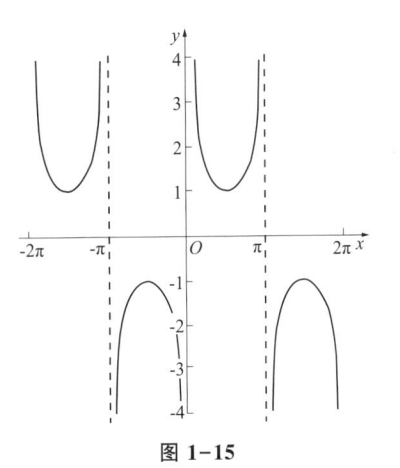

图 1-15

5. 反三角函数

反正弦函数 $y = \arcsin x$

函数定义域为 $[-1,1]$，值域为 $\left[-\dfrac{\pi}{2}, \dfrac{\pi}{2}\right]$.

函数为奇函数. 在区间 $[-1,1]$ 上函数单调递增，如图 1-16 所示.

反余弦函数 $y = \arccos x$

函数定义域为 $[-1,1]$，值域为 $[0,\pi]$.

在区间 $[-1,1]$ 上函数单调递减，如图 1-17 所示.

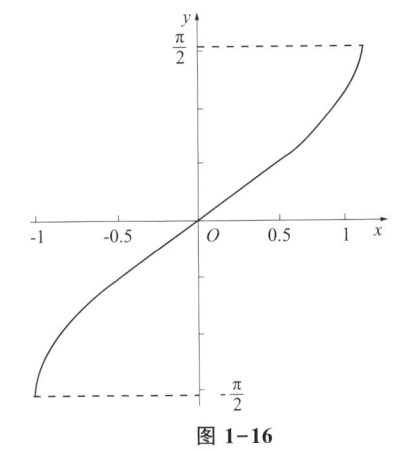

图 1-16

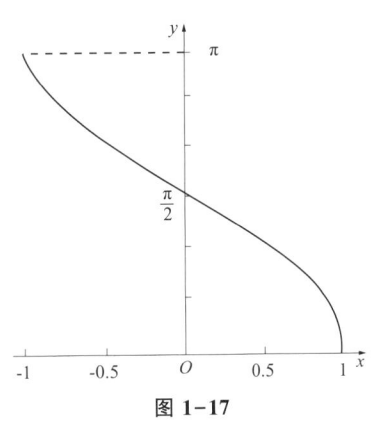

图 1-17

反正切函数 $y=\arctan x$

函数定义域为 $(-\infty,+\infty)$,值域为 $\left(-\dfrac{\pi}{2},\dfrac{\pi}{2}\right)$.

函数为奇函数.在区间 $(-\infty,+\infty)$ 内函数单调递增,如图 1-18 所示.

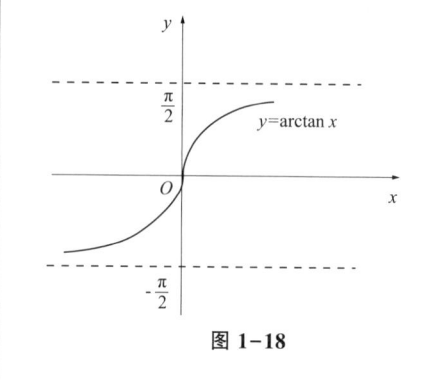

图 1-18

反余切函数 $y=\operatorname{arccot} x$

函数定义域为 $(-\infty,+\infty)$,值域为 $(0,\pi)$.

在区间 $(-\infty,+\infty)$ 内函数单调递减,如图 1-19 所示.

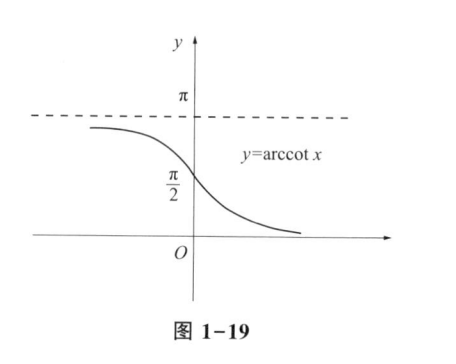

图 1-19

以上五类函数统称为基本初等函数.

定义 1.8 由常数和基本初等函数经过有限次的四则运算和有限次的函数复合运算所构成并可用一个式子表示的函数,称为**初等函数**.

例如,

$$y=\ln(1+x^2),\quad y=\tan(x+1),\quad y=\sqrt{1-x^3},$$

等等,都是初等函数.今后主要以初等函数为研究对象,探析函数的有关问题.

1.1.6 双曲函数

最后,我们来介绍双曲函数如下.

双曲函数有许多类似于三角函数的性质,例如,

$$\sinh(x+y)=\sinh x\cdot\cosh y+\cosh x\cdot\sinh y,$$

$$\cosh x+\cosh y=2\cosh\frac{x+y}{2}\cdot\cosh\frac{x-y}{2}$$

及

$$\cosh^2 x-\sinh^2 x=1.$$

以上性质可根据双曲函数的定义直接证明.

双曲正弦	双曲余弦
$$y = \sinh x = \frac{1}{2}(e^x - e^{-x})$$ 函数定义域为$(-\infty, +\infty)$，值域为$(-\infty, +\infty)$. 函数为奇函数. 在区间$(-\infty, +\infty)$内函数单调递增，如图1-20所示. 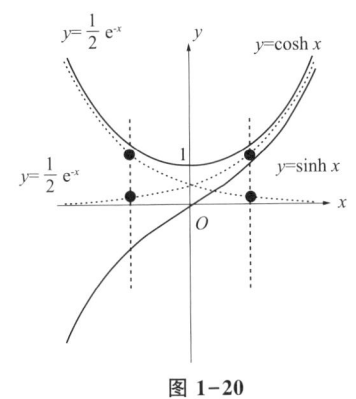 图 1-20	$$y = \cosh x = \frac{1}{2}(e^x + e^{-x})$$ 函数定义域为$(-\infty, +\infty)$，值域为$[1, +\infty)$. 函数为偶函数. 在区间$(-\infty, 0]$内函数单调递减，在区间$[0, +\infty)$内函数单调递增，如图1-20所示. 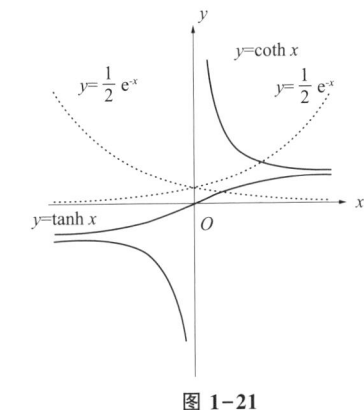 图 1-21
双曲正切	双曲余切
$$y = \tanh x = \frac{e^x - e^{-x}}{e^x + e^{-x}}$$ 函数定义域为$(-\infty, +\infty)$，值域为$(-1, 1)$. 函数是奇函数. 在区间$(-\infty, +\infty)$内函数单调递增，渐近线：$y = \pm 1$，如图1-21所示.	$$y = \coth x = \frac{e^x + e^{-x}}{e^x - e^{-x}}$$ 函数定义域为$(-\infty, 0) \cup (0, +\infty)$，值域为$(-\infty, -1) \cup (1, +\infty)$. 函数是奇函数. 在区间$(-\infty, 0) \cup (0, +\infty)$内为函数单调递减函数. 渐近线：$y = \pm 1, x = 0$，如图1-21所示.

习题 1.1(A)

1. 以下各组函数中，$f(x)$与$g(x)$为同一函数的是 （　　）
 (A) $f(x) = \ln x^2, g(x) = 2\ln x$ 　　(B) $f(x) = \sin x^2, g(x) = \sin^2 x$
 (C) $f(x) = \sqrt{x^2}, g(x) = x$ 　　(D) $f(x) = \sqrt{x^3}, g(x) = x\sqrt{x}$

2. 设函数$f(x)$的定义域是$[0, 1]$，则函数$g(x) = f(x+a) + f(x-a)\left(0 < a < \frac{1}{2}\right)$的定义域是 （　　）

(A)$[-a,1-a]$ (B)$[a,1+a]$
(C)$[a,1-a]$ (D)$[-a,1+a]$

3. 下列函数中,既是奇函数,又是单调增加的函数是 ( )

(A)$\sin^3 x$ (B)x^3+1
(C)x^3+x (D)x^3-x

4. 下列函数在区间$(-\infty,0)$内是无界的函数是 ( )

(A)$y=2^x$ (B)$y=\arctan x$
(C)$y=\dfrac{1}{x^2+1}$ (D)$y=\dfrac{1}{x}$

5. 函数$y=\sin 2x+\cos 3x$的周期为 ( )

(A)π (B)$\dfrac{2}{3}\pi$
(C)2π (D)3π

习题 1.1(B)

1. 求下列函数的定义域.

(1)$y=\dfrac{2x}{\sqrt{x^2-3x+2}}$;

(2)$y=\lg(x+1)(3-x)$;

(3)$y=\arccos(x^2-x-1)$;

(4)$y=\dfrac{1}{\sqrt{(x-1)(x-2)}}+\ln x(3-x)$;

(5)$y=\dfrac{1}{1-x^2}+\sqrt{x+2}$;

(6)$y=\arcsin\dfrac{1}{x}+\sqrt{3-x}$;

(7)$y=\dfrac{1}{\sin x-\cos x}$;

(8)$y=\lg(1-\lg x)$.

2. 下列各题中,函数$f(x)$与$g(x)$是否为同一函数,为什么?

(1)$f(x)=x, g(x)=\sqrt{x^2}$;

(2)$f(x)=2\ln x, g(x)=\ln x^2$;

(3)$f(x)\equiv 1, g(x)=\cos^2 x+\sin^2 x$;

(4)$f(x)=\dfrac{x^2-1}{x+1}, g(x)=x-1$.

3. 判断下列函数是否有上界?下界?有界?

(1)$y=\dfrac{2x}{x^2+1}$; (2)$y=\dfrac{\tan x}{x}, x\in\left(\dfrac{\pi}{2},\dfrac{3\pi}{2}\right)$; (3)$y=e^{\sin x}$.

4. 确定下列函数在给定区间上的单调性.

(1)$y=x^2-5x+6, x\in(-\infty,2)$;

(2)$y=\dfrac{x}{1-x}, x\in(-\infty,1)$;

(3)$y=x+\ln x, x\in(0,+\infty)$;

(4)$y=x+\sin x, x\in(-\infty,+\infty)$;

(5) $y = \ln x + x, x \in (0, +\infty)$;   (6) $y = e^{x^2-1}, x \in (0,1)$.

5. 判断下列函数的奇偶性.

(1) $y = x^3(1-x^2)$;   (2) $y = x^5 + 3x^3 - 2x$;   (3) $y = x\tan x$;

(4) $y = \dfrac{e^x + e^{-x}}{2}$;   (5) $y = |x| + 2$;   (6) $y = \ln\dfrac{1-x}{1+x}$;

(7) $y = (2x)^0$;   (8) $y = x + \cos 2x$;   (9) $y = 2^{\cos 2x}$.

6. 设 $f(x)$ 为定义在区间 $(-a, a)$ 内的函数,证明:

(1) 函数 $F(x) = f(x) + f(-x)$ 在区间 $(-a, a)$ 内为偶函数;

(2) 函数 $G(x) = f(x) - f(-x)$ 在区间 $(-a, a)$ 内为奇函数;

(3) 区间 $(-a, a)$ 内的任意函数均可表示为奇函数和偶函数之和.

7. 设下列函数均为定义在区间 $(-a, a)$ 内的函数,证明:

(1) 两个偶函数的和是偶函数,积也是偶函数;

(2) 两个奇函数的和是奇函数,积是偶函数;

(3) 偶函数和奇函数的乘积是奇函数.

8. 下列哪些函数是周期函数? 若是周期函数,指出其最小正周期.

(1) $y = \cos\left(x - \dfrac{\pi}{4}\right)$;   (2) $y = \tan\left(2x + \dfrac{\pi}{6}\right)$;   (3) $y = x\sin 2x$;

(4) $y = \tan 2x + \cot 2x$;   (5) $y = \sin^2 x$;   (6) $y = x - [x]$.

9. 求下列函数的反函数.

(1) $y = \dfrac{e^x}{e^x + 1}$;   (2) $y = \dfrac{x+1}{x-1}$;

(3) $y = \sqrt[3]{x+2}$;   (4) $y = 2 + \ln(x+1)$.

10. 指出下列函数是由哪些函数复合而成的.

(1) $y = \ln\sin x$;   (2) $y = \sqrt{\sin x}$;   (3) $y = \arcsin(e^{x^2+1})$;

(4) $y = \sec^2(3x)$;   (5) $y = \tan(1 + e^x)$;   (6) $y = \sin^2 \ln x$.

1.2 数列的极限

知识衔接

按一定次序排列的一列数 $a_1, a_2, \cdots, a_n, \cdots$ 称为_____,其中第一项 a_1 称为_____,第 n 项 a_n 称为_____.

如果一个数列从第二项起,每一项与前一项的差等于同一常数 d,这个数列称为_____,通项公式为_____.

如果一个数列从第二项起,每一项与前一项的比等于同一常数 q,这个数列称为_____,通项公式为_____.

1.2.1 数列极限的定义

对于一个数列而言,除了研究其通项公式外,有时还要研究随着项数的变化,通项 a_n 的变化趋势,这就是极限问题. 极限是近代数学微积分的基础,早在 2000 年前中国的科学家已开始研究与实践运用极限思想解决问题.

引例1 战国时代哲学家庄周所著的《庄子-天下篇》引用过一句话:"一尺之棰,日取其半,万世不竭."也就是说:一根长为一尺的木棒,每天截去一半,这样的过程可以无限制地进行下去.

用数学的方法叙述为:第一天截剩下 $\dfrac{1}{2}$,第二天截剩下 $\dfrac{1}{2^2}$,如此进行下去,第 n 天截剩下 $\dfrac{1}{2^n}$,…这样就得到数列

$$\frac{1}{2}, \frac{1}{2^2}, \frac{1}{2^3}, \cdots, \frac{1}{2^n}, \cdots.$$

不难看出,当 n 无限增大时,剩下木棒的长度 $a_n = \dfrac{1}{2^n}$ 无限接近于 0.

另一个著名的例子是刘徽的割圆术——利用圆内接多边形的周长无限逼近圆周长,从而求得圆周率 π 的方法.

引例2 数学家刘徽[①]在《九章算术注》中写道:"割之弥细,所失弥少,割之又割,以至于不可割,则与圆合体而无所失矣."也就是说:当把圆周分割得越细,其内接正多边形的周长就越接近于圆周长,二者误差就越小,如此不断分割下去,一直到圆周无法再分割

[①] 刘徽(公元 225 年—295 年),汉族,山东邹平县(今邹平市)人,魏晋期间伟大的数学家,中国古典数学理论的奠基者之一. 其主要著作有《九章算术注》10 卷、《重差》1 卷(唐代易名为《海岛算经》)、《九章重差图》1 卷.

为止,即内接多边形的边长无限多时,它的周长就与圆周长完全一致了.

用数学的方法叙述为:首先,将圆周等分为 a 条弧,作内接正 a 边形,它的周长记为 l_1,再继续等分,作内接正 $2a$ 边形,其周长记为 l_2,如此进行下去,每次将多边形的边数加倍,进行 n 次后,内接正 $a\times 2^{n-1}$ 边形的周长记为 l_n,…这样就得到数列
$$l_1,l_2,l_3,\cdots,l_n,\cdots.$$
当 n 无限增大时,内接正多边形的周长 l_n 无限接近于圆周长 l.

为了深入研究数列极限的概念,再来观察以下数列通项 a_n 随着项数 n 的变化趋势:

(1) 数列 $\left\{\dfrac{n-1}{n}\right\}$:$0,\dfrac{1}{2},\dfrac{2}{3},\cdots,\dfrac{n-1}{n},\cdots$ 随着项数的增大,通项 a_n 无限接近于 1;

(2) 数列 $\{2n\}$:$2,4,6,\cdots,2n,\cdots$ 随着项数的增大,通项 a_n 无限增大;

(3) 数列 $\left\{1+(-1)^n\dfrac{1}{n}\right\}$:$0,\dfrac{3}{2},\dfrac{2}{3},\cdots,1+(-1)^n\dfrac{1}{n},\cdots$ 随着项数的增大,通项 a_n 无限接近于 1;

(4) 数列 $\{(-1)^n\}$:$-1,1,-1,1,\cdots$ 随着项数的增大,通项 a_n 在 -1 与 1 之间摆动,无固定的变化趋势.

由上面的例子不难看出:随着项数的增加,数列(1)(3)的通项 a_n 无限接近于某个常数 a,这类现象称为数列的极限存在. 提取以上各例的共性,便可给出数列极限这一数学模型的描述性定义.

对于数列 $\{a_n\}$,当 n 无限增大,即 $n\to +\infty$ 时,a_n 无限接近于某一个常数 a,则称数列 $\{a_n\}$ 的极限为 a,或称数列 $\{a_n\}$ 收敛于 a.

一般说来,衡量两个数 a_n 和 a 的接近程度可用两者间的距离 $|a_n-a|$ 来表示,"无限接近"意味着:当 $n\to +\infty$ 时,数 a_n 和 a 的距离 $|a_n-a|$ 要多小有多小.

就数列(1)而言,因为 $|a_n-1|=\dfrac{1}{n}$,当 n 越来越大时,$\dfrac{1}{n}$ 越来越小,从而 a_n 越来越接近于 1,只要 n 足够大,距离 $|a_n-1|=\dfrac{1}{n}$ 就可以小于任意给定的正数. 例如,要使 $|a_n-1|=\dfrac{1}{n}<\dfrac{1}{100}$,只需要 $n>100$,从 101 项起即可;要使 $|a_n-1|=\dfrac{1}{n}<\dfrac{1}{1000}$,只需要 $n>1000$,从 1001 项起即可,这样只要保证项数足够大,就可以保证 a_n 无限接近于某个常数 a,于是便有如下数列极限的精确定义.

定义 1.9 设 $\{a_n\}$ 为一数列,a 为给定的常数,若对于任给的正数 ε(任意小),总存在正整数 N,使得当 $n>N$ 时,总有
$$|a_n-a|<\varepsilon,$$
则称常数 a 为数列 $\{a_n\}$ 的**极限**,此数列收敛于 a,记作
$$\lim_{n\to +\infty}a_n=a \text{ 或 } a_n\to a \quad (n\to +\infty).$$

若不存在这样的常数 a,则称数列 $\{a_n\}$ 的极限不存在,此数列发散. 例如,数列(2)(4)即为发散的数列.

为了方便使用,定义 1.9 常用"ε-N"语言来表述:

若对 $\forall \varepsilon > 0$，$\exists N \in \mathbf{N}_+$，当 $n > N$ 时，总有 $|a_n - a| < \varepsilon$ 成立，则称数列 $\{a_n\}$ 收敛于 a，记作 $\lim\limits_{n \to \infty} a_n = a$. 其中，符号"$\forall$"表示"对于任意给定的"，符号"$\exists$"表示"存在". 在不影响理解的情况下，$n \to +\infty$ 可以记为 $n \to \infty$.

注：ε 贵在任意小：ε 可以预先限定小于某一数，但不能限定大于某一数；ε 用来衡量 a_n 和 a 的接近程度，ε 越小，则 a_n 接近于 a 的程度越好. 要使 a_n 无限接近于 a，正数 ε 必须任意小. 正因为 ε 具有任意性，在有些表述中，往往用 $\dfrac{\varepsilon}{2}, 2\varepsilon, \varepsilon^2, \sqrt{\varepsilon}$ 甚至 $\dfrac{1}{n}$ 等来代替 ε，以简化计算；不等式 $|a_n - a| < \varepsilon$ 也可表示为 $|a_n - a| \leqslant \varepsilon$.

N 的相应性：N 依赖于 ε，但不是由 ε 唯一确定，N 贵在存在性.

从数形结合的视角看：数列的极限也可以用数轴来描述，如图 1-22 所示.

从图中不难看出，对于任给的 $\varepsilon > 0$，从 $N+1$ 项开始，$a_{N+1}, a_{N+2}, \cdots$ 全部落在区间 $(a-\varepsilon, a+\varepsilon)$ 内，而前 N 项 $a_1, a_2, \cdots, a_N$ 中只有有限项（至多 N 项）落在 $(a-\varepsilon, a+\varepsilon)$ 外.

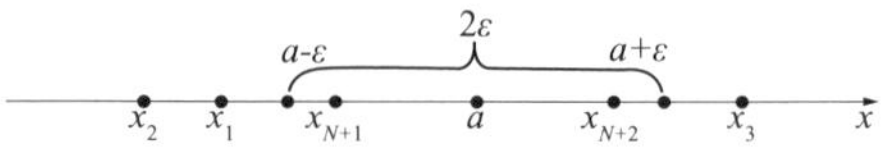

图 1-22

例 1.9 证明数列极限 $\lim\limits_{n \to \infty} \dfrac{1}{n^2} = 0$.

证 对 $\forall \varepsilon > 0$，为使

$$|a_n - a| = \left|\dfrac{1}{n^2} - 0\right| = \dfrac{1}{n^2} < \varepsilon,$$

只需 $\dfrac{1}{n^2} < \varepsilon$，即 $n > \dfrac{1}{\sqrt{\varepsilon}}$.

因此，对 $\forall \varepsilon > 0$，取 $N = \left[\dfrac{1}{\sqrt{\varepsilon}}\right] + 1$，当 $n > N$ 时，总有

$$|a_n - a| = \dfrac{1}{n^2} < \varepsilon,$$

即

$$\lim\limits_{n \to \infty} \dfrac{1}{n^2} = 0.$$

例 1.10 证明等比数列的极限 $\lim\limits_{n \to \infty} q^n = 0$，其中 $|q| < 1$，n 为正整数.

证 当 $q = 0$ 时，显然 $\lim\limits_{n \to \infty} q^n = 0$；

当 $0 < |q| < 1$ 时，对 $\forall \varepsilon > 0$（限定 $\varepsilon < 1$），

$$|a_n - a| = |q|^n,$$

为使 $|a_n - a| < \varepsilon$，只需 $|q|^n < \varepsilon$，两边取对数 $n \ln|q| < \ln \varepsilon$，即 $n > \dfrac{\ln \varepsilon}{\ln |q|}$.

因此，对 $\forall \varepsilon > 0$，取 $N = \left[\dfrac{\ln \varepsilon}{\ln |q|}\right]$，当 $n > N$ 时，总有

$$|a_n - a| = |q|^n < \varepsilon,$$

即
$$\lim_{n\to\infty} q^n = 0.$$

从上面两个例题的证明过程可知,利用极限定义证明极限存在时,关键是找到能使不等式成立的正整数 N,为此需要灵活的放缩技巧.

1.2.2 收敛数列的性质

性质 1.1(唯一性) 若数列 $\{a_n\}$ 收敛,则它的极限必唯一.

证 反证法 不妨设 $\lim\limits_{n\to\infty} a_n = a$ 和 $\lim\limits_{n\to\infty} a_n = b$,这里 $a<b$.

因为 $\lim\limits_{n\to\infty} a_n = a$,则对 $\forall \varepsilon > 0$,$\exists N_1 \in \mathbf{N}_+$,当 $n>N_1$ 时,总有
$$|a_n - a| < \varepsilon. \tag{1.1}$$

因为 $\lim\limits_{n\to\infty} a_n = b$,则对上述 $\varepsilon > 0$,$\exists N_2 \in \mathbf{N}_+$,当 $n>N_2$ 时,总有
$$|a_n - b| < \varepsilon. \tag{1.2}$$

所以,对 $\forall \varepsilon > 0$,$\exists N = \max\{N_1, N_2\}$,当 $n>N$ 时,(1.1)式与(1.2)式同时成立.

取 $\varepsilon = \dfrac{b-a}{2}$,则由(1.1)式可知
$$a_n < a + \varepsilon = \frac{a+b}{2},$$

由(1.2)式可知
$$a_n > b - \varepsilon = \frac{a+b}{2},$$

这就出现了矛盾,所以假设错误,原命题成立.

性质 1.2(有界性) 若数列 $\{a_n\}$ 收敛,则 $\{a_n\}$ 必有界,即存在正数 M,使得对于一切 n,有 $|a_n| \leq M$.

证 设 $\lim\limits_{n\to\infty} a_n = a$,取 $\varepsilon = 1$,则对 $\forall \varepsilon > 0$,$\exists N \in \mathbf{N}_+$,当 $n>N$ 时,总有 $|a_n - a| < \varepsilon = 1$,即
$$a - 1 < a_n < a + 1.$$

记 $M = \max\{|a_1|, |a_2|, \cdots, |a_n|, |a-1|, |a+1|\}$,则对于一切 n,有 $|a_n| \leq M$,故命题得证.

反之,若数列 $\{a_n\}$ 有界,则数列 $\{a_n\}$ 是否一定收敛呢?

由数列 $a_n = \{(-1)^n\}$ 有界但数列 $a_n = \{(-1)^n\}$ 发散这一事实知,数列有界只是数列收敛的必要条件;然而,若数列 $\{a_n\}$ 无界,则数列 $\{a_n\}$ 必发散.

性质 1.3(保号性) 若 $\lim\limits_{n\to\infty} a_n = a > 0$(或 $a<0$),则存在正整数 N,当 $n>N$ 时,总有 $a_n > 0$(或 $a_n < 0$).

证 当 $a>0$ 时,由 $\lim\limits_{n\to\infty} a_n = a$ 知,取 $\varepsilon = \dfrac{a}{2}$,$\exists N \in \mathbf{N}_+$,当 $n>N$ 时,总有
$$|a_n - a| < \varepsilon = \frac{a}{2},$$

即
$$a_n > a - \frac{a}{2} = \frac{a}{2} > 0.$$

同理，当 $a<0$ 且 $n>N$ 时，总有 $a_n < \dfrac{a}{2} < 0$.

推论 1.1 若 $\lim\limits_{n\to\infty} a_n = a$，则存在正整数 N，当 $n>N$ 时，总有 $|a_n| > \dfrac{|a|}{2}$.

推论 1.2 如果数列 $\{a_n\}$ 从某项起有 $a_n \geq 0$（或 $a_n \leq 0$），且 $\lim\limits_{n\to\infty} a_n = a$，那么 $a \geq 0$（或 $a \leq 0$）.

利用性质 1.3 及反证法易证此结论.

性质 1.4（保序性） 若 $\lim\limits_{n\to\infty} a_n = a$，$\lim\limits_{n\to\infty} b_n = b$，存在正数 N_0，当 $n>N_0$ 时，总有 $a_n \leq b_n$，则 $a \leq b$.

证 因为 $\lim\limits_{n\to\infty} a_n = a$，则对 $\forall \varepsilon > 0$，$\exists N_1 \in \mathbf{N}_+$，当 $n>N_1$ 时，总有
$$|a_n - a| < \varepsilon. \tag{1.3}$$
因为 $\lim\limits_{n\to\infty} b_n = b$，则对上述 $\varepsilon > 0$，$\exists N_2 \in \mathbf{N}_+$，当 $n>N_2$ 时，总有
$$|b_n - b| < \varepsilon. \tag{1.4}$$
所以，对 $\forall \varepsilon > 0$，取 $N = \max\{N_0, N_1, N_2\}$，当 $n>N$ 时，(1.3) 和 (1.4) 及 $a_n \leq b_n$ 式同时成立，故
$$a - \varepsilon < a_n \leq b_n < b + \varepsilon,$$
由此得到 $a < b + 2\varepsilon$，由 ε 的任意性知，$a \leq b$.

推论 1.3 若 $\lim\limits_{n\to\infty} a_n = a$，$\lim\limits_{n\to\infty} b_n = b$，$a < b$，则存在正数 N_0，当 $n>N_0$ 时，总有 $a_n < b_n$.

1.2.3 数列的子列

设 $\{a_n\}$ 为一数列，从中抽取无限项，且 $n_1 < n_2 < \cdots < n_k < \cdots$ 得到数列
$$a_{n_1}, a_{n_2}, \cdots, a_{n_k}, \cdots$$
称这个数列为数列 $\{a_n\}$ 的一个子列，记为 $\{a_{n_k}\}$，同时称数列 $\{a_n\}$ 为数列 $\{a_{n_k}\}$ 的母列.

定理 1.1 若数列 $\{a_n\}$ 收敛于 a，则它的任意子列都收敛于 a.

证 设数列 $\{a_{n_k}\}$ 为 $\{a_n\}$ 的任意子列，因为 $\lim\limits_{n\to\infty} a_n = a$，则对 $\forall \varepsilon > 0$，$\exists N \in \mathbf{N}_+$，当 $n>N$ 时，总有
$$|a_n - a| < \varepsilon,$$
所以对上述的 $\forall \varepsilon > 0$，$\exists N \in \mathbf{N}_+$，当 $k>N$ 时，$n_k > n_N \geq N$，总有
$$|a_{n_k} - a| < \varepsilon$$
成立，故数列 $\{a_{n_k}\}$ 收敛于 a，即
$$\lim_{k\to\infty} a_{n_k} = a.$$

需要说明的是，定理 1.1 的逆命题也是成立的，这是数列 $\{a_n\}$ 收敛于 a 的一个充分必要条件.

我们知道，若一个命题为真，则其逆否命题也必为真. 因此可以通过数列 $\{a_n\}$ 的一个子列发散或两个子列极限存在但不相等这些现象判断数列 $\{a_n\}$ 发散. 例如，数列 $\{(-1)^n\}$：
$$-1, 1, -1, 1, \cdots, (-1)^n, \cdots$$

其中偶数项构成的子列即偶子列 $\{a_{2n}\}$ 为 $1,1,1,\cdots,1,\cdots$ 收敛于 1,奇数项构成的子列即奇子列 $\{a_{2n-1}\}$ 为 $-1,-1,-1,\cdots,-1,\cdots$ 收敛于 -1,二者极限不相等,从而可以判断该数列发散,同时也表明发散的数列其子列并不一定发散.

习题 1.2(A)

1. 已知 $\lim\limits_{n\to\infty} x_n = a$,对任给的 $\varepsilon>0$,存在正整数 N,使得对 $n>N$ 的一切 x_n,不等式 $|x_n - a|<\varepsilon$ 都成立. 这里的 N ( )

(A)是由 ε 所唯一确定的　　(B)是 ε 的函数 $N(\varepsilon)$,且当 ε 减少时 $N(\varepsilon)$ 增大

(C)与 ε 有关,但 ε 给定时 N 并不唯一确定

(D)是一个很大的常数,与 ε 无关

2. 下列数列 x_n 中,收敛的是 ( )

(A) $x_n = (-1)^n \dfrac{n-1}{n}$ 　　(B) $x_n = \dfrac{n}{n+1}$

(C) $x_n = \sin \dfrac{n\pi}{2}$ 　　(D) $x_n = n - (-1)^n$

3. 数列有界是数列收敛的 ( )

(A)充分条件　　(B)必要条件

(C)充分必要条件　　(D)既非充分又非必要条件

4. 已知数列 $\{a_n\}$,且 $\lim\limits_{n\to\infty} a_n = a \neq 0$,则当 n 充分大时,必有 ( )

(A) $a_n \geqslant a$ 　　(B) $|a_n| \leqslant |a|$

(C) $|a_n| \leqslant \dfrac{|a|}{2}$ 　　(D) $|a_n| > \dfrac{|a|}{2}$

5. 数列 $\{x_{2n}\}$ 及数列 $\{x_{2n+1}\}$ 同时收敛是数列 $\{x_n\}$ 收敛的 ( )

(A)充分条件　　(B)必要条件

(C)充分必要条件　　(D)既非充分又非必要条件

习题 1.2(B)

1. 判断下列数列是否收敛? 若收敛求极限.

(1) $a_n = \dfrac{2n-1}{3n}$;　　(2) $a_n = \cos \dfrac{1}{n^2}$;　　(3) $a_n = \left(1 - \dfrac{1}{4}\right)\left(1 - \dfrac{1}{9}\right)\cdots\left(1 - \dfrac{1}{n^2}\right), n \geqslant 2$;

(4) $a_n = \dfrac{n}{3^n}$;　　(5) $a_n = (-1)^n \dfrac{1}{n^3}$;　　(6) $a_n = ((-1)^n + 1)\dfrac{n-1}{n}$;

(7) $a_n = \dfrac{n-1}{n+2}$；　　　(8) $a_n = (-1)^n 2^n$；　　　(9) $a_n = \dfrac{3^n + 2^n}{5^n}$.

2. 利用数列极限定义证明：

(1) $\lim\limits_{n \to +\infty} \dfrac{n-1}{n+1} = 1$；　　　　　　(2) $\lim\limits_{n \to +\infty} (1 - (0.1)^n) = 1$；

(3) $\lim\limits_{n \to +\infty} (\sqrt{n+1} - \sqrt{n}) = 0$；　　　(4) $\lim\limits_{n \to +\infty} \dfrac{1 + 2 + \cdots + n}{n^2} = \dfrac{1}{2}$；

(5) $\lim\limits_{n \to \infty} \dfrac{2n+1}{3n+1} = \dfrac{2}{3}$；　　　　　(6) $\lim\limits_{n \to \infty} \dfrac{\sin n}{n} = 0$.

3. 已知数列 $\{a_n\}$，且 $\lim\limits_{n \to \infty} a_n = a$，则 $\lim\limits_{n \to \infty} |a_n| = |a|$ 是否成立？反之，若 $\lim\limits_{n \to \infty} |a_n| = |a|$，则 $\lim\limits_{n \to \infty} a_n = a$ 是否成立？若成立，给出证明；不成立，请举出反例.

4. 若 $\lim\limits_{n \to \infty} a_n = a$，试证明：

(1) 对于任意正整数 N，都有 $\lim\limits_{n \to \infty} a_{n+N} = a$；

(2) 若 $a = 0$ 且数列 $\{b_n\}$ 有界，则数列 $\{a_n b_n\}$ 必收敛.

1.3　函数的极限

知识衔接

用 ε-N 语言叙述：$\lim\limits_{n \to \infty} a_n = a$ _____.

收敛数列的性质有 _____、_____、_____、_____.

数列与函数的关系是 _____.

常见的区间有 _____.

类似于数列的极限，可定义自变量不同变化过程对应函数的极限.

1.3.1　自变量趋于无穷大时函数的极限

引例 1　观察函数 $y = \dfrac{1}{x}$ 当 x 无限增大时的变化趋势，如图 1-23 所示，当 x 为正值并无限增大时（即 $x \to +\infty$），此时 $y = \dfrac{1}{x}$ 无限趋于零，当 x 为负值并无限减小时（即 $x \to -\infty$）；此时 $y = \dfrac{1}{x}$ 无限趋于零，从而当

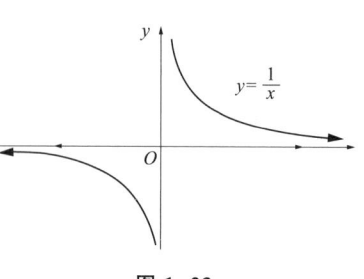

图 1-23

$x \to \infty$ 时,函数 $y = \dfrac{1}{x}$ 无限趋于零.

这个例子说明了,当自变量 x 趋于无穷大时,函数值趋于某个确定的常数.类似于数列极限的定义形式,可给出此类函数极限的精确定义(用 ε-X 定义).

定义 1.10 设函数 $f(x)$ 在区间 $(-\infty, +\infty)$ 内有定义,A 为给定常数,若对于 $\forall \varepsilon > 0$,总 $\exists X \in \mathbf{R}^+$,使得当 $x > X$ 时,总有

$$|f(x) - A| < \varepsilon$$

成立,则称当 x 趋近于 $+\infty$ 时,函数 $f(x)$ 的极限为 A,记作

$$\lim_{x \to +\infty} f(x) = A \text{ 或 } f(x) \to A \, (x \to +\infty).$$

类似地,可以定义 $x \to -\infty$ 和 $x \to \infty$ 时,函数极限定义:

若 $\lim\limits_{x \to -\infty} f(x) = A$,则 $\forall \varepsilon > 0$,$\exists X \in \mathbf{R}^+$,当 $x < -X$ 时,总有 $|f(x) - A| < \varepsilon$;

若 $\lim\limits_{x \to \infty} f(x) = A$,则 $\forall \varepsilon > 0$,$\exists X \in \mathbf{R}^+$,当 $|x| > X$ 时,总有 $|f(x) - A| < \varepsilon$.

显然,$\lim\limits_{x \to \infty} f(x) = A$ 的等价条件是 $\lim\limits_{x \to +\infty} f(x) = A$ 与 $\lim\limits_{x \to -\infty} f(x) = A$ 同时成立.

极限 $\lim\limits_{x \to \infty} f(x) = A$,即当 $|x| > X$ 时,总有 $A - \varepsilon < f(x) < A + \varepsilon$,其几何表示如图 1-24 所示.

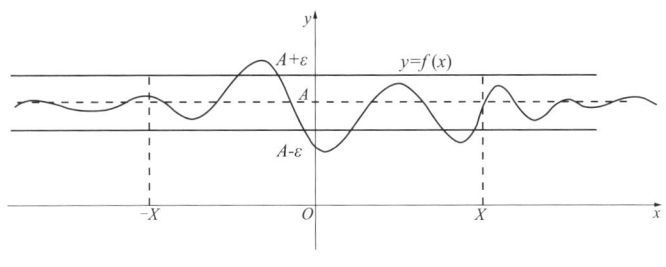

图 1-24

例 1.11 证明极限 $\lim\limits_{x \to \infty} \dfrac{x^2 + 1}{x^2} = 1$.

证 对 $\forall \varepsilon > 0$,为使

$$|f(x) - A| = \left| \dfrac{x^2 + 1}{x^2} - 1 \right| = \dfrac{1}{x^2} < \varepsilon,$$

只需 $x^2 > \dfrac{1}{\varepsilon}$,即 $|x| > \dfrac{1}{\sqrt{\varepsilon}}$.

因此,对 $\forall \varepsilon > 0$,取 $X = \dfrac{1}{\sqrt{\varepsilon}}$,当 $|x| > X$ 时,总有

$$|f(x) - A| = \dfrac{1}{|x^2|} < \varepsilon,$$

即

$$\lim_{x \to \infty} \dfrac{x^2 + 1}{x^2} = 1.$$

例 1.12 证明极限 $\lim\limits_{x \to +\infty} \dfrac{1}{3^x} = 0$.

证 对 $\forall \varepsilon>0$(限定 $\varepsilon<1$),为使

$$|f(x)-A|=\left|\frac{1}{3^x}-0\right|=\frac{1}{3^x}<\varepsilon,$$

只需 $3^x>\frac{1}{\varepsilon}$,即 $x>\log_3\frac{1}{\varepsilon}$.

因此,对 $\forall \varepsilon>0$,取 $X=\max\left\{1,\log_3\frac{1}{\varepsilon}\right\}$,当 $x>X$ 时,总有

$$|f(x)-A|=\frac{1}{3^x}<\varepsilon,$$

即

$$\lim_{x\to+\infty}\frac{1}{3^x}=0.$$

1.3.2 自变量趋于有限值时函数的极限

为了深入理解极限的本质,特引入邻域的概念.

定义 1.11 设 $a,\delta(\delta>0)$ 为实数,满足 $|x-a|<\delta$ 的全体实数 x 的集合称为以点 a 为中心的 δ 邻域,记作 $U(a,\delta)$,简记为 $U(a)$,即

$$U(a,\delta)=\{x\mid|x-a|<\delta\}=(a-\delta,a+\delta).$$

去掉中心点 a 的邻域,称为点 a 的**去心邻域**,记作 $\overset{\circ}{U}(a,\delta)$,即

$$\overset{\circ}{U}(a,\delta)=\{x\mid 0<|x-a|<\delta\}=(a-\delta,a)\cup(a,a+\delta).$$

除此之外,

$$U_+(a,\delta)=\{x\mid a\leqslant x<a+\delta\}=[a,a+\delta)$$

称为点 a 的**右邻域**,

$$U_-(a,\delta)=\{x\mid a-\delta<x\leqslant a\}=(a-\delta,a]$$

称为点 a 的**左邻域**.

$$U(\infty)=\{x\mid|x|>M\}\text{(其中 }M\text{ 为充分大的数)}$$

称为 ∞ 的邻域.

$$U(+\infty)=\{x\mid x>M\}$$

称为 $+\infty$ 的邻域.

$$U(-\infty)=\{x\mid x<-M\}$$

称为 $-\infty$ 的邻域.

引例 2 观察 $y=\frac{x^2-1}{x-1}$,当 $x\to 1$ 时,函数的变化趋势如图 1-25 所示. 当 $x\in U(1,\delta)$ 无限趋近于 1 时,$y=\frac{x^2-1}{x-1}$ 无限趋于 2,当 $x\in U_+(1,\delta)$ 无限趋近于 1 时,此时 $y=\frac{x^2-1}{x-1}$ 无限

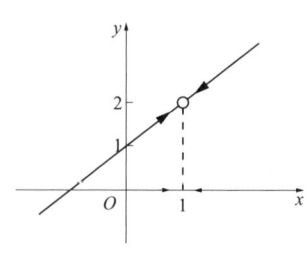

图 1-25

趋于 2,从而知当 $x \to 1$ 时,函数 $y = \dfrac{x^2-1}{x-1}$ 无限趋于 2.

这个例子表明,当自变量 x 无限趋于有限值时,函数值可以无限趋于某个确定的常数. 类似的情形加以归纳可给出自变量趋近于有限值时,函数极限存在这一数学模型的精确定义(ε-δ 定义).

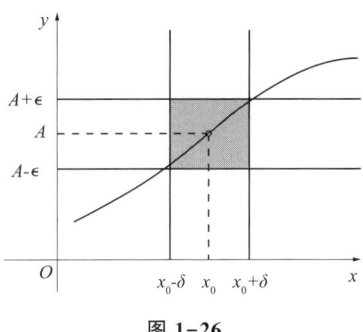

图 1-26

定义 1.12 设函数 $f(x)$ 在 x_0 的去心邻域 $\overset{\circ}{U}(x_0,\delta)$ 内有定义,A 为给定常数,若对于 $\forall \varepsilon > 0$,总 $\exists \delta > 0$,使得当 $0 < |x-x_0| < \delta$ 时,总有
$$|f(x)-A| < \varepsilon$$
成立,则称当 x 趋近于 x_0 时,函数 $f(x)$ 的极限为 A,记作
$$\lim_{x \to x_0} f(x) = A \text{ 或 } f(x) \to A\,(x \to x_0).$$

极限 $\lim\limits_{x \to x_0} f(x) = A$,即当 $0 < |x-x_0| < \delta$ 时,总有 $A-\varepsilon < f(x) < A+\varepsilon$,其几何表示如图 1-26 所示.

例 1.13 证明 $\lim\limits_{x \to x_0} c = c.$

证 对 $\forall \varepsilon > 0$ 都有
$$|f(x)-A| = |c-c| = 0 < \varepsilon,$$
所以,对 $\forall \varepsilon > 0$,任取 $\delta > 0$,当 $0 < |x-x_0| < \delta$ 时,总有
$$|f(x)-A| = |c-c| = 0 < \varepsilon,$$
即
$$\lim_{x \to x_0} c = c.$$

例 1.14 证明 $\lim\limits_{x \to 1} (2x-1) = 1.$

证 对 $\forall \varepsilon > 0$,为使
$$|f(x)-A| = |2x-1-1| = 2|x-1| < \varepsilon,$$
只需要 $|x-1| < \dfrac{\varepsilon}{2}$,所以 $\forall \varepsilon > 0$,取 $\delta = \dfrac{\varepsilon}{2}$,当 $0 < |x-1| < \delta$ 时,总有
$$|f(x)-A| = 2|x-1| < \varepsilon,$$
即
$$\lim_{x \to 1} (2x-1) = 1.$$

例 1.15 证明 $\lim\limits_{x \to 1} \dfrac{x^2-1}{x-1} = 2.$

证 对 $\forall \varepsilon > 0$,为使
$$|f(x)-A| = \left|\dfrac{x^2-1}{x-1} - 2\right| = |x-1| < \varepsilon,$$
只需取 $\delta = \varepsilon$ 即可,所以对 $\forall \varepsilon > 0$,只要取 $\delta = \varepsilon$,当 $0 < |x-1| < \delta$ 时,总有
$$|f(x)-A| = \left|\dfrac{x^2-1}{x-1} - 2\right| = |x-1| < \varepsilon,$$

即
$$\lim_{x\to 1}\frac{x^2-1}{x-1}=2.$$

1.3.3 函数的单侧极限

因为 x 可分别从左、右两侧趋近于 x_0,所以可仿照定义 1.12 给出函数单侧极限的定义.

定义 1.13 若 $\forall \varepsilon>0$, $\exists \delta>0$,使得当 $x_0-\delta<x<x_0$ 时,总有
$$|f(x)-A|<\varepsilon$$
成立,则称 A 为当 $x\to x_0^-$ 时,函数 $f(x)$ 的**左极限**,记为
$$\lim_{x\to x_0^-}f(x)=A \text{ 或 } f(x_0^-)=A.$$

若 $\forall \varepsilon>0$, $\exists \delta>0$,使得当 $x_0<x<x_0+\delta$ 时,总有
$$|f(x)-A|<\varepsilon$$
成立,则称 A 为当 $x\to x_0^+$ 时,函数 $f(x)$ 的**右极限**,记为
$$\lim_{x\to x_0^+}f(x)=A \text{ 或 } f(x_0^+)=A.$$

显然
$$\lim_{x\to x_0}f(x)=A \Leftrightarrow \lim_{x\to x_0^-}f(x)=\lim_{x\to x_0^+}f(x)=A.$$

例 1.16 若函数
$$f(x)=\begin{cases} e^x, & x\geq 0, \\ x+b, & x<0 \end{cases}$$
在 $x=0$ 的极限存在,求参数 b.

解 因为
$$\lim_{x\to 0^+}f(x)=\lim_{x\to 0^+}e^x=1, \lim_{x\to 0^-}f(x)=\lim_{x\to 0^-}x+b=b,$$
则由
$$\lim_{x\to 0^+}f(x)=\lim_{x\to 0^-}f(x)$$
知
$$b=1.$$

1.3.4 函数极限的性质

对比数列极限与函数极限定义不难发现:从极限本质上讲二者是一致的.因此,函数极限也必然有与数列极限相类似的性质.

性质 1.5(唯一性) 若函数极限 $\lim_{x\to x_0}f(x)$ 存在,则它的极限必唯一.

性质 1.6(局部有界性) 若函数极限 $\lim_{x\to x_0}f(x)$ 存在,则 $f(x)$ 在 x_0 的某去心邻域内有界.

证 设 $\lim_{x\to x_0}f(x)=A$,取 $\varepsilon=1$, $\exists \delta>0$,使得当 $0<|x-x_0|<\delta$ 时,总有 $|f(x)-A|<\varepsilon=1$,因此
$$|f(x)|\leq |f(x)-A|+|A|<1+|A|.$$
记 $M=1+|A|$,则 $|f(x)|\leq M$,故命题可证.

性质 1.7(局部保号性)　若 $\lim\limits_{x \to x_0} f(x) = A > 0$(或 $A < 0$),则存在 $\delta > 0$,当 $0 < |x - x_0| < \delta$ 时,有 $f(x) > 0$(或 $f(x) < 0$).

证　当 $A > 0$ 时,因 $\lim\limits_{x \to x_0} f(x) = A$,取 $\varepsilon = \dfrac{A}{2}$,则 $\exists \delta > 0$,当 $0 < |x - x_0| < \delta$ 时,有

$$|f(x) - A| < \varepsilon = \dfrac{A}{2},$$

因此

$$f(x) > A - \dfrac{A}{2} = \dfrac{A}{2} > 0.$$

同理可证,当 $A < 0$ 时,$f(x) < 0$.

性质 1.8(保序性)　若 $\lim\limits_{x \to x_0} f(x) = A$,$\lim\limits_{x \to x_0} g(x) = B$,在 x_0 的去心邻域内 $\overset{\circ}{U}(x_0, \delta_0)$ 内有 $f(x) \leqslant g(x)$,则 $A \leqslant B$.

证　因为 $\lim\limits_{x \to x_0} f(x) = A$,$\lim\limits_{x \to x_0} g(x) = B$,则对 $\forall \varepsilon > 0$,分别存在 $\delta_1 > 0$,$\delta_2 > 0$,使得:
当 $0 < |x - x_0| < \delta_1$ 时,有

$$A - \varepsilon < f(x); \tag{1.5}$$

当 $0 < |x - x_0| < \delta_2$ 时,有

$$g(x) < B + \varepsilon. \tag{1.6}$$

所以,对上述 $\varepsilon > 0$,取 $\delta = \min\{\delta_0, \delta_1, \delta_2\}$,当 $0 < |x - x_0| < \delta$ 时,(1.5)和(1.6)及 $f(x) \leqslant g(x)$ 式成立,因此

$$A - \varepsilon < f(x) \leqslant g(x) < B + \varepsilon,$$

即

$$A < B + 2\varepsilon.$$

由 ε 的任意性知,$A \leqslant B$.

若函数极限 $\lim\limits_{x \to +\infty} f(x)$ 存在,则函数 $f(x)$ 有类似的性质,这里就不再累述.

1.3.5　函数极限与数列极限的关系

定理 1.2　若函数极限 $\lim\limits_{x \to a} f(x)$ 存在,数列 $\{a_n\}$ 收敛,$a_n \neq a$,$\lim\limits_{n \to +\infty} a_n = a$,则函数值列 $\{f(a_n)\}$ 收敛,且 $\lim\limits_{n \to \infty} f(a_n) = \lim\limits_{x \to a} f(x)$.

证　因为 $\lim\limits_{x \to a} f(x) = A$,则对 $\forall \varepsilon > 0$,$\exists \delta > 0$,使得当 $0 < |x - a| < \delta$ 时,总有

$$|f(x) - A| < \varepsilon.$$

因为 $\lim\limits_{n \to +\infty} a_n = a$,$a_n \neq a$,则对上述 δ,$\exists N \in \mathbf{N}_+$,当 $n > N$ 时,总有

$$0 < |a_n - a| < \delta.$$

综上所述,对 $\forall \varepsilon > 0$,$\exists N \in \mathbf{N}_+$,当 $n > N$ 时,有

$$|f(a_n) - A| < \varepsilon,$$

即

$$\lim\limits_{n \to \infty} f(a_n) = A = \lim\limits_{x \to a} f(x).$$

注:该结论从本质上讲类似于定理 1.1,可用于判断函数的极限存在与否.

习题 1.3(A)

1. 函数 $f(x)$ 在 $x=x_0$ 处有定义是 $\lim\limits_{x \to x_0} f(x)$ 存在的 ( )

  (A) 充分条件   (B) 必要条件

  (C) 充分且必要条件   (D) 非充分且非必要条件

2. 函数 $f(x)$ 在邻域 $\overset{\circ}{U}(a)$ 内有界是 $\lim\limits_{x \to a} f(x)$ 存在的 ( )

  (A) 充分条件   (B) 必要条件

  (C) 充分且必要条件   (D) 非充分且非必要条件

3. 下列说法正确的是 ( )

  (A) 若 $f(x)$ 在区间 I 上有定义,对于 $\forall a \in I$,极限 $\lim\limits_{x \to a} f(x)$ 存在,则 $f(x)$ 在区间 I 内有界

  (B) 若 $\lim\limits_{x \to a} f(x) = A$, $\lim\limits_{x \to a} g(x) = B$,且 $f(x) < g(x)$,当 $0 < |x-a| < \delta$ 时, $A < B$

  (C) 若 $\lim\limits_{x \to a} f(x) = A$,则 $\lim\limits_{x \to a} |f(x)| = |A|$

  (D) 若 $\lim\limits_{x \to a} |f(x)| = |A|$,则 $\lim\limits_{x \to a} f(x) = A$

4. 若数列 $\lim\limits_{x \to a} f(x) = A$,则 $\exists \delta > 0$,当 $0 < |x-a| < \delta$ 时,必有 ( )

  (A) $|f(x)| > A$ (B) $|f(x)| \leq |A|$

  (C) $|f(x)| \leq \dfrac{|A|}{2}$ (D) $|f(x)| > \dfrac{|A|}{2}$

5. 已知 $\lim\limits_{x \to 1} \dfrac{f(x)}{(x-1)^2} = -1$,则下列结论正确的是 ( )

  (A) $f(1) = 0$ (B) $\lim\limits_{x \to 1} f(x) < 0$

  (C) 存在 $\delta > 0$,当 $|x-1| < \delta$ 时, $f(x) < 0$

  (D) 存在 $\delta > 0$,当 $0 < |x-1| < \delta$ 时, $f(x) < 0$

习题 1.3(B)

1. 已知函数 $f(x)$ 的图形如图 1-27 所示,下列哪些说法是对的,哪些是错的?

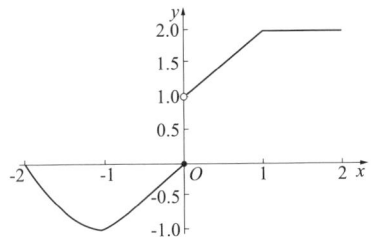

图 1-27

(1) $\lim\limits_{x\to(-1)^+}f(x)$ 存在；

(2) $\lim\limits_{x\to-1}f(x)$ 不存在；

(3) $\lim\limits_{x\to 0^+}f(x)=0$；

(4) $\lim\limits_{x\to 0^-}f(x)=0$；

(5) $\lim\limits_{x\to 0}f(x)=0$；

(6) $\lim\limits_{x\to 1^+}f(x)=\lim\limits_{x\to 1^-}f(x)$；

(7) $\lim\limits_{x\to 2^-}f(x)=2$；

(8) $\lim\limits_{x\to 2}f(x)=2$.

2. 利用函数极限的定义,证明:

(1) $\lim\limits_{x\to 1}\dfrac{x-2}{2x+1}=-\dfrac{1}{3}$；

(2) $\lim\limits_{x\to 1}\dfrac{x^2-x-6}{x+2}=-2$；

(3) $\lim\limits_{x\to 1^+}\dfrac{x-1}{\sqrt{x}-1}$；

(4) $\lim\limits_{x\to x_0}\sin x=\sin x_0$；

(5) $\lim\limits_{x\to 3}(3x-1)=8$；

(6) $\lim\limits_{x\to -2}\dfrac{x^2-4}{x+2}=-4$.

3. 利用函数极限的定义,证明:

(1) $\lim\limits_{x\to\infty}\dfrac{1+x^3}{2x^3}=\dfrac{1}{2}$；

(2) $\lim\limits_{x\to +\infty}x(\sqrt{x^2-4}-x)=-2$；

(3) $\lim\limits_{x\to\infty}\dfrac{6x+5}{x}=6$；

(4) $\lim\limits_{x\to +\infty}\dfrac{\cos x}{\sqrt{x}}=0$.

4. 设

$$f(x)=\begin{cases}\dfrac{1}{x-2}, & x<0,\\ x^2, & 0\leqslant x<1,\\ 1, & x\geqslant 1.\end{cases}$$

问 $f(x)$ 在 $x=0$ 与 $x=1$ 两点处的极限是否存在？为什么？

5. 设 $f(x)=\begin{cases}x^2+1, & x\leqslant 0,\\ x+k, & x>0,\end{cases}$ 在 $x=0$ 处有极限,求 k 的值.

6. 判断下列函数极限是否存在？若存在,求出极限.

(1) $\lim\limits_{x\to 0}\dfrac{|x|}{x}$；   (2) $\lim\limits_{x\to 1}[x-1]$；   (3) 符号函数 $\operatorname{sgn} x$ 在点 $x=0$ 处.

7. 已知函数 $f(x)=\begin{cases}\mathrm{e}^{x-1}, & x>1,\\ a-x, & x\leqslant 1,\end{cases}$ 若 $f(x)$ 在 $x=1$ 点极限存在,常数 a 为多少？

8. 已知函数 $f(x)=\begin{cases} \ln\left(\dfrac{1}{1+x}\right), & x>0, \\ 0, & x=0, \\ a+\sin x & x<0, \end{cases}$ 若 $f(x)$ 在 $x=0$ 点极限存在,常数 a 为多少?

9. 设 $\lim\limits_{x\to x_0}f(x)=A$,若存在 x_0 的某个去心邻域 $\overset{\circ}{U}(x_0,\delta)$,使当 $x\in\overset{\circ}{U}(x_0,\delta)$ 时,$f(x)>0$ 成立,试问是否必有 $A>0$ 成立,为什么?

1.4　极限运算法则

知识衔接

用 $\varepsilon\text{-}X$ 语言叙述:$\lim\limits_{x\to\infty}f(x)=A$ _____.

用 $\varepsilon\text{-}\delta$ 语言叙述:$\lim\limits_{x\to x_0}f(x)=A$ _____.

函数极限的性质有 _____、_____、_____、_____.

1.4.1　极限四则运算法则

如同数的四则运算法则,数列极限与函数极限也有四则运算法则.这里以函数极限为例研究其四则运算法则,根据数列极限与函数极限的关系,数列极限也有完全类似的四则运算法则,不再赘述.

定理 1.3　若 $\lim\limits_{x\to x_0}f(x)=A,\lim\limits_{x\to x_0}g(x)=B,k$ 为常数,则

(1) $\lim\limits_{x\to x_0}[f(x)\pm g(x)]=\lim\limits_{x\to x_0}f(x)\pm\lim\limits_{x\to x_0}g(x)=A\pm B$;

(2) $\lim\limits_{x\to x_0}[f(x)\cdot g(x)]=\lim\limits_{x\to x_0}f(x)\cdot\lim\limits_{x\to x_0}g(x)=A\cdot B$;

(3) $\lim\limits_{x\to x_0}\dfrac{f(x)}{g(x)}=\dfrac{\lim\limits_{x\to x_0}f(x)}{\lim\limits_{x\to x_0}g(x)}=\dfrac{A}{B}$,这里 $B\neq 0$;

(4) $\lim\limits_{x\to x_0}kf(x)=kA$;

(5) $\lim\limits_{x\to x_0}[f(x)]^n=[\lim\limits_{x\to x_0}f(x)]^n=A^n$.

证　因为 $\lim\limits_{x\to x_0}f(x)=A$,则对 $\forall\varepsilon>0,\exists\delta_1>0$,当 $0<|x-x_0|<\delta_1$ 时,总有

$$|f(x)-A|<\dfrac{\varepsilon}{2}. \tag{1.7}$$

因为 $\lim\limits_{x\to x_0}g(x)=B$,则对上述 $\varepsilon>0,\exists\delta_2>0$,当 $0<|x-x_0|<\delta_2$ 时,总有

$$|g(x)-B|<\frac{\varepsilon}{2}. \qquad (1.8)$$

因此对 $\forall \varepsilon>0$，取 $\delta=\min\{\delta_1,\delta_2\}$，当 $0<|x-x_0|<\delta$ 时，(1.7) 和 (1.8) 式成立，所以有

(1) $|f(x)+g(x)-A-B| \leqslant |f(x)-A|+|g(x)-B|<\frac{\varepsilon}{2}+\frac{\varepsilon}{2}=\varepsilon.$

(2) 易知
$$|f(x) \cdot g(x)-AB| = |(f(x)-A)g(x)+A(g(x)-B)|$$
$$\leqslant |f(x)-A| \cdot |g(x)|+|A| \cdot |g(x)-B|.$$

由 $\lim\limits_{x \to x_0}g(x)=B$ 知，$\exists M>0$，对上述的 $\delta_2>0$，当 $0<|x-x_0|<\delta_2$ 时，有 $|g(x)| \leqslant M$，所以

$$|f(x) \cdot g(x)-AB|<(M+|A|) \cdot \frac{\varepsilon}{2},$$

由 ε 的任意性知，这里的结论 (2) 成立.

(3) 因为
$$\left|\frac{f(x)}{g(x)}-\frac{A}{B}\right|=\frac{|Bf(x)-Ag(x)|}{|Bg(x)|} \leqslant \frac{|(f(x)-A)B|+|A(g(x)-B)|}{|Bg(x)|},$$

由 $\lim\limits_{x \to x_0}g(x)=B$，取 $\varepsilon=\frac{|B|}{2}>0$，对上述的 $\delta_2>0$，当 $0<|x-x_0|<\delta_2$ 时，有 $|g(x)|>\frac{|B|}{2}$，所以

$$\left|\frac{f(x)}{g(x)}-\frac{A}{B}\right|<\frac{|B|+|A|}{B^2} \cdot \varepsilon.$$

由 ε 的任意性知，这里的结论 (3) 成立.

类似地，可证结论 (4)(5) 均成立，过程从略.

例 1.17 求极限 $\lim\limits_{x \to 1}(x^2-3x+5)$.

解 $\lim\limits_{x \to 1}(x^2-3x+5)=\lim\limits_{x \to 1}x^2-\lim\limits_{x \to 1}3x+\lim\limits_{x \to 1}5=1-3+5=3.$

例 1.18 求极限 $\lim\limits_{x \to 2}\frac{x^2-2x+5}{3x^2+6}$.

解 $\lim\limits_{x \to 2}\frac{x^2-2x+5}{3x^2+6}=\frac{\lim\limits_{x \to 2}x^2-2\lim\limits_{x \to 2}x+\lim\limits_{x \to 2}5}{3\lim\limits_{x \to 2}x^2+6}=\frac{5}{18}.$

例 1.19 求极限 $\lim\limits_{x \to 0}\frac{\sqrt{x+1}-1}{x}$.

解 由于对分母有 $\lim\limits_{x \to 0}x=0$，不能直接利用四则运算法则计算极限，因此可先分子、分母有理化，约分整理得

$$\lim\limits_{x \to 0}\frac{\sqrt{x-1}-1}{x}=\lim\limits_{x \to 0}\frac{(\sqrt{x+1}-1)(\sqrt{x+1}+1)}{x(\sqrt{x+1}+1)}$$
$$=\lim\limits_{x \to 0}\frac{x}{x(\sqrt{x+1}+1)}=\lim\limits_{x \to 0}\frac{1}{\sqrt{x+1}+1}=\frac{1}{2}.$$

1.4.2 有理分式函数的极限

设有理分式函数

$$f(x) = \frac{P_m(x)}{Q_n(x)} = \frac{a_m x^m + a_{m-1} x^{m-1} + \cdots + a_1 x + a_0}{b_n x^n + b_{n-1} x^{n-1} + \cdots + b_1 x + b_0},$$

这里 $P_m(x)$ 和 $Q_n(x)$ 为关于 x 的多项式，其中 $a_i, b_j (i=1,2,\cdots,m; j=1,2,\cdots,n)$ 为常数。

当 $Q_n(x_0) \neq 0$ 时，

$$\lim_{x \to x_0} f(x) = \frac{\lim_{x \to x_0} P_m(x)}{\lim_{x \to x_0} Q_n(x)} = \frac{a_m x_0^m + a_{m-1} x_0^{m-1} + \cdots + a_1 x_0 + a_0}{b_n x_0^n + b_{n-1} x_0^{n-1} + \cdots + b_1 x_0 + b_0} = \frac{P_m(x_0)}{Q_n(x_0)} = f(x_0).$$

当 $Q_n(x_0) = 0$ 时，具体情况具体分析，大多采用先恒等变形再将分子、分母约分的方法去掉分母的零因式。

例 1.20 求极限 $\lim\limits_{x \to 2} \dfrac{x^2 - 3x + 2}{x^2 - x - 2}$。

解 由于分母 $\lim\limits_{x \to 2}(x^2 - x - 2) = 0$，不能直接利用四则运算法则计算极限，因此可先分解因式再计算得

$$\lim_{x \to 2} \frac{x^2 - 3x + 2}{x^2 - x - 2} = \lim_{x \to 2} \frac{(x-1)(x-2)}{(x+1)(x-2)} = \lim_{x \to 2} \frac{x-1}{x+1} = \frac{1}{3}.$$

当 $x \to \infty$ 时，将以下面例题来说明。

例 1.21 求极限 $\lim\limits_{x \to \infty} \dfrac{3x^2 + 7x - 3}{2x^2 + 3x + 1}$。

解 将分子、分母同时除以 x^2 再计算得

$$\lim_{x \to \infty} \frac{3x^2 + 7x - 3}{2x^2 + 3x + 1} = \lim_{x \to \infty} \frac{3 + \dfrac{7}{x} - \dfrac{3}{x^2}}{2 + \dfrac{3}{x} + \dfrac{1}{x^2}} = \frac{3 + \lim\limits_{x \to \infty} \dfrac{7}{x} - \lim\limits_{x \to \infty} \dfrac{3}{x^2}}{2 + \lim\limits_{x \to \infty} \dfrac{3}{x} + \lim\limits_{x \to \infty} \dfrac{1}{x^2}} = \frac{3}{2}.$$

例 1.22 求极限 $\lim\limits_{x \to \infty} \dfrac{x^2 - 3x + 5}{x^3 + x^2 - 1}$。

解 将分子、分母同时除以 x^3 再计算得

$$\lim_{x \to \infty} \frac{x^2 - 3x + 5}{2x^3 + x^2 - 1} = \lim_{x \to \infty} \frac{\dfrac{1}{x} - \dfrac{3}{x^2} + \dfrac{5}{x^3}}{2 + \dfrac{1}{x} - \dfrac{1}{x^3}} = \frac{\lim\limits_{x \to \infty} \dfrac{1}{x} - \lim\limits_{x \to \infty} \dfrac{3}{x^2} + \lim\limits_{x \to \infty} \dfrac{5}{x^3}}{2 + \lim\limits_{x \to \infty} \dfrac{1}{x} - \lim\limits_{x \to \infty} \dfrac{1}{x^3}} = \frac{0}{2} = 0.$$

例 1.23 求极限 $\lim\limits_{x \to \infty} \dfrac{2x^3 + 5x - 1}{x^2 - 3x + 1}$。

解 将分子、分母同时除以 x^3 再计算得

$$\lim_{x \to \infty} \frac{2x^3 + 5x - 1}{x^2 - 3x + 1} = \lim_{x \to \infty} \frac{2 + \dfrac{5}{x^2} - \dfrac{1}{x^3}}{\dfrac{1}{x} - \dfrac{3}{x^2} + \dfrac{1}{x^3}} = \frac{2 + \lim\limits_{x \to \infty} \dfrac{5}{x^2} - \lim\limits_{x \to \infty} \dfrac{1}{x^3}}{\lim\limits_{x \to \infty} \dfrac{1}{x} - \lim\limits_{x \to \infty} \dfrac{3}{x^2} + \lim\limits_{x \to \infty} \dfrac{1}{x^3}} = \infty.$$

本书第 3 章将讲到例 1.21、例 1.22、例 1.23 均为 "$\frac{\infty}{\infty}$" 形式的极限,一般情形下,当 $a_m \neq 0, b_n \neq 0$ 时,有结论:

$$\lim_{x \to \infty} f(x) = \lim_{x \to \infty} \frac{a_m x^m + a_{m-1} x^{m-1} + \cdots + a_1 x + a_0}{b_n x^n + b_{n-1} x^{n-1} + \cdots + b_1 x + b_0} = \begin{cases} \dfrac{a_m}{b_n}, & m = n, \\ 0, & n > m, \\ \infty, & n < m. \end{cases}$$

1.4.3 复合函数极限运算法则

定理 1.4 若 $\lim\limits_{u \to u_0} f(u) = A$,$\lim\limits_{x \to x_0} \phi(x) = u_0$,当 $x \in \overset{o}{U}(x_0)$ 时,$u = \phi(x) \in \overset{o}{U}(u_0)$,则

$$\lim_{x \to x_0} f[\phi(x)] = \lim_{u \to u_0} f(u) = A.$$

证 因为 $\lim\limits_{u \to u_0} f(u) = A$,则对 $\forall \varepsilon > 0$,$\exists \delta_1 > 0$,当 $0 < |u - u_0| < \delta_1$ 时,总有

$$|f(u) - A| < \varepsilon. \tag{1.9}$$

又因为 $\lim\limits_{x \to x_0} \phi(x) = u_0$,则对上述 $\delta_1 > 0$,$\exists \delta_2 > 0$,当 $0 < |x - x_0| < \delta_2$ 时,总有

$$|\phi(x) - u_0| < \delta_1. \tag{1.10}$$

所以对 $\forall \varepsilon > 0$,$\exists \delta_2 > 0$,当 $0 < |x - x_0| < \delta_2$ 时,(1.10) 和 (1.9) 式成立,故有

$$|f[\phi(x)] - A| = |f(u) - A| < \varepsilon.$$

由定理 1.4 知,在计算函数极限时,可适当作变换,令 $u = \phi(x)$ 使复合函数 $f[\phi(x)]$ 化为函数 $f(u)$ 来求其极限.

例 1.24 求极限 $\lim\limits_{x \to 0} \dfrac{\sqrt[n]{1+x} - 1}{x}$.

解 令 $t = \sqrt[n]{1+x}$,则 $x = t^n - 1$. 当 $x \to 0$ 时,$t \to 1$,于是

$$\lim_{x \to 0} \frac{\sqrt[n]{1+x} - 1}{x} = \lim_{t \to 1} \frac{t - 1}{t^n - 1} = \lim_{t \to 1} \frac{1}{1 + t + t^2 + \cdots + t^{n-1}} = \frac{1}{n}.$$

习题 1.4(A)

判断下列说法是否正确?如若错误,请举出反例.

(1) 若 $\lim\limits_{x \to x_0} f(x)$ 和 $\lim\limits_{x \to x_0} g(x)$ 均不存在,则 $\lim\limits_{x \to x_0} [f(x) + g(x)]$ 不存在; ( )

(2) 若 $\lim\limits_{x \to x_0} f(x)$ 和 $\lim\limits_{x \to x_0} g(x)$ 均不存在,则 $\lim\limits_{x \to x_0} \dfrac{f(x)}{g(x)}$ 不存在; ( )

(3) 若 $\lim\limits_{x \to x_0} f(x)$ 存在,但 $\lim\limits_{x \to x_0} g(x)$ 不存在,则 $\lim\limits_{x \to x_0} [f(x) + g(x)]$ 不存在; ( )

(4) 若 $\lim\limits_{x \to x_0} f(x)$ 存在,但 $\lim\limits_{x \to x_0} g(x)$ 不存在,则 $\lim\limits_{x \to x_0} f(x) \cdot g(x)$ 不存在; ( )

（5）若 $\lim\limits_{x \to x_0} \dfrac{f(x)}{g(x)}$ 存在，且 $\lim\limits_{x \to x_0} g(x) = 0$，则 $\lim\limits_{x \to x_0} f(x) = 0$.　　　　　　　　　　（　　）

习题 1.4（B）

1. 已知函数 $f(x)$ 和 $g(x)$ 的图像如图 1-28 所示，试判断下列极限是否存在，若存在，请求出极限.

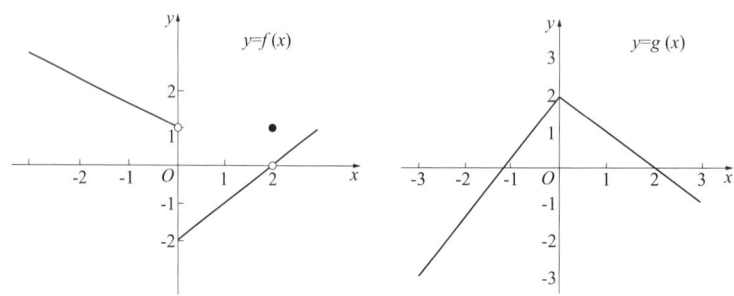

图 1-28

（1）$\lim\limits_{x \to 0^-} [f(x) + g(x)]$；

（2）$\lim\limits_{x \to 0^+} [f(x) + g(x)]$；

（3）$\lim\limits_{x \to 0} [f(x) + g(x)]$；

（4）$\lim\limits_{x \to 2} [f(x) + g(x)]$；

（5）$\lim\limits_{x \to 2} \dfrac{g(x)}{1 + f(x)}$；

（6）$\lim\limits_{x \to 2} \dfrac{f(x)}{g(x-2)}$；

（7）$\lim\limits_{x \to 0^+} \sqrt{g(x)}$；

（8）$\lim\limits_{x \to 0^+} \sqrt{g(x)}$.

2. 计算下列极限.

（1）$\lim\limits_{x \to 1} \dfrac{x-2}{x^2+1}$；

（2）$\lim\limits_{x \to 1} \dfrac{x^2 - 3x + 2}{x^2 - 1}$；

（3）$\lim\limits_{x \to \infty} \left(2 + \dfrac{1}{x} + \dfrac{1}{x^2+1}\right)$；

（4）$\lim\limits_{x \to \infty} \dfrac{2x^2 - 1}{3x^2 + 2x + 1}$；

（5）$\lim\limits_{x \to \infty} \dfrac{x^2 + 2x}{x^3 - 3x^2 + 1}$；

（6）$\lim\limits_{x \to 1} \left(\dfrac{1}{1-x} - \dfrac{3}{1-x^3}\right)$；

（7）$\lim\limits_{x \to \infty} \dfrac{x^2}{2x+5}$；

（8）$\lim\limits_{x \to +\infty} (\sqrt{x^2 + x} - x)$；

（9）$\lim\limits_{x \to 2} \dfrac{5x}{\sqrt[3]{2+x} - \sqrt[3]{2-x}}$；

（10）$\lim\limits_{x \to 1} \dfrac{x^m - 1}{x^n - 1}$；

（11）$\lim\limits_{x \to 0} \dfrac{\sqrt[3]{1+3x} - \sqrt[3]{1-2x}}{x + x^2}$；

（12）$\lim\limits_{x \to 0} \dfrac{\sqrt{1+x} - \sqrt{1+x^2}}{\sqrt{1+x} - 1}$；

（13）$\lim\limits_{x \to 1} \dfrac{x^3 - 2x^2 + 2x - 1}{x^2 - 1}$；

（14）$\lim\limits_{x \to +\infty} \dfrac{(x-3)^{30}(3x+3)^{30}}{(4x+1)^{100}}$；

（15）$\lim\limits_{x \to 4} \dfrac{3 - \sqrt{2x+1}}{\sqrt{x} - 2}$；

（16）$\lim\limits_{x \to 0} \dfrac{\sqrt{x + a^2} - a}{x}$ $(a > 0)$；

（17）$\lim\limits_{x \to 4} \dfrac{\sqrt{2x+1} - 3}{\sqrt{x-2} - \sqrt{2}}$；

（18）$\lim\limits_{h \to 0} \dfrac{(x+h)^2 - x^2}{h}$；

(19) $\lim\limits_{x\to\infty}\dfrac{x^2-1}{2x^2-x-1}$; (20) $\lim\limits_{n\to\infty}\left(1+\dfrac{1}{2}+\dfrac{1}{4}+\cdots+\dfrac{1}{2^n}\right)$; (21) $\lim\limits_{n\to\infty}\dfrac{1+2+3+\cdots+(n-1)}{n^2}$;

(22) $\lim\limits_{x\to-\infty} e^x \arctan x$.

3. 下面关于极限的求解是否正确？如若错误，请改正.
$$\lim_{x\to 1^+}\left(\dfrac{1}{x-1}-\dfrac{1}{x^2-1}\right)=\lim_{x\to 1^+}\dfrac{1}{x-1}-\lim_{x\to 1^+}\dfrac{1}{x^2-1}=+\infty-(+\infty)=0.$$

4. 若 $\lim\limits_{x\to 1}\dfrac{x^2+ax+b}{1-x}=5$，求参数 a,b 的值.

5. 若极限 $\lim\limits_{x\to\infty}\dfrac{(x+1)^{35}(ax+b)^5}{(x^2+1)^{20}}=32$，则 a 应为何值？

6. 已知 $\lim\limits_{x\to-\infty}(\sqrt{x^2+x+1}-(ax+b))=0$，求常数 a 和 b.

7. 已知 $\lim\limits_{x\to\infty}\left(\dfrac{x^3+1}{x^2+1}-ax-b\right)=1$，求常数 a 和 b.

1.5 极限存在定理　两个重要极限

知识衔接

用 $\varepsilon\text{-}N$ 语言叙述 $\lim\limits_{n\to\infty}a_n=a$：_____.

$\sin 2\alpha =$ _____ ; $\sin^2\alpha =$ _____ ;
$\cos 2\alpha =$ _____ ; $\cos^2\alpha =$ _____ .

判断极限存在是一件十分重要的事情，本节将介绍判别极限存在的两类重要方法，并由此推导两个重要类型的极限. 这些理论不仅对数列极限成立，对函数极限也同样适用.

1.5.1 夹逼定理

定理 1.5 (夹逼定理)　若数列 $\{a_n\}$，$\{b_n\}$ 及 $\{c_n\}$ 满足如下条件：

(1) $\exists N_0\in\mathbf{N}_+$，当 $n>N_0$ 时，总有
$$a_n\leqslant c_n\leqslant b_n;$$

(2) 极限 $\lim\limits_{n\to\infty}a_n=a$ 和 $\lim\limits_{n\to\infty}b_n=a$，则数列 $\{c_n\}$ 收敛，且 $\lim\limits_{n\to\infty}c_n=a$.

证　因为 $\lim\limits_{n\to\infty}a_n=a$，则对 $\forall \varepsilon>0$，$\exists N_1\in\mathbf{N}_+$，当 $n>N_1$ 时，总有
$$|a_n-a|<\varepsilon. \tag{1.11}$$

又因为 $\lim\limits_{n\to\infty}b_n=a$，则对上述的 $\varepsilon>0$，$\exists N_2\in\mathbf{N}_+$，当 $n>N_2$ 时，总有
$$|b_n-a|<\varepsilon. \tag{1.12}$$

取 $N=\max\{N_0,N_1,N_2\}$，当 $n>N$ 时，(1.11)和(1.12)式及不等式 $a_n \leq c_n \leq b_n$ 同时成立，因此

$$a-\varepsilon < a_n \leq c_n \leq b_n < a+\varepsilon,$$

即对 $\forall \varepsilon >0, \exists N \in \mathbf{N}$，当 $n>N$ 时，总有

$$|c_n - a| < \varepsilon$$

成立，这就证明了 $\lim\limits_{n\to\infty} c_n = a$.

例 1.25 证明 $\lim\limits_{n\to\infty}\left(\dfrac{1}{n^2+1}+\dfrac{2}{n^2+2}+\cdots+\dfrac{n}{n^2+n}\right) = \dfrac{1}{2}$.

证 将分母进行放缩整理得

$$\dfrac{1+2+\cdots+n}{n^2+n} \leq \dfrac{1}{n^2+1}+\dfrac{2}{n^2+2}+\cdots+\dfrac{n}{n^2+n} \leq \dfrac{1+2+\cdots+n}{n^2+1},$$

而

$$\lim_{n\to\infty}\dfrac{1+2+\cdots+n}{n^2+1} = \lim_{n\to\infty}\dfrac{\frac{1}{2}n(n+1)}{n^2+1} = \dfrac{1}{2},$$

$$\lim_{n\to\infty}\dfrac{1+2+\cdots+n}{n^2+n} = \lim_{n\to\infty}\dfrac{\frac{1}{2}n(n+1)}{n^2+n} = \dfrac{1}{2},$$

所以由夹逼定理知

$$\lim_{n\to\infty}\left(\dfrac{1}{n^2+1}+\dfrac{2}{n^2+2}+\cdots+\dfrac{n}{n^2+n}\right) = \dfrac{1}{2}.$$

与数列类似，函数也有夹逼定理.

定理 1.6 设函数 $f(x), g(x)$ 及 $h(x)$ 满足如下条件：

(1) 在 x_0 的去心邻域 $\overset{\circ}{U}(x_0)$ 内有定义，总有

$$g(x) \leq f(x) \leq h(x);$$

(2) $\lim\limits_{x\to x_0} g(x) = A$，且 $\lim\limits_{x\to x_0} h(x) = A$，

则极限 $\lim\limits_{x\to x_0} f(x)$ 存在，且 $\lim\limits_{x\to x_0} f(x) = A$.

利用类似于定理 1.5 的证明方法可证该结论成立，这里就不再赘述.

例 1.26 求极限 $\lim\limits_{x\to 0} x\left[\dfrac{1}{x}\right]$.

解 当 $x>0$ 时，有

$$1-x < x\left[\dfrac{1}{x}\right] \leq 1,$$

而 $\lim\limits_{x\to 0^+}(1-x) = 1$. 由夹逼定理知

$$\lim_{x\to 0^+} x\left[\dfrac{1}{x}\right] = 1.$$

当 $x<0$ 时，有

$$1 \leqslant x\left[\frac{1}{x}\right] < 1-x,$$

所以

$$\lim_{x \to 0^-} x\left[\frac{1}{x}\right] = 1.$$

综上所述,可得

$$\lim_{x \to 0} x\left[\frac{1}{x}\right] = 1.$$

1.5.2 第一个重要极限

由夹逼定理可证如下重要极限:

$$\lim_{x \to 0} \frac{\sin x}{x} = 1.$$

证 如图 1-29 所示,当 $0 < x < \frac{\pi}{2}$ 时,有

$$S_{\triangle AOB} < S_{\text{扇形}AOB} < S_{\triangle AOD},$$

则

$$\frac{1}{2}\sin x < \frac{1}{2}x < \frac{1}{2}\tan x,$$

即

$$\sin x < x < \tan x.$$

不等式各边同除以 $\sin x$ 得

$$\frac{1}{\cos x} > \frac{x}{\sin x} > 1,$$

即

$$\cos x < \frac{\sin x}{x} < 1.$$

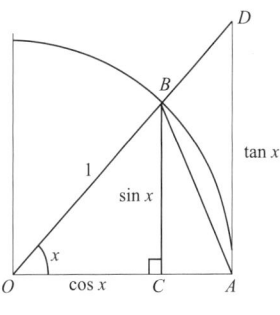

图 1-29

因为 $\lim\limits_{x \to 0^+} \cos x = 1$,所以由夹逼定理知

$$\lim_{x \to 0^+} \frac{\sin x}{x} = 1.$$

当 $-\frac{\pi}{2} < x < 0$ 时,同理可证

$$\lim_{x \to 0^-} \frac{\sin x}{x} = 1.$$

因此,可得

$$\lim_{x \to 0} \frac{\sin x}{x} = 1.$$

例 1.27 求极限 $\lim\limits_{x \to 0} \frac{\tan x}{x}$.

解 $\lim\limits_{x\to 0}\dfrac{\tan x}{x}=\lim\limits_{x\to 0}\dfrac{\sin x}{x}\cdot\dfrac{1}{\cos x}=\lim\limits_{x\to 0}\dfrac{\sin x}{x}\cdot\lim\limits_{x\to 0}\dfrac{1}{\cos x}=1.$

例 1.28 求极限 $\lim\limits_{x\to 0}\dfrac{\arcsin x}{x}$.

解 令 $\arcsin x=t$,则 $x=\sin t$. 当 $x\to 0$ 时,$t\to 0$,于是

$$\lim_{x\to 0}\frac{\arcsin x}{x}=\lim_{t\to 0}\frac{t}{\sin t}=1.$$

例 1.29 求极限 $\lim\limits_{x\to 0}\dfrac{1-\cos x}{x^2}$.

解

$$\lim_{x\to 0}\frac{1-\cos x}{x^2}=\lim_{x\to 0}\frac{2\sin^2\dfrac{x}{2}}{x^2}=\frac{1}{2}\lim_{x\to 0}\left(\frac{\sin\dfrac{x}{2}}{\dfrac{x}{2}}\right)^2=\frac{1}{2}.$$

对极限 $\lim\limits_{x\to 0}\dfrac{\sin x}{x}=1$ 进行变量代换,可进一步推广为如下形式:

$$\lim_{x\to x_0}\frac{\sin f(x)}{f(x)}\left(\text{或}\lim_{x\to\infty}\frac{\sin f(x)}{f(x)}\right),$$

这里 $\lim\limits_{x\to x_0}f(x)=0$(或 $\lim\limits_{x\to\infty}f(x)=0$).

例 1.30 求极限 $\lim\limits_{x\to\pi}\dfrac{\sin x}{x-\pi}$.

解 设 $t=\pi-x$,当 $x\to\pi$ 时,$t\to 0$,则

$$\lim_{x\to\pi}\frac{\sin x}{x-\pi}=-\lim_{t\to 0}\frac{\sin t}{t}=-1.$$

1.5.3 单调有界定理

类似于函数的单调性,这里定义数列的单调性.

定义 1.14 若数列 $\{a_n\}$ 的各项满足

$$a_1\leqslant a_2\leqslant\cdots\leqslant a_n\leqslant a_{n+1}\leqslant\cdots(a_1\geqslant a_2\geqslant\cdots\geqslant a_n\geqslant a_{n+1}\geqslant\cdots)$$

则称数列 $\{a_n\}$ 为**单调递增(递减)数列**. 单调递增数列和单调递减数列统称**单调数列**.

例如,数列 $\left\{\dfrac{1}{n}\right\}$ 为单调递减数列,数列 $\{n^2\}$ 为单调递增数列,数列 $\{(-1)^n\}$ 不是单调数列.

定理 1.7(单调有界定理) 单调有界的数列必收敛.

单调有界的数列必收敛,这是自然界中存在的一般规律,具体证明可参考相关文献.

例 1.31 设 $a_1=\sqrt{2}$, $a_{n+1}=\sqrt{2a_n}$, $n=1,2,\cdots$ 证明 $\lim\limits_{x\to\infty}a_n$ 存在,并求此极限.

证 先证明数列 $\{a_n\}$ 有界.

显然有 $0<a_1=\sqrt{2}<2$ 成立,假设 $0<a_n<2$,则

$$a_{n+1}=\sqrt{2a_n}<2,$$

由数学归纳法知,数列 $\{a_n\}$ 有界.

下证数列 $\{a_n\}$ 单调递增.

因为

$$a_{n+1} - a_n = \sqrt{2a_n} - a_n = \frac{(2-a_n)a_n}{\sqrt{2a_n}+a_n} > 0,$$

所以数列 $\{a_n\}$ 单调递增. 由单调有界定理知, 数列 $\{a_n\}$ 收敛.

设 $\lim\limits_{n\to\infty} a_n = a$, 将 $a_{n+1} = \sqrt{2a_n}$ 两边取极限得 $a = \sqrt{2a}$, 考虑到 $a > 0$, 解得 $a = 2$. 因此

$$\lim_{n\to\infty} a_n = 2.$$

1.5.4 第二个重要极限

由单调有界定理可证第二个重要极限:

$$\lim_{n\to\infty}\left(1+\frac{1}{n}\right)^n = \mathrm{e}.$$

证 记 $a_n = \left(1+\dfrac{1}{n}\right)^n$, 先证明数列 $\{a_n\}$ 单调递增. 由二项展开公式得

$$a_n = \left(1+\frac{1}{n}\right)^n = 1 + \frac{n}{1!}\cdot\frac{1}{n} + \frac{n(n-1)}{2!}\cdot\frac{1}{n^2} + \frac{n(n-1)(n-2)}{3!}\cdot\frac{1}{n^3} + \cdots$$

$$+ \frac{n(n-1)\cdots(n-n+1)}{n!}\cdot\frac{1}{n^n}$$

$$= 1 + 1 + \frac{1}{2!}\cdot\left(1-\frac{1}{n}\right) + \frac{1}{3!}\cdot\left(1-\frac{1}{n}\right)\cdot\left(1-\frac{2}{n}\right) + \cdots$$

$$+ \frac{1}{n!}\cdot\left(1-\frac{1}{n}\right)\cdot\left(1-\frac{2}{n}\right)\cdots\left(1-\frac{n-1}{n}\right).$$

类似地,

$$a_{n+1} = \left(1+\frac{1}{n+1}\right)^{n+1} = 1 + 1 + \frac{1}{2!}\cdot\left(1-\frac{1}{n+1}\right) + \frac{1}{3!}\cdot\left(1-\frac{1}{n+1}\right)\cdot\left(1-\frac{2}{n+1}\right) + \cdots$$

$$+ \frac{1}{n!}\cdot\left(1-\frac{1}{n+1}\right)\cdot\left(1-\frac{2}{n+1}\right)\cdots\left(1-\frac{n-1}{n+1}\right)$$

$$+ \frac{1}{(n+1)!}\cdot\left(1-\frac{1}{n+1}\right)\cdot\left(1-\frac{2}{n+1}\right)\cdots\left(1-\frac{n}{n+1}\right),$$

比较 a_n 和 a_{n+1} 可知

$$a_n < a_{n+1}.$$

另一方面,

$$2 = a_1 \leqslant a_n < 1 + 1 + \frac{1}{2!} + \frac{1}{3!} + \cdots + \frac{1}{n!}$$

$$< 1 + 1 + \frac{1}{2} + \frac{1}{2^2} + \cdots + \frac{1}{2^{n-1}}$$

$$= 1 + \frac{1-\dfrac{1}{2^n}}{1-\dfrac{1}{2}} = 3 - \frac{1}{2^{n-1}} < 3,$$

所以数列 $\{a_n\}$ 为单调有界数列,由单调有界定理知,数列 $\{a_n\}$ 收敛.

通常用拉丁字母 e 表示该数列的极限,即
$$\lim_{n\to\infty} a_n = \lim_{n\to\infty}\left(1+\frac{1}{n}\right)^n = e.$$

今后我们还将证明
$$\lim_{n\to\infty}\left(1+1+\frac{1}{2!}+\frac{1}{3!}+\cdots+\frac{1}{n!}\right) = e.$$

无理数 e 是数学中最重要的常数之一,$e \approx 2.1718281828459$. 以 e 为底的对数称为自然对数,通常记 $\log_e x = \ln x$.

若将数列换成函数,亦有
$$\lim_{x\to\infty}\left(1+\frac{1}{x}\right)^x = e \text{ 或 } \lim_{x\to 0}(1+x)^{\frac{1}{x}} = e.$$

例 1.32 求极限 $\lim\limits_{x\to 0}(1-2x)^{\frac{1}{x}}$.

解
$$\lim_{x\to 0}(1-2x)^{\frac{1}{x}} = \lim_{x\to 0}\left[1+(-2x)\right]^{\left(-\frac{1}{2x}\right)(-2)} = e^{-2}.$$

例 1.33 求极限 $\lim\limits_{x\to +\infty}\left(\dfrac{x+2}{x+1}\right)^x$.

解
$$\lim_{x\to +\infty}\left(\frac{x+2}{x+1}\right)^x = \lim_{x\to +\infty}\left(1+\frac{1}{x+1}\right)^{(x+1)\cdot\frac{x}{x+1}} = e.$$

例 1.34 求极限 $\lim\limits_{x\to 0}(1+2x)^{\frac{1}{\sin x}}$.

解
$$\lim_{x\to 0}(1+2x)^{\frac{1}{\sin x}} = \lim_{x\to 0}(1+2x)^{\frac{1}{2x}\cdot\frac{2x}{\sin x}} = e^2.$$

对极限 $\lim\limits_{x\to\infty}\left(1+\dfrac{1}{x}\right)^x = e$ 进行变量代换,可进一步推广为如下形式:
$$\lim_{x\to x_0}(1+f(x))^{\frac{1}{f(x)}} = e\left(\text{或}\lim_{x\to\infty}(1+f(x))^{\frac{1}{f(x)}} = e\right)$$

或
$$\lim_{x\to x_0}\left(1+\frac{1}{g(x)}\right)^{g(x)} = e\left(\text{或}\lim_{x\to\infty}\left(1+\frac{1}{g(x)}\right)^{g(x)} = e\right).$$

这里 $\lim\limits_{x\to x_0}f(x) = 0$(或 $\lim\limits_{x\to\infty}f(x) = 0$),$\lim\limits_{x\to x_0}g(x) = \infty$(或 $\lim\limits_{x\to\infty}g(x) = \infty$).

思考:如何计算形如 $\lim u(x)^{v(x)}$ 的极限?其中自变量在同一变化过程中 $\lim u(x) = 1$,$\lim v(x) = \infty$.

习题 1.5(A)

1. 数列单调有界是数列收敛的 ( )

(A) 充分条件   (B) 必要条件
(C) 充分必要条件   (D) 既非充分又非必要条件

2. 下列极限中正确的是   ( )

(A) $\lim\limits_{x \to \frac{\pi}{2}} \dfrac{\tan 3x}{\sin 2x} = \dfrac{3}{2}$ (B) $\lim\limits_{x \to 2} \dfrac{x^2-4}{x^2+1} = 1$

(C) $\lim\limits_{x \to \infty} \left(1-\dfrac{1}{x}\right)^x = e$ (D) $\lim\limits_{x \to \infty} \dfrac{\arctan x}{x} = 1$

3. 极限 $\lim\limits_{x \to \infty} \left(1+\dfrac{1}{n}\right)^{n+1000}$ 的值是   ( )

(A) e (B) e^{1000}

(C) $e \cdot e^{1000}$ (D) 其他值

4. 设对任意 x 总有 $g(x) \leq f(x) \leq h(x)$，且 $\lim\limits_{x \to \infty}[h(x)-g(x)] = 0$，则 $\lim\limits_{x \to \infty} f(x)$ ( )

(A) 存在且一定为 0   (B) 存在且一定不为 0
(C) 一定不存在   (D) 不一定存在

5. 设 $\lim\limits_{x \to 0}(1-kx)^{\frac{1}{x}} = e^2$，则 $k=$ ( )

(A) 2   (B) -2
(C) 1   (D) -1

习题 1.5(B)

1. 计算下列极限.

(1) $\lim\limits_{x \to 0} \dfrac{\sin 3x}{x}$；

(2) $\lim\limits_{x \to 0} \dfrac{\tan 3x}{\sin 2x}$；

(3) $\lim\limits_{h \to 0^+} \dfrac{h}{\sqrt{1-\cos hx}}$；

(4) $\lim\limits_{x \to 0} \dfrac{1-\cos 2x}{x \sin x}$；

(5) $\lim\limits_{x \to 0} x \cot x$；

(6) $\lim\limits_{x \to a} \dfrac{\sin^2 x - \sin^2 a}{x^2 - a^2}$；

(7) $\lim\limits_{x \to \frac{\pi}{2}} \dfrac{\cos x}{x - \dfrac{\pi}{2}}$；

(8) $\lim\limits_{x \to 0} \dfrac{\sin x^2}{1 - \cos x}$；

(9) $\lim\limits_{x \to 0} \dfrac{\arctan 3x}{2x}$.

2. 计算下列极限.

(1) $\lim\limits_{x \to 0} \sqrt[4]{1+2x}$；

(2) $\lim\limits_{x \to \infty} \left(\dfrac{1+x}{x}\right)^{2x}$；

(3) $\lim\limits_{x \to 0}(1-2x)^{\frac{1}{x}}$；

(4) $\lim\limits_{x \to \infty} \left(1-\dfrac{1}{x^2}\right)^{3x}$；

(5) $\lim\limits_{x \to 0}(1-3\sin x)^{2\cos x}$；

(6) $\lim\limits_{x \to 0} \dfrac{\sqrt{1+x}-\sqrt{1-x}}{\sin 3x}$；

(7) $\lim\limits_{x \to 0} \dfrac{\sin 3x + x^2 \sin \dfrac{1}{x}}{(1+\cos x)x}$；

(8) $\lim\limits_{x \to 0} \left(\dfrac{1}{1+2x}\right)^{\frac{1}{x}}$；

(9) $\lim\limits_{x \to 1} \left(\dfrac{3x+1}{3+x}\right)^{\frac{1}{x-1}}$；

(10) $\lim\limits_{x\to 0}(1+3x)^{\frac{2}{\sin x}}$;

(11) $\lim\limits_{x\to 0}(1+\tan x)^{\cot x}$;

(12) $\lim\limits_{x\to 0}\left(\dfrac{1+x}{1-x}\right)^{\frac{1}{x}}$;

(13) $\lim\limits_{n\to\infty}\left(1+\dfrac{1}{n}+\dfrac{1}{n^2}\right)^n$;

(14) $\lim\limits_{n\to\infty}\dfrac{(n+1)^{n+1}}{n^n}\sin\dfrac{1}{n}$;

(15) $\lim\limits_{x\to 0}\dfrac{\cos x-\cos 3x}{x^2}$.

3. 利用夹逼准则求下列极限.

(1) $\lim\limits_{n\to\infty} n\left(\dfrac{1}{n^2+1}+\dfrac{1}{n^2+2}+\cdots+\dfrac{1}{n^2+n}\right)=1$;

(2) $\lim\limits_{n\to\infty}\left(\dfrac{1}{n^2+n+1}+\dfrac{2}{n^2+n+2}+\cdots+\dfrac{n}{n^2+n+n}\right)$;

(3) $\lim\limits_{n\to\infty}\left(\dfrac{1}{n^2+\pi}+\dfrac{2}{n^2+2\pi}+\cdots+\dfrac{n}{n^2+n\pi}\right)$;

(4) $\lim\limits_{n\to\infty}\left(\dfrac{1}{n+\sqrt{1}}+\dfrac{1}{n+\sqrt{2}}+\cdots+\dfrac{1}{n+\sqrt{n}}\right)$;

(5) $\lim\limits_{n\to\infty}\left(\dfrac{1}{1+n^2}+\dfrac{2}{2+n^2}+\cdots+\dfrac{n}{n+n^2}\right)$;

(6) $\lim\limits_{n\to\infty}\left(\sin\dfrac{\pi}{\sqrt{n^2+1}}+\sin\dfrac{\pi}{\sqrt{n^2+2}}+\cdots+\sin\dfrac{\pi}{\sqrt{n^2+n}}\right)$.

4. 利用单调有界定理证明极限存在,并求出此极限.

(1) 设 $x_1=a>0$, $x_{n+1}=\dfrac{1}{2}\left(x_n+\dfrac{2}{x_n}\right)$, $n=1,2,3,\cdots$;

(2) 设 $x_1=\sqrt{6}$, $x_{n+1}=\sqrt{6+x_n}$, $n=1,2,\cdots$;

(3) 设 $x_1=1$, $x_{n+1}=1+\dfrac{x_n}{x_n+1}$, $n=1,2,\cdots$;

(4) $a_n=\dfrac{1}{e^n+1}$, $n=1,2,\cdots$;

(5) $a_n=1+\dfrac{1}{2^2}+\dfrac{1}{3^2}+\cdots+\dfrac{1}{n^2}$, $n=1,2,\cdots$.

1.6 无穷大量与无穷小量

扫码查看
☑知识拓展 ☑学习秘诀
☑干货精讲 ☑精品课程

知识衔接

$$\lim_{x\to 0}\frac{\sin x}{x}=\underline{\qquad}.$$

$$\lim_{x\to\infty}\frac{a_m x^m+a_{m-1}x^{m-1}+\cdots+a_1 x+a_0}{b_n x^n+b_{n-1}x^{n-1}+\cdots+b_1 x+b_0}=\underline{\qquad}.$$

$$\lim_{x\to 0}\frac{1-\cos x}{\frac{1}{2}x^2}=\underline{\qquad}.$$

由以上题目不难看出：在求解数列或函数极限时，经常会遇到形如 $\lim\dfrac{f(x)}{g(x)}$ 的极限，其中自变量在同一变化过程，函数 $f(x)\to 0, g(x)\to 0$ 或 $f(x)\to\infty, g(x)\to\infty$. 为了深入研究这一问题，需给出无穷小量与无穷大量的概念.

1.6.1 无穷大量

引例 1 观察 $y=\dfrac{1}{2x}$ 当 x 趋近于 0 时，函数的变化趋势，如图 1-30 所示.

当 x 从右邻域内趋近 0（即 $x\to 0^+$）时，$y=\dfrac{1}{2x}\to +\infty$；当 x 从左邻域内趋近 0（即 $x\to 0^-$）时，$y=\dfrac{1}{2x}\to -\infty$，所以当 $x\to 0$ 时，$\dfrac{1}{2x}\to\infty$，该极限不存在，此时称函数 $y=\dfrac{1}{2x}$ 为 $x\to 0$ 时的无穷大量，于是可抽取本质定义如下.

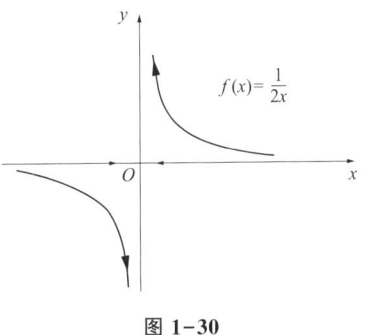

图 1-30

定义 1.15 设函数 $f(x)$ 在 x_0 的去心邻域 $\overset{\circ}{U}(x_0)$ 内（或 $|x|$ 大于某一正数时）有定义，若对于 $\forall M>0$，总 $\exists \delta>0$（或正数 X），当 $0<|x-x_0|<\delta$（或 $|x|>X$）时，有
$$|f(x)|>M,$$
则称 $f(x)$ 为 $x\to x_0$（或 $x\to\infty$）时的**无穷大量**，简称**无穷大**，记为

$$\lim_{x \to x_0} f(x) = \infty \ (\text{或} \lim_{x \to \infty} f(x) = \infty).$$

注 1：若函数为无穷大量，此时函数极限不存在，只是为了学习方便采用此记法．

注 2：无穷大量不是很大的数．

注 3：无穷大量是无界量，无界量不一定是无穷大量．

类似可定义 $x \to +\infty$ 及 $x \to -\infty$ 时的无穷大量：

若 $\lim\limits_{x \to +\infty} f(x) = +\infty$，则对 $\forall M>0$，$\exists X>0$，当 $x>X$ 时，总有 $f(x)>M$；

若 $\lim\limits_{x \to -\infty} f(x) = +\infty$，则对 $\forall M>0$，$\exists X>0$，当 $x<-X$ 时，总有 $f(x)>M$；

若 $\lim\limits_{x \to +\infty} f(x) = -\infty$，则对 $\forall M>0$，$\exists X>0$，当 $x>X$ 时，总有 $f(x)<-M$；

若 $\lim\limits_{x \to -\infty} f(x) = -\infty$，则对 $\forall M>0$，$\exists X>0$，当 $x<-X$ 时，总有 $f(x)<-M$．

例 1.35 证明 $\lim\limits_{x \to 0} \dfrac{1}{x^2} = +\infty$．

证 对 $\forall M>0$，为使

$$|f(x)| = \frac{1}{x^2} > M,$$

只要 $|x| < \dfrac{1}{\sqrt{M}}$，所以对 $\forall M>0$，取 $\delta = \dfrac{1}{\sqrt{M}}$，当 $0<|x|<\delta$ 时，有

$$|f(x)| = \frac{1}{x^2} > M$$

成立，即

$$\lim_{x \to 0} \frac{1}{x^2} = +\infty.$$

1.6.2 无穷小量

定义 1.16 若函数 $f(x)$ 在 x_0 的去心邻域 $\overset{\circ}{U}(x_0)$ 内（或 $|x|$ 大于某一正数时）有定义，且

$$\lim_{x \to x_0} f(x) = 0 \ (\text{或} \lim_{x \to \infty} f(x) = 0),$$

则称 $f(x)$ 为 $x \to x_0$（或 $x \to \infty$）时的**无穷小量**，简称**无穷小**．

注：无穷小量不是很小的数．

例如，当 $x \to 0$ 时，x^3，$\sin x$，$1-\cos x$ 和 $\tan x$ 都是无穷小量，但不是数．

定理 1.8 $\lim\limits_{x \to x_0} f(x) = A$ 的充分必要条件为 $f(x) = A + \alpha(x)$，其中 $\lim \alpha(x) = 0$．

证 必要性 设 $\lim\limits_{x \to x_0} f(x) = A$，则 $\forall \varepsilon>0$，$\exists \delta>0$，当 $0<|x-x_0|<\delta$ 时，总有

$$|f(x) - A| < \varepsilon,$$

令 $f(x) - A = \alpha(x)$，则 $f(x) = A + \alpha(x)$，且 $\lim\limits_{x \to x_0} \alpha(x) = 0$．

充分性 设 $\lim\limits_{x \to x_0} \alpha(x) = 0$，且 $f(x) - A = \alpha(x)$，则 $\forall \varepsilon>0$，$\exists \delta>0$，当 $0<|x-x_0|<\delta$ 时，总有

$$|\alpha(x) - 0| = |f(x) - A| < \varepsilon,$$

即
$$\lim_{x \to x_0} f(x) = A.$$

注：此结论对 $x \to x_0^+, x \to x_0^-, x \to \infty$ 等同一变化过程均成立.

1.6.3 无穷小量的运算性质

性质 1.9 在自变量同一变化过程中，有限个无穷小量的和、差、积仍为无穷小量. 此结论由极限的四则运算法则易证.

性质 1.10 无穷小量与有界函数的乘积仍为无穷小量.

证 设 $f(x)$ 在 $U(x_0, \delta_1)$ 内有界，即 $\exists M > 0$，当 $|x - x_0| < \delta_1$ 时，有
$$|f(x)| \leq M.$$

设 $\lim_{x \to x_0} \alpha(x) = 0$，则对 $\forall \varepsilon > 0, \exists \delta_2 > 0$，当 $0 < |x - x_0| < \delta_2$ 时，有
$$|\alpha(x) - 0| = |\alpha(x)| < \frac{\varepsilon}{M}.$$

所以，对上述 $\varepsilon > 0$，取 $\delta = \min\{\delta_1, \delta_2\}$，当 $0 < |x - x_0| < \delta$ 时，有
$$|\alpha(x) f(x)| = |\alpha(x)| \cdot |f(x)| < M \cdot \frac{\varepsilon}{M} = \varepsilon.$$

所以 $\alpha(x) f(x)$ 为 $x \to x_0$ 时的无穷小量，命题得证.

例 1.36 求极限 $\lim_{x \to \infty} \frac{\sin x}{x}$.

解 因为当 $x \to \infty$ 时，$\frac{1}{x}$ 是无穷小量，而 $|\sin x| \leq 1$ 是有界函数，所以 $\frac{\sin x}{x}$ 是无穷小量，即
$$\lim_{x \to \infty} \frac{\sin x}{x} = \lim_{x \to \infty} \frac{1}{x} \cdot \sin x = 0.$$

类似地，有
$$\lim_{x \to \infty} \frac{\arcsin x}{x} = 0, \lim_{x \to 0} x \cdot \sin \frac{1}{x} = 0.$$

性质 1.11 若 $x \to x_0$（或 $x \to \infty$）时函数 $f(x)$ 为无穷小量，且 $f(x) \neq 0$，则 $\frac{1}{f(x)}$ 为此变化过程下的无穷大量；反之，若 $f(x)$ 为此变化过程下的无穷大量，则 $\frac{1}{f(x)}$ 必为无穷小量.

证 设 $\lim_{x \to x_0} f(x) = 0$ 且 $f(x) \neq 0$，则对 $\forall M > 0$，取 $\varepsilon = \frac{1}{M}, \exists \delta > 0$，当 $0 < |x - x_0| < \delta$ 时，有
$$|f(x) - 0| < \varepsilon = \frac{1}{M},$$
即
$$\left| \frac{1}{f(x)} \right| > M,$$

所以 $\frac{1}{f(x)}$ 为 $x \to x_0$ 时的无穷大量.

设 $\lim_{x \to x_0} f(x) = \infty$,则对 $\forall \varepsilon > 0$,取 $M = \dfrac{1}{\varepsilon}$,$\exists \delta > 0$,当 $0 < |x - x_0| < \delta$ 时,有

$$|f(x)| > M = \dfrac{1}{\varepsilon},$$

即

$$\left| \dfrac{1}{f(x)} \right| < \varepsilon,$$

所以 $\dfrac{1}{f(x)}$ 为 $x \to x_0$ 时的无穷小量.

同理可证 $x \to \infty$ 时的情形.

1.6.4 无穷小量阶的比较

定义 1.17 设函数 $f(x)$ 和 $g(x)$ 为自变量同一变化过程时的无穷小量,

若 $\lim \dfrac{f(x)}{g(x)} = 0$,就称 $f(x)$ 为 $g(x)$ 的**高阶无穷小量**,记作 $f(x) = o(g(x))$;

若 $\lim \dfrac{f(x)}{g(x)} = \infty$,就称 $f(x)$ 为 $g(x)$ 的**低阶无穷小量**,记作 $g(x) = o(f(x))$;

若 $\lim \dfrac{f(x)}{g(x)} = c \neq 0$,就称 $f(x)$ 与 $g(x)$ 是**同阶无穷小量**;

若 $\lim \dfrac{f(x)}{g^k(x)} = c \neq 0, k > 0$,就称 $f(x)$ 是 $g(x)$ 的 **k 阶无穷小量**;

若 $\lim \dfrac{f(x)}{g(x)} = 1$,就称 $f(x)$ 与 $g(x)$ 是**等价无穷小量**,记作 $g(x) \sim f(x)$.

例如,因为 $\lim_{x \to 0} \dfrac{3x^3}{x} = 0$,所以当 $x \to 0$ 时,$3x^3$ 是比 x 高阶的无穷小量,即 $3x^3 = o(x)$.

由前两节的例题知,当 $x \to 0$ 时,常见的等价无穷小有

$$\sin x \sim x, \qquad \tan x \sim x, \qquad \arcsin x \sim x,$$

$$\arctan x \sim x, \quad 1 - \cos x \sim \dfrac{1}{2} x^2, \quad a^x - 1 \sim x \ln a,$$

$$e^x - 1 \sim x, \qquad \ln(1 + x) \sim x, \qquad (1 + x)^\alpha - 1 \sim \alpha x.$$

定理 1.9 在自变量的同一变化过程中,$f(x)$ 与 $g(x)$ 是等价无穷小量的充分必要条件是

$$f(x) = g(x) + o(g(x)).$$

证 设函数 $f(x)$ 与 $g(x)$ 在 $\overset{\circ}{U}(x_0)$ 内有定义且不失一般性,取变化过程 $x \to x_0$,且 $\lim_{x \to x_0} f(x) = 0, \lim_{x \to x_0} g(x) = 0$.

充分性 设 $f(x) = g(x) + o(g(x))$,则

$$\lim_{x \to x_0} \dfrac{f(x)}{g(x)} = \lim_{x \to x_0} \dfrac{g(x) + o(g(x))}{g(x)} = 1 + \lim_{x \to x_0} \dfrac{o(g(x))}{g(x)} = 1,$$

所以 $f(x) \sim g(x)$.

必要性 设 $f(x) \sim g(x)(x \to x_0)$，则
$$\lim_{x \to x_0} \frac{f(x)-g(x)}{g(x)} = \lim_{x \to x_0} \left(\frac{f(x)}{g(x)} - 1\right) = 0,$$
所以 $f(x) - g(x) \sim o(g(x))(x \to x_0)$，即
$$f(x) = g(x) + o(g(x))(x \to x_0).$$
同理可证 $x \to \infty$ 时的情形.

定理 1.10（等价无穷小代换定理） 在自变量的同一变化过程中，若 $f(x) \sim \alpha(x)$，$g(x) \sim \beta(x)$，且 $\lim \dfrac{\alpha(x)}{\beta(x)}$ 存在，则
$$\lim \frac{f(x)}{g(x)} = \lim \frac{\alpha(x)}{\beta(x)}.$$

证 因为
$$\lim \frac{f(x)}{g(x)} = \lim \left(\frac{f(x)}{\alpha(x)} \cdot \frac{\alpha(x)}{\beta(x)} \cdot \frac{\beta(x)}{g(x)}\right) = \lim \frac{f(x)}{\alpha(x)} \cdot \lim \frac{\alpha(x)}{\beta(x)} \cdot \lim \frac{\beta(x)}{g(x)} = \lim \frac{\alpha(x)}{\beta(x)},$$
所以
$$\lim \frac{f(x)}{g(x)} = \lim \frac{\alpha(x)}{\beta(x)}.$$

例 1.37 求极限 $\lim\limits_{x \to 0} \dfrac{\tan 3x}{\arcsin 4x}$.

解 当 $x \to 0$ 时，$\tan 3x \sim 3x$，$\arcsin 4x \sim 4x$，所以
$$\lim_{x \to 0} \frac{\tan 3x}{\arcsin 4x} = \lim_{x \to 0} \frac{3x}{4x} = \frac{3}{4}.$$

例 1.38 求极限 $\lim\limits_{x \to 0} \dfrac{(e^x-1)\sin 2x}{1-\cos x}$.

解 当 $x \to 0$ 时，$e^x - 1 \sim x$，$\sin 2x \sim 2x$，$1 - \cos x \sim \dfrac{1}{2}x^2$，所以
$$\lim_{x \to 0} \frac{(e^x-1)\sin 2x}{1-\cos x} = \lim_{x \to 0} \frac{2x^2}{\frac{1}{2}x^2} = 4.$$

例 1.39 求极限 $\lim\limits_{x \to 0} \dfrac{\sqrt{1+x^2}-1}{\arctan 2x \cdot \ln(1+x)}$.

解 当 $x \to 0$ 时，$\sqrt{1+x^2} - 1 \sim \dfrac{1}{2}x^2$，$\arctan 2x \sim 2x$，$\ln(1+x) \sim x$，所以
$$\lim_{x \to 0} \frac{\sqrt{1+x^2}-1}{\arctan 2x \cdot \ln(1+x)} = \lim_{x \to 0} \frac{\frac{1}{2}x^2}{2x^2} = \frac{1}{4}.$$

例 1.40 求极限 $\lim\limits_{x \to 0} \dfrac{\tan x - \sin x}{x^3}$.

解 当 $x \to 0$ 时, $\sin x \sim x$, $1-\cos x \sim \dfrac{1}{2}x^2$, 所以

$$\lim_{x \to 0} \frac{\tan x - \sin x}{x^3} = \lim_{x \to 0}\left(\frac{\sin x}{x} \cdot \frac{1}{\cos x} \cdot \frac{1-\cos x}{x^2}\right) = \lim_{x \to 0} \frac{\sin x}{x} \cdot \lim_{x \to 0} \frac{1}{\cos x} \cdot \lim_{x \to 0} \frac{1-\cos x}{x^2} = \frac{1}{2}.$$

注: 在利用等价无穷小代换求极限时, 只能代换极限式中相乘或相除的因式, 而对于相加或相减的因式不能直接代换. 例如, 在例 1.40 中, 若当 $x \to 0$ 时, 用 $\tan x \sim x$, $\sin x \sim x$ 等价代替, 则

$$\lim_{x \to 0} \frac{\tan x - \sin x}{x^3} = \lim_{x \to 0} \frac{x - x}{x^3} = 0.$$

显然得到的结果是错误的. 请读者思考一下错误的原因在哪里? 如何避免这一错误的产生?

习题 1.6(A)

1. 下面命题中正确的是　　　　　　　　　　　　　　　　　　　　　　　　　(　　)
 (A) 无穷大是一个非常大的数　　　　(B) 有限个无穷大的和仍为无穷大
 (C) 无界变量必为无穷大　　　　　　(D) 无穷大必是无界变量

2. 当 $x \to 0$ 时, 下面说法错误的是　　　　　　　　　　　　　　　　　　　(　　)
 (A) x^2 是无穷小量　　　　　　　　(B) $2x$ 是无穷小量
 (C) $x - 0.0001$ 是无穷小量　　　　 (D) $-x$ 是无穷小量

3. 已知 $\alpha(x) = \dfrac{1-x}{1+x}$, $\beta(x) = 3 - 3\sqrt[3]{x}$, 则 $x \to 1$ 时 α 是 β 的　　(　　)
 (A) 高阶无穷小　　　　　　　　　　(B) 同阶无穷小, 但不等价
 (C) 等价无穷小　　　　　　　　　　(D) 低阶无穷小

4. 设 $f(x) = \dfrac{1}{x}\cos\dfrac{1}{x}$, 则 $x \to 0$ 时, $f(x)$　　　　　　　　　　　　　(　　)
 (A) 是无界量, 也是无穷大量　　　　(B) 是无界量, 不是无穷大量
 (C) 不是无界量, 是无穷大量　　　　(D) 不是无界量, 也不是无穷大量

5. 当 $x \to 0$ 时, 下列哪一个函数是其他三个函数的高阶无穷小　　　　　　(　　)
 (A) x^2　　　　　　　　　　　　　(B) $1 - \cos x^2$
 (C) $\tan x - \sin x$　　　　　　　　(D) $\ln(1+x^2)$

习题 1.6(B)

1. 下列函数在指定的变化趋势下是无穷小量还是无穷大量?

(1) $\ln x$ $(x\to 1)$ 及 $(x\to 0^+)$; (2) $x\left(\sin\dfrac{1}{x}+2\right)$ $(x\to 0)$;

(3) e^x $(x\to +\infty)$ 及 $(x\to -\infty)$; (4) $e^{\frac{1}{x}}$ $(x\to +0)$, $(x\to -0)$ 及 $(x\to 0)$.

2. 计算下列极限.

(1) $\lim\limits_{x\to +\infty} x\sin\dfrac{1}{x}$; (2) $\lim\limits_{x\to 0} x\sin\dfrac{1}{x}$;

(3) $\lim\limits_{x\to +\infty}\dfrac{\arctan x}{x}$; (4) $\lim\limits_{x\to 0}\dfrac{\arctan x}{x}$.

3. 当 $x\to 0^+$ 时,比较下列无穷小量的阶.

(1) x^2-2x 与 x^3+2x^2; (2) $x-x_0$ 和 $x_0^3-x^3$, $\dfrac{1}{2}(x_0^2-x^2)$.

4. 试确定 a 的值,使下列函数与 x^a 为 $x\to 0$ 时的同阶无穷小量.

(1) $x-1+\dfrac{1}{x+1}$; (2) $3\sin x-\sin 4x$; (3) $\sqrt[5]{2x^2-x^3}$;

(4) $\sqrt{1+\tan x}-\sqrt{1-\sin x}$; (5) $\sin 2x-2\sin x$;

(6) $x^2+x^2(2+\sin x)$; (7) $\sqrt{x^2+x^5}$.

5. 利用等价代换定理,求下列极限.

(1) $\lim\limits_{x\to 0}\dfrac{\arcsin x}{\sin 2x}$; (2) $\lim\limits_{x\to 0}\dfrac{x\sin x}{1-\cos 2x}$; (3) $\lim\limits_{x\to 0}\dfrac{\sqrt{1+3x^2}-1}{\ln(1+x^2)}$;

(4) $\lim\limits_{x\to 0}\dfrac{(1+x^2)^3-1}{x\cdot(2^x-1)}$; (5) $\lim\limits_{x\to 0}\dfrac{\sin^3 x}{\sin x-\tan x}$; (6) $\lim\limits_{x\to 0}\dfrac{\cot x-\csc x}{x}$;

(7) $\lim\limits_{x\to 0}\dfrac{(e^x-1)^2}{\tan x\sin x}$; (8) $\lim\limits_{x\to 0}\dfrac{1-(1+2x)^3}{\sqrt{1+\tan 2x}-1}$; (9) $\lim\limits_{x\to \infty}\dfrac{x\arctan\dfrac{1}{x}}{x-\cos x}$;

(10) $\lim\limits_{x\to 0}\dfrac{\arctan 3x}{x}$; (11) $\lim\limits_{x\to 0}\dfrac{\ln(1+x)}{\sqrt{1+x}-1}$; (12) $\lim\limits_{x\to 0}\dfrac{\sin x-\tan x}{(\sqrt{1+\sin x}-1)(\sqrt[4]{1+3x^2}-1)}$;

(13) $\lim\limits_{x\to 0}\dfrac{\tan(\tan x)}{x}$; (14) $\lim\limits_{x\to 0}\dfrac{\sqrt[n]{1+\sin x}-1}{\arctan x}$; (15) $\lim\limits_{x\to 0}\dfrac{\sqrt{2}-\sqrt{1+\cos x}}{\sin^2 x}$;

(16) $\lim\limits_{x\to 0}\dfrac{\sqrt{1+x^2}-1}{1-\cos x}$; (17) $\lim\limits_{x\to 0}\dfrac{1-\cos(1-\cos x)}{x^4}$; (18) $\lim\limits_{x\to 0}\dfrac{\sqrt{1+x+x^2}-1}{\sin 2x}$.

6. 函数 $y=x\sin x$ 在区间 $(-\infty,+\infty)$ 内是否有界?该函数是否为当 $x\to+\infty$ 时的无穷大?为什么?

7. 证明下列各题.

(1) 当 $x\to 0$ 时,$\sqrt{x+\sqrt{x+\sqrt{x}}}\sim\sqrt[8]{x}$;

(2) 当 $x\to 0$ 时,$\sqrt{1+\tan x}-\sqrt{1+\sin x}\sim\dfrac{1}{4}x^3$.

1.7 函数的连续性与间断点

知识衔接

用 $\varepsilon\text{-}\delta$ 语言叙述：$\lim\limits_{x\to x_0}f(x)=A$ _____.

仿照上式用 $\varepsilon\text{-}\delta$ 语言叙述：$\lim\limits_{x\to x_0}f(x)=f(x_0)$ _____.

$\lim\limits_{x\to x_0}f(x)=A$ 与 $\lim\limits_{x\to x_0^-}f(x)$ 和 $\lim\limits_{x\to x_0^+}f(x)$ 的关系是 _____.

在研究函数时，不仅要注意自变量与因变量之间的关系，有时也要注意当自变量产生微小变化时，函数值产生的变化量. 例如，气温随时间变化，只要时间变化足够短，气温的变化也就足够小；又如，自由落体的位移随时间变化，只要时间变化足够短，位移的变化也是足够小的. 这种现象在数学上的反映就是函数的连续性，反之则为间断. 连续函数的几何图形是一条连绵不断的曲线. 函数的连续性具有很重要的实际意义，很多问题都是在函数连续性的基础上进行研究的，下面先给出函数在一点处连续的概念.

扫码查看
☑知识拓展　☑学习秘诀
☑干货精讲　☑精品课程

1.7.1 函数的连续性与连续函数

引例 1 观察下列函数图像，如图 1-31 所示.

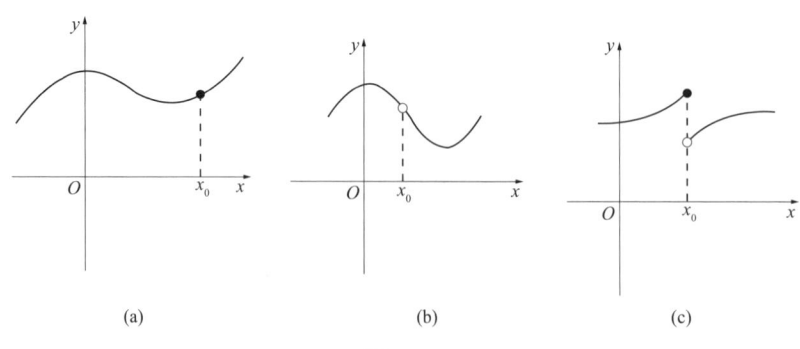

图 1-31

(a) $\lim\limits_{x\to x_0}f(x)=f(x_0)$；(b) $\lim\limits_{x\to x_0^+}f(x)=\lim\limits_{x\to x_0^-}f(x)\neq f(x_0)$；(c) $\lim\limits_{x\to x_0^+}f(x)\neq \lim\limits_{x\to x_0^-}f(x)$.

从图中不难发现，只有 $\lim\limits_{x\to x_0^+}f(x)=\lim\limits_{x\to x_0^-}f(x)=f(x_0)$ 时，函数图像才在点 $x=x_0$ 处没有断开，即连续. 为此，我们给出函数 $f(x)$ 在点 x_0 连续的定义如下.

定义 1.18　若函数 $f(x)$ 在 x_0 的某邻域 $U(x_0)$ 内有定义，且

$$\lim_{x \to x_0} f(x) = f(x_0),$$

则称函数 $f(x)$ 在点 x_0 处**连续**,x_0 称为函数 $f(x)$ 的**连续点**.

连续的定义式从形式上看是一类特殊的极限,因此可像知识衔接第二条那样利用极限的"ε-δ"语言,类似地给出函数 $f(x)$ 在点 x_0 处连续的"ε-δ"定义:

若 $\lim\limits_{x \to x_0} f(x) = f(x_0)$,则 $\forall \varepsilon > 0$,$\exists \delta > 0$,当 $|x - x_0| < \delta$ 时,总有

$$|f(x) - f(x_0)| < \varepsilon$$

成立.

例如,函数 $y = x^2$ 在点 $x = 1$ 处连续,因为

$$\lim_{x \to 1} x^2 = 1 = f(1).$$

又如,函数

$$f(x) = \begin{cases} \dfrac{\sin x}{x}, & x \neq 0, \\ 1, & x = 0 \end{cases}$$

在点 $x = 0$ 处连续,因为

$$\lim_{x \to 0} \frac{\sin x}{x} = 1 = f(0).$$

另一方面,也可利用函数的增量描述函数 $f(x)$ 在点 x_0 处的连续状态.

定义 1.19 若函数 $y = f(x)$ 在 x_0 的某邻域 $U(x_0)$ 内有定义,当自变量 x 从 x_0 变到 x 时,称 $\Delta x = x - x_0$ 为自变量 x 的**增量**,相应的函数值变化量

$$\Delta y = f(x) - f(x_0) = f(x_0 + \Delta x) - f(x_0)$$

称为函数的**增量**

注:增量可以是正,也可以是负;Δx 是一个整体记号.

若函数 $f(x)$ 在 x_0 点连续,即 $\lim\limits_{x \to x_0} f(x) = f(x_0)$,则

$$\lim_{\Delta x \to 0} \Delta y = \lim_{x \to x_0} [f(x) - f(x_0)] = \lim_{x \to x_0} f(x) - f(x_0) = 0.$$

于是,就有函数 $f(x)$ 在点 x_0 处连续的如下等价定义.

定义 1.20 若函数 $f(x)$ 在点 x_0 的某邻域 $U(x_0)$ 内有定义,且

$$\lim_{\Delta x \to 0} \Delta y = 0,$$

则称函数 $f(x)$ 在点 x_0 处**连续**.

例 1.41 证明函数 $y = \sin x$ 在区间 $(-\infty, +\infty)$ 内每一点都连续.

证 对 $\forall x_0 \in \mathbf{R}$,

$$\Delta y = \sin x - \sin x_0 = 2\cos \frac{x + x_0}{2} \cdot \sin \frac{x - x_0}{2},$$

其中 $\cos \dfrac{x + x_0}{2} \leq 1$,则

$$|\Delta y| \leq 2 \left| \sin \frac{x - x_0}{2} \right| \leq |x - x_0|.$$

由夹逼定理可知
$$\lim_{x \to x_0} \Delta y = 0,$$
所以 $y = \sin x$ 在点 x_0 处连续，由 x_0 的任意性可知，函数 $y = \sin x$ 在区间 $(-\infty, +\infty)$ 上每一点都连续.

在区间 I 上每一点都连续的函数，称为区间 I 上的**连续函数**，或称该函数在区间 I 上**连续**.

1.7.2 左连续与右连续

因为函数的极限有左、右极限，所以连续又分为左连续和右连续.

定义 1.21 若函数 $f(x)$ 在 x_0 的某左邻域内有定义，且
$$\lim_{x \to x_0^-} f(x) = f(x_0),$$
则称函数在点 x_0 **左连续**.

若函数 $f(x)$ 在 x_0 的某右邻域内有定义，且
$$\lim_{x \to x_0^+} f(x) = f(x_0),$$
则称函数在点 x_0 **右连续**.

显然，若函数 $f(x)$ 在点 x_0 连续的充分必要条件为函数 $f(x)$ 在点 x_0 既左连续又右连续.

例 1.42 问参数 a, b 为何值时，函数 $f(x) = \begin{cases} \dfrac{e^{ax} - 1}{x}, & x > 0, \\ 1, & x = 0, \\ ax + b, & x < 0 \end{cases}$ 在点 $x = 0$ 处连续？

解 因为
$$\lim_{x \to 0^+} f(x) = \lim_{x \to 0^+} \frac{e^{ax} - 1}{x} = \lim_{x \to 0^+} \frac{ax}{x} = a,$$
$$\lim_{x \to 0^-} f(x) = \lim_{x \to 0^-} (ax + b) = b,$$
若使函数在点 $x = 0$ 处连续，必有 $\lim_{x \to 0^+} f(x) = \lim_{x \to 0^-} f(x) = f(0)$，故
$$a = b = 1.$$

1.7.3 函数的间断点

连续的反面即为间断，依据连续的定义可给出如下间断的定义.

定义 1.22 若函数 $f(x)$ 在点 x_0 处至少满足下列三条之一：

(1) 在点 x_0 处无定义；

(2) 极限 $\lim_{x \to x_0} f(x)$ 不存在；

(3) 极限 $\lim_{x \to x_0} f(x)$ 存在，但 $\lim_{x \to x_0} f(x) \neq f(x_0)$，

则称点 x_0 为函数 $f(x)$ 的**间断点**或**不连续点**.

依据函数 $f(x)$ 在点 x_0 处的极限状态可把函数的间断点分为以下两类.

第一类间断点：若函数 $f(x)$ 在点 x_0 处的左、右极限都存在，且相等，但不等于 $f(x_0)$，则称点 x_0 为 $f(x)$ 的第一类间断点中的**可去间断点**；若函数 $f(x)$ 在点 x_0 处的左、右极限都

存在,但不相等,则称点 x_0 为 $f(x)$ 的第一类间断点中的**跳跃间断点**.

第二类间断点:若函数 $f(x)$ 在点 x_0 处的左、右极限至少有一个不存在,则称点 x_0 为 $f(x)$ 的第二类间断点,这类间断点中通常包含**无穷间断点**和**振荡间断点**(分别见例 1.45 和例 1.46).

例 1.43 虽然当 $x \to 0$ 时,函数 $\dfrac{\sin x}{x}$ 的左、右极限都存在且相等,但因函数 $f(x) = \dfrac{\sin x}{x}$ 在点 $x = 0$ 处没有定义,所以点 $x = 0$ 为函数 $f(x)$ 的第一类间断点,且为**可去间断点**,如图 1-32 所示.

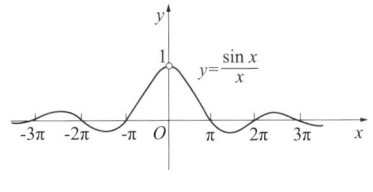

图 1-32

具有可去间断点的函数可以通过补充定义的方式使之在可去间断点处连续. 例如,若补充定义: $f(0) = 1$,则 $\lim\limits_{x \to 0} \dfrac{\sin x}{x} = 1 = f(0)$,因此函数 $\tilde{f}(x) = \begin{cases} \dfrac{\sin x}{x}, & x \neq 0, \\ 0, & x = 0 \end{cases}$ 就在点 $x = 0$ 处连续了.

例 1.44 函数 $f(x) = \begin{cases} x, & x \geq 1, \\ x^2 - 1, & x < 1 \end{cases}$,在点 $x = 1$ 处是否连续?

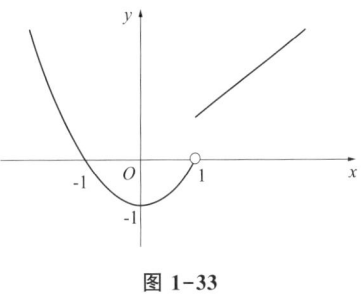

图 1-33

解 因为
$$\lim_{x \to 1^+} f(x) = \lim_{x \to 1^+} x = 1, \lim_{x \to 1^-} f(x) = \lim_{x \to 1^-} x^2 - 1 = 0,$$
所以 $\lim\limits_{x \to 1^+} f(x) \neq \lim\limits_{x \to 1^-} f(x)$,故点 $x = 1$ 为函数 $f(x)$ 的第一类间断点中的跳跃间断点,如图 1-33 所示.

例 1.45 因为正切函数 $y = \tan x$ 在 $x = \dfrac{\pi}{2}$ 处没定义,所以点 $x = \dfrac{\pi}{2}$ 是函数 $y = \tan x$ 的间断点;又因为
$$\lim_{x \to \frac{\pi}{2}} \tan x = \infty,$$
所以点 $x = \dfrac{\pi}{2}$ 为函数 $y = \tan x$ 的第二类间断点,具体地说,像这样的间断点称为**无穷间断点**.

例 1.46 函数 $y = \sin \dfrac{1}{x}$ 在点 $x = 0$ 处没定义,当 $x \to 0$ 时,函数值在 -1 与 1 之间无限次变动,如图 1-34 所示,$\lim\limits_{x \to 0} \sin \dfrac{1}{x}$ 不存在,因此点 $x = 0$ 为函数 $y = \sin \dfrac{1}{x}$

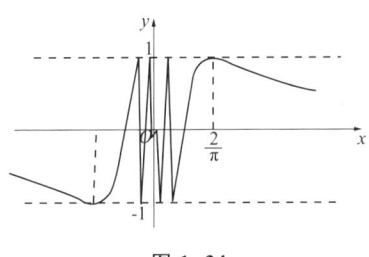

图 1-34

的第二类间断点,具体地说,像这样的间断点称为**振荡间断点**.

习题 1.7(A)

1. $f(x)$ 在点 x_0 处有定义是 $f(x)$ 在点 $x=x_0$ 处连续的 （　　）
   (A) 必要条件而非充分条件　　　(B) 充分条件而非必要条件
   (C) 充分必要条件　　　　　　　(D) 既非充分又非必要条件

2. 点 $x=0$ 是 $f(x)=(1+x)^{\frac{1}{x}}$ 的 （　　）
   (A) 可去间断点　　　　　　　　(B) 跳跃间断点
   (C) 振荡间断点　　　　　　　　(D) 无穷间断点

3. 已知 $f(x)=\begin{cases} \dfrac{x^2-1}{x-1}, & x<1, \\ 2x, & x\geq 1, \end{cases}$ 点 $x=1$ 是 $f(x)$ 的 （　　）
   (A) 连续点　　　　　　　　　　(B) 可去间断点
   (C) 跳跃间断点　　　　　　　　(D) 无穷间断点

4. 已知 $f(x)=\ln\left|\dfrac{1}{x}\right|$，点 $x=0$ 是 $f(x)$ 的 （　　）
   (A) 连续点　　　　　　　　　　(B) 可去间断点
   (C) 跳跃间断点　　　　　　　　(D) 无穷间断点

5. 点 $x=0$ 是跳跃间断点的函数为 （　　）
   (A) $f(x)=(1+x)^{\frac{1}{x}}$　　　　　　(B) $f(x)=\dfrac{\sin x}{x^2}$
   (C) $f(x)=\cos\dfrac{1}{x}$　　　　　　(D) $f(x)=\dfrac{e^{\frac{1}{x}}-e^{-\frac{1}{x}}}{e^{\frac{1}{x}}+e^{-\frac{1}{x}}}$

习题 1.7(B)

1. 利用定义验证下列函数在其定义域内的连续性.

   (1) $f(x)=\dfrac{1}{x}$；　　　　　　　　(2) $f(x)=|x|$；

   (3) $f(x)=\cos x$；　　　　　　　　(4) $f(x)=\begin{cases} x^2, & 0\leq x\leq 1, \\ 2-x, & 1<x\leq 2. \end{cases}$

2. 讨论下列函数的连续性.

$(1) f(x)=\begin{cases} x+1, & x<1, \\ x^2+1, & x\geq 1; \end{cases}$ $(2) f(x)=\begin{cases} \dfrac{\sin x}{x}, & x<0, \\ x, & x\geq 0; \end{cases}$

$(3) f(x)=\begin{cases} x^2, & x<1, \\ 2-x, & x\geq 1; \end{cases}$ $(4) f(x)=\begin{cases} x+1, & x>1, \\ 1, & -1\leq x\leq 1, \\ -x, & x<-1. \end{cases}$

3. 确定参数 a,b 使下列函数在定义域内连续.

$(1) f(x)=\begin{cases} x+1, & x<0, \\ a^2-x, & x\geq 0; \end{cases}$ $(2) f(x)=\begin{cases} \dfrac{ax}{\sin x}, & x>0, \\ a^2-2+x, & x\leq 0; \end{cases}$

$(3) f(x)=\begin{cases} \dfrac{\sin x+e^{2ax}-1}{x}, & x\neq 0, \\ a, & x=0; \end{cases}$ $(4) f(x)=\begin{cases} e^x, & x<0, \\ x+a, & x\geq 0; \end{cases}$

$(5) f(x)=\begin{cases} \arctan\dfrac{1}{x}, & x<0, \\ a+\sqrt{x}, & x\geq 0; \end{cases}$ $(6) f(x)=\begin{cases} \dfrac{\sin ax}{x}, & x>0, \\ 2, & x=0, \\ \dfrac{1}{bx}\ln(1-3x), & x<0. \end{cases}$

4. 求下列函数的间断点,并判断间断点的类型.

$(1) f(x)=\dfrac{x-1}{x^2-3x+2};$ $(2) f(x)=\dfrac{x}{\tan x};$ $(3) f(x)=\dfrac{\sin x}{x};$

$(4) f(x)=\begin{cases} x+1, & x<1, \\ 4-x, & x\geq 1; \end{cases}$ $(5) f(x)=\dfrac{\sqrt{1+x}-1}{\sqrt{1+x}-1};$ $(6) f(x)=\sin x \cdot \sin\dfrac{1}{x};$

$(7) f(x)=(1+|x|)^{\frac{1}{x}};$ $(8) f(x)=x\sin\dfrac{1}{x}.$

5. 讨论函数 $f(x)=\lim\limits_{n\to\infty}\dfrac{1-x^{2n}}{1+x^{2n}}x$ 的连续性. 若有间断点, 判别其类型.

6. 求函数 $f(x)=\dfrac{x^3+3x^2-x-3}{x^2+x-6}$ 的连续区间.

7. 求函数 $f(x)=\begin{cases} 2x-1, & 0\leq x\leq 1, \\ 3x, & 1<x\leq 3 \end{cases}$ 的连续区间.

8. 设函数

$$f(x)=\begin{cases} \dfrac{\sin ax}{\sqrt{1-\cos x}}, & x<0, \\ b, & x=0, \\ \dfrac{1}{x}[\ln x-\ln(x^2+x)], & x>0, \end{cases}$$

问 a,b 为何值时, $f(x)$ 在 $(-\infty,+\infty)$ 内连续?

9. 证明若函数 $f(x)$ 在点 x_0 处连续,则 $|f(x)|$ 在点 x_0 处也连续;反之,是否成立?

1.8 连续函数的运算及性质

知识衔接

极限与连续的关系是_____.
叙述极限的四则运算法则与复合运算法则:_____.

1.8.1 连续函数的四则运算

由极限的四则运算法则,容易得到连续函数的四则运算法则.

定理 1.11 设函数 $f(x)$ 和 $g(x)$ 都在点 x_0 处连续,则 $f(x) \pm g(x)$,$f(x) \cdot g(x)$,$\dfrac{f(x)}{g(x)}$ $(g(x_0) \neq 0)$ 都在点 x_0 处连续.

例 1.47 因为正弦函数 $\sin x$ 和余弦函数 $\cos x$ 在其定义域 $(-\infty, +\infty)$ 内连续,所以由定理 1.11 知,正切函数 $\tan x = \dfrac{\sin x}{\cos x}$ 和余切函数 $\cot x = \dfrac{\cos x}{\sin x}$ 在其各自的定义域内是连续函数.

1.8.2 反函数和复合函数的连续性

定理 1.12 若函数 $y = f(x)$ 在区间 $[a, b]$ 上严格单调并连续,则其反函数 $x = f^{-1}(y)$ 在其定义域 $[f(a), f(b)]$ 或 $[f(b), f(a)]$ 上严格单调并连续.

利用函数单调的性质,结合连续及反函数的定义不难证明该结论.

例 1.48 因为正弦函数 $y = \sin x$ 在区间 $\left[-\dfrac{\pi}{2}, \dfrac{\pi}{2}\right]$ 上严格单调递增并连续,所以其反函数 $y = \arcsin x$ 在区间 $[-1, 1]$ 上严格单调递增且连续. 同理,其余反三角函数如 $y = \arccos x$ 在区间 $[-1, 1]$ 上连续,$y = \arctan x$,$y = \text{arccot}\, x$ 均在区间 $(-\infty, +\infty)$ 内连续.

定理 1.13 若函数 $y = f(u)$ 在点 u_0 处连续,函数 $u = g(x)$ 在点 x_0 处的极限 $\lim\limits_{x \to x_0} g(x) = u_0$,则对复合函数 $f[g(x)]$ 有

$$\lim_{x \to x_0} f[g(x)] = f[\lim_{x \to x_0} g(x)] = f(u_0).$$

证 由函数 $y = f(u)$ 在点 u_0 处连续知,对 $\forall \varepsilon > 0$,$\exists \delta_1 > 0$,当 $|u - u_0| < \delta_1$ 时,有

$$|f(u) - f(u_0)| < \varepsilon.$$

又由 $\lim\limits_{x \to x_0} g(x) = u_0$ 知,对上述的 $\delta_1 > 0$,$\exists \delta > 0$,使得当 $0 < |x - x_0| < \delta$ 时,有

$$|g(x) - u_0| < \delta_1.$$

综上所述,对 $\forall \varepsilon > 0$,$\exists \delta > 0$,使得当 $0 < |x - x_0| < \delta$ 时,有

$$|f[g(x)]-f(u_0)| = |f(u)-f(u_0)| < \varepsilon,$$

即

$$\lim_{x \to x_0} f[g(x)] = f[\lim_{x \to x_0} g(x)] = f(u_0).$$

定理 1.13 表明,在满足定理 1.13 的条件后,函数和极限运算可交换顺序,这为极限运算的变量代换法提供了理论依据.

例 1.49 求极限 $\lim\limits_{x \to 1} \sin(1-x^2)$.

解 函数 $y = \sin(1-x^2)$ 可看成函数 $y = \sin u$ 和 $u = 1-x^2$ 的复合,而函数 $y = \sin u$ 在点 $u = 0$ 处连续,$u = 1-x^2$ 在点 $x = 1$ 处极限存在,所以

$$\lim_{x \to 1} \sin(1-x^2) = \sin[\lim_{x \to 1}(1-x^2)] = \sin 0 = 0.$$

例 1.50 求极限 $\lim\limits_{x \to 0} \dfrac{\ln(1+x)}{x}$.

解 $\lim\limits_{x \to 0} \dfrac{\ln(1+x)}{x} = \lim\limits_{x \to 0} \ln(1+x)^{\frac{1}{x}} = \ln[\lim\limits_{x \to 0}(1+x)^{\frac{1}{x}}] = \ln e = 1.$

一般地,形如 $y = u(x)^{v(x)}$ ($u(x) > 0, u(x) \neq 1$) 的函数,称为幂指函数.若

$$\lim_{x \to x_0} u(x) = a > 0, \lim_{x \to x_0} v(x) = b,$$

则

$$\lim_{x \to x_0} u(x)^{v(x)} = a^b.$$

有时也可将函数 $y = u(x)^{v(x)}$ 化为 $y = e^{v(x) \ln u(x)}$ 的形式,求解函数极限.

例 1.51 求极限 $\lim\limits_{x \to 0}(1+\sin x)^{\cot x}$.

解 $\lim\limits_{x \to 0}(1+\sin x)^{\cot x} = \lim\limits_{x \to 0} e^{\cot x \cdot \ln(1+\sin x)} = e^{\lim \cos x \cdot \ln(1+\sin x)^{\frac{1}{\sin x}}} = e.$

如果将定理 1.13 中条件 $\lim\limits_{x \to x_0} g(x) = u_0$ 改为函数 $u = g(x)$ 在点 u_0 处连续,可得如下定理.

定理 1.14 若函数 $y = f(u)$ 在点 u_0 处连续,函数 $u = g(x)$ 在点 x_0 处连续,则复合函数 $f[g(x)]$ 在点 x_0 处连续.

例 1.52 函数 $y = \arcsin u$ 在区间 $[-1, 1]$ 上连续,函数 $u = \dfrac{1}{x}$ 在区间 $(-\infty, 0) \cup (0, +\infty)$ 内连续,则复合函数 $y = \arcsin \dfrac{1}{x}$ 在区间 $(-\infty, -1] \cup [1, +\infty)$ 内连续.

1.8.3 初等函数的连续性

到目前为止,我们可以得到:

定理 1.15 一切基本初等函数都是其定义域上的连续函数.

因为初等函数由基本初等函数经过有限次四则运算和复合运算所得,所以有如下定理.

定理 1.16 初等函数在其定义区间上连续.

下面举例介绍如何利用初等函数的连续性求解函数的极限.

例 1.53 求极限 $\lim\limits_{x\to 0}\dfrac{\log_a(1+x)}{x}$.

解 $\lim\limits_{x\to 0}\dfrac{\log_a(1+x)}{x}=\lim\limits_{x\to 0}\log_a(1+x)^{\frac{1}{x}}=\log_a e=\dfrac{1}{\ln a}$.

例 1.54 求极限 $\lim\limits_{x\to 0}\dfrac{a^x-1}{x}$.

解 令 $a^x-1=t$,则 $x=\log_a(1+t)$,当 $x\to 0$ 时,$t\to 0$,于是

$$\lim_{x\to 0}\dfrac{a^x-1}{x}=\lim_{t\to 0}\dfrac{t}{\log_a(1+t)}=\ln a.$$

例 1.55 求极限 $\lim\limits_{x\to 0}(2x+1)^{\frac{1}{\cos x}}$.

解 函数 $f(x)=(2x+1)^{\frac{1}{\cos x}}$ 是初等函数,在点 $x=0$ 处连续,则

$$\lim_{x\to 0}(2x+1)^{\frac{1}{\cos x}}=f(0)=1.$$

1.8.4 闭区间上连续函数的性质

若函数 $f(x)$ 在点 x_0 处连续,则函数 $f(x)$ 在点 x_0 处极限存在,所以连续函数具有极限的一切局部性质,如唯一性、局部有界性及局部保号性等. 除此之外,闭区间上连续函数还有如下重要的整体性质.

定理 1.17(最大值最小值定理) 若函数 $f(x)$ 在闭区间 $[a,b]$ 上连续,则 $f(x)$ 在该区间上必有最大值和最小值.

此定理的证明超出了本书的范围,这里不予证明,可参考相关文献.

由定理 1.17 知,若函数 $f(x)$ 在闭区间 $[a,b]$ 上连续,必存在常数 m,M,对 $\forall x\in I$,有

$$m\leqslant f(x)\leqslant M,$$

其中 m 为 $f(x)$ 在 $[a,b]$ 上的最小值,M 为 $f(x)$ 在 $[a,b]$ 上的最大值,如图 1-35 所示.

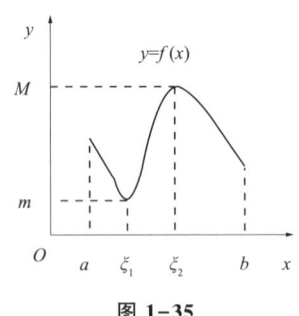

图 1-35

由定理 1.17 易得如下推论.

推论 1.4(有界性定理) 若函数 $f(x)$ 在闭区间 $[a,b]$ 上连续,则 $f(x)$ 在该区间上必有界.

定理 1.18(介值定理) 若函数 $f(x)$ 在闭区间 $[a,b]$ 上连续,且 $f(a)\neq f(b)$,则对于介于 $f(a)$ 和 $f(b)$ 之间的数 μ,至少存在一点 $\xi\in(a,b)$,使得

$$f(\xi)=\mu.$$

该定理表明:若函数 $f(x)$ 在闭区间 $[a,b]$ 上连续,且 $f(a)\neq f(b)$,则函数 $f(x)$ 必能取到区间 $[f(a),f(b)]$(或 $[f(b),f(a)]$)上的一切值,如图 1-36 所示.

推论 1.5 若函数 $f(x)$ 在闭区间 $[a,b]$ 上连续,则函数 $f(x)$ 必能取得介于最大值与最小值之间的任

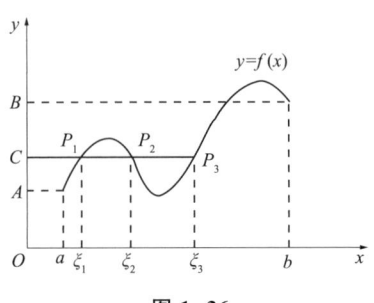

图 1-36

何值.

依据连续函数的介值性可研究方程的根这类问题,为此给出零点的概念. 若在函数 $f(x)$ 的定义域内存在一点 x_0,使得 $f(x_0)=0$,则称点 x_0 为函数 $f(x)$ 的**零点**.

定理 1.19(零点定理/根的存在定理) 若函数 $f(x)$ 在闭区间 $[a,b]$ 上连续,且 $f(a)$ 与 $f(b)$ 异号(即 $f(a) \cdot f(b) < 0$),则至少存在一点 $\xi \in (a,b)$,使得
$$f(\xi) = 0,$$
即方程 $f(x)=0$ 在区间 (a,b) 内至少有一个根.

证 因为函数 $f(x)$ 在闭区间 $[a,b]$ 上连续,且 $f(a)$ 与 $f(b)$ 异号,所以数 0 必介于 $f(a)$ 和 $f(b)$ 之间. 由介值定理得,在开区间 (a,b) 内至少存在一点 $\xi \in (a,b)$,使得 $f(\xi)=0$,即方程 $f(x)=0$ 在区间 (a,b) 内至少有一个根.

零点定理表明:若连续曲线 $y=f(x)$ 的两个端点位于 x 轴的不同侧,则这段曲线与 x 轴至少有一个交点,如图 1-37 所示.

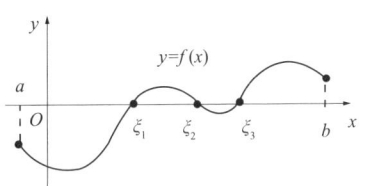

图 1-37

注 函数必须在闭区间 $[a,b]$ 上连续,才能保证函数零点的存在;在开区间 (a,b) 内连续,零点定理的结论不一定成立.

例如,函数
$$f(x) = \begin{cases} 1, & 0 < x \leq 1, \\ -1, & x = 0 \end{cases}$$
在区间 $(0,1)$ 内连续,且 $f(1) \cdot f(0) = -1 < 0$,但函数在区间 $(0,1)$ 内没有零点.

例 1.56 证明方程 $x^3 - 5x = 1$ 在区间 $(1,3)$ 内至少有一个根.

解 构造函数 $f(x) = x^3 - 5x - 1$,则函数 $f(x)$ 在闭区间 $[1,3]$ 上连续,且
$$f(1) = -5, \quad f(3) = 11.$$
由零点定理得,至少存在一点 $\xi \in (1,3)$,使得 $f(\xi)=0$,即方程 $x^3 - 5x = 1$ 在区间 $(1,3)$ 内至少有一个根.

例 1.57 设函数 $f(x)$ 在 $[0,1]$ 上连续,且 $0 \leq f(x) \leq 1$,试证存在一点 $\xi \in [0,1]$ 使得 $f(\xi) = \xi$.

证 构造函数 $F(x) = f(x) - x$,则 $F(x)$ 在 $[0,1]$ 上连续,且
$$F(0) = f(0) - 0 \geq 0, F(1) = f(1) - 1 \leq 0.$$

当 $F(0) = 0$ 时,则 $f(0) = 0$,此时 $\xi = 0$ 即为所求.

当 $F(0) = 1$ 时,则 $f(1) = 1$,此时 $\xi = 1$ 即为所求.

当 $F(0) \cdot F(1) < 0$ 时,由零点定理知,至少存在一点 $\xi \in (0,1)$,使 $F(\xi) = 0$.

综上所述,至少存在一点 $\xi \in [0,1]$,使 $f(\xi) = \xi$ 成立.

从例 1.56 和例 1.57 的求解过程可见,在利用介值定理或零点定理证明问题时,构造合适的辅助函数可取得事半功倍的效果.

习题 1.8(A)

1. 已知 $\lim\limits_{x\to\infty}\left(\dfrac{x^2+1}{x+1}-ax-b\right)=0$,则 ( )

   (A) $a=b=1$　　　　　　　　(B) $a=b=-1$

   (C) $a=-1,b=1$　　　　　　(D) $a=1,b=-1$

2. 函数 $f(x)$ 在 $[a,b]$ 上有最大值和最小值是 $f(x)$ 在 $[a,b]$ 上连续的 ( )

   (A) 必要条件而非充分条件　　(B) 充分条件而非必要条件

   (C) 充分必要条件　　　　　　(D) 既非充分条件又非必要条件

3. 对初等函数来说,其连续区间一定是 ( )

   (A) 其定义区间　　　　　　　(B) 闭区间

   (C) 开区间　　　　　　　　　(D) $(-\infty,+\infty)$

4. 若 $f(x)$ 在 $[a,b]$ 上连续,$f(a)\cdot f(b)<0$,$a<x_1<x_2<x_3<x_4<x_5<x_6<b$,且 $f(x_1)=f(x_3)=f(x_6)=1$,$f(x_2)=f(x_4)=0$,$f(x_5)=-1$,则应判断 $f(x)$ 在 (a,b) 内的零点个数 ( )

   (A) ≥ 3　　　　　　　　(B) ≥ 4

   (C) ≥ 5　　　　　　　　(D) ≥ 6

5. 下列命题错误的是 ( )

   (A) 若 $f(x)$ 在区间 $[a,b]$ 上连续,则存在 $x_1,x_2\in[a,b]$,$f(x_1)\leq f(x)\leq f(x_2)$

   (B) 若 $f(x)$ 在区间 $[a,b]$ 上连续,则存在正数 M,使得对 $\forall x\in[a,b]$,$|f(x)|\leq M$

   (C) 若 $f(x)$ 在区间 $[a,b]$ 上连续,则在 (a,b) 内必定没有最大值

   (D) 若 $f(x)$ 在区间 $[a,b]$ 上连续,则在 (a,b) 内可能既没有最大值也没有最小值

习题 1.8(B)

1. 求下列函数的极限.

   (1) $\lim\limits_{x\to 0}\sqrt{x^2-x+1}$；

   (2) $\lim\limits_{x\to\frac{\pi}{2}}(\sin x)^2$；

   (3) $\lim\limits_{x\to\frac{\pi}{3}}\ln\cos x$；

   (4) $\lim\limits_{x\to 1}\dfrac{\sqrt{x+3}-2}{x-1}$；

   (5) $\lim\limits_{x\to 0}\dfrac{\sqrt{x+1}-\sqrt{1-x}}{x}$；

   (6) $\lim\limits_{x\to\frac{\pi}{6}}\dfrac{\sin x-\dfrac{1}{2}}{x-\dfrac{\pi}{6}}$；

(7) $\lim\limits_{x\to+\infty}\dfrac{\sqrt{x^2+2x}-\sqrt{x^2-2x}}{2}$;   (8) $\lim\limits_{x\to+\infty}\left(1-\dfrac{1}{x}\right)^{2x}$;   (9) $\lim\limits_{x\to 0}\dfrac{\sqrt{1+\tan x}-\sqrt{1+\sin x}}{x\sqrt{1+\sin^2 x}-x}$.

2. 证明下列各题.

(1) 方程 $x^5-3x-1=0$ 在区间 $(1,2)$ 内至少有一个实根;

(2) 方程 $x\cdot 2^x-1=0$ 在区间 $(0,1)$ 内至少有一个实根;

(3) 方程 $\sin x+x+1=0$ 在区间 $\left(-\dfrac{\pi}{2},\dfrac{\pi}{2}\right)$ 内至少有一个实根;

(4) 方程 $x^3-4x^2+1=0$ 在区间 $(0,1)$ 内至少有一个根;

(5) 方程 $x-\sin(x+1)=0$ 在 $(-\infty,+\infty)$ 内有根.

3. 若函数 $f(x)$ 在闭区间 $[a,b]$ 上连续,$f(a)<a,f(b)>b$,证明至少有一点 $\xi\in(a,b)$,使得 $f(\xi)=\xi$.

4. 设 $f(x)$ 在 $[0,1]$ 上非负连续,且 $f(0)=f(1)=0$,证明方程对任意实数 $a(0<a<1)$ 必有 $\xi\in[0,1)$,使得 $f(\xi+a)=f(\xi)$.

5. 设 $f(x)$ 在 $[0,2a]$ 上连续,且 $f(0)=f(2a)$,证明方程 $f(x+a)=f(x)$ 在 $[0,a]$ 上至少有一个实根.

6. 设 $f(x)$ 在 $[a,b]$ 上连续 $(a<x_1<x_2<b)$,证明对任意的两个正数 t_1,t_2,存在 $\xi\in(a,b)$,使得 $t_1 f(x_1)+t_2 f(x_2)=(t_1+t_2)f(\xi)$.

7. 如果 $f(x)$ 在区间 (a,b) 内连续,$x_1<x_2<\cdots<x_n$ 是该区间内任意 n 个点,试证明在 (a,b) 内至少存在一点 ξ,使得 $f(\xi)=\dfrac{f(x_1)+f(x_2)+\cdots+f(x_n)}{n}$.

自测题(一)

一、选择题.

1. 下列说法错误的是 ( )

(A) 数列 $\{a_n\}$ 无界,则数列必发散

(B) $f(x)$ 在点 x_0 处极限存在,则 $f(x)$ 在该点必有定义

(C) 数列 $\{a_n\}$ 收敛,则数列必有界

(D) $f(x)$ 在点 x_0 处连续,则 $f(x)$ 在该点极限必存在

2. 设函数 $f(x)=\begin{cases}\dfrac{\ln(1+2x)}{\sqrt{1+x}-\sqrt{1-x}}, & -1\leq x<0,\\ 0, & x=0,\\ x^2+2, & 0<x\leq 1,\end{cases}$ 则 $\lim\limits_{x\to 0}f(x)=$ ( )

(A) -2 (B) 2

(C) 0   (D) 不存在

3. 当 $x \to 0$ 时，在下列无穷小中与 x^2 等价的是   ( )

(A) $\ln(1-x^2)$ (B) $1-\cos 2\sqrt{x}$

(C) $\sqrt{1+x^2}-\sqrt{1-x^2}$ (D) $2x^2-x^3$

4. 设 $f(x)=\begin{cases}\dfrac{\sqrt[3]{1-ax}-1}{x}, & x\neq 0,\\ b, & x=0,\end{cases}$ 且 $\lim\limits_{x\to 0}f(x)=1$，则   ( )

(A) $a=3, b=1$ (B) $a=-3, b=1$

(C) $a=3, b$ 可取任意实数   (D) $a=-3, b$ 可取任意实数

5. 设 $f(x)=\begin{cases}x^2, & x\geq 0,\\ 2+x, & x<0,\end{cases}$ 使 $f(x)$ 取到最大值与最小值的区间是   ( )

(A) $[-1,1]$ (B) $[-1,0]$

(C) $[0,1]$ (D) $\left[-\dfrac{1}{2},\dfrac{1}{2}\right]$

二、填空题.

6. 设 $\lim\limits_{x\to\infty}\left(\dfrac{x+2k}{x-k}\right)^x=\mathrm{e}^6$（$k$ 为整数），则 $k=$ _____.

7. $\lim\limits_{x\to-\infty}x(\sqrt{x^2+2}+x)=$ _____.

8. $\lim\limits_{x\to\infty}\dfrac{(2x-1)^{30}(3x-2)^{20}}{(1+6x^2)^{25}}=$ _____.

9. 设函数 $f(x)=\begin{cases}\dfrac{ax+b}{\sqrt{3x+1}-\sqrt{x+3}}, & x\neq 1,\\ 4, & x=1\end{cases}$ 在点 $x=1$ 处连续，则常数 a, b 的值分别为 _____.

10. 设 $f(x)=\arccos\left(\dfrac{\cos x-1}{x^2}\right)$ $(x\neq 0)$，要使 $f(x)$ 在点 $x=0$ 处连续，则 $f(0)=$ _____.

11. 函数 $f(x)=\dfrac{1}{(x-1)\ln(x^2+1)}$ 的间断点是 _____.

三、解答题.

12. 已知 $\lim\limits_{x\to 2}\dfrac{x^2+ax+b}{x^2-x-2}=2$，求参数 a, b 的值.

13. 求极限 $\lim\limits_{x\to -8}\dfrac{\sqrt{1-x}-3}{2+\sqrt[3]{x}}$.

14. 求极限 $\lim\limits_{x\to 0}(1+3x)^{2\cot x}$.

15. 求极限 $\lim\limits_{x\to 0}\dfrac{3\sin x+x^2\sin\dfrac{1}{x}}{(1+\cos x)\ln(1+x)}$.

16. 求极限 $\lim\limits_{x\to 0}\dfrac{(\sin x)^4\cdot\sqrt{1+x^2}}{(1-\cos x)(x^2-x^3)}$.

17. 求极限 $\lim\limits_{x\to a}\left(\dfrac{\sin x}{\sin a}\right)^{\frac{1}{x-a}}$.

18. 设 $f(x)=\begin{cases}2x-x^2, & x<0,\\ \dfrac{1}{x-1}, & x\geq 0, x\neq 1,\end{cases}$ 求 $f(x)$ 的连续区间,并断定间断点的类型.

四、证明题.

19. 证明方程 $x=a\sin x+b(a>0,b>0)$ 至少有一个正根,并且它不超过 $a+b$.

第 2 章 导数与微分

扫码查看
☑ 知识拓展　☑ 学习秘诀
☑ 干货精讲　☑ 精品课程

在解决实际问题时,除了要了解函数的变化趋势、连续状态外,有时还需要通过变化率的大小来研究因变量随自变量变化快慢的程度,这类需求十分普遍!例如,物体的位移对于时间的变化快慢即物体运动速度,温度随时间变化的速度,人口增长的速度,经济发展的速度,等等.要用数学的方法精确或高效地解决这些问题,需引入函数的导数和微分的知识,这些知识属于一元函数微分学的基本内容,是人类智慧的结晶,推动着自然科学的快速发展.本章将以极限为工具,建立导数与微分的概念,研究导数与微分的计算方法.

2.1　导数的概念

知识衔接

描述因变量随自变量变化快慢程度的词语有＿＿＿＿＿＿＿＿.

若一物体沿直线运动,运动距离 s 与时间 t 的函数关系为 $s=s(t)$,则该物体在 t_1 到 t_2 时间段内的平均速度为＿＿＿＿＿＿＿＿.

$$\log_a(MN)=\underline{\qquad};\quad \log_a M^n=\underline{\qquad};\quad \log_a\frac{M}{N}=\underline{\qquad}.$$

2.1.1　导数的定义

衡量因变量随自变量变化快慢的程度可通过计算变化率来实现,瞬时变化率在高等数学里即为导数.为了方便理解导数的概念,先来看下面两个例子.

引例 1　变速直线运动的瞬时速度

设某一物体沿直线运动,物体运动距离 s 为时间 t 的函数,即 $s=s(t)$,求物体在时刻 t_0 的瞬时速度 $v(t_0)$.

当物体运动时间由 t_0 改变到 $t_0+\Delta t$ 时,物体在 Δt 这段时间内通过的距离为
$$\Delta s=s(t_0+\Delta t)-s(t_0),$$
则物体在此时间段内的平均速度为

$$\bar{v} = \frac{\Delta s}{\Delta t} = \frac{s(t_0+\Delta t)-s(t_0)}{\Delta t}. \tag{2.1}$$

如果物体做匀速直线运动,那么物体的瞬时速度 $v(t_0)$ 即为平均速度 $\bar{v}$,此时

$$v(t_0) = \bar{v} = \frac{s(t_0+\Delta t)-s(t_0)}{\Delta t}.$$

如果物体做变速直线运动,可以用物体的平均速度近似代替物体的瞬时速度,显然,当 Δt 越小,平均速度就越接近瞬时速度.因此,当 $\Delta t \to 0$ 时,若(2.1)式的极限存在,则该极限即为该物体的瞬时速度,即

$$v(t_0) = \lim_{\Delta t \to 0} \frac{s(t_0+\Delta t)-s(t_0)}{\Delta t}.$$

引例 2 曲线的切线斜率

已知曲线 $C: y=f(x)$,点 $M(x_0, y_0)$ 为曲线上一个定点,$N(x_0+\Delta x, y_0+\Delta y)$ 为曲线上一动点,作割线 MN,如图 2-1 所示.

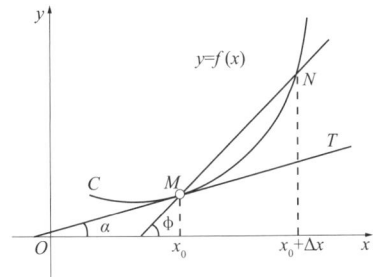

图 2-1

设割线 MN 与 x 轴正向的夹角(即割线的倾角)为 ϕ,于是割线 MN 的斜率为

$$\tan \phi = \frac{\Delta y}{\Delta x} = \frac{f(x_0+\Delta x)-f(x_0)}{\Delta x}. \tag{2.2}$$

当动点 N 沿曲线 C 趋于定点 M(即 $\Delta x \to 0$)时,割线 MN 也随之趋向于切线位置,此时割线 MN 的倾角 ϕ 趋向于切线 MT 的倾角 α.

因此,当 $\Delta x \to 0$ 时,若(2.2)式的极限存在,则切线 MT 的斜率

$$k = \tan \alpha = \lim_{\Delta x \to 0} \frac{\Delta y}{\Delta x} = \lim_{\Delta x \to 0} \frac{f(x_0+\Delta x)-f(x_0)}{\Delta x}.$$

上述两个问题尽管有着不同的物理方面或几何方面的背景,但在解决问题时都可归结为计算 $\lim\limits_{\Delta x \to 0} \dfrac{\Delta y}{\Delta x}$ 这一数学模型!事实上,这一模型在实际生活及科学实验中有着广泛的应用,为此给出如下定义.

定义 2.1 设函数 $y=f(x)$ 在点 x_0 的某个邻域内有定义,当自变量 x 在点 x_0 处取得增量 Δx(点 $x_0+\Delta x$ 也在该邻域内)时,函数 y 取得相应的增量 $\Delta y = f(x_0+\Delta x)-f(x_0)$.若极限

$$\lim_{\Delta x \to 0} \frac{\Delta y}{\Delta x} = \lim_{\Delta x \to 0} \frac{f(x_0+\Delta x)-f(x_0)}{\Delta x}$$

存在,则称函数 $y=f(x)$ 在点 x_0 处**可导**,并把这个极限称为函数 $y=f(x)$ 在点 x_0 处的**导数**,记作 $f'(x_0)$,即

$$f'(x_0) = \lim_{\Delta x \to 0} \frac{\Delta y}{\Delta x} = \lim_{\Delta x \to 0} \frac{f(x_0 + \Delta x) - f(x_0)}{\Delta x},$$

也可记作

$$y'\bigg|_{x=x_0}, \frac{\mathrm{d}y}{\mathrm{d}x}\bigg|_{x=x_0}, \frac{\mathrm{d}f(x)}{\mathrm{d}x}\bigg|_{x=x_0}.$$

由上述可知,导数定义也可表示为

$$f'(x_0) = \lim_{x \to x_0} \frac{f(x) - f(x_0)}{x - x_0}.$$

若 $\lim\limits_{\Delta x \to 0} \frac{\Delta y}{\Delta x}$ 不存在,则称函数 $y=f(x)$ 在点 x_0 处不可导. 有时当 $\Delta x \to 0$,比值 $\frac{\Delta y}{\Delta x} \to \infty$ 时,为了方便起见,往往称函数 $y=f(x)$ 在点 x_0 处的导数为无穷大.

比值 $\frac{\Delta y}{\Delta x}$ 表示自变量 x 从 x_0 变化到 $x_0 + \Delta x$ 时,函数 $y=f(x)$ 的平均变化率;而导数 $f'(x_0) = \lim\limits_{\Delta x \to 0} \frac{\Delta y}{\Delta x}$ 表示函数 $y=f(x)$ 在点 x_0 处瞬时变化速度,也称为 $y=f(x)$ 在点 x_0 处的瞬时变化率.

根据导数定义知,引例 1 中物体做变速直线运动时,瞬时速度是路程 s 对时间 t 的导数,即

$$v(t_0) = \frac{\mathrm{d}s}{\mathrm{d}t}\bigg|_{t=t_0} = s'(t_0).$$

引例 2 中曲线 $y=f(x)$ 在点 M 处的切线斜率为曲线的纵坐标 y 对横坐标 x 的导数,即

$$k = \tan \alpha = \frac{\mathrm{d}y}{\mathrm{d}x}\bigg|_{x=x_0} = f'(x_0).$$

例 2.1 求幂函数 $y=x^2$ 在点 $x=1$ 处的导数 $f'(1)$.

解 由导数定义得

$$f'(1) = \lim_{\Delta x \to 0} \frac{f(1+\Delta x) - f(1)}{\Delta x} = \lim_{\Delta x \to 0} \frac{(1+\Delta x)^2 - 1}{\Delta x}$$

$$= \lim_{\Delta x \to 0} \frac{2\Delta x + (\Delta x)^2}{\Delta x} = \lim_{\Delta x \to 0} (2 + \Delta x) = 2.$$

2.1.2 导函数

定义 2.2 若函数 $y=f(x)$ 在其定义区间 I 上每一点 x 处都可导,则称函数 $y=f(x)$ 在区间 I 上可导,此时由

$$f'(x) = \lim_{\Delta x \to 0} \frac{\Delta y}{\Delta x} = \lim_{\Delta x \to 0} \frac{f(x+\Delta x) - f(x)}{\Delta x}$$

确定了一个定义在区间 I 上的函数,称为 $f(x)$ 的**导函数**,简称**导数**,记作 $f'(x)$ 或 y', $\frac{\mathrm{d}y}{\mathrm{d}x}$, $\frac{\mathrm{d}f(x)}{\mathrm{d}x}$.

显然，函数 $f(x)$ 在点 x_0 处的导数 $f'(x_0)$ 就是导函数 $f'(x)$ 在点 $x=x_0$ 的函数值，即
$$f'(x_0) = f'(x)\big|_{x=x_0}.$$
下面利用导函数定义来求常见函数的导数.

例 2.2 求常数函数 $f(x)=C$（C 为常数）的导数.

解 由导函数定义得
$$f'(x) = \lim_{\Delta x \to 0} \frac{\Delta y}{\Delta x} = \lim_{\Delta x \to 0} \frac{f(x+\Delta x)-f(x)}{\Delta x} = \lim_{\Delta x \to 0} \frac{C-C}{\Delta x} = 0,$$
即
$$(C)' = 0.$$

例 2.3 求幂函数 $y=x^n$（n 为正整数）的导数.

解 由导函数定义得
$$y' = \lim_{\Delta x \to 0} \frac{f(x+\Delta x)-f(x)}{\Delta x} = \lim_{\Delta x \to 0} \frac{(x+\Delta x)^n - x^n}{\Delta x}$$
$$= \lim_{\Delta x \to 0} \frac{x^n + nx^{n-1}\Delta x + \frac{n(n-1)}{2}x^{n-2}(\Delta x)^2 + \cdots + (\Delta x)^n - x^n}{\Delta x}$$
$$= \lim_{\Delta x \to 0} \left[nx^{n-1} + \frac{n(n-1)}{2}x^{n-2}\Delta x + \cdots + (\Delta x)^{n-1} \right] = nx^{n-1},$$
即
$$(x^n)' = nx^{n-1}.$$
上式可以推广到一般的幂函数 $y=x^\alpha$（α 为常数），即
$$(x^\alpha)' = \alpha x^{\alpha-1}.$$
利用此公式我们可以很简单地求出幂函数的导数，例如，
$$(\sqrt{x})' = \frac{1}{2}x^{-\frac{1}{2}} = \frac{1}{2\sqrt{x}}; \quad \left(\frac{1}{x}\right)' = (-1)\cdot x^{-2} = -\frac{1}{x^2}.$$

例 2.4 求三角函数 $f(x)=\sin x$ 的导数.

解 由导函数定义得
$$f'(x) = \lim_{\Delta x \to 0} \frac{f(x+\Delta x)-f(x)}{\Delta x} = \lim_{\Delta x \to 0} \frac{\sin(x+\Delta x)-\sin x}{\Delta x}$$
$$= \lim_{\Delta x \to 0} \frac{2\cos\left(x+\frac{\Delta x}{2}\right)\sin\frac{\Delta x}{2}}{\Delta x} = \lim_{\Delta x \to 0} \cos\left(x+\frac{\Delta x}{2}\right) \lim_{\Delta x \to 0} \frac{\sin\frac{\Delta x}{2}}{\frac{\Delta x}{2}} = \cos x,$$
即
$$(\sin x)' = \cos x.$$
同理，可以推出
$$(\cos x)' = -\sin x.$$

例 2.5 求对数函数 $f(x)=\log_a x$（$a>0, a\neq 1$）的导数.

解 由导数定义得

$$f'(x) = \lim_{\Delta x \to 0} \frac{f(x+\Delta x)-f(x)}{\Delta x} = \lim_{\Delta x \to 0} \frac{\log_a(x+\Delta x) - \log_a x}{\Delta x}$$

$$= \lim_{\Delta x \to 0} \frac{\log_a\left(1+\frac{\Delta x}{x}\right)}{\Delta x} = \lim_{\Delta x \to 0} \log_a\left(1+\frac{\Delta x}{x}\right)^{\frac{1}{\Delta x}}$$

$$= \log_a \lim_{\Delta x \to 0}\left[\left(1+\frac{\Delta x}{x}\right)^{\frac{x}{\Delta x}}\right]^{\frac{1}{x}} = \log_a e^{\frac{1}{x}} = \frac{1}{x \ln a},$$

即

$$(\log_a x)' = \frac{1}{x \ln a}.$$

特别地,

$$(\ln x)' = \frac{1}{x}.$$

2.1.3 单侧导数

由于函数在一点处的导数是一个差商的极限,因此可仿照函数左、右极限的定义,给出左导数和右导数的定义.

定义 2.3 设函数 $y=f(x)$ 在点 x_0 的某个邻域内有定义,若

$$\lim_{\Delta x \to 0^-} \frac{f(x_0+\Delta x)-f(x_0)}{\Delta x}$$

存在,则称该极限为函数 $f(x)$ 在点 x_0 处的**左导数**,记作 $f'_-(x_0)$,即

$$f'_-(x_0) = \lim_{\Delta x \to 0^-} \frac{f(x_0+\Delta x)-f(x_0)}{\Delta x}.$$

类似地,可定义函数 $f(x)$ 在点 x_0 处的**右导数** $f'_+(x_0)$,即

$$f'_+(x_0) = \lim_{\Delta x \to 0^+} \frac{f(x_0+\Delta x)-f(x_0)}{\Delta x}.$$

左导数和右导数统称为**单侧导数**.

显然,函数 $f(x)$ 在点 x_0 处可导的充分必要条件是左导数 $f'_-(x_0)$ 和右导数 $f'_+(x_0)$ 都存在且相等.

若函数 $f(x)$ 在开区间 (a,b) 内可导,且 $f'_+(a)$ 及 $f'_-(b)$ 都存在,则称函数 $f(x)$ 在闭区间 $[a,b]$ 上可导.

例 2.6 讨论绝对值函数 $f(x)=|x|$ 在点 $x=0$ 处的导数.

解 因为

$$f(x) = |x| = \begin{cases} x, & x \geq 0, \\ -x, & x < 0, \end{cases}$$

由左导数和右导数定义可得

$$f'_-(0) = \lim_{\Delta x \to 0^-} \frac{f(0+\Delta x)-f(0)}{\Delta x} = \lim_{\Delta x \to 0^-} \frac{-\Delta x - 0}{\Delta x} = -1,$$

$$f'_+(0) = \lim_{\Delta x \to 0^+} \frac{f(0+\Delta x)-f(0)}{\Delta x} = \lim_{\Delta x \to 0^+} \frac{\Delta x - 0}{\Delta x} = 1.$$

因为 $f'_-(0) \neq f'_+(0)$,所以函数 $f(x) = |x|$ 在点 $x=0$ 处不可导.

2.1.4 导数的几何意义

若函数 $y=f(x)$ 在点 x_0 处可导,则曲线 $C:y=f(x)$ 在点 $P(x_0,f(x_0))$ 处切线的斜率为

$$k = f'(x_0) = \tan \alpha,$$

其中 α 为切线的倾角,如图 2-2 所示.

曲线 $C:y=f(x)$ 在点 $P(x_0,f(x_0))$ 处的切线方程为

$$y - y_0 = f'(x_0)(x - x_0).$$

过曲线 C 上点 $P(x_0,f(x_0))$ 且垂直于该点处切线的直线,称为曲线 C 在点 $P(x_0,f(x_0))$ 处的法线. 当 $f'(x_0) \neq 0$ 时,曲线 $C:y=f(x)$ 在点 $P(x_0,f(x_0))$ 处的法线方程为

$$y - y_0 = -\frac{1}{f'(x_0)}(x - x_0).$$

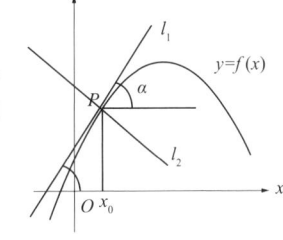

图 2-2

特别地,当函数 $y=f(x)$ 在点 x_0 处的导数是无穷大时,则表示曲线 $C:y=f(x)$ 在点 $P(x_0,f(x_0))$ 处有垂直于 x 轴的切线 $x=x_0$.

例 2.7 求曲线 $y = \dfrac{1}{x}$ 在点 $(1,1)$ 处的切线方程和法线方程.

解 因为 $y' = \left(\dfrac{1}{x}\right)' = -\dfrac{1}{x^2}$,所以曲线在点 $(1,1)$ 处的斜率为 $k = y'|_{x=1} = -1$,法线斜率为 1,从而所求切线方程为

$$y - 1 = -(x - 1),$$

即

$$x + y - 2 = 0;$$

所求法线方程为

$$y - 1 = x - 1,$$

即

$$y - x = 0.$$

例 2.8 已知曲线 $y = x^2$ 的切线上一点 $(0,-1)$,求此曲线的切线方程.

解 设切点为 $(x_0, f(x_0))$,因为 $y' = (x^2)' = 2x$,所以曲线 $y = x^2$ 在该点处的切线斜率为

$$k = y'|_{x=x_0} = 2x_0,$$

从而所求切线方程为

$$y - x_0^2 = 2x_0(x - x_0).$$

将点$(0,-1)$代入得$-1-x_0^2=-2x_0^2$,解得$x_0=\pm1$. 所以,切点为$(\pm1,1)$,所求切线方程为
$$y=2x-1 \text{ 或 } y=-2x-1.$$

2.1.5 函数连续性与可导性的关系

下面讨论函数连续性与可导性的关系.

定理 2.1 可导函数必是连续函数.

证 不妨设函数$y=f(x)$在任意点x_0处可导,即
$$f'(x_0)=\lim_{\Delta x\to 0}\frac{\Delta y}{\Delta x}$$
存在,于是
$$\frac{\Delta y}{\Delta x}=f'(x_0)+\alpha,$$
其中α为$\Delta x\to 0$时的无穷小量. 整理得
$$\Delta y=f'(x_0)\Delta x+\alpha\Delta x,$$
则
$$\lim_{\Delta x\to 0}\Delta y=0,$$
由连续的定义可知,函数$y=f(x)$在点x_0处连续,即可导函数都是连续函数.

注:定理 2.1 的逆命题不成立. 例如,$f(x)=|x|$在点 0 处连续,但在该点不可导.

例 2.9 讨论函数$f(x)=\sqrt[3]{x}$在点$x=0$处的连续性和可导性.

解 因为
$$\lim_{\Delta x\to 0}\frac{f(0+\Delta x)-f(0)}{\Delta x}=\lim_{\Delta x\to 0}\frac{(\Delta x)^{\frac{1}{3}}}{\Delta x}=\lim_{\Delta x\to 0}\frac{1}{(\Delta x)^{\frac{2}{3}}}$$
不存在,所以函数$f(x)=\sqrt[3]{x}$在点$x=0$处不可导;但由$\lim_{x\to 0}f(x)=f(0)$知,此函数在点$x=0$处连续.

同样地,函数$f(x)=\sqrt[3]{x-1}$在点$x=1$处不可导但连续.

例 2.10 讨论函数$f(x)=\begin{cases}x\sin\dfrac{1}{x}, & x\neq 0,\\ 0, & x=0\end{cases}$在点$x=0$处的连续性和可导性.

解 因为
$$\lim_{x\to 0}f(x)=\lim_{x\to 0}x\sin\frac{1}{x}=0=f(0),$$
所以$f(x)$在点$x=0$处连续.

因为
$$\lim_{\Delta x\to 0}\frac{f(0+\Delta x)-f(0)}{\Delta x}=\lim_{\Delta x\to 0}\frac{\Delta x\sin\dfrac{1}{\Delta x}-0}{\Delta x}=\lim_{\Delta x\to 0}\sin\frac{1}{\Delta x}$$
不存在,所以$f(x)$在点$x=0$处不可导.

例 2.11 试确定参数 a,b 之值,使 $f(x)=\begin{cases}e^x, & x<0,\\ ax+b, & x\geq 0\end{cases}$ 在点 $x=0$ 处可导.

解 因为
$$\lim_{x\to 0^-}f(x)=\lim_{x\to 0^-}e^x=1,\ \lim_{x\to 0^+}f(x)=\lim_{x\to 0^+}(ax+b)=b,$$
且函数 $f(x)$ 在点 $x=0$ 处可导,所以必连续,从而由 $\lim\limits_{x\to 0^-}f(x)=\lim\limits_{x\to 0^+}f(x)$ 得 $b=1$.

又因为
$$f'_-(0)=\lim_{x\to 0^-}\frac{e^x-b}{x}=\lim_{x\to 0^-}\frac{e^x-1}{x}=1,\quad f'_+(0)=\lim_{x\to 0^+}\frac{ax+b-b}{x}=a,$$
函数 $f(x)$ 在点 $x=0$ 处可导,所以由 $f'_-(0)=f'_+(0)$ 得 $a=1$.

以上各例说明,对于已知可导的函数,可以利用已知求导公式计算导数;但遇见分段函数时,在分段点处往往不知是否可导,此时可用导数定义判断在该点处的可导性.

习题 2.1(A)

1. 设 $f(0)=0$ 且 $f'(0)$ 存在,则 $\lim\limits_{x\to 0}\dfrac{f(x)}{x}=$ ( )

   (A) $f'(x)$ (B) $f'(0)$

   (C) $f(0)$ (D) $\dfrac{1}{2}f(0)$

2. 假设函数 $f(x)$ 在点 x_0 处的导数存在,那么 $\lim\limits_{h\to 0}\dfrac{f(x_0+2h)-f(x_0-3h)}{h}=$ ( )

   (A) $f'(x_0)$ (B) $-f'(x_0)$

   (C) $5f'(x_0)$ (D) $-5f'(x_0)$

3. 函数在点 x_0 处连续是在该点 x_0 处可导的 ( )

   (A) 充分但不是必要条件   (B) 必要但不是充分条件

   (C) 充分必要条件   (D) 既非充分也非必要条件

4. 设曲线 $y=x^3(x\geq 0)$ 在点 M 处的切线斜率为 3,则点 M 的坐标为 ( )

   (A) $(0,1)$ (B) $(1,0)$

   (C) $(0,0)$ (D) $(1,1)$

5. 设函数 $f(x)=|\sin x|$,则 $f(x)$ 在点 $x=0$ 处 ( )

   (A) 不连续   (B) 连续,但不可导

   (C) 可导,但不连续   (D) 可导,且导数也连续

习题 2.1(B)

1. 设 $f'(x_0)=a$,求下列极限值.

(1) $\lim\limits_{h\to 0}\dfrac{f(x_0-h)-f(x_0)}{h}$;

(2) $\lim\limits_{h\to 0}\dfrac{f(x_0+h)-f(x_0-h)}{h}$;

(3) $\lim\limits_{\Delta x\to 0}\dfrac{f(x_0-\Delta x)-f(x_0)}{\Delta x}$;

(4) $\lim\limits_{h\to 0}\dfrac{f(x_0+3h)-f(x_0)}{h}$;

(5) $\lim\limits_{h\to 0}\dfrac{f(x_0+\sin h)-f(x_0-\sin h)}{h}$;

(6) $\lim\limits_{n\to\infty}n\left(f\left(x_0+\dfrac{1}{2n}\right)-f(x_0)\right)$.

2. 试用导数定义计算下列函数的导数.

(1) $f(x)=\dfrac{1}{x}$,求 $f'(1)$;

(2) $f(t)=8-t^3$,求 $f'(2)$;

(3) $f(t)=3t^2-t$,求 $f'(-1)$.

3. 求下列函数的导数.

(1) $y=x^4$; (2) $y=\sqrt[3]{x^2}$; (3) $y=x^{1.6}$; (4) $y=\dfrac{1}{\sqrt{x}}$;

(5) $y=x^3\sqrt[5]{x}$; (6) $y=\dfrac{x^2\sqrt[3]{x^2}}{\sqrt{x^5}}$; (7) $y=\sqrt{x\sqrt{x\sqrt{x}}}$; (8) $y=\sin\dfrac{x}{2}\cos\dfrac{x}{2}$.

4. 设物体运动距离与时间的函数为 $s=t^{\frac{3}{2}}$,求物体在 $t=2$ 时的瞬时速度.

5. 求下列函数在所给点处的导数.

(1) $f(x)=x^2,x_0=1$;

(2) $f(x)=2^x,x_0=2$;

(3) $f(x)=\cos x,x_0=\dfrac{\pi}{2}$;

(4) $f(x)=\ln x,x_0=4$.

6. 求下列曲线在指定点的切线方程和法线方程.

(1) 求曲线 $y=2x^2$ 在点 $P=(1,2)$ 处的切线方程;

(2) 曲线 $y=\ln x$ 在点 $(e^2,2)$ 处;

(3) 曲线 $y=\sin x$ 在点 $(-\pi,0)$ 处;

(4) 曲线 $y=e^x$ 在点 $(0,1)$ 处的切线方程.

7. 讨论下列函数在点 $x=0$ 处的连续性和可导性.

(1) $f(x)=\begin{cases}x^3, & x\geq 0,\\ x, & x<0;\end{cases}$

(2) $f(x)=|\sin x|$;

(3) $f(x)=\begin{cases}\ln(1+x), & x\geq 0,\\ x, & x<0;\end{cases}$

(4) $f(x)=x|x|$.

8. 就 a,b 的取值,讨论下列函数在点 $x=0$ 处是否可导?

(1) $f(x)=\begin{cases}ax+b, & x\geqslant 0,\\ x^2, & x<0;\end{cases}$ (2) $f(x)=\begin{cases}xe^x, & x>0,\\ ax^2, & x\leqslant 0.\end{cases}$

9. 设函数 $f(x)=\begin{cases}x^a\sin\dfrac{1}{x}, & x\neq 0,\\ 0, & x=0,\end{cases}$ 参数 a 为何值时，

(1) 函数在点 $x=0$ 处连续？(2) 函数在点 $x=0$ 处可导？(3) 导数 $f'(x)$ 在点 $x=0$ 处连续.

10. 证明双曲线 $xy=a^2$ 上任一点处的切线与两坐标轴构成的三角形的面积都等于 $2a^2$.

11. 已知函数 $g(x)$ 在点 $x=a$ 处连续，且 $g(a)=0$，判断函数 $f(x)=|x-a|g(x)$ 在点 $x=a$ 处是否可导.

2.2 函数的求导法则(一)

知识衔接

叙述极限的四则运算法则_____.

指数函数 $y=a^x$ 的反函数为_____.

正切函数 $y=\tan x$ 的反函数为_____.

函数 $y=\sin^2 e^x$ 是由函数_____与_____复合而成的.

利用导数的定义求函数的导数不仅复杂而且有时候还需要有很强的技巧性，因此有必要学习一些计算函数导数的常用方法. 本节将介绍计算函数导数的几种基本法则，同时给出基本初等函数的求导公式. 借助于这些基本法则和基本初等函数的求导公式，能够比较容易地求出很多复杂函数的导数.

2.2.1 函数和、差、积、商的求导法则

由导数的定义式可知，形式上导数是一个差商的极限，因此由极限的四则运算不难给出导数的四则运算法则.

定理 2.2 设函数 $u=u(x)$ 和 $v=v(x)$ 都在点 x 处可导，则它们的和、差、积、商（分母不为零）都在点 x 处可导，且

(1) $[u(x)\pm v(x)]'=u'(x)\pm v'(x)$；

(2) $[u(x)\cdot v(x)]'=u'(x)v(x)+u(x)v'(x)$；

(3) $\left[\dfrac{u(x)}{v(x)}\right]'=\dfrac{u'(x)v(x)-u(x)v'(x)}{v^2(x)}(v(x)\neq 0)$.

证 (1) 由导数的定义可得

$$[u(x)\pm v(x)]' = \lim_{\Delta x \to 0} \frac{[u(x+\Delta x)\pm v(x+\Delta x)]-[u(x)\pm v(x)]}{\Delta x}$$

$$= \lim_{\Delta x \to 0} \frac{u(x+\Delta x)-u(x)}{\Delta x} \pm \lim_{\Delta x \to 0} \frac{v(x+\Delta x)-v(x)}{\Delta x}$$

$$= u'(x)\pm v'(x).$$

为了方便起见,法则(1)可简记为 $[u\pm v]' = u'\pm v'$.

(2)由导数的定义可得

$$[u(x)\cdot v(x)]' = \lim_{\Delta x \to 0} \frac{u(x+\Delta x)v(x+\Delta x)-u(x)v(x)}{\Delta x}$$

$$= \lim_{\Delta x \to 0} \left[\frac{u(x+\Delta x)-u(x)}{\Delta x}v(x+\Delta x)+\frac{v(x+\Delta x)-v(x)}{\Delta x}u(x)\right]$$

$$= \lim_{\Delta x \to 0} \frac{u(x+\Delta x)-u(x)}{\Delta x}\lim_{\Delta x \to 0}v(x+\Delta x)+u(x)\lim_{\Delta x \to 0}\frac{v(x+\Delta x)-v(x)}{\Delta x}$$

$$= u'(x)v(x)+u(x)v'(x).$$

为了方便起见,法则(2)可简记为 $[u\cdot v]' = u'v+uv'$.

(3)由导数的定义可得

$$\left[\frac{u(x)}{v(x)}\right]' = \lim_{\Delta x \to 0} \frac{\dfrac{u(x+\Delta x)}{v(x+\Delta x)}-\dfrac{u(x)}{v(x)}}{\Delta x} = \lim_{\Delta x \to 0} \frac{u(x+\Delta x)v(x)-u(x)v(x+\Delta x)}{v(x+\Delta x)v(x)\Delta x}$$

$$= \lim_{\Delta x \to 0} \frac{\dfrac{u(x+\Delta x)-u(\Delta x)}{\Delta x}v(x)-u(x)\dfrac{v(x+\Delta x)-v(\Delta x)}{\Delta x}}{v(x+\Delta x)v(x)}$$

$$= \frac{u'(x)v(x)-u(x)v'(x)}{v^2(x)}.$$

为了方便起见,法则(3)可简记为 $\left[\dfrac{u}{v}\right]' = \dfrac{u'v-uv'}{v^2}$.

推论 2.1 设函数 $u_1=u_1(x), u_2=u_2(x), \cdots, u_n=u_n(x)$ 在点 x 处可导,则

(1) $(u_1+u_2+\cdots+u_n)' = u_1'+u_2'+\cdots+u_n'$;

(2) $(Cu_i)' = Cu_i'$;

(3) $(u_1u_2\cdots u_n)' = u_1'u_2\cdots u_n+u_1u_2'\cdots u_n+\cdots+u_1u_2\cdots u_n'$;

(4) $\left[\dfrac{1}{v(x)}\right]' = -\dfrac{v'(x)}{v^2(x)} (v(x)\neq 0)$.

例 2.12 求函数 $y=x^2+\cos x$ 的导数.

解 $y' = (x^2+\cos x)' = (x^2)'+(\cos x)' = 2x-\sin x.$

例 2.13 求函数 $y=x^2\cdot \sin x$ 的导数.

解 $y' = (x^2\cdot \sin x)' = (x^2)'\cdot \sin x+x^2\cdot (\sin x)' = 2x\sin x+x^2\cos x.$

例 2.14 求三角函数 $y=\tan x, y=\cot x$ 的导数.

解 $y' = (\tan x)' = \left(\dfrac{\sin x}{\cos x}\right)' = \dfrac{(\sin x)'\cos x-\sin x(\cos x)'}{\cos^2 x}$

$$= \frac{\cos x\cos x - \sin x(-\sin x)}{\cos^2 x} = \frac{\cos^2 x + \sin^2 x}{\cos^2 x} = \frac{1}{\cos^2 x} = \sec^2 x,$$

即

$$(\tan x)' = \frac{1}{\cos^2 x} = \sec^2 x.$$

同理可得

$$(\cot x)' = -\frac{1}{\sin^2 x} = -\csc^2 x.$$

例 2.15 求三角函数 $y = \sec x$ 和 $y = \csc x$ 的导数.

解
$$y' = (\sec x)' = \left(\frac{1}{\cos x}\right)' = -\frac{(\cos x)'}{\cos^2 x} = \frac{\sin x}{\cos^2 x} = \tan x \sec x,$$

即

$$(\sec x)' = \tan x \sec x.$$

同理可得

$$(\csc x)' = -\csc x \cot x.$$

2.2.2 反函数的求导法则

定理 2.3 设函数 $x = f(y)$ 在区间 I_y 内严格单调可导,且 $f'(y) \neq 0$,则它的反函数 $y = f^{-1}(x)$ 在区间 $I_x = \{x \mid x = f(y), y \in I_y\}$ 内也可导,且

$$[f^{-1}(x)]' = \frac{1}{f'(y)} \text{ 或 } \frac{dy}{dx} = \frac{1}{\frac{dx}{dy}}.$$

证 因为函数 $x = f(y)$ 在区间 I_y 内严格单调可导,从而函数 $x = f(y)$ 在区间 I_y 内严格单调连续,则 $x = f(y)$ 的反函数 $y = f^{-1}(x)$ 存在,且在区间 $I_x = \{x \mid x = f(y), y \in I_y\}$ 内也严格单调连续.

对于任意的 $x \in I_x$,设增量 $\Delta x \neq 0$,且满足 $x + \Delta x \in I_x$,由 $y = f^{-1}(x)$ 在区间 I_x 内的严格单调性知

$$\Delta y = f^{-1}(x + \Delta x) - f^{-1}(x) \neq 0,$$

于是

$$\frac{\Delta y}{\Delta x} = \frac{1}{\frac{\Delta x}{\Delta y}},$$

由 $y = f^{-1}(x)$ 在区间 I_x 内的连续性知 $\lim_{\Delta x \to 0} \Delta y = 0$,从而

$$[f^{-1}(x)]' = \lim_{\Delta x \to 0} \frac{\Delta y}{\Delta x} = \lim_{\Delta x \to 0} \frac{1}{\frac{\Delta x}{\Delta y}} = \frac{1}{\lim_{\Delta y \to 0} \frac{\Delta x}{\Delta y}} = \frac{1}{f'(y)}.$$

定理 2.3 可以简单地叙述为:反函数的导数等于原函数导数的倒数.

例 2.16 求指数函数 $y = a^x (a > 0, a \neq 1)$ 的导数.

解 因为指数函数 $y = a^x$ 是对数函数 $x = \log_a y$ 的反函数,且 $(\log_a y)' = \frac{1}{y \ln a} \neq 0$,

所以
$$y' = (a^x)' = \frac{1}{(\log_a y)'} = \frac{1}{\dfrac{1}{y\ln a}} = y\ln a = a^x \ln a,$$

即
$$(a^x)' = a^x \ln a.$$

特别地,
$$(e^x)' = e^x.$$

例 2.17 求反三角函数 $y = \arcsin x$ 和 $y = \arccos x$ 的导数.

解 因为反三角函数 $y = \arcsin x$ 是三角函数 $x = \sin y \left(-\dfrac{\pi}{2} < y < \dfrac{\pi}{2}\right)$ 的反函数,且

$$(\sin y)' = \cos y \neq 0 \left(-\dfrac{\pi}{2} < y < \dfrac{\pi}{2}\right),$$

所以
$$y' = (\arcsin x)' = \frac{1}{(\sin y)'} = \frac{1}{\cos y} = \frac{1}{\sqrt{1-\sin^2 y}} = \frac{1}{\sqrt{1-x^2}},$$

即
$$(\arcsin x)' = \frac{1}{\sqrt{1-x^2}}.$$

同理可得
$$(\arccos x)' = \frac{-1}{\sqrt{1-x^2}} \quad (-1 < x < 1).$$

例 2.18 求反三角函数 $y = \arctan x$ 和 $y = \operatorname{arccot} x$ 的导数.

解 反三角函数 $y = \arctan x$ 是三角函数 $x = \tan y \left(-\dfrac{\pi}{2} < y < \dfrac{\pi}{2}\right)$ 的反函数,且

$$(\tan y)' = \sec^2 y \neq 0,$$

所以
$$(\arctan x)' = \frac{1}{(\tan y)'} = \frac{1}{\sec^2 y} = \frac{1}{1+\tan^2 y} = \frac{1}{1+x^2}.$$

即
$$(\arctan x)' = \frac{1}{1+x^2}.$$

同理可得
$$(\operatorname{arccot} x)' = -\frac{1}{1+x^2}.$$

2.2.3 复合函数的求导法则

若函数 $y = f(u)$ 和 $u = g(x)$ 均可导,复合函数 $y = f(g(x))$ 是否可导?如果可导,又如何求它们的导数呢?为了解决这个问题,下面介绍如下复合函数求导法则.

定理 2.4 设函数 $u=g(x)$ 在点 x 处可导，且函数 $y=f(u)$ 在点 $u=g(x)$ 处也可导，则复合函数 $y=f(g(x))$ 在点 x 处可导，且

$$\frac{\mathrm{d}y}{\mathrm{d}x}=f'(u)\cdot g'(x) \text{ 或 } \frac{\mathrm{d}y}{\mathrm{d}x}=\frac{\mathrm{d}y}{\mathrm{d}u}\cdot\frac{\mathrm{d}u}{\mathrm{d}x}.$$

证 对自变量 x 取增量 Δx，则中间变量 u 取得增量 Δu，从而因变量 y 取得增量 Δy，于是

$$\Delta u=g(x+\Delta x)-g(x), \Delta y=f(u+\Delta u)-f(u).$$

当 $\Delta u\neq 0$ 时，有

$$\frac{\Delta y}{\Delta x}=\frac{\Delta y}{\Delta u}\cdot\frac{\Delta u}{\Delta x}.$$

因为 $y=f(u)$ 在点 $u=g(x)$ 处也可导，$u=g(x)$ 在点 x 处可导，所以

$$\lim_{\Delta x\to 0}\frac{\Delta y}{\Delta x}=\lim_{\Delta x\to 0}\frac{\Delta y}{\Delta u}\cdot\lim_{\Delta x\to 0}\frac{\Delta u}{\Delta x}=\lim_{\Delta u\to 0}\frac{\Delta y}{\Delta u}\cdot\lim_{\Delta x\to 0}\frac{\Delta u}{\Delta x},$$

即

$$\frac{\mathrm{d}y}{\mathrm{d}x}=f'(u)\cdot g'(x) \text{ 或 } \frac{\mathrm{d}y}{\mathrm{d}x}=\frac{\mathrm{d}y}{\mathrm{d}u}\cdot\frac{\mathrm{d}u}{\mathrm{d}x}.$$

当 $\Delta u=0$ 时，可以证明定理仍然成立.

复合函数求导法则也称为**链式法则**，因形式上像链条环环相扣一样而得名，可以简单地叙述为"连线相乘"，即：因变量对自变量求导，等于因变量先对中间变量求导，再乘以中间变量对自变量的导数.

例 2.19 求函数 $y=\ln(1+x^2)$ 的导数.

解 $(\ln(1+x^2))'=\dfrac{1}{1+x^2}\cdot(1+x^2)'=\dfrac{1}{1+x^2}\cdot 2x=\dfrac{2x}{1+x^2}.$

例 2.20 求函数 $y=(x^2-2x+5)^8$ 的导数.

解 $[(x^2-2x+5)^8]'=8(x^2-2x+5)^7\cdot(x^2-2x+5)'$
$=8(x^2-2x+5)^7(2x-2)=16(x-1)(x^2-2x+5)^7.$

定理 2.4 的结论可推广到多个函数复合而成的复合函数上，形式如下.

推论 2.2 设 $y=f(u), u=\phi(v), v=\psi(x)$ 均可导，则复合函数 $y=f(\phi(\psi(x)))$ 在点 x 处可导，其导数为

$$\frac{\mathrm{d}y}{\mathrm{d}x}=f'(u)\cdot\phi'(v)\cdot\psi'(x) \text{ 或 } \frac{\mathrm{d}y}{\mathrm{d}x}=\frac{\mathrm{d}y}{\mathrm{d}u}\cdot\frac{\mathrm{d}u}{\mathrm{d}v}\cdot\frac{\mathrm{d}v}{\mathrm{d}x}.$$

例 2.21 求函数 $y=\mathrm{e}^{\cos\frac{1}{x}}$ 的导数.

解 $(\mathrm{e}^{\cos\frac{1}{x}})'=\mathrm{e}^{\cos\frac{1}{x}}\cdot\left(\cos\dfrac{1}{x}\right)'=-\mathrm{e}^{\cos\frac{1}{x}}\cdot\sin\dfrac{1}{x}\cdot\left(\dfrac{1}{x}\right)'=\dfrac{1}{x^2}\cdot\mathrm{e}^{\cos\frac{1}{x}}\cdot\sin\dfrac{1}{x}.$

例 2.22 求函数 $y=\sin nx\cdot\sin^n x$ 的导数.

解 $(\sin nx\cdot\sin^n x)'=(\sin nx)'\cdot\sin^n x+\sin nx\cdot(\sin^n x)'$
$=n\cos nx\sin^n x+n\sin nx\sin^{n-1}x\cos x$
$=n\sin^{n-1}x(\cos nx\sin x+\sin nx\cos x)$

$$= n\sin^{n-1}x\sin(n+1)x.$$

到目前为止,我们给出了所有基本初等函数的导数,同时还学习了函数的和、差、积、商的求导法则,反函数求导法则和复合函数求导法则. 为了便于记忆和方便运用,将基本初等函数的导数公式归纳如下.

基本初等函数的导数公式

(1) $(C)' = 0$;	(10) $(\cot x)' = -\csc^2 x$;
(2) $(x^\alpha)' = \alpha x^{\alpha-1}$;	(11) $(\sec x)' = \sec x \tan x$;
(3) $(a^x)' = a^x \ln a$;	(12) $(\csc x)' = -\csc x \cot x$;
(4) $(e^x)' = e^x$;	(13) $(\arcsin x)' = \dfrac{1}{\sqrt{1-x^2}}$;
(5) $(\log_a x)' = \dfrac{1}{x\ln a}$;	(14) $(\arccos x)' = \dfrac{-1}{\sqrt{1-x^2}}$;
(6) $(\ln x)' = \dfrac{1}{x}$;	(15) $(\arctan x)' = \dfrac{1}{1+x^2}$;
(7) $(\sin x)' = \cos x$;	(16) $(\operatorname{arccot} x)' = \dfrac{-1}{1+x^2}$.
(8) $(\cos x)' = -\sin x$;	
(9) $(\tan x)' = \sec^2 x$;	

习题 2.2(A)

1. 已知 $y = \dfrac{\sin x}{1+\cos x}$,则 $y' =$ ( )

(A) $\dfrac{\cos x - 1}{2\cos x + 1}$ (B) $\dfrac{1+\cos x}{2\cos x - 1}$

(C) $\dfrac{1}{1+\cos x}$ (D) $\dfrac{2\cos x - 1}{1+\cos x}$

2. 已知 $y = \ln(x+\sqrt{1+x^2})$,则 $y' =$ ( )

(A) $\dfrac{1}{\sqrt{1+x^2}}$ (B) $\sqrt{1+x^2}$

(C) $\dfrac{x}{\sqrt{1+x^2}}$ (D) $\sqrt{x^2-1}$

3. 已知 $y = \ln\cot x$,则 $y'\Big|_{x=\frac{\pi}{4}} =$ ( )

(A) 1   (B) 2

(C) $-\dfrac{1}{2}$ (D) -2

4. 已知 $y = \dfrac{1}{2}\arctan\dfrac{2x}{1-x^2}$，则 $y' =$ （　　）

（A）$\dfrac{1}{x^2}+1$ 　　　　　　　　　　（B）$\sqrt{1+x^2}$

（C）$\dfrac{1}{x^2+1}$ 　　　　　　　　　　（D）$\sqrt{x^2-1}$

5. 已知 $y = \arcsin(x\ln x)$，则 $y' =$ （　　）

（A）$\ln x$ 　　　　　　　　　　（B）$\dfrac{x\ln x}{\sqrt{1-(x\ln x)^2}}$

（C）$\dfrac{1+\ln x}{\sqrt{1-(x\ln x)^2}}$ 　　　　　（D）$\dfrac{\sqrt{1-(x\ln x)^2}}{\ln x - 1}$

习题 2.2（B）

1. 求下列函数的导数.

（1）$y = x^2 + e^x + \sin 1$；　　（2）$y = \dfrac{2}{x} + 2^x + \ln 2$；　　（3）$y = \sin x + \cos x + e$；

（4）$y = 2\sec x + \tan x$；　　（5）$y = x^2\ln x + x - 5$；　　（6）$y = \sin x\cos x + \tan x$；

（7）$y = x^2\sin x + e^x$；　　（8）$y = \dfrac{x}{1+\cos x}$；　　（9）$y = \dfrac{\ln x + 1}{x}$；

（10）$y = \dfrac{x\sin x}{1+x}$；　　（11）$y = x(e^x - \ln x)$；　　（12）$y = xe^x\ln x$；

（13）$y = e^x(\cos x + \sin x)$；　　（14）$y = 2x^3 + \dfrac{3}{x} - \log_3 e$；　　（15）$y = 2^x\tan x + \sec x$.

2. 求下列复合函数的导数.

（1）$y = (2x+1)^6$；　　（2）$y = \sin(4x-1)$；　　（3）$y = e^{3x+5}$；

（4）$y = \ln(2x-3)$；　　（5）$y = \cos^2(2-x)$；　　（6）$y = \sqrt{x^2+1}$；

（7）$y = \ln^2(2x+1)$；　　（8）$y = \arcsin(1-x)$；　　（9）$y = \ln\sin(2x-3)$；

（10）$y = \arcsin\dfrac{1}{x}$；　　（11）$y = \ln(\sqrt[3]{x}) + \sqrt[3]{\ln x}$；　　（12）$y = \tan(\ln x)$；

（13）$u = e^{-\sin^2\frac{1}{v}}$；　　（14）$y = \sec^3(\ln x)$；　　（15）$y = \ln(x+\sqrt{1-x^2})$；

（16）$y = \arctan\dfrac{1-x}{1+x}$；　　（17）$y = \ln(x+\sqrt{1+x^2})$；　　（18）$y = \ln(\sec x + \tan x)$.

3. 求下列函数的导数.

（1）$y = \sqrt{x\sqrt{x\sqrt{x}}}$；　　（2）$y = \ln\ln\ln x$；　　（3）$y = \dfrac{\sqrt{1+x} - \sqrt{1-x}}{\sqrt{1+x} + \sqrt{1-x}}$；

(4) $y = \arctan \dfrac{x+2}{x-2}$;　　　(5) $y = \sin\sin\sin x$;　　　(6) $y = e^{\arcsin \sqrt{x}}$.

4. 设 $f(x)$ 可导,求下列函数的导数.

(1) $y = f(x^2+1)$;　　　(2) $y = f[f(\sin x + 1)]$;

(3) $y = f(\sin^2 x + 1) + f(\cos^2 x + 1)$;　　　(4) $y = \arctan[f(e^x)]$;

(5) $y = f(e^x) e^{f(x)}$;　　　(6) $y = f(\sin^2 x) + f(\cos^2 x)$;

(7) $y = \arctan[f(x)]$;　　　(8) $y = f(\sin x) + \sin[f(x)]$.

5. 设 $f(x)$ 和 $g(x)$ 都可导,求下列函数的导数 $\dfrac{dy}{dx}$.

(1) $y = f(e^x) e^{f(x)}$;　　　(2) $y = f(\sin^2 x) + f(\cos^2 x)$;

(3) $y = \ln f(\sqrt{x}) + \arctan g(x^2)$;　　　(4) $y = \sqrt{f^2(x) + \sqrt{g(x)}}$.

6. 求曲线 $y = x^2 + \sin 2x + 1$ 在点 $x = 0$ 处的切线方程和法线方程.

7. 求曲线 $y = \dfrac{1}{\sqrt{2-x^2}}$ 在点 $x = 1$ 处的切线方程和法线方程.

8. 求下列函数的反函数的导数.

(1) $y = x + e^x$;　　　(2) $y = \arctan \dfrac{1}{x}$.

9. 求下列函数在指定点处的导数值.

(1) $f(\phi) = \sin 3\phi + \dfrac{\phi}{1-\phi^2}$,求 $f'(0)$;

(2) $y = \dfrac{1}{x} \arcsin 2x$,求 $y' \big|_{x=\frac{1}{4}}$;

(3) $f(x) = \dfrac{3}{5-x} + \dfrac{x^2}{5}$,求 $f'(0)$ 和 $f'(2)$.

10. 设函数 $f(x)$ 可导,证明:

(1) 若 $f(x)$ 为奇函数,则其导数是偶函数;

(2) 若 $f(x)$ 为偶函数,则其导数是奇函数;

(3) 若 $f(x)$ 为周期函数,则其导数也是周期函数.

2.3 函数的求导法则(二)

知识衔接

在平面直角坐标系中,如果曲线上任一点的坐标 x,y 都是某个变量 t 的函数,即 $\begin{cases} x=\phi(t) \\ y=\psi(t) \end{cases}$,那么该方程称为曲线的_____. 圆 $x^2+y^2=a^2$ 的参数方程为_____,椭圆 $\dfrac{x^2}{a^2}+\dfrac{y^2}{b^2}=1$ 的参数方程为_____.

设平面内任何一点 M,用 ρ 表示线段 OM 的长度,角 θ 表示从 Ox 到 OM 的角度,ρ 叫作点 M 的_____,θ 叫作点 M 的_____,有序数对 (ρ,θ) 就叫作点 M 的_____.

2.3.1 隐函数的求导法则

如果因变量 y 和自变量 x 之间的关系是由一个关于 x 的关系式 $y=f(x)$ 所确定的,那么这种函数称为**显函数**,如 $y=\sin x, y=x^2, y=\ln(x+1)$,等等.

但是,我们还会遇到表达方式不是这样的函数,如方程
$$e^y+xy^2+1=0$$
也表示一个函数. 这种函数的特点是:因变量 y 和自变量 x 之间的关系是由一个关于 x 和 y 的方程 $F(x,y)=0$ 所确定的,即对于某已给定的区间内任意一点 x,与之对应的 y 值由方程
$$F(x,y)=0$$
唯一确定,我们则说方程 $F(x,y)=0$ 在已给定的区间内确定了一个隐函数.

对于有些隐函数可以化成显函数,如隐函数 $x^2+y^3+1=0$ 可以化成显函数 $y=\sqrt[3]{-x^2-1}$. 但是也有许多隐函数不能化成显函数,如由方程 $e^y+2ye^x+1=0$ 所确定的隐函数就不能化成显函数.

若方程 $F(x,y)=0$ 所确定的隐函数 $y=y(x)$ 关于 x 可导,则求隐函数导数可按如下步骤进行:

(1)方程 $F(x,y)=0$ 两边直接对 x 求导:将 x 看成自变量,将 y 看成因变量,应用复合函数求导法得关于 y' 的方程;

(2)解方程得出 y' 的表达式即可.

下面通过例子来说明这个求导方法.

例 2.23 求由方程 $e^{xy}-y^2=x^2(x^2\neq y^2)$ 所确定的函数 $y=y(x)$ 的导数 $\dfrac{dy}{dx}$.

解 方程两边同时对 x 求导得
$$e^{xy}(y+xy')-2yy'=2x,$$
整理得
$$(e^{xy}x-2y)y'=2x-ye^{xy},$$
解得
$$y'=\frac{2x-ye^{xy}}{e^{xy}x-2y}.$$

例 2.24 求由方程 $e^y+6xy+x^2-1=0$ 所确定的函数 $y=y(x)$ 的导数 $\dfrac{dy}{dx}$.

解 方程两边同时对 x 求导得
$$e^y y'+6y+6xy'+2x=0,$$
解得
$$y'=-\frac{2x+6y}{e^y+6x}.$$

例 2.25 设曲线的方程为 $\sin(xy)+\ln(y-x)=x$,求该曲线在点 $(0,1)$ 处的切线方程.

解 方程两边同时对 x 求导得
$$\cos(xy)(y+xy')+\frac{y'-1}{y-x}=1,$$
将点 $(0,1)$ 代入得 $y'(0)=1$,则所求切线方程为
$$y-1=x,$$
即
$$x-y+1=0.$$

2.3.2 对数的求导法则

对于形如 $y=u(x)^{v(x)}$ 的幂指函数直接求导比较麻烦,可先在 $y=f(x)$ 两边直接取对数变为隐函数的形式,然后利用隐函数的求导方法求出导数,这种求导方法称为**对数求导法则**(或**对数求导法**).

一般地,为求幂指函数 $y=u(x)^{v(x)}$ 的导数,两边取对数得
$$\ln y=v(x)\cdot\ln u(x),$$
两边同时对 x 求导得
$$\frac{y'}{y}=v'(x)\cdot\ln u(x)+v(x)\cdot\frac{u'(x)}{u(x)},$$
即
$$y'(x)=u(x)^{v(x)}\left[v'(x)\cdot\ln u(x)+\frac{v(x)u'(x)}{u(x)}\right].$$

例 2.26 设函数 $y=x^{\sin x}(x>0)$,求 $\dfrac{dy}{dx}$.

解 在 $y=x^{\sin x}$ 两边取对数得
$$\ln y=\sin x\cdot\ln x,$$

两边同时对 x 求导得

$$\frac{y'}{y}=\cos x\cdot\ln x+\frac{\sin x}{x},$$

整理得

$$y'=x^{\sin x}\left(\cos x\cdot\ln x+\frac{\sin x}{x}\right).$$

一般地,对于多个函数连乘的函数直接求导时比较麻烦,可以利用对数求导法求导,如下例.

例 2.27 设函数 $y=\dfrac{(1+x^2)^2\mathrm{e}^x}{\sqrt[4]{(x-1)^3(x-2)}}$,求 $\dfrac{\mathrm{d}y}{\mathrm{d}x}$.

解 当 $x>2$ 时,函数两边取对数得

$$\ln y=2\ln(1+x^2)+x-\frac{3}{4}\ln(x-1)-\frac{1}{4}\ln(x-2),$$

两边直接求导得

$$\frac{y'}{y}=\frac{4x}{1+x^2}+1-\frac{3}{4(x-1)}-\frac{1}{4(x-2)},$$

即

$$y'=\frac{(1+x^2)^2\mathrm{e}^x}{\sqrt[4]{(x-1)^3(x-2)}}\left[\frac{4x}{1+x^2}+1-\frac{3}{4(x-1)}-\frac{1}{4(x-2)}\right].$$

当 $x<1$ 时,用同样的方法可以得到相同的结果.

2.3.3 由参数方程所确定的函数的求导法则

在研究椭圆的轨迹时,有时会将椭圆方程化为

$$\begin{cases}x=a\cos t,\\ y=b\sin t,\end{cases}t\in[0,2\pi].$$

这里 x,y 都是 t 的函数,称为参数方程.

一般地,若参数方程

$$\begin{cases}x=\phi(t),\\ y=\psi(t)\end{cases} \tag{2.3}$$

能确定 y 与 x 之间的函数关系 $y=y(x)$,则称此函数关系为由参数方程(2.3)所确定的函数.

在实际问题中,经常会遇到计算由参数方程所确定的函数的导数,从参数方程中消去参数 t 往往比较困难,甚至无法实现.因此,我们需要寻找一种方法能不通过消去参数 t,而直接算出由参数方程所确定的函数 $y=y(x)$ 的导数.下面我们以定理的形式给出这种方法.

定理 2.5 设函数 $x=\phi(t),y=\psi(t)$ 一阶可导,且 $\phi'(t)\neq 0$,则

$$\frac{\mathrm{d}y}{\mathrm{d}x}=\frac{\mathrm{d}y}{\mathrm{d}t}\cdot\frac{\mathrm{d}t}{\mathrm{d}x}=\frac{\dfrac{\mathrm{d}y}{\mathrm{d}t}}{\dfrac{\mathrm{d}x}{\mathrm{d}t}}=\frac{\psi'(t)}{\phi'(t)}.$$

需要说明的是,由函数 $x=\phi(t)$ 一阶可导且 $\phi'(t)\neq 0$ 知,函数 $x=\phi(t)$ 存在一阶可导的反函数 $t=\phi^{-1}(x)$,进而结合函数 $y=\psi(t)$ 得复合函数 $y=\psi[\phi^{-1}(x)]$,然后借助复合函数的求导法则即可证明定理 2.5.

例 2.28 求摆线 $\begin{cases}x=a(t-\sin t),\\ y=a(1-\cos t)\end{cases}$ 在 $t=\dfrac{\pi}{2}$ 处的切线方程.

解 摆线图像如图 2-3 所示. 由定理 2.5 知

$$\frac{\mathrm{d}y}{\mathrm{d}x}=\frac{[a(1-\cos t)]'}{[a(t-\sin t)]'}=\frac{\sin t}{1-\cos t},$$

于是

$$\left.\frac{\mathrm{d}y}{\mathrm{d}x}\right|_{t=\frac{\pi}{2}}=\left.\frac{\sin t}{1-\cos t}\right|_{t=\frac{\pi}{2}}=1.$$

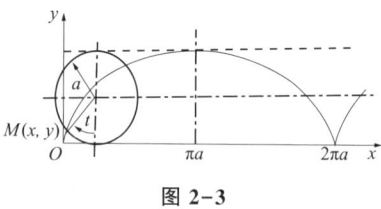

图 2-3

又 $t=\dfrac{\pi}{2}$ 对应摆线上的点为 $\left(\dfrac{\pi}{2}a-a,a\right)$,则所求切线方程为

$$y-a=x-\left(\dfrac{\pi}{2}a-a\right),$$

即

$$x-y-\dfrac{\pi}{2}a+2a=0.$$

2.3.4 极坐标下函数的求导法则

极坐标属于二维坐标系统,创始人是牛顿,主要应用于数学领域. 极坐标是指在平面内取一个定点 O,称为**极点**;引一条射线 Ox,称为**极轴**;再选定一个长度单位和角度的正方向(通常取逆时针方向),如图 2-4 所示.

对于平面内任何一点 M,用 ρ 表示线段 OM 的长度(有时也用 r 表示),θ 表示从 Ox 到 OM 的角度,ρ 叫作点 M 的**极径**,θ 叫作点 M 的**极角**,有序数对 (ρ,θ) 就叫作点 M 的**极坐标**,这样建立的坐标系叫作**极坐标系**.

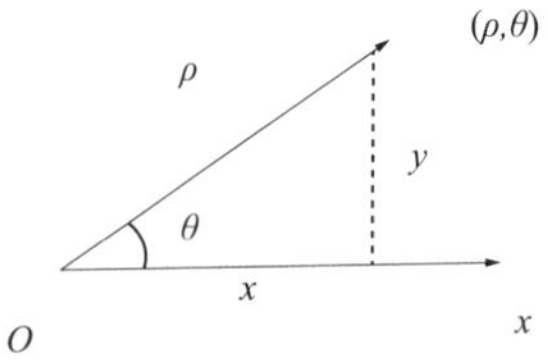

在极坐标系下,若满足方程 $\rho=\rho(\theta)$ 的点都在平面曲线 C 上,且曲线 C 上的任一点的所有极坐标中至少有一个满足方程 $\rho=\rho(\theta)$,则方程 $\rho=\rho(\theta)$ 称为平面曲线 C 的**极坐标方程**.

图 2-4

在直角坐标系中,$\rho=$ 常数,表示圆心为 O 半径为 ρ 的圆;$\theta=$ 常数,表示从极点出发,极角为 θ 的射线.

若以 O 为原点,Ox 所在直线为 x 轴,射线 Ox 的方向为 x 轴的正方向建立直角坐标系,则点 M 的直角坐标 (x,y) 与极坐标 (ρ,θ) 有如下关系:

$$\begin{cases}x=\rho\cos\theta,\\ y=\rho\sin\theta.\end{cases}$$

由参数方程的求导公式可得

$$\frac{dy}{dx} = \frac{\dfrac{dy}{d\theta}}{\dfrac{dx}{d\theta}} = \frac{[\rho(\theta)\sin\theta]'}{[\rho(\theta)\cos\theta]'} = \frac{\rho'(\theta)\sin\theta + \rho(\theta)\cos\theta}{\rho'(\theta)\cos\theta - \rho(\theta)\sin\theta},$$

于是有如下定理.

定理 2.6 设函数 $\rho = \rho(\theta)$ 一阶可导,且 $\begin{cases} x = \rho\cos\theta, \\ y = \rho\sin\theta, \end{cases}$ 则

$$\frac{dy}{dx} = \frac{\rho'(\theta)\sin\theta + \rho(\theta)\cos\theta}{\rho'(\theta)\cos\theta - \rho(\theta)\sin\theta}.$$

例 2.29 求圆 $\rho = \sin\theta + \cos\theta$ 在 $\theta = \dfrac{\pi}{4}$ 处的切线方程.

解 由极坐标求导公式得

$$\frac{dy}{dx} = \frac{(\cos\theta - \sin\theta)\sin\theta + (\sin\theta + \cos\theta)\cos\theta}{(\cos\theta - \sin\theta)\cos\theta - (\sin\theta + \cos\theta)\sin\theta} = \frac{\sin 2\theta + \cos 2\theta}{\cos 2\theta - \sin 2\theta},$$

当 $\theta = \dfrac{\pi}{4}$ 时,$\dfrac{dy}{dx}\bigg|_{\theta=\frac{\pi}{4}} = -1$,且

$$x\big|_{\theta=\frac{\pi}{4}} = \left(\sin\frac{\pi}{4} + \cos\frac{\pi}{4}\right)\cos\frac{\pi}{4} = 1, \quad y\big|_{\theta=\frac{\pi}{4}} = \left(\sin\frac{\pi}{4} + \cos\frac{\pi}{4}\right)\sin\frac{\pi}{4} = 1,$$

则所求切线方程为

$$y - 1 = -(x - 1),$$

即

$$x + y - 2 = 0.$$

习题 2.3(A)

1. 由方程 $\sin y + xe^y = 0$ 所确定的曲线 $y = y(x)$ 在点 $(0,0)$ 处的切线斜率为 (　　)

(A) -1 (B) 1

(C) $\dfrac{1}{2}$ (D) $-\dfrac{1}{2}$

2. 设由方程 $xy^2 = 2$ 所确定的隐函数为 $y = y(x)$,则 $\dfrac{dy}{dx} =$ (　　)

(A) $-\dfrac{y}{2x}$ (B) $\dfrac{y}{2x}$

(C) $-\dfrac{y}{x}$ (D) $\dfrac{y}{x}$

3. 设由方程 $x - y + \dfrac{1}{2}\sin y = 0$ 所确定的隐函数为 $y = y(x)$,则 $\dfrac{dy}{dx} =$ (　　)

(A) $\dfrac{2}{2-\cos y}$ (B) $\dfrac{2}{2+\sin y}$

(C) $\dfrac{2}{2+\cos y}$ (D) $\dfrac{2}{2-\cos x}$

4. 设由方程 $\begin{cases} x=\ln\sqrt{1+t^2} \\ y=\arctan t \end{cases}$，所确定的函数为 $y=y(x)$，则 $\dfrac{dy}{dx}=$ (   )

(A) $\dfrac{\sqrt{1+t^2}}{2t}$ (B) $\dfrac{1}{t}$

(C) $\dfrac{1}{2t}$ (D) t

5. 曲线 $\rho=1-\cos\theta$ 在 $\theta=\dfrac{\pi}{2}$ 处的切线方程为 (   )

(A) $x+y+1=0$ (B) $x+y=0$
(C) $x+y-1=0$ (D) $x-y=0$

习题 2.3(B)

1. 求下列方程所确定的隐函数的导数 $\dfrac{dy}{dx}$.

(1) $xy^2+xy+1=0$； (2) $x^2-x+y^2+\sin y=0$； (3) $x^2y-e^{x+y}=5$；

(4) $y+e^y+x=0$； (5) $x^3+y^3-3axy=0$； (6) $x\cos y+e^y=0$；

(7) $b^2x^2+a^2y^2=a^2b^2$； (8) $y=\tan(x+y)$； (9) $e^{xy}+\sin(xy)=y$；

(10) $x=e^y+\ln y$； (11) $x\ln x+\ln y=1$； (12) $x^{\frac{2}{3}}+y^{\frac{2}{3}}=a^{\frac{2}{3}}$.

2. 求下列函数的导数.

(1) $y=\dfrac{(x+2)(1-x)^3}{(x+1)}$； (2) $y=\sqrt{x\cos x\sqrt{1+e^x}}$； (3) $y=\left(1+\dfrac{1}{x}\right)^x$；

(4) $y=\sqrt[3]{\dfrac{x+1}{\sqrt{x^2+1}}}$； (5) $y=(\sin x)^{\cos x}$； (6) $y=\ln^x(2x+1)$；

(7) $y=x\dfrac{\sqrt{1-x^2}}{\sqrt{1+x^3}}$； (8) $y=(x^3+\sin x)^{\frac{1}{x}}$； (9) $y=(\ln x)^x x^{\ln x}$.

3. 求下列参数方程所确定的函数的导数 $\dfrac{dy}{dx}$.

(1) $\begin{cases} x=t(1+\cos t), \\ y=t\sin t; \end{cases}$ (2) $\begin{cases} x=\sin^3 t, \\ y=\cos^3 t; \end{cases}$ (3) $\begin{cases} x=\ln(1+t^2), \\ y=t-\arctan t; \end{cases}$

(4) $\begin{cases} x = t(1-\sin t), \\ y = t\cos t; \end{cases}$ (5) $\begin{cases} x = e^t \cos t^2, \\ y = e^{2t} \sin t; \end{cases}$ (6) $\begin{cases} x = 1+t^3, \\ y = e^{2t}. \end{cases}$

4. 求下列函数表示的曲线在指定点的切线方程和法线方程.

(1) $xy + 2\ln x = y^4$ 在点 $(1,1)$ 处; (2) $x^{\frac{2}{3}} + y^{\frac{2}{3}} = 2$ 在点 $(1,-1)$ 处;

(3) $r = 1 + \cos\theta$ 在 $\theta = \dfrac{\pi}{6}$ 处; (4) $r = \cos\theta + \sin\theta$ 在 $\theta = \dfrac{\pi}{4}$ 处;

(5) $\begin{cases} x = t - \sin t, \\ y = 1 - \cos t \end{cases}$ 在 $t = \dfrac{\pi}{2}$ 处; (6) $\begin{cases} x - e^x \sin\theta + 1 = 0, \\ y - \theta^3 - 2\theta = 0 \end{cases}$ 在 $\theta = 0$ 处.

5. 证明曲线 $x^{\frac{2}{3}} + y^{\frac{2}{3}} = a^{\frac{2}{3}} (a>0)$ 上任意点 $P_0(x_0, y_0)(x_0 \neq 0, y_0 \neq 0)$ 处的切线在两坐标轴之间的线段为定长.

6. 求三叶玫瑰线 $\rho = a\sin 3\theta (a>0)$ 上对应于 $\theta = \dfrac{\pi}{4}$ 处的切线方程(直角坐标形式).

2.4 高阶导数

知识衔接

设复合函数 $y = f(g(x))$ 在点 x 处可导,则 $\dfrac{dy}{dx} =$ _____.

设函数 $x = \phi(y)$ 在区间 I_y 内单调可导,且 $\phi'(y) \neq 0$,则它的反函数 $y = f(x)$ 在区间 $I_x = \{x \mid x = \phi(y), y \in I_y\}$ 内也可导,且 $\dfrac{dy}{dx} =$ _____.

设参数方程 $\begin{cases} x = \phi(t), \\ y = \psi(t) \end{cases}$ 可导,则 $\dfrac{dy}{dx} =$ _____.

写出函数 $y = f'(x)$ 在点 x_0 处导数的定义式_____.

2.4.1 高阶导数的定义

在变速直线运动中,瞬时速度函数 $v(t)$ 是位移函数 $s(t)$ 的导数,即

$$v(t) = s'(t) \text{ 或 } v(t) = \dfrac{ds}{dt}.$$

同时,加速度 $a(t)$ 是瞬时速度函数 $v(t)$ 对时间 t 的导数,即

$$a(t) = v'(t) \text{ 或 } a(t) = \dfrac{dv}{dt},$$

于是

$$a(t) = v'(t) = (s')' \text{ 或 } a(t) = \frac{dv}{dt} = \frac{d\left(\frac{ds}{dt}\right)}{dt}.$$

由此可知,加速度 $a(t)$ 是由位移函数 $s(t)$ 对时间 t 的两次求导得到的,像这样的导数称为 $s(t)$ 对 t 的二阶导数,记作

$$a(t) = s''(t) \text{ 或 } a(t) = \frac{dv}{dt} = \frac{d^2 s}{dt^2}.$$

一般情况下,函数 $y=f(x)$ 的导数 $f'(x)$ 仍然是 x 的函数,我们把导函数 $y'=f'(x)$ 的导数叫作函数 $y=f(x)$ 的**二阶导数**,记作

$$y'' \text{ 或 } \frac{d^2 y}{dx^2},$$

即

$$y'' = (y')' \text{ 或 } \frac{d^2 y}{dx^2} = \frac{d\left(\frac{dy}{dx}\right)}{dx} = \frac{d}{dx}\left(\frac{dy}{dx}\right).$$

相应地,可把导数 $f'(x)$ 称为函数 $y=f(x)$ 的一阶导数.

类似地,把二阶导数的导数叫作三阶导数,三阶导数的导数叫作四阶导数,以此类推,$n-1$ 阶导数的导数叫作 n 阶导数,依次记作

$$y''', y^{(4)}, \cdots, y^{(n)}$$

或

$$f'''(x), f^{(4)}(x), \cdots, f^{(n)}(x) \text{ 或 } \frac{d^3 y}{dx^3}, \frac{d^4 y}{dx^4}, \cdots, \frac{d^n y}{dx^n}.$$

二阶和二阶以上的导数统称为高阶导数.

若函数 $y=f(x)$ 具有 n 阶导数,则称函数 $y=f(x)$ 为 n 阶可导函数,要想求其 n 阶导数,只需在一阶导数的基础上,依次求 $n-1$ 次导数即可.

例 2.30 设函数 $y = 2x^3 - x^2 + 5$,求 $f'''(x)$ 和 $f^{(4)}(x)$.

解 $f'(x) = 6x^2 - 2x$, $\quad f''(x) = 12x - 2$, $\quad f'''(x) = 12$, $\quad f^{(4)}(x) = 0$.

例 2.31 求幂函数 $y = x^\alpha$(α 为常数)的 n 阶导数.

解 $y' = \alpha x^{\alpha-1}$, $\quad y'' = \alpha(\alpha-1) x^{\alpha-2}$, $\quad y''' = \alpha(\alpha-1)(\alpha-2) x^{\alpha-3}$, $\quad \cdots$

一般地,

$$y^{(n)} = \alpha(\alpha-1)\cdots(\alpha-n+1) x^{\alpha-n}.$$

特别地,当 $\alpha = n$ 时,

$$y^{(n-1)} = n!\, x, \quad y^{(n)} = (x^n)^{(n)} = n!, \quad y^{(n+1)} = (n!)' = 0.$$

例 2.32 求指数函数 $y = e^x$ 的 n 阶导数.

解 $y' = e^x$, $\quad y'' = e^x$, $\quad \cdots$, $\quad y^{(n)} = e^x$.

例 2.33 求对数函数 $y = \ln(1+x)$ 的 n 阶导数(n 为正整数).

解 $y' = \dfrac{1}{1+x}$, $\quad y'' = (-1)^{2-1} \dfrac{1}{(1+x)^2}$, $\quad y''' = (-1)^{3-1} \dfrac{1 \cdot 2}{(1+x)^3}$, $\quad \cdots$

一般地，
$$[\ln(1+x)]^{(n)} = (-1)^{n-1}\frac{(n-1)!}{(1+x)^n}.$$

例 2.34 求三角函数 $y = \sin x$ 的 n 阶导数.

解
$$y' = \cos x = \sin\left(x + \frac{\pi}{2}\right),$$
$$y'' = -\sin x = \sin\left(x + 2 \cdot \frac{\pi}{2}\right),$$
$$y''' = -\cos x = \sin\left(x + 3 \cdot \frac{\pi}{2}\right),$$

一般地，
$$(\sin x)^{(n)} = \sin\left(x + n \cdot \frac{\pi}{2}\right).$$

同理可得
$$(\cos x)^{(n)} = \cos\left(x + n \cdot \frac{\pi}{2}\right).$$

为了便于记忆和使用，现将常用函数高阶导数公式归纳如下.

高阶导数公式表

(1) $(x^\alpha)^{(n)} = \alpha(\alpha-1)\cdots(\alpha-n+1)x^{\alpha-n}$;	(6) $(e^x)^{(n)} = e^x$;
(2) $(x^n)^{(n)} = n!$;	(7) $(\ln x)^{(n)} = (-1)^{n-1}\frac{(n-1)!}{x^n}$;
(3) $(\sin kx)^{(n)} = k^n \sin\left(kx + n \cdot \frac{\pi}{2}\right)$;	(8) $\left(\frac{1}{x}\right)^{(n)} = (-1)^n \frac{n!}{x^{n+1}}$.
(4) $(\cos kx)^{(n)} = k^n \cos\left(kx + n \cdot \frac{\pi}{2}\right)$;	
(5) $(a^x)^{(n)} = a^x \cdot \ln^n a \, (a>0)$;	

2.4.2 高阶导数的运算法则

类似于一阶导数的求导法则，可得如下高阶导数的运算法则.

定理 2.7 设函数 u 和 v 具有 n 阶导数，则

(1) $(u \pm v)^{(n)} = u^{(n)} \pm v^{(n)}$;

(2) $(Cu)^{(n)} = Cu^{(n)}$;

(3) $(u \cdot v)^{(n)} = \sum_{k=0}^{n} C_n^k u^{(n-k)} v^{(k)}$
$$= u^{(n)}v + nu^{(n-1)}v' + \frac{n(n-1)}{2!}u^{(n-2)}v'' + \cdots + nu'v^{(n-1)} + uv^{(n)}.$$

其中第三个法则又称为**莱布尼茨**[①]**公式**,可由数学归纳法证明.

例 2.35 设函数 $y = x^3 e^{2x}$,求 $y^{(20)}$.

解 由莱布尼茨公式可得

$$y^{(20)} = (x^3 e^{2x})^{(20)}$$

$$= 2^{20} e^{2x} \cdot x^3 + 20 \cdot 2^{19} e^{2x} \cdot 3x^2 + \frac{20 \cdot 19}{2!} 2^{18} e^{2x} \cdot 6x + \frac{20 \cdot 19 \cdot 18}{3!} 2^{17} e^{2x} \cdot 6$$

$$= 2^{20} e^{2x} (x^3 + 30x^2 + 285x + 855).$$

2.4.3 反函数的高阶导数

定理 2.8 设函数 $y = f(x)$ 严格单调且三阶可导,$x = \phi(y)$ 是 $y = f(x)$ 的反函数,则 $x = \phi(y)$ 也三阶可导,且

$$\phi''(y) = -\frac{f''(x)}{[f'(x)]^3}, \qquad \phi'''(y) = \frac{3[f''(x)]^2 - f'(x) \cdot f'''(x)}{[f'(x)]^5}.$$

证 由反函数与原函数导数的关系得

$$\frac{dx}{dy} = \phi'(y) = \frac{1}{f'(x)},$$

则

$$\phi''(y) = \frac{d}{dx}\left(\frac{1}{f'(x)}\right) \cdot \frac{dx}{dy} = -\frac{f''(x)}{[f'(x)]^2} \cdot \phi'(y) = -\frac{f''(x)}{[f'(x)]^3},$$

对上式再关于 y 求导得

$$\phi'''(y) = \frac{d}{dx}\left(-\frac{f''(x)}{[f'(x)]^3}\right) \cdot \frac{dx}{dy} = \frac{3[f''(x)]^2 - f'(x) f'''(x)}{[f'(x)]^5}.$$

注:定理 2.8 中的求导公式并不容易记忆,因此重要的是理解反函数求高阶导数的原理,这样才能以不变应万变.

2.4.4 隐函数的高阶导数

隐函数在求一阶导数时,往往只需利用复合函数求导法则对方程 $F(x, y) = 0$ 的两边同时关于自变量求导,得到含因变量一阶导数的方程,然后解出因变量的一阶导数即可. 类似地,在求高阶导数时,可以对含有因变量一阶导数的方程两边再次关于自变量求导,得到含因变量一阶导数和二阶导数的方程,联立之前含因变量一阶导数的方程解之得因变量的二阶导数. 亦可以在解出的因变量一阶导数的基础上,利用之前学习的求导法则再次求导得二阶导数.

例 2.36 设由方程 $x - y + \frac{1}{2} \sin y = 0$ 所确定的隐函数为 $y = y(x)$,求二阶导数 $\frac{d^2 y}{dx^2}$.

解 **方法一** 方程两边同时对 x 求导得

[①] 莱布尼茨(Leibniz,1646—1716),德国著名的数学家、物理学家和哲学家("世界上没有两片完全相同的树叶"这一句名言,就出自他的谈话,微积分的创建人(以何问题为背景),也是最早研究中国文化和中国哲学的德国人. 莱布尼茨一生中奋斗的主要目标是寻求一种可以获得知识和创造发明的普遍方法,这种努力导致许多科学发现与发明. 他的研究成果遍及数学、物理学、逻辑学、生物学、化学、地理学、解剖学、气体学、航海学、地质学、语言学、法学、哲学、历史和外交等41个范畴,被誉为"17世纪的亚里士多德""德国百科全书式的天才".

$$1-y'+\frac{1}{2}y'\cos y=0,$$

解得

$$y'=\frac{2}{2-\cos y},$$

对上式再关于 x 求导得

$$y''=\frac{-2y'\sin y}{(2-\cos y)^2}=\frac{-4\sin y}{(2-\cos y)^3}.$$

方法二 方程两边同时对 x 求导得

$$1-y'+\frac{1}{2}y'\cos y=0,$$

对上式两边再次关于 x 求导得

$$-y''+\frac{1}{2}y''\cos y-\frac{1}{2}(y')^2\sin y=0,$$

解得

$$y''=\frac{(y')^2\sin y}{\cos y-2}=\frac{-4\sin y}{(2-\cos y)^3}.$$

2.4.5 由参数方程所确定的函数的高阶导数

若参数方程

$$\begin{cases}x=\phi(t),\\ y=\psi(t)\end{cases}$$

所确定的函数 $y=y(x)$ 可导,其一阶导数为

$$\frac{\mathrm{d}y}{\mathrm{d}x}=\frac{\psi'(t)}{\phi'(t)},$$

对上式再关于 x 求导可得如下参数方程的二阶导数公式.

定理 2.9 设函数 $x=\phi(t),y=\psi(t)$ 二阶可导,且 $\phi'(t)\neq 0$,则

$$\frac{\mathrm{d}^2 y}{\mathrm{d}x^2}=\frac{\psi''(t)\phi'(t)-\psi'(t)\phi''(t)}{[\phi'(t)]^3}.$$

证 因为函数 $x=\phi(t),y=\psi(t)$ 二阶可导,且 $\phi'(t)\neq 0$,所以 $x=\phi(t)$ 存在二阶可导反函数 $t=\phi^{-1}(x)$,且

$$\frac{\mathrm{d}y}{\mathrm{d}x}=\frac{\psi'(t)}{\phi'(t)},$$

$$\frac{\mathrm{d}^2 y}{\mathrm{d}x^2}=\frac{\mathrm{d}}{\mathrm{d}x}\left(\frac{\mathrm{d}y}{\mathrm{d}x}\right)=\frac{\mathrm{d}}{\mathrm{d}t}\left(\frac{\psi'(t)}{\phi'(t)}\right)\cdot\frac{\mathrm{d}t}{\mathrm{d}x}=\frac{\psi''(t)\phi'(t)-\psi'(t)\phi''(t)}{[\phi'(t)]^2}\cdot\frac{1}{\phi'(t)},$$

即

$$\frac{\mathrm{d}^2 y}{\mathrm{d}x^2}=\frac{\psi''(t)\phi'(t)-\psi'(t)\phi''(t)}{[\phi'(t)]^3}.$$

例 2.37 求由参数方程 $\begin{cases}x=a\cos^3 t,\\ y=a\sin^3 t\end{cases}$ 所确定的函数 $y=y(x)$ 的二阶导数.

解 因为

$$\frac{dy}{dx}=\frac{[a\sin^3 t]'}{[a\cos^3 t]'}=\frac{3a\sin^2 t\cos t}{-3a\cos^2 t\sin t}=-\tan t,$$

于是

$$\frac{d^2 y}{dx^2}=\frac{d}{dt}(-\tan t)\cdot\frac{1}{\frac{dx}{dt}}=-\sec^2 t\cdot\frac{1}{-3a\cos^2 t\sin t}=\frac{1}{3a\sin t\cos^4 t}.$$

习题 2.4(A)

1. 若 $y=x^2\ln x$,则 $y''=$ ( )

 (A) $2\ln x$ (B) $2\ln x+1$
 (C) $2\ln x+2$ (D) $2\ln x+3$

2. 设 $y=f(u)$,$u=e^x$,则 $\dfrac{d^2 y}{dx^2}=$ ( )

 (A) $e^{2x}f''(u)$ (B) $u^2 f''(u)+uf'(u)$
 (C) $e^2 f''(u)$ (D) $uf''(u)+uf(u)$

3. 设 $y=\sin^2 x$,则 $y^{(n)}=$ ( )

 (A) $2^{n-1}\sin\left[2x+(n-1)\dfrac{\pi}{2}\right]$ (B) $2^{n-1}\cos\left[2x+(n-1)\dfrac{\pi}{2}\right]$
 (C) $2^{n+1}\sin\left[2x+(n-1)\dfrac{\pi}{2}\right]$ (D) $2^n\sin\left[2x+(n-1)\dfrac{\pi}{2}\right]$

4. 设 $y=xe^x$,则 $y^{(n)}=$ ( )

 (A) $e^x(x+n)$ (B) $e^x(x-n)$
 (C) $2e^x(x+n)$ (D) xe^{nx}

5. 设 $\begin{cases}x=2t^2,\\ y=1-2t,\end{cases}$ 则 $\dfrac{d^2 y}{dx^2}=$ ( )

 (A) $\dfrac{1}{2t^2}$ (B) $\dfrac{1}{8t^3}$
 (C) $-\dfrac{1}{2t}$ (D) $-\dfrac{1}{2t^2}$

习题 2.4(B)

1. 求下列函数的二阶导数.

(1) $y = x^2 + x\ln x + 1$; (2) $y = x\sin x + 1$; (3) $y = e^{-x}\cos x$;

(4) $y = \sqrt{x^2+1}$; (5) $y = \ln(\sin x + 1)$; (6) $y = \tan x + 1$;

(7) $y = \dfrac{\ln x}{x}$; (8) $y = (1+x^2)\arctan x + 1$; (9) $y = xe^{x^2} - 1$;

(10) $y = \ln(\sqrt{x^2+1} + x)$; (11) $y = \sin e^{3x} - 3^{\cos x}$; (12) $y = (1+x^2)^2 - x^3$.

2. 求下列函数的 n 阶导数.

(1) $y = \dfrac{1}{x+1}$; (2) $y = \sin^2 x$; (3) $y = \ln(2x+1)$;

(4) $y = (x+1)e^{2x}$; (5) $y = x^2 \sin x$; (6) $y = x\cos 2x$.

3. 求下列函数的高阶导数.

(1) $y = (x^2 e^x)^{(50)}$; (2) $y = (\sin x \cos x)^{(n)}$; (3) $y = \left(\dfrac{1}{x^2-3x+2}\right)^{(n)}$.

4. 设函数 $f(x)$ 二阶可导, 求 y''.

(1) $y = f(x^2)$; (2) $y = f(e^x + x)$; (3) $y = \ln f(x)$;

(4) $y = e^{f(ax+b)}$; (5) $y = \sin[f(x)]$; (6) $y = f(xe^x)$.

5. 求下列方程所确定的隐函数的二阶导数.

(1) $x^2 + y^2 = 1$; (2) $xe^y - y + 1 = 0$; (3) $y - \tan(x+y) = 0$;

(4) $xy - e^y + x = 0$; (5) $x^{\frac{2}{3}} + y^{\frac{2}{3}} = a^{\frac{2}{3}}$; (6) $\arctan \dfrac{y}{x} = \ln\sqrt{x^2+y^2}$.

6. 求下列参数方程所确定的函数的二阶导数.

(1) $\begin{cases} x = e^t, \\ y = e^{-2t}; \end{cases}$ (2) $\begin{cases} x = 1 - t^3, \\ y = t - t^2; \end{cases}$

(3) $\begin{cases} x = \sin t, \\ y = \cos t; \end{cases}$ (4) $\begin{cases} x = \ln(1+t), \\ y = \dfrac{1}{2}t^2 + t. \end{cases}$

7. 设函数 $y = \arccos x$, 求证:

$$(1-x^2)\dfrac{d^2 y}{dx^2} = x\dfrac{dy}{dx}.$$

8. 求下列函数 $f(x) = \begin{cases} x^2 \arctan \dfrac{1}{x}, & x < 0, \\ x^2, & x \geq 0 \end{cases}$ 的二阶导数 $\dfrac{d^2 y}{dx^2}$.

9. 设 $y = x(x-1)(x-2)(x-3)\cdots(x-n)$, 求 $y^{(n)}, y^{(n+1)}$.

10. 设 $\begin{cases} x = f'(t), \\ y = tf'(t) - f(t), \end{cases}$ 其中 $f(t)$ 三阶可导且 $f''(t) \neq 0$, 求 $\dfrac{d^3 y}{dx^3}$.

2.5 函数的微分及其应用

知识衔接

写出可导函数 $y=f(x)$ 的导数定义式 $f'(x)=$ _____.

函数 $y=f(x)$ 在点 x_0 处的导数 $f'(x_0)$ 的几何意义为_____.

在自变量同一变化过程中,无穷小量 $f(x)$ 是 $g(x)$ 的高阶无穷小的定义是_____.

函数的导数表示了函数在某一点处的变化率,它描述了函数在该点处变化的快慢程度. 然而,在实际问题中,我们还需要了解当函数自变量取得微小增量 Δx 时,相应的因变量增量 Δy 的大小. 为此,我们引进了微分的概念.

扫码查看

☐ 知识拓展　☐ 学习秘诀
☐ 干货精讲　☐ 精品课程

2.5.1 微分的定义

先来看下面具体的例子.

引例 1　设有一块正方形金属薄片受温度变化的影响,它的边长由 x_0 变到 $x_0+\Delta x$,如图 2-5 所示,问此薄片的面积改变多少?

解　设此薄片的边长为 x,面积为 A,则面积 A 与边长 x 的函数关系为
$$A=x^2.$$
薄片受温度变化的影响时面积的改变量
$$\Delta A=(x_0+\Delta x)^2-x_0^2=2x_0\Delta x+(\Delta x)^2.$$

从上式可以看出,ΔA 由两部分组成,第一部分为 $2x_0\Delta x$,是 Δx 的线性函数,即图中阴影部分的两个矩形面积之和;第二部分为 $(\Delta x)^2$,即图中阴影部分的小正方形面积,当 $\Delta x\to 0$ 时,第二部分是比 Δx 高阶的无穷小量,即 $(\Delta x)^2=o(\Delta x)$.

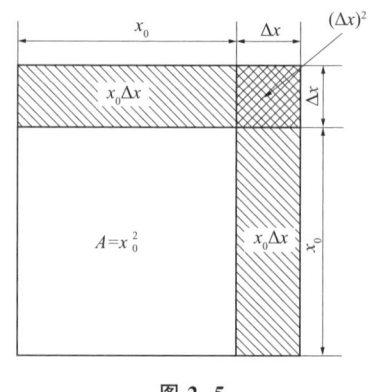

图 2-5

由此可见,当 $|\Delta x|$ 很小时,面积的改变量 ΔA 可以用第一部分来近似地代替,即有近似表达式
$$\Delta A\approx 2x_0\Delta x.$$

这里的 $2x_0\Delta x$ 称为函数 $A=x^2$ 在点 x_0 处的微分,且它与函数的增量 ΔA 只差一个比 Δx 高阶的无穷小量 $(\Delta x)^2$.

下面给出微分这一数学模型的一般定义.

定义 2.4 设函数 $y=f(x)$ 在区间 I 内有定义,$x_0 \in I$,且对于增量 Δx 满足 $x_0+\Delta x \in I$,如果函数的增量 $\Delta y = f(x_0+\Delta x)-f(x_0)$ 可以表示为

$$\Delta y = A\Delta x + o(\Delta x),$$

其中 A 是不依赖于 Δx 的常数,那么称函数 $y=f(x)$ 在点 x_0 处**可微**,且 $A\Delta x$ 称为函数 $y=f(x)$ 在点 x_0 处相应于自变量增量 Δx 的**微分**,记作 $\mathrm{d}y|_{x=x_0}$,即

$$\mathrm{d}y|_{x=x_0} = A\Delta x.$$

通常情况下,把自变量的增量 Δx 也称为自变量的微分,记作 $\mathrm{d}x$,即 $\mathrm{d}x = \Delta x$.

下面讨论可微的条件.

定理 2.10 函数 $y=f(x)$ 在区间 I 内有定义,在点 $x_0 \in I$ 可微的充分必要条件是函数 $y=f(x)$ 在点 x_0 处可导,且

$$\mathrm{d}y|_{x=x_0} = f'(x_0)\Delta x = f'(x_0)\mathrm{d}x.$$

证 必要性 若函数 $y=f(x)$ 在点 $x_0 \in I$ 可微,则

$$\Delta y = A\Delta x + o(\Delta x),$$

上式两边同时除以 Δx,并求极限得

$$\lim_{\Delta x \to 0} \frac{\Delta y}{\Delta x} = \lim_{\Delta x \to 0}\left[A + \frac{o(\Delta x)}{\Delta x}\right] = A,$$

所以,函数 $y=f(x)$ 在点 x_0 处可导,且 $f'(x_0) = A$.

充分性 若函数 $y=f(x)$ 在点 x_0 处可导,则

$$\lim_{\Delta x \to 0} \frac{\Delta y}{\Delta x} = f'(x_0),$$

于是

$$\frac{\Delta y}{\Delta x} = f'(x_0) + \alpha,$$

即

$$\Delta y = f'(x_0)\Delta x + \alpha \Delta x,$$

其中 α 是 $\Delta x \to 0$ 时的无穷小量,从而 $\alpha \Delta x$ 是比 Δx 高阶的无穷小量. 由微分的定义可知,$y=f(x)$ 在点 x_0 处可微,且 $\mathrm{d}y|_{x=x_0} = f'(x_0)\Delta x$.

定理 2.10 表明,函数的可微性与函数的可导性是等价的,且导数和微分满足等式

$$\mathrm{d}y|_{x=x_0} = f'(x_0)\Delta x.$$

若函数在区间 I 内每点都可微,则可给出如下定义.

定义 2.5 设函数 $y=f(x)$ 在区间 I 内有定义,若对于 $\forall x \in I$,函数 $y=f(x)$ 在点 x 处均可微,则称此微分为函数 $f(x)$ 的微分,记作

$$dy = df(x).$$

由以上讨论知

$$dy = df(x) = f'(x)\Delta x = f'(x)dx,$$

等式两边同时除以 dx 得

$$\frac{dy}{dx} = f'(x).$$

这就是说,函数的微分 dy 与自变量的微分 dx 之商等于函数的导数.因此,导数也叫微商.

例 2.38 求函数 $y = x^2$ 当 $x_0 = 1, \Delta x = 0.02$ 时的增量 Δy 和微分 dy.

解 函数 $y = x^2$ 在 x_0 处的增量

$$\Delta y = f(x_0 + \Delta x) - f(x_0) = 1.02^2 - 1 = 0.0404,$$

因为

$$f'(x) = 2x,$$

所以

$$dy\big|_{x=x_0} = f'(x_0)\Delta x = 2 \cdot 1 \cdot 0.02 = 0.04.$$

例 2.39 求函数 $y = \ln(x^2 + 1)$ 的微分.

解 因为

$$\frac{dy}{dx} = \frac{2x}{x^2+1},$$

所以

$$dy = \frac{2x}{x^2+1}dx.$$

2.5.2 微分的几何意义

对于某一固定的值 x_0,设函数 $y = f(x)$ 在点 x_0 处可导,曲线 $y = f(x)$ 上有一个确定点 $M(x_0, y_0)$,当自变量 x 有微小增量 Δx 时,便得曲线上另外一点 $N(x_0 + \Delta x, y_0 + \Delta y)$,如图 2-6 所示.过点 $M(x_0, y_0)$ 作曲线的切线 MT,设其倾角为 α,则

$$dy\big|_{x=x_0} = f'(x_0)dx = \tan\alpha \Delta x = \frac{|QP|}{|MP|} \cdot |MP| = |QP|.$$

由此可见,微分的几何意义为:当自变量 x 有微小增量 Δx 时,函数 $y = f(x)$ 的微分 dy 就是曲线 $y = f(x)$ 在点 $M(x_0, y_0)$ 处的切线 MT 上点 M 与点 Q 的纵坐标的增量.

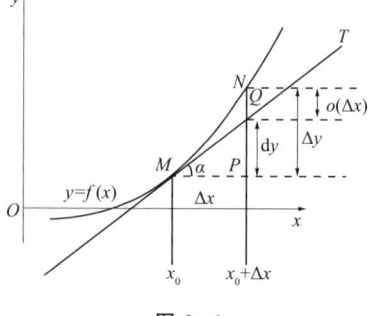

图 2-6

2.5.3 基本初等函数的微分公式与微分运算法则

根据函数导数与微分的关系式
$$dy = df(x) = f'(x)dx$$
可知,计算函数的微分时,只需要先计算函数的导数,然后再乘以自变量的微分即可. 因此,根据导数公式及其运算法则可得如下微分公式和微分运算法则.

基本初等函数的微分公式

$(1)\ d(C)=0;$	$(2)\ d(x^\alpha)=\alpha x^{\alpha-1}dx;$
$(3)\ d(a^x)=a^x\ln a\,dx;$	$(4)\ d(e^x)=e^x dx;$
$(5)\ d(\log_a x)=\dfrac{1}{x\ln a}dx;$	$(6)\ d\ln|x|=\dfrac{1}{x}dx$
$(7)\ d(\sin x)=\cos x\,dx;$	$(8)\ d(\cos x)=-\sin x\,dx;$
$(9)\ d(\tan x)=\sec^2 x\,dx;$	$(10)\ d(\cot x)=-\csc^2 x\,dx;$
$(11)\ d(\sec x)=\sec x\tan x\,dx;$	$(12)\ d(\csc x)=-\csc x\cot x\,dx;$
$(13)\ d(\arcsin x)=\dfrac{1}{\sqrt{1-x^2}}dx;$	$(14)\ d(\arccos x)=\dfrac{-1}{\sqrt{1-x^2}}dx;$
$(15)\ d(\arctan x)=\dfrac{1}{1+x^2}dx;$	$(16)\ d(\text{arccot } x)=\dfrac{-1}{1+x^2}dx.$

函数和、差、积、商的微分法则

$(1)\ d(u\pm v)=du\pm dv;$	$(3)\ d(uv)=vdu+udv;$
$(2)\ d(Cu)=Cdu;$	$(4)\ d\left(\dfrac{u}{v}\right)=\dfrac{vdu-udv}{v^2}.$

定理 2.11(复合函数的微分法则) 设函数 $y=f(u)$,$u=g(x)$ 都可微,则复合函数 $y=f(g(x))$ 也可微,且其微分为
$$dy=\frac{dy}{dx}dx=f'(u)g'(x)dx.$$

注:因为 $du=g'(x)dx$,所以复合函数 $y=f(g(x))$ 的微分公式也可以写成
$$dy=f'(u)du.$$
由此可见,无论 u 是自变量还是中间变量,微分形式 $dy=f'(u)du$ 保持不变,这一性质称为**一阶微分形式的不变性**.

类似地,也有隐函数的微分法则,参数方程所确定的函数的微分法则,极坐标下函数的微分法则,等等. 不过由 $dy=df(x)=f'(x)dx$ 可知微分计算可转化为导数的计算,然后再构造微分形式即可,所以这些微分法则在实际计算微分时很少用到.

例 2.40 设函数 $y=\sin(x^2+1)$,求 dy.

解 $dy=d[\sin(x^2+1)]=\cos(x^2+1)d(1+x^2)=2x\cos(x^2+1)dx.$

例 2.41 设函数 $y=e^{-x}\cos 2x$,求 dy.

解 $dy=d(e^{-x}\cos 2x)=\cos 2x d(e^{-x})+e^{-x}d(\cos 2x)=-e^{-x}(\cos 2x+2\sin 2x)dx.$

例 2.42 在下列等式左端的括号中填入适当的函数,使等式成立.

(1) $d(\quad)=2xdx;$ \qquad (2) $d(\quad)=\dfrac{1}{1+x^2}dx.$

解 （1）因为 $(x^2)' = 2x$，所以
$$d(x^2) = (x^2)'dx = 2xdx.$$
一般地，对任意常数 C 有
$$d(x^2+C) = 2xdx.$$

（2）因为 $(\arctan x)' = \dfrac{1}{1+x^2}$，所以
$$d(\arctan x) = \dfrac{1}{1+x^2}dx.$$
一般地，对任意常数 C 有
$$d(\arctan x + C) = \dfrac{1}{1+x^2}dx.$$

注：若把微分结果"当作"微分运算这一映射下的"象"，那么例 2.42 实质上就是已知微分运算这一映射下的"象"求"原象"的问题. 在数学中，像这样"研究一个运算的逆运算"往往是十分有意义的事情.

2.5.4 微分在近似计算中的应用

设函数 $y=f(x)$ 在点 x_0 处可导，取自变量增量 Δx，则函数 $y=f(x)$ 在点 x_0 处的增量 Δy 为
$$\Delta y = f(x_0+\Delta x) - f(x_0).$$
当 $\Delta x \to 0$ 时，有近似公式
$$\Delta y \approx dy = f'(x_0)\Delta x,$$
即
$$f(x) = f(x_0+\Delta x) \approx f(x_0) + f'(x_0)(x-x_0).$$
特别地，当 $x_0 = 0$ 且 $\Delta x \to 0$ 时，有近似公式
$$f(x) \approx f(0) + f'(0)x.$$
应用此公式可以推出几个在工程上常用的近似公式：

（1）$\sqrt[n]{1+x} \approx 1 + \dfrac{x}{n}$；　　（2）$\sin x \approx x$；

（3）$\tan x \approx x$；　　（4）$e^x \approx 1+x$；　　（5）$\ln(1+x) \approx x$.

例 2.43 计算 $\sin 29°30'$ 的近似值.

解 设 $f(x) = \sin x$，取 $x_0 = \dfrac{\pi}{6}$，$\Delta x = -\dfrac{\pi}{360}$，则
$$\sin 29°30' = \sin\left(\dfrac{\pi}{6} - \dfrac{\pi}{360}\right) \approx \sin\dfrac{\pi}{6} - f'\left(\dfrac{\pi}{6}\right) \cdot \dfrac{\pi}{360} = \dfrac{1}{2} - \cos\dfrac{\pi}{6} \cdot \dfrac{\pi}{360} \approx 0.4294.$$

例 2.44 计算 $e^{0.01}$ 的近似值.

解 设 $f(x) = e^x$，取 $x_0 = 0$，$\Delta x = 0.01$. 因这里的 Δx 很小，所以由
$$e^x \approx 1+x$$
知
$$e^{0.01} = e^{0+0.01} \approx 1 + 0.01 = 1.01.$$

例 2.45 设半径为 10 cm 的金属圆片加热后半径伸长了 0.005 cm,求面积近似增大了多少?

解 金属圆片的面积函数为 $S=\pi r^2$,取 $r=10$ cm,增量 $\Delta r=0.005$ cm,则面积增量
$$\Delta S \approx \mathrm{d}S = 2\pi r \Delta r = 2\pi \cdot 10 \cdot 0.005 = 0.1\pi(\mathrm{cm}^2).$$

习 题 2.5(A)

判断下列说法是否正确.
(1) 函数 $f(x)$ 在点 x_0 处可导的充要条件是 $f(x)$ 在点 x_0 处可微; ( )
(2) 函数 $f(x)$ 在点 x_0 处可微的充分条件是 $f(x)$ 在点 x_0 处连续; ( )
(3) 函数的导函数必然连续; ( )
(4) 设 $f(x)$ 在点 $x=0$ 处可导,假设 $f(0)=0$,那么 $f'(0)=0$; ( )
(5) 初等函数在其定义区间内必连续可导. ( )

习 题 2.5(B)

1. 已知函数 $y=f(x)$ 的图形如图 2-7 所示,请在图中标出函数在点 x_0 的增量 Δy,微分 $\mathrm{d}y$ 及 $\Delta y - \mathrm{d}y$,并说明正负.

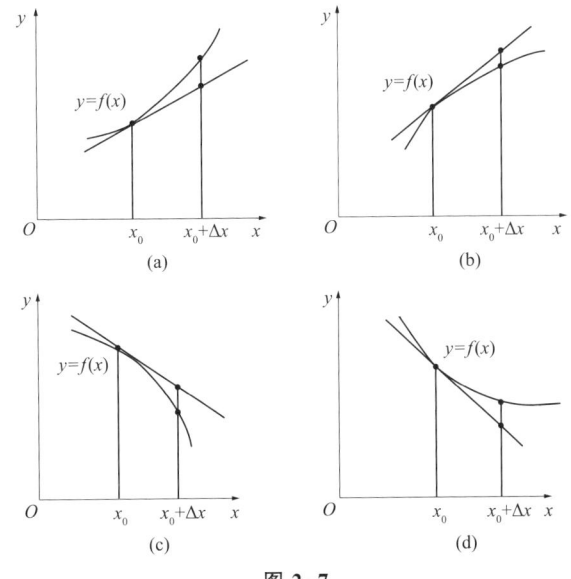

图 2-7

2. 求函数 $y=x^2-x$ 当 $x_0=2, \Delta x=0.01$ 时的增量 Δy 和微分 dy.

3. 求下列函数的微分.

(1) $y=x^3-x$；　　　　(2) $y=x+\sqrt{x}$；　　　　(3) $y=\dfrac{1}{x}+\ln(x+1)$；

(4) $y=x\cos x$；　　　(5) $y=\dfrac{x}{\sqrt{x^2-1}}$；　　(6) $y=\arctan\dfrac{1-x^2}{1+x^2}$；

(7) $y=\ln^2(x^2+1)$；　(8) $y=\tan(x^2+e^x)$；　(9) $y=e^{-x}\cos(3-x)$.

4. 在下列等式右端的括号内填入适当的函数使等式成立.

(1) $e^{-4x}dx = d(\quad)$；　　(2) $\cos 3x\,dx = d(\quad)$；　　(3) $\dfrac{x}{x^2+1}dx = d(\quad)$；

(4) $\dfrac{\ln x}{x}dx = d(\quad)$；　　(5) $\sqrt{x}\,dx = d(\quad)$；　　(6) $\sin(3x-2)dx = d(\quad)$；

(7) $(3x^2+2x)dx = d(\quad)$；　(8) $e^{-2x}dx = d(\quad)$；　(9) $\dfrac{1}{a^2+x^2}dx = d(\quad)$；

(10) $\dfrac{1}{2x+3}dx = d(\quad)$；　(11) $e^{x^2}d(x^2) = d(\quad)$；　(12) $\dfrac{1}{\sqrt{1-x^2}}dx = d(\quad)$.

5. 求下列函数的微分.

(1) $\dfrac{x^2}{a^2}+\dfrac{y^2}{b^2}=1$；　　(2) $y=x+\arctan y$；　　(3) $y=x^{\sin x}$；

(4) $y=3^{\frac{x}{mx}}$；　　(5) $y=e^{\sin x^2}$；　　(6) $y=x^x(x>0)$；

(7) $\cos(x+y)=1+x$；　(8) $y\sin x-\cos(x+y)=0$；　(9) $x^3+y^3-3axy=0\,(a>0)$.

6. 求下列函数的近似值.

(1) $\sin 59°$；　　　(2) $\tan 134°$；　　　(3) $e^{0.05}$；

(4) $\arccos 0.4995$；　(5) $\sqrt[3]{996}$；　　(6) $\ln(1.002)$.

7. 在一个内半径为 5 cm 外半径为 5.2 cm 的空心铁球的表面镀一层厚 0.005 cm 的金,已知铁的密度为 7.86 g/cm^3,金的密度为 18.9 g/cm^3,试用微分法分别求这个球中含铁和金的质量近似值.

8. 单摆振动周期 $T=2\pi\sqrt{\dfrac{l}{g}}$,其中 $g=980$ cm/s^2,摆长 $l=9.8$ cm,为使周期增大 0.11 s,摆长需要增长多少?

9. 设扇形的圆心角 $\alpha=60°$,半径 $R=100$ cm. 如果 R 保持不变,α 减少 30′,问扇形面积约改变多少? 如果 $\alpha=60°$ 不变,R 增加 1 cm,问扇形面积约改变多少?

10. 测得一个角大小为 45°,若已知其相对误差为 3%,问由此计算这个角的正弦函数值所产生的绝对误差和相对误差各是多少?

自测题(二)

一、选择题.

1. 设 $f(x)$ 在 $x=a$ 处可导,则 $\lim\limits_{x\to 0}\dfrac{f(a+x)-f(a-x)}{x}=$ ( )

   (A) $f'(a)$ (B) $2f'(a)$

   (C) 0 (D) $f'(2a)$

2. 设 $f(x)$ 为可导函数且满足 $\lim\limits_{x\to 0}\dfrac{f(a)-f(a-x)}{2x}=-1$,则曲线 $y=f(x)$ 在点 $(a,f(a))$ 处的切线斜率为 ( )

   (A) 2 (B) -1

   (C) 1 (D) -2

3. 设 $f(x)=(2+|x|)\sin x$,则 $f(x)$ 在 $x=0$ 处 ( )

   (A) $f'(0)=2$ (B) $f'(0)=0$

   (C) $f'(0)=1$ (D) 导数不存在

4. 已知函数 $f(x)$ 具有任意阶导数,且 $f'(x)=f^2(x)$,则当 n 为大于 2 的正整数时, $f(x)$ 的 n 阶导数 $f^{(n)}(x)$ 是 ( )

   (A) $[f(x)]^{2n}$ (B) $n[f(x)]^{n+1}$

   (C) $n![f(x)]^{n+1}$ (D) $n![f(x)]^{2n}$

5. 函数 $f(x)=(x^2-x-2)|x^3-x|$ 不可导点的个数是 ( )

   (A) 3 (B) 2

   (C) 1 (D) 0

6. 设函数 $y=y(x)$ 由方程 $\ln(x^2+y)=x^3y+\sin x$ 确定,则 $\left.\dfrac{\mathrm{d}y}{\mathrm{d}x}\right|_{x=0}=$ ( )

   (A) 1 (B) 2

   (C) 3 (D) 0

7. 设 $y=f(x)$ 在点 x 处可导,曲线 $y=f(x)$ 上 $(x,f(x))$ 点处的切线方程为 $Y=\varphi(x)$(Y 为切线 x 处对应点的纵坐标),则 $y=f(x)$ 在 x 关于自变量改变量 Δx 的微分 $\mathrm{d}y=$ ( )

   (A) $f(x+\Delta x)-f(x)$ (B) $\varphi(x+\Delta x)-\varphi(x)$

   (C) $\varphi(x)-\varphi(x+\Delta x)$ (D) $f'(x)$

8. 设 $|x|$ 近似于零且 a 是大于 1 的常数,由微分法可得 e^{a-x} 的近似公式 ( )

   (A) $e^a(a+1-x)$ (B) $e^a(a-x)$

   (C) $e^a(1-|x|)$ (D) $e^a(1-x)$

二、填空题.

9. 函数 $f(x)$ 在点 x_0 处连续是 $f(x)$ 在点 x_0 处可导的_____条件.

10. 已知 $f(x)$ 在 $x=0$ 处可导,且 $f(0)=0, f'(0)=2$,则 $\lim\limits_{x\to 0}\dfrac{f(x^2+\sin 3x)}{x}=$ _____.

11. 设 $y=\ln\sqrt{\dfrac{1-x}{1+x^2}}$,则 $y''|_{x=0}=$ _____.

12. 设 $e^y=\sin(x+a^y)$,则 $y'=$ _____.

13. 设函数 $y=y(x)$ 由参数方程 $\begin{cases}x=e^t\sin 2t,\\ y=e^t\cos t\end{cases}$ 确定,则 $\dfrac{dy}{dx}\bigg|_{t=0}=$ _____.

14. 设 $y=\sin^2[f(x^2)]$,其中 f 具有一阶导数,则 $dy=$ _____.

三、解答题.

15. 设 $f(x)=\begin{cases}e^x+b, & x\leq 0,\\ \sin ax, & x>0,\end{cases}$ 确定 a,b,使 $f(x)$ 在 $x=0$ 处可导,并求 $f'(0)$.

16. 给定曲线 $y=x^2+5x+4$.(1)求过点 $(0,4)$ 的切线方程和法线方程;(2)确定 b,使直线 $y=3x+b$ 为曲线的切线;(3)求过点 $(0,3)$ 的切线方程.

17. 设 $y=\sqrt{x\sin x\sqrt{1-e^x}}$,求 dy.

18. 设 $y=\dfrac{1}{2}x^2\arctan(e^{-x})+\dfrac{1}{\sqrt{1-x^2}}$,求 y'.

19. 设函数 $y=y(x)$ 由方程 $\cos(x^2+y^2)+e^{x-y}-xy^2=5$ 确定,求 $\dfrac{dy}{dx}$.

20. 设 $\begin{cases}x=t-\ln(1-t),\\ y=t^3+t^2,\end{cases}$ 求 $\dfrac{d^2y}{dx^2}$.

21. 设函数 $y=y(x)$ 由方程组 $\begin{cases}x=3t^2+2t+3,\\ e^y\sin t-y+1=0\end{cases}$ 确定,求微分 dy.

四、证明题.

22. 若 $f(x)$ 在 $x=0$ 处连续,且 $\lim\limits_{x\to 0}\dfrac{f(x)}{x}$ 存在,证明 $f(x)$ 在 $x=0$ 处可导.

第 3 章　微分中值定理及导数的应用

扫码查看
☑知识拓展　☑学习秘诀
☑干货精讲　☑精品课程

导数和微分是微积分的重要组成部分,在自然科学中有着重要的应用.导数所刻画的是函数在一点处的变化率,它反映的是函数在一点邻近的局部变化性态.在理论研究和实际应用中,常常需要知道函数在某一区间上的整体变化情况与它在区间内某一点处的局部变化性态之间的关系,微分中值定理正是解决这类问题的重要理论依据.本章首先介绍中值定理,然后再以中值定理为基础、以导数为工具研究函数的性态,包括利用洛必达法则求极限,函数的单调性、凹凸性,函数的极值、最大(小)值,曲线的渐近线及曲率等问题.

3.1　微分中值定理

知识衔接

若函数 $y=f(x)$ 在点 $x=x_0$ 处的导数 $f'(x_0)=0$,则其几何意义为_____.

若 $\lim\limits_{x\to x_0}f(x)=A$,在 x_0 的去心邻域 $\overset{\circ}{U}(x_0,\delta)$ 内有 $f(x)\leq 0$,则极限_____.

设曲线的参数方程为 $\begin{cases}x=\varphi(t)\\y=\psi(t)\end{cases}$,$(a\leq t\leq b)$ 且可导,则 $\dfrac{\mathrm{d}y}{\mathrm{d}x}=$_____.

微分中值定理是一系列中值定理的总称,主要包括罗尔定理、拉格朗日中值定理、柯西中值定理等.微分中值定理反映了函数在某区间上的整体性质与函数在该区间内某一点处的导数之间的关系.中值定理既是用微分学知识解决应用问题的理论基础,又是解决微分学自身发展的一种理论性模型,同时也是研究函数的有力工具,应用十分广泛.

3.1.1　罗尔定理

先来看一个明显的几何事实,如图 3-1 所示的是 $y=f(x)$ 在 $[a,b]$ 上的图像.

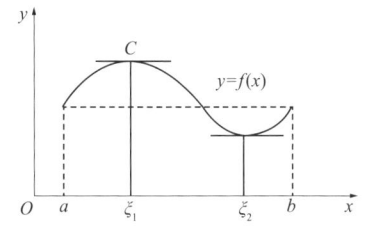

图 3-1

若该曲线连续且在区间(a,b)内处处存在不垂直于x轴的切线,端点在同一高度,即$f(a)=f(b)$,则可以发现在曲线上的最高点或最低点处的切线为水平切线,斜率为零,即$f'(\xi)=0$.把这个几何事实用高等数学的语言描述出来,就是下面的罗尔定理.

定理 3.1(罗尔[①]定理) 若函数$f(x)$满足如下条件:

(1)在$[a,b]$上连续;

(2)在(a,b)内可导;

(3)在区间端点处的函数值相等,即$f(a)=f(b)$,

则至少存在一点$\xi \in (a,b)$,使得

$$f'(\xi)=0.$$

证 由于$f(x)$在$[a,b]$上连续,则$f(x)$在$[a,b]$上必有最大值M和最小值m,现分两种情形来讨论.

若$M=m$,则在(a,b)内$f(x)$为一常值函数,因此$f'(x)\equiv 0$,结论成立.

若$M>m$,因$f(a)=f(b)$,所以M和m中至少有一个不等于$f(a)$.不失一般性,不妨设$M \neq f(a)$,则在(a,b)内至少有一点ξ,使得$f(\xi)=M$.由于$f(x)$在(a,b)内可导,则$f'(\xi)$存在,从而$f'_-(\xi)=f'_+(\xi)$.又

$$f'_-(\xi)=\lim_{\Delta x \to 0^-}\frac{f(\xi+\Delta x)-f(\xi)}{\Delta x},$$

因$f(\xi)=M$,故$f(\xi+\Delta x) \leq f(\xi)$,从而当$\Delta x<0$时,有

$$\frac{f(\xi+\Delta x)-f(\xi)}{\Delta x} \geq 0,$$

根据函数极限的保号性,有$f'_-(\xi) \geq 0$.

同理,当$\Delta x>0$时,有

$$\frac{f(\xi+\Delta x)-f(\xi)}{\Delta x} \leq 0,$$

从而$f'_+(\xi) \leq 0$,所以$f'_-(\xi)=f'_+(\xi)=f'(\xi)=0$.

罗尔定理的几何意义:定义在闭区间上两端在同一高度且处处存在切线的连续曲线上至少存在一条平行于x轴的切线,同时这条切线也平行于连接曲线端点的割线.

从另一个方面来说,罗尔定理也给出了导函数$f'(x)$零点的存在性.因此,有时也称罗尔定理为导函数零点的存在性定理.因此,罗尔定理的三个条件是导函数零点存在的充分条件,若罗尔定理的三个条件中有一个不满足,则定理的结论未必成立,即未必存在点$\xi \in (a,b)$,使得$f'(\xi)=0$,如图 3-2 所示.

例 3.1 验证函数$f(x)=\ln\sin x$在区间$\left[\dfrac{\pi}{6},\dfrac{5\pi}{6}\right]$上是否满足罗尔定理;如满足,求出定理中的$\xi$值.

[①]罗尔(Michel Rolle,1652—1719)是法国数学家,在数学上的成就主要是在代数方面,专长于丢番图方程的研究。其主要著作为《代数学讲义》(1690年出版),书中论述了仿射方程组,并使用欧几里得法则系统地解决了丢番图的线性方程问题。

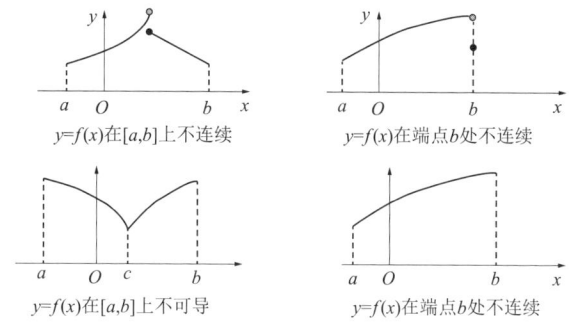

图 3-2

解 函数 $f(x) = \ln\sin x$ 在闭区间 $\left[\dfrac{\pi}{6}, \dfrac{5\pi}{6}\right]$ 上连续,在开区间 $\left(\dfrac{\pi}{6}, \dfrac{5\pi}{6}\right)$ 内可导,且

$$f\left(\dfrac{\pi}{6}\right) = \ln\dfrac{1}{2}, f\left(\dfrac{5\pi}{6}\right) = \ln\dfrac{1}{2},$$

即 $f\left(\dfrac{\pi}{6}\right) = f\left(\dfrac{5\pi}{6}\right)$,满足罗尔定理条件,则至少存在一点 $\xi \in \left(\dfrac{\pi}{6}, \dfrac{5\pi}{6}\right)$,使得

$$f'(\xi) = \dfrac{\cos\xi}{\sin\xi} = 0,$$

解之得

$$\xi = \dfrac{\pi}{2}.$$

例 3.2 证明方程 $x^3 + x - 1 = 0$ 有且仅有一个实根.

证 **存在性** 设 $f(x) = x^3 + x - 1$,则 $f(x)$ 在区间 $[0, 1]$ 上连续,且

$$f(0) = -1, f(1) = 1, f(0)f(1) < 0,$$

由零点存在定理可知,至少存在一点 $\xi \in (0, 1)$,使得 $f(\xi) = 0$.

唯一性 假设方程有两个不同实根 $\xi_1, \xi_2(\xi_1 < \xi_2)$,则 $f(\xi_1) = 0, f(\xi_2) = 0$,函数 $f(x)$ 在闭区间 $[\xi_1, \xi_2]$ 上连续,在开区间 (ξ_1, ξ_2) 内可导,由罗尔定理知,至少存在一点 $\xi \in (\xi_1, \xi_2)$,使得

$$f'(\xi) = 3\xi^2 + 1 = 0,$$

但 $3\xi^2 + 1 > 0$,这就出现了矛盾.因此方程 $x^3 + x - 1 = 0$ 有且仅有一个实根.

3.1.2 拉格朗日中值定理

罗尔定理的结论很好,但 $f(a) = f(b)$ 这个条件对于很多函数并不容易满足,它使罗尔定理的应用受到了限制,那么取消这个条件,又能得到关于 $f'(\xi)$ 的什么样的结论呢?显然,在其他条件不变的情况下,从几何图像上看取消条件 $f(a) = f(b)$ 仅相当于函数所对应的图像(曲线)的端点不在同一高度,但在曲线上存在切线平行于连接曲线端点的割线这一现象不会改变!用高等数学的语言表述如下,便是微分学中具有重要地位的拉格朗日中值定理.

定理 3.2(拉格朗日①中值定理) 若函数 $f(x)$ 满足如下条件：

(1) 在 $[a,b]$ 上连续；

(2) 在 (a,b) 内可导，则至少存在一点 $\xi \in (a,b)$，使得

$$f'(\xi) = \frac{f(b)-f(a)}{b-a},$$

即

$$f(b)-f(a) = f'(\xi)(b-a).$$

该定理的几何意义是：定义在闭区间上且处处存在切线的连续曲线上至少存在一条切线平行于连接曲线端点的割线，如图 3-3 所示.

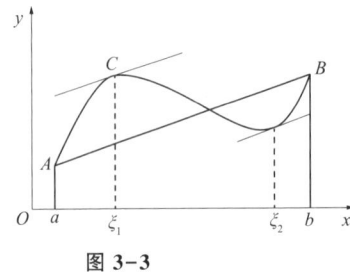

图 3-3

图 3-4

注意到：若满足条件 $f(a) = f(b)$，则定理 3.2 的结论即为 $f'(\xi) = 0$. 因此，罗尔定理是拉格朗日中值定理的特殊形式，拉格朗日中值定理是罗尔定理的推广. 显然，要想证明拉格朗日中值定理，只需构造一个辅助函数 $F(x)$，使 $F(a) = F(b)$，满足罗尔定理的条件，然后利用罗尔定理证明拉格朗日中值定理即可. 为此，先考虑弦 AB 的方程

$$y = g(x) = f(a) + \frac{f(b)-f(a)}{b-a}(x-a),$$

而曲线 $y = f(x)$ 与弦 AB 在 A,B 点相交，若取二者之差 $f(x) - g(x)$ 作为一个新函数 $F(x)$，则该函数在区间 $[a,b]$ 的端点 a,b 处的函数值相等，这样即可借助罗尔定理证明之.

证 构造辅助函数

$$F(x) = f(x) - f(a) - \frac{f(b)-f(a)}{b-a}(x-a),$$

则 $F(x)$ 在 $[a,b]$ 上连续，在 (a,b) 内可导，且 $F(a) = F(b) = 0$. 由罗尔定理可知，至少存在一点 $\xi \in (a,b)$，使得 $f'(\xi) = 0$，于是

$$F'(\xi) = f'(\xi) - \frac{f(b)-f(a)}{b-a} = 0,$$

整理得

---

① 拉格朗日(Joseph-Louis Lagrange, 1736—1813, 图 3-4)全名为约瑟夫·路易斯·拉格朗日, 法国著名数学家、物理学家. 他在数学、力学和天文学三个学科领域中都有历史性的贡献, 其中尤以数学方面的成就最为突出.

拉格朗日科学研究所涉及的领域极其广泛. 他在数学上最突出的贡献是使数学分析与几何与力学脱离开来, 使数学的独立性更为清楚. 同时在代数方程和超越方程的解法上, 作出了有价值的贡献, 推动了代数学的发展. 他的关于月球运动(三体问题)、行星运动、轨道计算、两个不动中心问题、流体力学等方面的成果, 在使天文学力学化、力学分析化上, 也起到了历史性的作用, 促进了力学和天体力学的进一步发展, 成为这些领域的开创性或奠基性研究.

$$f'(\xi) = \frac{f(b)-f(a)}{b-a},$$

即
$$f(b)-f(a) = f'(\xi)(b-a).$$

需要说明的是,定理 3.2 中的等式 $f(b)-f(a)=f'(\xi)(b-a)$ 与 $f'(\xi)=\frac{f(b)-f(a)}{b-a}$ 常称为**拉格朗日公式**. 从定理的结论来看,$\frac{f(b)-f(a)}{b-a}$ 表示函数 $y=f(x)$ 在 $[a,b]$ 上整体变化的平均变化率,而 $f'(\xi)$ 表示在 (a,b) 内某点 ξ 处函数 $f(x)$ 的局部变化率. 因此,拉格朗日中值定理是连接函数局部性质与整体性质的纽带.

由于 $\xi \in (a,b)$,也可以表示为 $\xi = a+\theta(b-a)$,其中 $0<\theta<1$,于是拉格朗日公式可写为
$$f(b)-f(a) = f'(a+\theta(b-a))(b-a).$$

当 $|\Delta x|$ 很小时,我们有关于函数增量 Δy 的近似公式
$$\Delta y = f(x+\Delta x)-f(x) \approx \mathrm{d}y = f'(x)\Delta x,$$
但若在以 x 和 $x+\Delta x$ 为端点的区间上应用拉格朗日中值定理便可得函数增量
$$f(x+\Delta x)-f(x) = f'(x+\theta\Delta x)\Delta x, 0<\theta<1$$
或
$$\Delta y = f'(x+\theta\Delta x)\Delta x, 0<\theta<1.$$
此式精确地表达了函数在一个区间上的增量与函数在该区间内某点处的导数之间的关系,该公式又称为**有限增量公式**.

我们知道,常数函数的导数为零,那么反过来,导数恒为零的函数一定是常数函数吗?这就是如下的推论.

推论 3.1 设 $f(x)$ 是区间 I 内的可导函数,且对任何 $x \in I$ 均有 $f'(x) = 0$,则 $f(x)$ 恒为常数.

证 对 $\forall x_1, x_2 \in I$,不妨设 $x_1 < x_2$,在 $[x_1, x_2]$ 上应用拉格朗日中值定理得
$$f(x_1)-f(x_2) = f'(\xi)(x_1-x_2), \xi \in (x_1, x_2).$$
由于对 $\forall x \in (a,b)$ 均有 $f'(x) = 0$,故 $f(x_1) = f(x_2)$. 再由 x_1, x_2 的任意性可知,函数 $f(x)$ 在区间 I 内恒为常数.

推论 3.2 设在区间 I 内恒有 $f'(x) = g'(x)$,则 $f(x) = g(x)+C, C$ 为任意常数.

证 令 $F(x) = f(x)-g(x)$,则
$$F'(x) = f'(x)-g'(x) = 0, \forall x \in I,$$
所以
$$F(x) \equiv C, \forall x \in I,$$
这里的 C 为任意常数,即
$$f(x) = g(x)+C, \forall x \in I.$$

需要注意的是,以上推论中的区间没有限制,可以是开区间、闭区间或者半开半闭区间,甚至是无限区间.

例 3.3 证明 $\arcsin x + \arccos x = \frac{\pi}{2}, \forall x \in [-1,1]$.

证 设 $f(x) = \arcsin x + \arccos x$, $\forall x \in [-1, 1]$. 因为

$$f'(x) = \frac{1}{\sqrt{1-x^2}} + \left(-\frac{1}{\sqrt{1-x^2}}\right) = 0, \forall x \in [-1, 1],$$

所以 $f(x) \equiv C$, $\forall x \in [-1, 1]$, 从而知

$$f(x) = f(0) = \arcsin 0 + \arccos 0 = 0 + \frac{\pi}{2} = \frac{\pi}{2},$$

即

$$\arcsin x + \arccos x = \frac{\pi}{2}, \forall x \in [-1, 1].$$

例 3.4 证明不等式

$$1 - \frac{a}{b} < \ln \frac{b}{a} < \frac{b}{a} - 1,$$

这里 $0 < a < b$.

证 设 $f(x) = \ln x, x > 0$, 则 $f(x)$ 在 $[a, b]$ 上连续, 在 (a, b) 内可导, 则由拉格朗日中值定理知, 至少存在一点 $\xi \in (a, b)$, 使得

$$f(b) - f(a) = f'(\xi)(b - a),$$

即

$$\ln b - \ln a = \frac{b-a}{\xi}.$$

由于 $a < \xi < b$, 故

$$\frac{b-a}{b} < \frac{b-a}{\xi} < \frac{b-a}{a},$$

即

$$1 - \frac{a}{b} < \ln \frac{b}{a} < \frac{b}{a} - 1.$$

3.1.3 柯西中值定理

若拉格朗日中值定理中提到的函数曲线由参数方程

$$\begin{cases} x = g(t), \\ y = f(t) \end{cases} (a \leq t \leq b)$$

表示, 其中 t 为参数, 如图 3-5 所示.

显然在曲线本身特性不变的情况下, 曲线上点 (x, y) 处的切线斜率为

$$\frac{\mathrm{d}y}{\mathrm{d}x} = \frac{f'(t)}{g'(t)},$$

弦 AB 的斜率为

$$\frac{f(b) - f(a)}{g(b) - g(a)}.$$

由拉格朗日中值定理的结论知, 在曲线上至少存

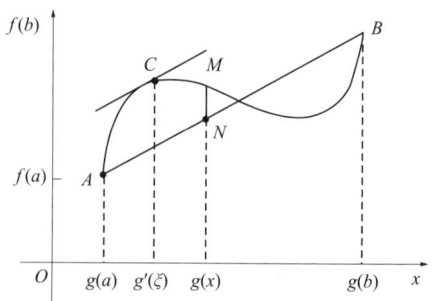

图 3-5

在一点 C(对应于参数 $t=\xi$),使点 C 处的切线平行于弦 AB,从而有

$$\frac{f(b)-f(a)}{g(b)-g(a)}=\frac{f'(\xi)}{g'(\xi)}.$$

以上事实可用高等数学的语言表述如下.

定理 3.3(柯西①中值定理) 设函数 $f(x)$ 和 $g(x)$ 满足如下条件:

(1) 在 $[a,b]$ 上连续;

(2) 在 (a,b) 内可导;

(3) 在 (a,b) 内 $g'(x)\neq 0$,

则至少存在一点 $\xi\in(a,b)$,使得

$$\frac{f(b)-f(a)}{g(b)-g(a)}=\frac{f'(\xi)}{g'(\xi)}.$$

定理的证明,可先构造辅助函数

$$F(x)=f(x)-f(a)-\frac{f(b)-f(a)}{g(b)-g(a)}[g(x)-g(a)],$$

然后再利用罗尔定理来证明,这里就不再详细论述了.

在拉格朗日中值定理和柯西中值定理的证明中,我们都采用了构造辅助函数的方法,这是证明数学命题的一种常用方法. 辅助函数是根据命题的需要经过修正后构造出来的,虽然不同的思路会导致构造的辅助函数不同,但只要本质的数学特性不变,最终会"殊途同归".

显然,在柯西中值定理中若取 $g(x)=x$,即得拉格朗日中值定理,所以柯西中值定理又称为广义中值定理. 由以上讨论不难看出,罗尔定理、拉格朗日中值定理及柯西中值定理事实上是一脉相承的系列理论,因此三者统称微分中值定理. 随着进一步的学习,我们还将研究泰勒中值定理等微分中值理论.

例 3.5 设 $f(x)$ 在 $[0,1]$ 上连续,在 $(0,1)$ 内可导,证明至少存在一点 $\xi\in(0,1)$,使得

$$f'(\xi)=2\xi(f(1)-f(0)).$$

证 设 $g(x)=x^2$,$f(x)$,$g(x)$ 在 $[0,1]$ 上满足柯西中值定理条件,则至少存在一点 $\xi\in(0,1)$,使得

$$\frac{f(1)-f(0)}{g(1)-g(0)}=\frac{f'(\xi)}{g'(\xi)}=\frac{f'(\xi)}{2\xi},$$

即

$$f'(\xi)=2\xi(f(1)-f(0)).$$

---

① 柯西(Cauchy,Augustin Louis,1789—1857)法国数学家和物理学家,他的研究工作为所有的数学分制都建立了严格的描述,并产生了深远的影响. 柯西最重要和最有首创性的工作是关于单复变函数论的,在代数学、几何学、误差理论及天体力学、光学等方面也有卓越的贡献. 柯西是一位多产作家,一生共发表论文 789 篇,著作 7 本,收录于《柯西全集》27 卷,主要著作有《分析教程》《无穷小分析教程概论》《微积分在几何学上的应用》等.

习题 3.1(A)

1. 下列函数在指定区间上满足罗尔定理条件的是　　　　　　　　　　　（　）
   (A) $y=|x|,[-1,1]$　　　　　　　　(B) $y=\sin x,[0,\pi]$
   (C) $y=\ln x,[1,e]$　　　　　　　　(D) $y=\arctan x,[0,1]$

2. 设函数 $f(x)$ 在 $[a,b]$ 上连续，在 (a,b) 内可导，$f(a)<f(b)$，则　　（　）
   (A) 必存在 $\xi\in(a,b)$，使 $f'(\xi)=0$　　(B) 不存在 $\xi\in(a,b)$，使 $f'(\xi)=0$
   (C) 必存在 $\xi\in(a,b)$，使 $f'(\xi)>0$　　(D) 必存在 $\xi\in(a,b)$，使 $f'(\xi)<0$

3. 若 a,b 是方程 $f(x)=0$ 的两个根，$f(x)$ 在 $[a,b]$ 上连续，在 (a,b) 内可导，则方程 $f'(x)=0$ 在 (a,b) 内　　　　　　　　　　　　　　　　　　　　　　　　（　）
   (A) 只有一个根　　　　　　　　　　(B) 至少有一个根
   (C) 没有根　　　　　　　　　　　　(D) 以上结论都不对

4. 设 $f(x)$ 在 $[a,b]$ 上有定义，在 (a,b) 内可导，则　　　　　　　　　（　）
   (A) 当 $f(a)f(b)<0$ 时，至少存在一点 $\xi\in(a,b)$，使 $f(\xi)=0$
   (B) 对任何 $\xi\in(a,b)$，有 $\lim\limits_{x\to\xi}[f(x)-f(\xi)]=0$
   (C) 当 $f(a)=f(b)$ 时，至少存在一点 $\xi\in(a,b)$，使 $f'(\xi)=0$
   (D) 至少存在一点 $\xi\in(a,b)$，使 $f(b)-f(a)=f'(\xi)(b-a)$

5. 设 $f(x)=x(x-1)(x-2)(x-3)$，则方程 $f'(x)=0$ 的实根个数为　　　（　）
   (A) 0　　　　　　　　　　　　　　(B) 1
   (C) 2　　　　　　　　　　　　　　(D) 3

习题 3.1(B)

1. 验证下列函数在给定区间上是否满足罗尔定理的条件；如满足，试求出相应的 ξ 值.
   (1) $f(x)=|x|,[-1,1]$；　　　　　(2) $f(x)=2x^2-x-3,\left[-1,\dfrac{3}{2}\right]$；
   (3) $f(x)=\dfrac{1+x^2}{x},[-2,2]$；　　　(4) $f(x)=\arcsin x,[-1,1]$；
   (5) $f(x)=\ln x,[1,2]$；　　　　　(6) $f(x)=4\sqrt[3]{x}-x-1,[0,1]$.

2. 设 $f(x)=(x-a)(x-b)(x-c)(x-d)$（其中 $a<b<c<d$），不用求 $f'(x)$，说明方程 $f'(x)=0$ 有几个实根，指出它们所在的区间.

3. 证明下列恒等式.

(1) $\arctan x + \text{arccot} \, x = \dfrac{\pi}{2}, x \in (-\infty, \infty)$;

(2) $2\arctan x + \arcsin \dfrac{2x}{1+x^2} = \pi, x \in [1, +\infty)$.

4. 利用拉格朗日中值定理证明下列不等式.

(1) $\dfrac{x}{1+x} < \ln(1+x) < x \, (x>0)$;　　(2) $x \leqslant \tan x \left(0 \leqslant x < \dfrac{\pi}{2}\right)$;

(3) $e^x \geqslant ex \, (x \geqslant 1)$;　　　　　　(4) $|\sin x_1 - \sin x_2| \leqslant |x_1 - x_2|$ (x_1, x_2 为任意实数);

(5) $\dfrac{2a}{a^2+b^2} < \dfrac{\ln b - \ln a}{b-a} < \dfrac{1}{\sqrt{ab}}$ ($0<a<b$);

(6) $\dfrac{b-a}{1+b^2} < \arctan b - \arctan a < \dfrac{b-a}{1+a^2}$ ($0<a<b$).

5. 设函数 $f(x)$ 为 $[a,b]$ 上正值连续函数, 在 (a,b) 内可导, 则至少存在一点 $c \in (a,b)$, 使得
$$\ln \dfrac{f(b)}{f(a)} = \dfrac{f'(c)}{f(c)}(b-a).$$

6. 设函数 $f(x)$ 在 $[0,3]$ 上连续, 在 $(0,3)$ 内可导, $f(0)=1, f(1)+f(2)+f(3)=3$, 证明至少存在一点 $\xi \in (0,3)$, 使得 $f'(\xi)=0$.

7. 设函数 $f(x)$ 在 $[1,e]$ 上可导, 且 $0<f(x)<1$, 在 $(1,e)$ 内 $xf'(x)<1$, 证明在 $(1,e)$ 内有且仅有一个 x, 使得 $f(x) = \ln x$.

8. 设函数 $f(x)$ 在 $[0,1]$ 上连续, 在 $(0,1)$ 内可导, 且 $f(1)=0$, 求证存在 $\xi \in (0,1)$, 使得
$$f(\xi) + \xi f'(\xi) = 0.$$

9. 设函数 $f(x)$ 在 $\left[-\dfrac{\pi}{2}, \dfrac{\pi}{2}\right]$ 上连续, 在 $\left(-\dfrac{\pi}{2}, \dfrac{\pi}{2}\right)$ 内可导, 试证存在 $\xi \in \left(-\dfrac{\pi}{2}, \dfrac{\pi}{2}\right)$, 使得
$$f'(\xi)\cos \xi = f(\xi)\sin \xi.$$

10. 设函数 $f(x)$ 在 $[a,b]$ 上连续, 在 (a,b) 内可导, 且 $f(a)=f(b)=0$, 求证:

(1) 至少存在一点 $\xi \in (a,b)$, 使得 $f'(\xi) + f(\xi) = 0$;

(2) 至少存在一点 $\xi \in (a,b)$, 使得 $f'(\xi) - f(\xi) = 0$.

11. 设函数 $f(x)$ 在 (a,b) 内具有二阶导数, 且 $f(x_1)=f(x_2)=f(x_3)$ ($a<x_1<x_2<x_3<b$), 证明存在 $\xi \in (x_1, x_3)$, 使得 $f''(\xi) = 0$.

12. 设函数 $f(x)$ 在 $[a,b]$ 上具有一阶连续导数, $f''(x)$ 在 (a,b) 内存在, 且 $f(a)=f(b)=0$; 又存在常数 $c \in (a,b)$, 使 $f(c)>0$, 试证至少存在一点 $\xi \in (a,b)$, 使 $f''(\xi)<0$.

13. 设函数 $f(x)$ 在 $[a,b]$ 上连续, 在 (a,b) 内可导, 证明存在 $\xi \in (a,b)$, 使得
$$\dfrac{af(b) - bf(a)}{ab(b-a)} = \dfrac{\xi f'(\xi) - f(\xi)}{\xi^2}.$$

14. 利用 Lagrange 中值定理求下列极限.

(1) $\lim\limits_{x\to 0}\dfrac{(\tan x)^{\mathrm{e}}-(\sin x)^{\mathrm{e}}}{\mathrm{e}^{\tan x}-\mathrm{e}^{\sin x}}$;

(2) $\lim\limits_{x\to +\infty}(\sin\sqrt{x+1}-\sin\sqrt{x})$;

(3) $\lim\limits_{x\to 0}\dfrac{\sin ax-\sin bx}{\mathrm{e}^{ax}-\mathrm{e}^{bx}}$.

3.2 洛必达法则

知识衔接

若 $\lim\limits_{x\to a}\dfrac{f(x)}{g(x)}=A$ (A 为常数) 且 $\lim\limits_{x\to a}g(x)=0$, 则 $\lim\limits_{x\to a}f(x)=$ _____.

$\lim\limits_{x\to 0}\dfrac{\sin x}{x}=$ _____. $\lim\limits_{x\to\infty}\dfrac{\sin\dfrac{1}{x}}{\dfrac{1}{x}}=$ _____.

在计算极限时,两个无穷小量或无穷大量之比的极限可能存在,也可能不存在. 我们将这类极限称为 $\dfrac{0}{0}$ 型待定式和 $\dfrac{\infty}{\infty}$ 型待定式,如极限 $\lim\limits_{x\to 0}\dfrac{\sin x}{x}$, $\lim\limits_{x\to\infty}\dfrac{x^3}{\mathrm{e}^x}$ 等就是待定式, 待定式有时也称未定式. 本节我们来介绍计算待定式极限的一个常用方法——洛必达法则.

3.2.1 $\dfrac{0}{0}$ 型待定式

定理 3.4 (洛必达①法则) 若函数 $f(x), g(x)$ 满足如下条件:

(1) $\lim\limits_{x\to a}f(x)=\lim\limits_{x\to a}g(x)=0$;

(2) 在点 a 的某去心邻域内都可导且 $g'(x)\neq 0$;

(3) $\lim\limits_{x\to a}\dfrac{f'(x)}{g'(x)}=A$ (或 ∞),

则

$$\lim\limits_{x\to a}\dfrac{f(x)}{g(x)}=\lim\limits_{x\to a}\dfrac{f'(x)}{g'(x)}=A\ (\text{或}\ \infty).$$

证 由于极限 $\lim\limits_{x\to a}\dfrac{f(x)}{g(x)}$ 与 $f(x)$ 及 $g(x)$ 在 a 的函数值无关, 不妨定义 $f(a)=g(a)=0$,

---

① 洛必达 (Marquis de l'Hôpital, 1661—1704) 法国的数学家, 他最重要的著作是《阐明曲线的无穷小于分析》[1696], 这本书是世界上第一本系统的微积分学教科书, 它由一组定义和公理出发, 全面地阐述变量、无穷小量、切线、微分等概念, 这对传播新创建的微积分理论起了很大的作用. 在书中第九章记载着约翰·伯努利在 1694 年 7 月 22 日告诉他的一个著名定理——洛必达法则, 后人误以为是他的发明, 故洛必达法则之名沿用至今.

于是由定理条件知,$f(x),g(x)$在点 a 的某邻域内连续. 设 x 为该邻域内异于 a 的任一点,则 $f(x),g(x)$ 在以 a 和 x 为端点的闭区间上满足柯西中值定理条件,故至少存在一点 ξ (介于 a 和 x 之间),使得

$$\frac{f(x)-f(a)}{g(x)-g(a)}=\frac{f(x)}{g(x)}=\frac{f'(\xi)}{g'(\xi)}.$$

当 $x \to a$ 时,必有 $\xi \to a$,在上式两端取极限,有

$$\lim_{x\to a}\frac{f(x)}{g(x)}=\lim_{\xi\to a}\frac{f'(\xi)}{g'(\xi)}=\lim_{x\to a}\frac{f'(x)}{g'(x)}=A(\text{或}\infty).$$

一般地,为了更高效地使用洛必达法则计算待定式的极限,需要注意如下几点:

(1) 在使用洛必达法则前应尽量化简并结合其他求极限方法,如等价无穷小代换等,以简化求导计算;

(2) 可以重复使用洛必达法则,但每次使用时都需要判定所求极限为待定式的极限;

(3) 对其他极限过程如 $x\to\infty,x\to a^+$ 等,洛必达法则仍适用;

(4) 用洛必达法则计算极限也有适用类型,并非计算所有待定式极限的"万能法".

例 3.6 求极限 $\lim\limits_{x\to 0}\dfrac{\tan x-x}{x^3}$.

解 这是 $\dfrac{0}{0}$ 型待定式,由洛必达法则得

$$\lim_{x\to 0}\frac{\tan x-x}{x^3}=\lim_{x\to 0}\frac{(\tan x-x)'}{(x^3)'}=\lim_{x\to 0}\frac{\sec^2 x-1}{3x^2}=\lim_{x\to 0}\frac{\tan^2 x}{3x^2}=\frac{1}{3}.$$

例 3.7 求极限 $\lim\limits_{x\to 0}\dfrac{e^x-e^{-x}}{\sin x}$.

解 这是 $\dfrac{0}{0}$ 型待定式,先用等价无穷小代换,再由洛必达法则得

$$\lim_{x\to 0}\frac{e^x-e^{-x}}{\sin x}=\lim_{x\to 0}\frac{e^x-e^{-x}}{x}=\lim_{x\to 0}\frac{e^x+e^{-x}}{1}=2.$$

例 3.8 求极限 $\lim\limits_{x\to\infty}\dfrac{\dfrac{\pi}{2}-\arctan x}{\ln\left(1+\dfrac{1}{x}\right)}$.

解 这是 $\dfrac{0}{0}$ 型待定式,先用等价无穷小代换,再由洛必达法则得

$$\lim_{x\to\infty}\frac{\dfrac{\pi}{2}-\arctan x}{\ln\left(1+\dfrac{1}{x}\right)}=\lim_{x\to\infty}\frac{\dfrac{\pi}{2}-\arctan x}{\dfrac{1}{x}}=\lim_{x\to\infty}\frac{-\dfrac{1}{1+x^2}}{-\dfrac{1}{x^2}}=\lim_{x\to\infty}\frac{x^2}{x^2+1}=1.$$

在一些情形下,若 $\lim\dfrac{f'(x)}{g'(x)}$ 不存在,并不能说 $\lim\dfrac{f(x)}{g(x)}$ 不存在.

3.2.2 $\dfrac{\infty}{\infty}$型待定式

类似于定理 3.4,使用柯西中值定理结合极限定义,可得如下定理.

定理 3.5 若函数 $f(x),g(x)$ 满足条件:

(1) $\lim\limits_{x\to a}f(x)=\lim\limits_{x\to a}g(x)=\infty$;

(2) 在点 a 的某去心邻域内都可导且 $g'(x)\neq 0$;

(3) $\lim\limits_{x\to a}\dfrac{f'(x)}{g'(x)}=A$(或 ∞),

则

$$\lim_{x\to a}\dfrac{f(x)}{g(x)}=\lim_{x\to a}\dfrac{f'(x)}{g'(x)}=A(\text{或}\infty).$$

注:该定理结论对自变量的其他变化趋势同样成立,即这里的 $x\to a$ 可换为其他变化过程.

例 3.9 求极限 $\lim\limits_{x\to+\infty}\dfrac{\ln x}{x^2}$.

解 这是 $\dfrac{\infty}{\infty}$ 型待定式,由洛必达法则得

$$\lim_{x\to+\infty}\dfrac{\ln x}{x^2}=\lim_{x\to+\infty}\dfrac{\dfrac{1}{x}}{2x}=\lim_{x\to+\infty}\dfrac{1}{2x^2}=0.$$

例 3.10 求极限 $\lim\limits_{x\to+\infty}\dfrac{x^n}{e^{\lambda x}}(n>0,\lambda>0)$.

解 这是 $\dfrac{\infty}{\infty}$ 型待定式,由洛必达法则得

$$\lim_{x\to+\infty}\dfrac{x^n}{e^{\lambda x}}=\lim_{x\to+\infty}\dfrac{nx^{n-1}}{\lambda e^{\lambda x}}=\lim_{x\to+\infty}\dfrac{n(n-1)x^{n-2}}{\lambda^2 e^{\lambda x}}=\cdots=\lim_{x\to+\infty}\dfrac{n!}{\lambda^n e^{\lambda x}}=0.$$

由上面两个例题,我们可以看到:当 $x\to+\infty$ 时,幂函数 x^n 比对数函数 $\ln x$ 更快地趋于无穷大,指数函数 $e^{\lambda x}$ 比幂函数 x^n 更快地趋于无穷大.

例 3.11 求极限 $\lim\limits_{x\to 0^+}\dfrac{\ln 3x}{\ln\tan 2x}$.

解 这是 $\dfrac{\infty}{\infty}$ 型待定式,由洛必达法则得

$$\lim_{x\to 0^+}\dfrac{\ln 3x}{\ln\tan 2x}=\lim_{x\to 0^+}\dfrac{\dfrac{1}{3x}\cdot 3}{\dfrac{1}{\tan 2x}\cdot 2\sec^2 2x}=\lim_{x\to 0^+}\dfrac{\tan 2x\cdot\cos^2 2x}{2x}=1.$$

例 3.12 求 $\lim\limits_{x\to\infty}\dfrac{x+\sin x}{x+\cos x}$.

解 由洛必达法则得

$$\lim_{x\to\infty}\frac{f'(x)}{g'(x)}=\lim_{x\to\infty}\frac{(x+\sin x)'}{(x+\cos x)'}=\lim_{x\to\infty}\frac{1+\cos x}{1-\sin x},$$

此极限不存在,故不能由洛必达法则求解,实际上

$$\lim_{x\to\infty}\frac{x+\sin x}{x+\cos x}=\lim_{x\to\infty}\frac{1+\dfrac{1}{x}\sin x}{1+\dfrac{1}{x}\cos x}=1.$$

3.2.3 其他类型的待定式

除了 $\dfrac{0}{0}$ 型和 $\dfrac{\infty}{\infty}$ 型待定式外,还有 $0\cdot\infty$ 型,$\infty-\infty$ 型,0^0 型,1^∞ 型和 ∞^0 型等类型,计算这些待定式极限的关键是:先将其转化为 $\dfrac{0}{0}$ 型或 $\dfrac{\infty}{\infty}$ 型,然后再用洛必达法则计算.

情形 1 $0\cdot\infty$ 型待定式

对于 $0\cdot\infty$ 型,可将乘积化为商的形式,即转化为 $\dfrac{0}{0}$ 型或 $\dfrac{\infty}{\infty}$ 型的极限来求解.

例 3.13 求极限 $\lim\limits_{x\to 0^+}x^2\ln x$.

解 这是 $0\cdot\infty$ 型待定式,变形后由洛必达法则得

$$\lim_{x\to 0^+}x^2\ln x=\lim_{x\to 0^+}\frac{\ln x}{\dfrac{1}{x^2}}=\lim_{x\to 0^+}\frac{\dfrac{1}{x}}{-\dfrac{2}{x^3}}=-\frac{1}{2}\lim_{x\to 0^+}x^2=0.$$

情形 2 $\infty-\infty$ 型待定式

对于 $\infty-\infty$ 型待定式,可通过通分等方法化为 $\dfrac{0}{0}$ 型或 $\dfrac{\infty}{\infty}$ 型待定式的极限来求解.

例 3.14 求极限 $\lim\limits_{x\to 0}\left[\dfrac{1}{\ln(1+x)}-\dfrac{1+x}{x}\right]$.

解 这是 $\infty-\infty$ 型待定式,恒等变形后由洛必达法则得

$$\begin{aligned}\lim_{x\to 0}\left[\frac{1}{\ln(1+x)}-\frac{1+x}{x}\right]&=\lim_{x\to 0}\left[\frac{x-(1+x)\ln(1+x)}{x\ln(1+x)}\right]\\&=\lim_{x\to 0}\left[\frac{x-(1+x)\ln(1+x)}{x^2}\right]\\&=\lim_{x\to 0}\left[\frac{1-\ln(1+x)-1}{2x}\right]\\&=\lim_{x\to 0}\left[\frac{-\ln(1+x)}{2x}\right]\\&=-\frac{1}{2}.\end{aligned}$$

情形 3 0^0 型,1^∞ 型和 ∞^0 型待定式

对于 0^0 型,1^∞ 型和 ∞^0 型这类幂指函数类型,可将函数先化为以 e 为底的指数函数

型,即
$$f(x) = e^{\ln f(x)}, f(x) > 0,$$

然后再将指数部分化为 $\dfrac{0}{0}$ 型或 $\dfrac{\infty}{\infty}$ 型的极限,利用复合函数极限法则及洛必达法则即可求解.

例 3.15 求极限 $\lim\limits_{x \to 0^+} x^{\sin x}$.

解 这是 0^0 型待定式,恒等变形得
$$\lim_{x \to 0^+} x^{\sin x} = \lim_{x \to 0^+} e^{\sin x \ln x} = e^{\lim\limits_{x \to 0^+} \sin x \ln x},$$

由洛必达法则得
$$\lim_{x \to 0^+} \sin x \ln x = \lim_{x \to 0^+} \frac{\ln x}{\csc x} = \lim_{x \to 0^+} \frac{\dfrac{1}{x}}{-\csc x \cot x} = -\lim_{x \to 0^+} \frac{\sin x \tan x}{x} = 0,$$

故
$$\lim_{x \to 0^+} x^{\sin x} = e^0 = 1.$$

例 3.16 求极限 $\lim\limits_{x \to +\infty} \left(\dfrac{2}{\pi} \arctan x\right)^x$.

解 这是 1^∞ 型待定式,恒等变形得
$$\lim_{x \to +\infty} \left(\frac{2}{\pi} \arctan x\right)^x = \lim_{x \to +\infty} e^{\dfrac{\ln\left(\frac{2}{\pi} \arctan x\right)}{\frac{1}{x}}} = e^{\lim\limits_{x \to +\infty} \frac{1}{\arctan x} \cdot \frac{-x^2}{1+x^2}} = e^{-\frac{2}{\pi}}.$$

例 3.17 求极限 $\lim\limits_{x \to +\infty} (\ln x)^{\frac{1}{x}}$.

解 这是 ∞^0 型待定式,恒等变形得
$$\lim_{x \to +\infty} (\ln x)^{\frac{1}{x}} = \lim_{x \to +\infty} e^{\frac{\ln \ln x}{x}} = e^{\lim\limits_{x \to +\infty} \frac{1}{x \ln x}} = e^0 = 1.$$

由以上计算待定式的实践可知,针对以上不同类型的待定式,需要灵活地转化为 $\dfrac{0}{0}$ 型或 $\dfrac{\infty}{\infty}$ 型待定式,如图 3-6 所示,然后再利用洛必达法则求解,像这类化未知为已知、化复杂为简单的思维方式是数学解题的精髓所在.

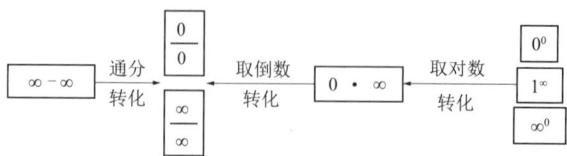

图 3-6

习题 3.2(A)

1. 若 $\lim\limits_{x\to x_0}\dfrac{f(x)}{g(x)}$ 是 $\dfrac{0}{0}$ 待定型，则"$\lim\limits_{x\to x_0}\dfrac{f'(x)}{g'(x)}=A$"是"$\lim\limits_{x\to x_0}\dfrac{f(x)}{g(x)}=A$"的 (　　)

   (A) 充要条件
   (B) 充分条件，非必要条件
   (C) 必要条件，非充分条件
   (D) 既非充分条件，也非必要条件

2. 若 $\lim\limits_{x\to x_0}\dfrac{f(x)}{g(x)}$ 是 $\dfrac{\infty}{\infty}$ 的待定型，且 $\lim\limits_{x\to x_0}\dfrac{f'(x)}{g'(x)}=A$，则 $\lim\limits_{x\to x_0}\dfrac{\ln f(x)}{\ln g(x)}=$ (　　)

   (A) $\ln A$
   (B) 1
   (C) A^2
   (D) $\dfrac{1}{A^2}$

3. 极限 $\lim\limits_{x\to 0}\dfrac{\tan x-x}{x-\sin x}=$ (　　)

   (A) 0
   (B) 1
   (C) 2
   (D) 3

4. 当 $x\to 0$ 时，$\mathrm{e}^x-\cos x$ 是 x^2 的 (　　)

   (A) 等价无穷小量
   (B) 低阶无穷小量
   (C) 高阶无穷小量
   (D) 同阶但非等价无穷小量

5. 求极限 $\lim\limits_{x\to 0}\dfrac{x^2\sin\dfrac{1}{x}}{x+\sin x}$ 时，下列各种解法中正确的是 (　　)

   (A) 因为 $\lim\limits_{x\to 0}\dfrac{x^2\sin\dfrac{1}{x}}{x+\sin x}=\lim\limits_{x\to 0}\dfrac{2x\sin\dfrac{1}{x}-\cos\dfrac{1}{x}}{1+\cos x}$ 不存在，所以原极限不存在

   (B) 因为 $\lim\limits_{x\to 0}\dfrac{x^2\sin\dfrac{1}{x}}{x+\sin x}=\lim\limits_{x\to 0}\dfrac{x^2}{x+\sin x}\lim\limits_{x\to 0}\sin\dfrac{1}{x}$，而其中 $\lim\limits_{x\to 0}\sin\dfrac{1}{x}$ 不存在，所以原极限不存在

   (C) 因为 $\lim\limits_{x\to 0}\dfrac{x^2}{x+\sin x}=0$，而 $x\to 0$ 时，$\sin\dfrac{1}{x}$ 是有界量，所以原极限为 0

   (D) 因为 $x\to 0$ 时，分子是二阶无穷小，而分母是一阶无穷小，所以原极限为 0

习题 3.2(B)

1. 用洛必达法则求下列各式的极限.

(1) $\lim\limits_{x \to 0} \dfrac{x - \arcsin x}{x^3}$；

(2) $\lim\limits_{x \to 0} \dfrac{e^x - e^{-x}}{\sin x}$；

(3) $\lim\limits_{x \to a} \dfrac{\sin x - \sin a}{x - a}$；

(4) $\lim\limits_{x \to 0^+} \left(\ln \dfrac{1}{x} \right)^{2x}$；

(5) $\lim\limits_{x \to 0^+} \dfrac{\ln \tan 7x}{\ln \tan 2x}$；

(6) $\lim\limits_{x \to \frac{\pi}{4}} \dfrac{\tan x - 1}{\sin 4x}$；

(7) $\lim\limits_{x \to 0} \dfrac{x(e^x + 1) - 2(e^x - 1)}{x^3}$；

(8) $\lim\limits_{x \to 0} \dfrac{e^x - \sqrt{1 + 2x}}{\ln(1 + x^2)}$；

(9) $\lim\limits_{x \to +\infty} \dfrac{2x^3}{e^{2x}}$；

(10) $\lim\limits_{x \to 0} \dfrac{x - (1+x) \ln(1+x)}{x^2}$；

(11) $\lim\limits_{x \to +\infty} \dfrac{\ln(\ln x)}{x}$；

(12) $\lim\limits_{x \to 0} (1 - \cos x) \cot x$；

(13) $\lim\limits_{x \to -8} \dfrac{\sqrt{1-x} - 3}{2 + \sqrt[3]{x}}$；

(14) $\lim\limits_{x \to 0} \left(\dfrac{1}{x \sin x} - \dfrac{1}{x^2} \right)$；

(15) $\lim\limits_{x \to \frac{\pi}{2}} \dfrac{\ln \sin x}{(\pi - 2x)^2}$；

(16) $\lim\limits_{x \to 1} \left(\dfrac{x}{x-1} - \dfrac{1}{\ln x} \right)$；

(17) $\lim\limits_{x \to 0} \left(\dfrac{1}{x^2} - \cot^2 x \right)$；

(18) $\lim\limits_{x \to +\infty} \left(\sqrt{x + \sqrt{x}} - \sqrt{x - \sqrt{x}} \right)$；

(19) $\lim\limits_{n \to \infty} \left(\dfrac{4}{\pi} \arctan \dfrac{n}{n+1} \right)^n$；

(20) $\lim\limits_{x \to 0} (1 + \sin x)^{\frac{1}{x}}$；

(21) $\lim\limits_{x \to +\infty} x \left(\dfrac{\pi}{2} - \arctan x \right)$.

2. 求下列各式的极限.

(1) $\lim\limits_{x \to 0} \left(\cot x - \dfrac{1}{x} \right)$；

(2) $\lim\limits_{x \to 0} \left(\dfrac{\sin x}{x} \right)^{\frac{1}{x^2}}$；

(3) $\lim\limits_{x \to \infty} x \left(e^{\frac{1}{x}} - 1 \right)$；

(4) $\lim\limits_{x \to \infty} \left(1 + \dfrac{a}{x} \right)^x$；

(5) $\lim\limits_{x \to 0^+} (\tan x)^{\sin x}$；

(6) $\lim\limits_{x \to \infty} \left(x + \sqrt{1 + x^2} \right)^{\frac{1}{x}}$；

(7) $\lim\limits_{x \to 0} \left(\dfrac{(1+x)^{\frac{1}{x}}}{e} \right)^{\frac{1}{x}}$；

(8) $\lim\limits_{x \to 0^+} x^{\tan x}$；

(9) $\lim\limits_{x \to 0^+} (\cot x)^{\frac{1}{\ln x}}$；

(10) $\lim\limits_{x \to 0} \left(\dfrac{2}{\pi} \arccos x \right)^{\frac{1}{x}}$；

(11) $\lim\limits_{x \to 0} \left(\dfrac{1}{x} - \dfrac{1}{e^x - 1} \right)$；

(12) $\lim\limits_{x \to 0^+} \sin x \ln x$；

(13) $\lim\limits_{x \to \frac{\pi}{2}^-} (\cos x)^{\frac{\pi}{2} - x}$；

(14) $\lim\limits_{x \to \infty} \left(\cos \dfrac{1}{x} \right)^x$；

(15) $\lim\limits_{x \to +\infty} (x + e^x)^{\frac{1}{x}}$.

3. 验证下列函数极限存在,但不能用洛必达法则求解.

(1) $\lim\limits_{x \to \infty} \dfrac{x + \sin x}{x}$；

(2) $\lim\limits_{x \to 0} \dfrac{x^2 \cdot \sin \dfrac{1}{x}}{\sin x}$.

4. 若 $f(x)$ 有二阶导数,证明

$$f''(x) = \lim_{h \to 0} \frac{f(x+h) - 2f(x) + f(x-h)}{h^2}.$$

5. 设函数 $f(x)$ 在 $x=0$ 的某邻域具有一阶连续导数, 且 $f(0) \neq 0, f'(0) \neq 0$, 若 $af(h) + bf(2h) - f(0)$ 在 $h \to 0$ 时是比 h 高阶的无穷小, 试确定 a, b 的值.

6. 讨论函数 $f(x) = \begin{cases} \left(\dfrac{(1+x)^{\frac{1}{x}}}{\mathrm{e}}\right)^{\frac{1}{x}}, & x > 0, \\ \mathrm{e}^{-\frac{1}{2}}, & x \leq 0 \end{cases}$ 在点 $x=0$ 处的连续性.

7. 若函数 $f(x)$ 在 **R** 上二阶可导, 且 $f(0) = 0$, $g(x) = \begin{cases} \dfrac{f(x)}{x}, & x \neq 0, \\ a, & x = 0. \end{cases}$

(1) 求 a 的值, 使函数 $g(x)$ 在 **R** 上连续;
(2) 求 a 的值, 使函数 $g(x)$ 在 **R** 上可导.

3.3 函数的单调性与极值

知识衔接

设函数 $f(x)$ 在区间 I 内有定义, 若对于 $\forall x_1, x_2 \in I$, 当 $x_1 < x_2$ 时, 总有 $f(x_1) \leq f(x_2)$, 则称函数 $f(x)$ 在区间 I 内为 _____.

设函数 $f(x)$ 在区间 I 内有定义, 若对于 $\forall x_1, x_2 \in I$, 当 $x_1 < x_2$ 时, 总有 $f(x_1) \geq f(x_2)$, 则称函数 $f(x)$ 在区间 I 内为 _____.

在研究函数图像时, 往往需要探讨函数在某一区间内的单调性, 之前已经学习过单调性的定义, 利用定义判断函数的单调性, 一般比较麻烦. 本节将介绍一种判断函数单调性的简单而有效的方法: 利用函数的导数来研究函数的单调性. 当函数的单调性清晰后, 函数的极值便一目了然.

3.3.1 函数的单调性

若函数 $f(x)$ 在区间 $[a,b]$ 上单调增加时, 如图 3-7 所示, 曲线上各点处切线的倾斜角 α 都是锐角, 于是切线的斜率 $\tan \alpha > 0$, 即 $f'(x) > 0$; 反之, 若函数 $f(x)$ 在区间 $[a,b]$ 上单调减少时, 如图 3-8 所示, 曲线上各点处切线的倾斜角 α 都是钝角, 于是切线的斜率 $\tan \alpha < 0$, 即 $f'(x) < 0$.

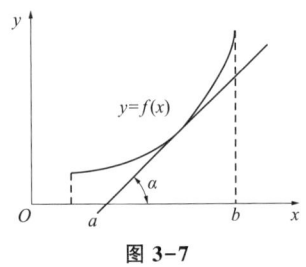

图 3-7

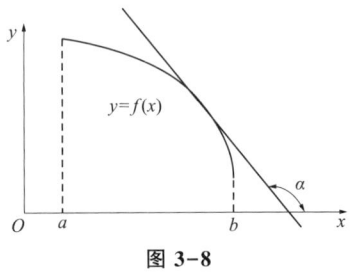

图 3-8

这说明,函数的单调性与函数导数的符号有着密切的联系,可以利用函数导数的符号来判断其单调性,用高等数学的语言表述如下.

定理 3.6 设函数 $f(x)$ 在 $[a,b]$ 上连续,在 (a,b) 内可导.

(1) 若在 (a,b) 内有 $f'(x)>0$,则函数 $f(x)$ 在 $[a,b]$ 上单调增加;

(2) 若在 (a,b) 内有 $f'(x)<0$,则函数 $f(x)$ 在 $[a,b]$ 上单调减少.

证 对于 $\forall x_1, x_2 \in [a,b]$,不妨设 $x_1 < x_2$,则函数 $f(x)$ 在 $[x_1, x_2]$ 上满足拉格朗日中值定理的条件,故至少存在一点 $\xi \in (x_1, x_2)$,使得
$$f(x_2) - f(x_1) = f'(\xi)(x_2 - x_1), \quad x_1 < \xi < x_2,$$
若在 (a,b) 内有 $f'(x) > 0$,则 $f'(\xi) > 0$. 于是,当 $x_1 < x_2$ 时,有 $f(x_1) < f(x_2)$,所以函数 $f(x)$ 在 $[a,b]$ 上是单调增加的.

同理可证:若 $f'(x) < 0$,函数 $f(x)$ 在 $[a,b]$ 上是单调减少的.

需要说明的是,将定理中的闭区间换成其他各种区间,结论仍成立. 函数的单调性是一个区间上的性质,要用其导数在这个区间上的符号来确定,而不是某一点处导数的符号. 因此,在区间个别点上的导数为零并不影响函数在该区间上的单调性.

例 3.18 求函数 $y = 2x^3 - 3x^2 - 36x + 5$ 的单调区间.

解 函数的定义域为 $(-\infty, +\infty)$,因为
$$y' = 6x^2 - 6x - 36 = 6(x+2)(x-3),$$
所以当 $y' > 0$,即 $x > 3$ 或 $x < -2$ 时,函数在区间 $(-\infty, -2), (3, +\infty)$ 内单调递增;当 $y' < 0$,即 $-2 < x < 3$ 时,函数在区间 $[-2, 3]$ 上单调递减.

例 3.19 求函数 $y = x - \dfrac{3}{2} x^{\frac{2}{3}}$ 的单调区间.

解 当 $x \neq 0$ 时,
$$y' = 1 - x^{-\frac{1}{3}} = \frac{\sqrt[3]{x} - 1}{\sqrt[3]{x}},$$
所以当 $y' > 0$,即 $x > 1$ 或 $x < 0$ 时,函数在区间 $(-\infty, 0), (1, +\infty)$ 内单调递增;当 $y' < 0$,即 $0 < x < 1$ 时,函数在区间 $[0, 1]$ 上单调递减.

关于不等式的证明有很多方法,下面介绍利用函数的单调性证明不等式的方法与技巧.

例 3.20 证明当 $x > 0$ 时,$\ln(1+x) > x - \dfrac{1}{2} x^2$.

证 设 $f(x)=\ln(1+x)-x+\dfrac{1}{2}x^2$,则 $f(0)=0$. 因为

$$f'(x)=\dfrac{1}{1+x}-1+x=\dfrac{x^2}{1+x}>0, x>0,$$

所以 $f(x)$ 在 $[0,+\infty)$ 上单调增加,故当 $x>0$ 时,$f(x)>f(0)$,即

$$\ln(1+x)-x+\dfrac{1}{2}x^2>0,$$

整理得

$$\ln(1+x)>x-\dfrac{1}{2}x^2.$$

例 3.21 证明方程 $x^3+5x=2$ 在 $(0,1)$ 内有且仅有一个实根.

证 设 $f(x)=x^3+5x-2$,则 $f(x)$ 在 $[0,1]$ 上连续,且

$$f(0)=-2, f(1)=4, f(0)\cdot f(1)<0,$$

由零点定理可知,至少存在一点 $\xi\in(0,1)$,使得 $f(\xi)=0$,即方程 $x^3+5x=2$ 在 $(0,1)$ 内至少有一个实根.

另一方面,由

$$f'(x)=3x^2+5>0$$

知 $f(x)$ 为单调增加函数,所以方程 $x^3+5x=2$ 在 $(0,1)$ 内有且仅有一个实根.

3.3.2 函数的极值

导数是研究函数性质的重要工具,除应用导数证明不等式外,还可以用于研究函数的极值、最值等性质.

扫码查看
☐ 知识拓展 ☐ 学习秘诀
☐ 干货精讲 ☐ 精品课程

定义 3.1 设函数 $f(x)$ 在点 x_0 的某邻域内有定义,对该邻域内异于 x_0 的任意一点 x,

(1) 若都有 $f(x)<f(x_0)$,则称 $f(x_0)$ 为 $f(x)$ 的**极大值**;

(2) 若都有 $f(x)>f(x_0)$,则称 $f(x_0)$ 为 $f(x)$ 的**极小值**.

此时,称对应的 x_0 为函数 $f(x)$ 的**极大值点**(或**极小值点**),极大值和极小值统称为函数的**极值**,极大值点与极小值点统称为函数的**极值点**.

定义 3.2 设函数 $f(x)$ 定义在区间 I 上,$x_0\in I$,若对于 $\forall x\in I$,

(1) 若都有 $f(x)\leqslant f(x_0)$,则称 $f(x_0)$ 为 $f(x)$ 的**最大值**;

(2) 若都有 $f(x)\geqslant f(x_0)$,则称 $f(x_0)$ 为 $f(x)$ 的**最小值**.

此时,称对应的 x_0 为函数 $f(x)$ 的**最大值点**(或**最小值点**),最大值和最小值统称为函数的**最值**,最大值点与最小值点统称为函数的**最值点**.

由图 3-9 可以看到:函数的极值点就是函数单调性发生变化的分界点,例如,在 x_1 处,函数 $f(x)$ 先增后减,因而在 x_1 处取得极大值,而在 x_2 处,函数 $f(x)$ 先减后增,故在 x_2 处取得极小值;极值是函数的局部性质,函数的极小值未必小于极大值,例如,函数 $f(x)$ 的极大值 $f(x_1)$ 小于极小值 $f(x_4)$;最值点可能在极值点处取得,例如,极小值 $f(x_2)$ 就是最小值;$f(x)$ 在极值点 x_2,x_3 处都有水平切线,而在极值点 x_4 处没有切线.

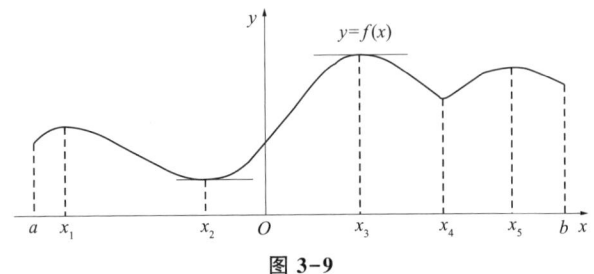

图 3-9

为了更高效地研究函数的极值问题,下面给出可导函数取得极值的必要条件与充分条件.

定理 3.7(必要条件) 若函数 $f(x)$ 可导且在 x_0 处取得极值,则 $f'(x_0)=0$.

证 不妨设 x_0 为 $f(x)$ 的极大值点,则对于 x_0 的某邻域内的任意点 x,都有 $f(x) \leqslant f(x_0)$,所以

$$f'_-(x_0) = \lim_{x \to x_0^-} \frac{f(x)-f(x_0)}{x-x_0} \geqslant 0,$$

且

$$f'_+(x_0) = \lim_{x \to x_0^+} \frac{f(x)-f(x_0)}{x-x_0} \leqslant 0,$$

由 $f(x)$ 在 x_0 处可导知

$$f'(x_0) = f'_-(x_0) = f'_+(x_0) = 0.$$

类似可证,当 x_0 为 $f(x)$ 的极小值点时,也有 $f'(x_0)=0$.

一般地,称使 $f'(x_0)=0$ 的点 x_0 为 $f(x)$ 的驻点.由可导函数取得极值的必要条件知,可导函数的极值点一定为其驻点,但函数的驻点却不一定是其极值点.例如,$f(x)=x^3$,当 $f'(0)=0$ 时 $x=0$,但显然 $x=0$ 不是其极值点.另外,函数在它的不可导点处也可能取得极值.例如,函数 $f(x)=|x|$ 在 $x=0$ 处不可导,但在 $x=0$ 处却取得极小值.

综上所述,函数的极值点可能是驻点或不可导点,依据函数的单调性结合极值的定义可给出如下判断函数极值的充分条件.

定理 3.8(第一充分条件) 设函数 $f(x)$ 在点 x_0 的某邻域内连续且可导(导数 $f'(x_0)$ 可以不存在),若在 x_0 的左右两侧导数 $f'(x)$ 的符号改变,则 x_0 为 $f(x)$ 的极值点;否则,x_0 不是极值点,如图 3-10 所示,即

(1) 当 $x \in (x_0-\delta, x_0)$ 时,$f'(x)>0$,而 $x \in (x_0, x_0+\delta)$ 时,$f'(x)<0$,则 $f(x)$ 在 x_0 处取得极大值;

(2) 当 $x \in (x_0-\delta, x_0)$ 时,$f'(x)<0$,而 $x \in (x_0, x_0+\delta)$ 时,$f'(x)>0$,则 $f(x)$ 在 x_0 处取得极小值;

(3) 当 $x \in (x_0-\delta, x_0+\delta)$ 时,$f'(x)$ 符号保持不变,则 $f(x)$ 在 x_0 处不能取得极值.

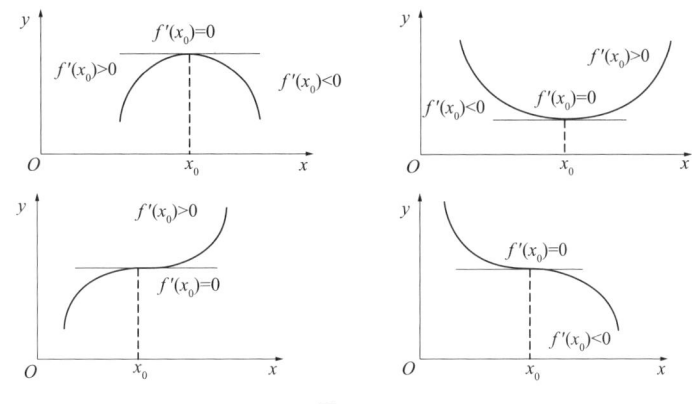

图 3-10

依据以上理论可给出判断函数极值的如下步骤：

（1）求函数 $f(x)$ 的导数 $f'(x)$；

（2）解方程 $f'(x)=0$ 得驻点及 $f'(x)$ 不存在的点 x_0；

（3）用驻点及不可导点将函数定义域分成若干个区间，依据 $f(x)$ 在各区间上的单调性（或 $f'(x)$ 在各区间上的符号）即可判断函数的极值.

例 3.22 求函数 $f(x)=x^3-3x^2-9x+1$ 的极值.

解 函数 $f(x)$ 在 $(-\infty,+\infty)$ 内可导，且
$$f'(x)=3x^2-6x-9=3(x+1)(x-3),$$
令 $f'(x)=0$ 得 $x=-1$ 或 $x=3$，列表如下.

x	$(-\infty,-1)$	-1	$(-1,3)$	3	$(3,+\infty)$
$f'(x)$	+	0	−	0	+
$f(x)$	↗	极大值	↘	极小值	↗

由此可知 $f(x)$ 有极小值 $f(3)=-26$，有极大值 $f(-1)=6$.

例 3.23 求函数 $f(x)=x(x-2)^{\frac{2}{3}}$ 的极值.

解 当 $x\neq 2$ 时，函数 $f(x)$ 可导，且
$$f'(x)=(x-2)^{\frac{2}{3}}+\frac{2}{3}x(x-2)^{-\frac{1}{3}}=\frac{5x-6}{3\sqrt[3]{x-2}},$$
令 $f'(x)=0$ 得 $x=\frac{6}{5}$，列表如下.

x	$\left(-\infty,\frac{6}{5}\right)$	$\frac{6}{5}$	$\left(\frac{6}{5},2\right)$	2	$(2,+\infty)$
$f'(x)$	+	0	−	0	+
$f(x)$	↗	极大值	↘	极小值	↗

由此可知 $f(x)$ 有极小值 $f(2)=0$，极大值 $f\left(\dfrac{6}{5}\right)=\dfrac{6}{5}\sqrt[3]{\dfrac{16}{25}}$.

特别地，当函数 $f(x)$ 在驻点处的二阶导数存在且不为零时，可用下面的定理来判它是极大值点还是极小值点.

定理 3.9（第二充分条件） 设 x_0 是函数 $f(x)$ 的驻点，即 $f'(x_0)=0$，

(1) 若 $f''(x_0)>0$，则 x_0 是 $f(x)$ 的极小值点；

(2) 若 $f''(x_0)<0$，则 x_0 是 $f(x)$ 的极大值点.

证 (1) 由于 $f''(x_0)>0$，而

$$f''(x_0)=\lim_{x\to x_0}\dfrac{f'(x)-f'(x_0)}{x-x_0}=\lim_{x\to x_0}\dfrac{f'(x)}{x-x_0}>0,$$

由极限的保号性可知，在 x_0 的某去心邻域内有 $\dfrac{f'(x)}{x-x_0}>0$. 于是，当 $x>x_0$ 时，$f'(x)>0$；当 $x<x_0$ 时，$f'(x)<0$. 从而由定理 3.8 知，x_0 是 $f(x)$ 的极小值点.

同理可证(2).

思考：若 $f''(x_0)=0$，则如何判定函数的极值？

例 3.24 设 $f(x)=(x^2-1)^3+1$，求其极值.

解 由于 $f'(x)=6x(x^2-1)^2$，令 $f'(x)=0$，得 $x=-1, x=0, x=1$. 又

$$f''(x)=6(x^2-1)(5x^2-1), f''(-1)=f''(1)=0, f''(0)=6>0,$$

故 $f(x)$ 在 $x=0$ 处取得极小值 $f(0)=0$.

由于在 $x=-1$ 及 $x=1$ 的左右两侧 $f'(x)$ 均不改变符号，故 $x=-1, x=1$ 不是 $f(x)$ 的极值点. 可以看出，由定理 3.9 判定极值可以省去列表过程，但对如下两种情形不适用：

(1) 导数 $f'(x_0)$ 不存在，或者 $f'(x_0)$ 存在但 $f''(x_0)$ 不存在；

(2) 当 $f'(x_0)=0$ 且 $f''(x_0)=0$ 时，不能确定 x_0 是否为极值点.

习题 3.3(A)

1. 函数 $f(x)=x-\sqrt{x}$ 的单调递减区间为 （　　）

(A) $\left[0,\dfrac{1}{2}\right]$ (B) $\left[0,\dfrac{1}{4}\right]$

(C) $(-\infty,0)$ (D) $\left(\dfrac{1}{4},+\infty\right)$

2. 函数 $f(x)=(x-2)\sqrt[3]{(x+2)^2}$ 的单调减少区间为 （　　）

(A) $\left[-2,-\dfrac{2}{5}\right]$ (B) $(-\infty,-2)$

(C) $\left(-\dfrac{2}{5},+\infty\right)$ (D) $[2,+\infty)$

3. 设 $f(x),g(x)$ 在区间 $[a,b]$ 上可导,且 $f'(x)>g'(x)$,则在 (a,b) 内有 ( )
(A) $f(x)-g(x)>0$ (B) $f(x)-g(x)\geq 0$
(C) $f(x)-g(x)>f(b)-g(b)$ (D) $f(x)-g(x)>f(a)-g(a)$

4. 已知 $f(x)=x^3+ax^2+bx$ 在 $x=1$ 处有极值 -2,则常数 a,b 值为 ( )
(A) $a=-2,b=1$ (B) $a=1,b=-1$
(C) $a=0,b=-3$ (D) $a=0,b=-2$

5. 函数 $y=f(x)$ 在点 $x=x_0$ 处连续且取得极大值,则 $f(x)$ 在 x_0 处必有 ( )
(A) $f'(x_0)=0$ (B) $f''(x_0)<0$
(C) $f'(x_0)=0,f''(x_0)<0$ (D) $f'(x_0)=0$ 或不存在

习 题 3.3(B)

1. 求下列函数的单调区间.

(1) $f(x)=x^2+\dfrac{6}{x}$;   (2) $f(x)=(x-5)^2\sqrt[3]{(x+1)^2}$;   (3) $f(x)=(x+1)(x-2)$;

(4) $f(x)=2x^2-\ln x$;   (5) $f(t)=t^3+3t^2-12$;   (6) $f(x)=\sqrt{2x-x^2}$;

(7) $f(x)=\arctan x-x$;   (8) $f(x)=\sqrt[3]{x^2}$;   (9) $f(x)=x-\ln(1+x^2)$;

(10) $f(x)=\dfrac{\ln x}{x}$;   (11) $f(x)=\ln\left(x+\sqrt{1+x^2}\right)$;   (12) $f(x)=x+|\sin x|$.

2. 求下列函数的极值.

(1) $f(x)=\dfrac{1}{3}x^3-x^2-3x+4$;   (2) $f(x)=\dfrac{x}{1+x^2}$;   (3) $f(x)=(x-4)(x+1)^{\frac{2}{3}}$;

(4) $f(x)=(x-1)^2(x+1)^3$;   (5) $f(x)=(x^2-1)^{\frac{2}{3}}$;   (6) $f(x)=x^3-3x$;

(7) $y=x+\tan x$;   (8) $f(x)=x+\dfrac{1}{x},x\neq 0$;   (9) $f(x)=\sqrt{2}\cos 2x+4\cos x$;

(10) $y=x-\ln(1+x)$;   (11) $y=x+\sqrt{1-x}$;   (12) $y=e^x\cos x$.

3. 利用单调性证明下列不等式.

(1) 当 $x>0$ 时,$1+\dfrac{1}{2}x>\sqrt{1+x}$;   (2) 当 $x>0$ 时,$\cos x+\dfrac{1}{2}x^2>1$;

(3) 当 $0<x<y$ 时,$\sqrt{x}<\sqrt{y}$;   (4) 当 $0<x<\dfrac{\pi}{2}$ 时,$\dfrac{2}{\pi}x<\sin x<x$;

(5) 当 $x>1$ 时,$2\sqrt{x}>3-\dfrac{1}{x}$;   (6) 当 $b>a>e$ 时,$a^b>b^a$;

(7) 当 $0<x<\dfrac{\pi}{2}$ 时,$\tan x+\sin x>2x$;   (8) 当 $x\geq 0$ 时,有 $(1+x)\ln(1+x)\geq \arctan x$.

4. 证明方程 $1-x+\dfrac{x^2}{2}-\dfrac{x^3}{3}=0$ 有且仅有一个实根.

5. 设 $f(x) = a\sin x + \dfrac{1}{3}\sin 3x$，试问当 a 取何值时，$f(x)$ 在 $x = \dfrac{\pi}{3}$ 处取得极值，并求出此极值.

3.4　曲线的凹凸性与拐点

知识衔接

设函数 $f(x)$ 在 $[a,b]$ 上连续，在 (a,b) 内可导，若在 (a,b) 内有 $f'(x) > 0$，则称 $f(x)$ 在 $[a,b]$ 上是＿＿＿＿函数；若在 (a,b) 内有 $f'(x) < 0$，则称 $f(x)$ 在 $[a,b]$ 上是＿＿＿＿函数；极值点的可能来源有＿＿＿＿．

设函数 $f'(x)$ 在 $[a,b]$ 上连续，在 (a,b) 内可导，若在 (a,b) 内有 $f''(x) > 0$，则 $f'(x)$ 在 $[a,b]$ 上是＿＿＿＿函数；若在 (a,b) 内有 $f''(x) < 0$，则称 $f'(x)$ 在 $[a,b]$ 上是＿＿＿＿函数．以上两种情况下，函数 $f(x)$ 在 $[a,b]$ 上单调性的区别为＿＿＿＿．

函数的单调性反映在图形上，就是曲线的上升或者下降，但不同曲线弯曲方向却有明显的不同，这就是我们要来研究的曲线凹凸性．我们知道，导数是研究函数性质的重要工具，若函数一阶、二阶可导，则可用 $f'(x)$，$f''(x)$ 研究函数的凹凸性；若函数不可导，则可用与导数有关的差商和割线研究函数的凹凸性．

3.4.1　曲线的凹凸性

观察曲线的弯曲变化，不难发现：图 3-11 中连接曲线上任两点的弦始终位于这两点间的弧段上方，而图 3-12 中连接曲线上任两点的弦始终位于这两点间的弧段下方，于是就有如下定义.

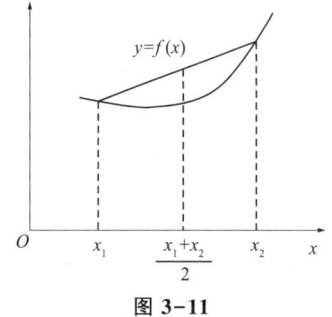

图 3-11

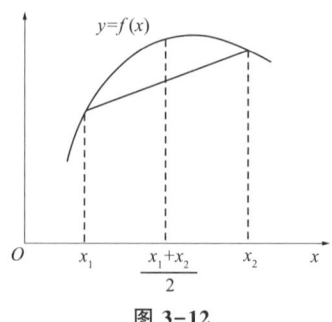

图 3-12

定义 3.3　设函数 $f(x)$ 在 (a,b) 内连续，对于该区间内任两点 x_1, x_2，

(1) 若 $f\left(\dfrac{x_1+x_2}{2}\right) \leqslant \dfrac{f(x_1)+f(x_2)}{2}$，则称曲线 $y=f(x)$ 在 (a,b) 内是**下凸的**或**凹的**，相应的函数 $f(x)$ 称为 (a,b) 上的**凹函数**；

(2) 若 $f\left(\dfrac{x_1+x_2}{2}\right) \geqslant \dfrac{f(x_1)+f(x_2)}{2}$，则称曲线 $y=f(x)$ 在 (a,b) 内是**上凸的**或**凸的**，相应的函数 $f(x)$ 称为 (a,b) 上的**凸函数**.

由图可见，若曲线存在切线，则对于向下凸的曲线，曲线上任一点处的切线都位于曲线的下方；而对于向上凸的曲线，其上任一点处的切线都位于曲线的上方. 这也可以作为判断曲线凹凸性的一个标准.

曲线的凹凸性有明显的几何意义，对于向下凸的曲线，随着 x 的增大，曲线上的切线斜率是逐渐增大的，即 $f'(x)$ 是单调增加的，因此曲线的凹凸性也可以叙述如下：

(1) 若 $f'(x)$ 单调增加，则曲线 $y=f(x)$ 是凹的；

(2) 若 $f'(x)$ 单调减少，则曲线 $y=f(x)$ 是凸的.

由此，还可得到用 $f''(x)$ 判断曲线凹凸性的如下定理.

定理 3.10 设函数 $f(x)$ 在 $[a,b]$ 上连续，在 (a,b) 内具有二阶导数，

(1) 若在 (a,b) 内有 $f''(x)>0$，则曲线 $y=f(x)$ 在 (a,b) 内是凹的；

(2) 若在 (a,b) 内有 $f''(x)<0$，则曲线 $y=f(x)$ 在 (a,b) 内是凸的.

证 (1) 对 $\forall x_1,x_2 \in (a,b)$，不妨设 $x_1<x_2$，记 $x_0=\dfrac{x_1+x_2}{2}$，$x_0-x_1=x_2-x_0=h$，则函数 $f(x)$ 在 $[x_1,x_0]$ 和 $[x_0,x_2]$ 上满足拉格朗日中值定理，于是有

$$f(x_0)-f(x_1)=f'(\xi_1)h,\xi_1 \in (x_1,x_0),$$
$$f(x_2)-f(x_0)=f'(\xi_2)h,\xi_2 \in (x_0,x_2),$$

两式相减得

$$f(x_2)+f(x_1)-2f(x_0)=[f'(\xi_2)-f'(\xi_1)]h.$$

对于函数 $f'(x)$，在 $[\xi_1,\xi_2]$ 上再次使用拉格朗日中值定理得

$$[f'(\xi_2)-f'(\xi_1)]h=f''(\xi)(\xi_2-\xi_1)h,$$

由于 $f''(x)>0,\xi_2-\xi_1>0$，从而有

$$f(x_2)+f(x_1)-2f(x_0)>0,$$

即

$$f\left(\dfrac{x_1+x_2}{2}\right) \leqslant \dfrac{f(x_1)+f(x_2)}{2}.$$

这说明曲线 $y=f(x)$ 在 (a,b) 内是向下凸的.

类似地可证明 (2).

例 3.25 判断函数 $f(x)=x^3-3x^2+5x-1$ 的凹凸性.

解 由于函数 $f(x)$ 在 $(-\infty,+\infty)$ 内可导，则

$$f'(x)=3x^2-6x+5, f''(x)=6x-6.$$

当 $f''(x)>0$，即 $x>1$ 时，函数 $f(x)$ 在 $(1,+\infty)$ 内是凹的；

当 $f''(x)<0$，即 $x<1$ 时，函数 $f(x)$ 在 $(-\infty,1)$ 内是凸的.

例 3.26 判断函数 $f(x)=x^{\frac{1}{3}}$ 的凹凸性.

解 当 $x\neq 0$ 时,函数 $f(x)$ 可导,则
$$f'(x)=\frac{1}{3\sqrt[3]{x^2}}, f''(x)=-\frac{2}{9x\sqrt[3]{x^2}}.$$

当 $f''(x)>0$,即 $x<0$ 时,曲线在 $(-\infty,0)$ 内是凹的;

当 $f''(x)<0$,即 $x>0$ 时,曲线在 $(0,+\infty)$ 内是凸的.

3.4.2 曲线的拐点

注意到例 3.25 中:函数 $f(x)$ 的图形在点 $(1,2)$ 左侧是凸的,而在点 $(1,2)$ 右侧是凹的,即曲线的凹凸性发生改变了. 一般地,若连续曲线 $y=f(x)$ 在点 $(x_0,f(x_0))$ 两侧附近凹凸性发生了改变,则称该点为曲线的**拐点**.

拐点是连接凸弧与凹弧的分界点,显然在拐点 $(x_0,f(x_0))$ 处,若 $f''(x)$ 存在,则 $f''(x)=0$. 另外,$f''(x)$ 不存在的点也可能是拐点. 例如,曲线 $y=x^{\frac{1}{3}}$ 在点 $(0,0)$ 的左右两侧凹凸性发生了改变. 因此,寻找拐点时,应首先找到拐点的可能来源,即 $f''(x)=0$ 以及 $f''(x)$ 不存在的点,再判断其两侧的凹凸性是否发生变化.

求曲线拐点的一般步骤:

(1) 当函数二阶可导时,求函数的二阶导数 $f''(x)$;

(2) 求出使得 $f''(x)=0$ 的点及 $f''(x)$ 不存在的点 x_0;

(3) 判断曲线 $y=f(x)$ 在点 $(x_0,f(x_0))$ 两侧附近凹凸性(或 $f''(x)$ 的符号)是否发生改变,若凹凸性发生改变即为拐点,否则不是拐点.

例 3.27 求曲线 $f(x)=xe^{-x}$ 的凹凸区间及拐点.

解 易知函数 $f(x)=xe^{-x}$ 在区间 $(-\infty,+\infty)$ 内可导,且
$$f'(x)=(1-x)e^{-x}, f''(x)=(x-2)e^{-x}.$$

令 $f''(x)=0$,解得 $x=2$.

函数 $f(x)$ 的凹凸性列表如下.

x	$(-\infty,2)$	2	$(2,+\infty)$
$f''(x)$	$-$	0	$+$
$f(x)$	$\cap$	拐点	$\cup$

这里,符号"$\cap$"表示上凸,"$\cup$"表示下凸.

因此,$f(x)$ 在 $(-\infty,2)$ 内是上凸的,在 $(2,+\infty)$ 内是下凸的,点 $\left(2,\dfrac{2}{e^2}\right)$ 是曲线的拐点.

例 3.28 求曲线 $f(x)=3(x-1)^{\frac{5}{3}}-\dfrac{5}{3}x^2$ 的凹凸区间及拐点.

解 当 $x\neq 1$ 时,函数 $f(x)$ 二阶可导,且
$$f'(x)=5(x-1)^{\frac{2}{3}}-\frac{10}{3}x, f''(x)=\frac{10(1-\sqrt[3]{x-1})}{3\sqrt[3]{x-1}}.$$

令 $f''(x)=0$, 解得 $x=2$. 在 $x=1$ 处, $f''(x)$ 不存在.

函数 $f(x)$ 的凹凸性列表如下.

x	$(-\infty,1)$	1	$(1,2)$	2	$(2,+\infty)$
$f''(x)$	−	不存在	+	0	−
$f(x)$	∩	拐点	∪	拐点	∩

因此, $f(x)$ 在区间 $(-\infty,1)$, $(2,+\infty)$ 内是上凸的, 在区间 $(1,2)$ 内是向下凸的, 拐点为 $\left(1,-\dfrac{5}{3}\right)$ 与 $\left(2,-\dfrac{11}{3}\right)$.

实践证明, 有时可以利用曲线的凹凸性来证明不等式.

例 3.29 证明不等式
$$x\ln x + y\ln y > (x+y)\ln\frac{x+y}{2},$$
其中 $x>0, y>0, x\neq y$.

证 设 $f(x) = x\ln x$, 则
$$f'(x) = \ln x + 1, f''(x) = \frac{1}{x} > 0,$$
函数 $f(x) = \ln x$ 的图像在 $(0,+\infty)$ 内是下凸的, 由凹凸性定义可知, 对于 $\forall x, y \in (0,+\infty)$, 有
$$\frac{f(x)+f(y)}{2} > f\left(\frac{x+y}{2}\right),$$
即
$$x\ln x + y\ln y > (x+y)\ln\frac{x+y}{2}.$$

习题 3.4(A)

1. 函数 $y = x^3 + 12x + 1$ 在定义区间内 （　　）
   (A) 单调增加　　　　　　(B) 单调减少
   (C) 是凹函数　　　　　　(D) 是凸函数

2. 曲线 $y = x^2 \ln x$ 在点 $\left(\dfrac{1}{e^2}, -\dfrac{2}{e^4}\right)$ 近邻是 （　　）
   (A) 凸函数　　　　　　　(B) 凹函数
   (C) 左侧近邻凸, 右侧近邻凹　(D) 左侧近邻凹, 右侧近邻凸

3. 曲线 $y = x^3 - 3x^2 - x$ 的拐点是 （　　）
   (A) $(-1,-3)$　　　　　　(B) $(1,-3)$

(C) $(1,3)$ (D) $(0,0)$

4. 曲线 $y = e^{-x^2}$ 的拐点情况为 ( )

(A) 没有拐点 (B) 有一个拐点

(C) 有两个拐点 (D) 有三个拐点

5. 点 $(1,3)$ 为曲线 $y = ax^3 + bx^2$ 的拐点,则 ( )

(A) $a = 0, b = 0$ (B) $a = -\dfrac{3}{2}, b = \dfrac{9}{2}$

(C) $a = \dfrac{3}{2}, b = -\dfrac{9}{2}$ (D) $a = \dfrac{3}{2}, b = \dfrac{9}{2}$

习 题 3.4(B)

1. 判断下列曲线的凹凸性并求拐点.

(1) $f(x) = x + \dfrac{1}{x}$; (2) $f(x) = (x-1)^2$;

(3) $f(x) = (x+1)^4 + e^x$; (4) $f(t) = 3t^3 - 18t$;

(5) $f(x) = \ln(x^2 + 1)$; (6) $f(x) = \dfrac{(x-3)^2}{4(x-1)}$;

(7) $f(x) = 2x^2 + \cos^2 x$; (8) $f(x) = x^{\frac{2}{3}}(1-x)$;

(9) $f(x) = 3x^4 - 4x^3 + 1$; (10) $f(x) = \sqrt{\sin x}, x \in [0, \pi]$.

2. 利用函数图形的凹凸性,证明:

(1) $\dfrac{e^x + e^y}{2} > e^{\frac{x+y}{2}}, x \neq y$;

(2) $\sin\dfrac{x+y}{2} > \dfrac{\sin x + \sin y}{2}, x, y \in (0, \pi)$.

3. 试确定 a, b, c, d 的值,使得曲线 $y = ax^3 + bx^2 + cx + d$ 在 $x = -2$ 处有水平切线 $y = 0$,$(1, -10)$ 为其拐点,且 $(-2, 44)$ 在曲线上.

4. 试确定常数 k 的值,使曲线 $y = k(x^2 - 3)^2$ 在拐点处的法线通过坐标原点.

5. 证明无论实数 a, b 取何值,曲线 $y = 3x^5 - 10x^3 + ax + b$ 的三个拐点总在同一条直线上.

6. 若 $f''(x_0) = 0, f'''(x_0) \neq 0$,证明点 $(x_0, f(x_0))$ 必是曲线 $y = f(x)$ 的拐点.

3.5 函数的最值及其应用

知识衔接

设 $f(x_0)$ 为定义在区间 I 上的函数 $f(x)$ 的最大值,则对于一切 $x \in I$,必有_____.

设 $f(x_0)$ 为定义在区间 I 上的函数 $f(x)$ 的最小值,则对于一切 $x \in I$,必有_____.

设函数 $f(x)$ 在点 x_0 的某邻域内有定义,对该邻域内异于 x_0 的任意一点 x,若 $f(x) < f(x_0)$,则称 $f(x_0)$ 为 $f(x)$ 的_____;若 $f(x) > f(x_0)$,则称 $f(x_0)$ 为 $f(x)$ 的_____.

在许多理论和应用问题中,需要求一个函数在某区间上的最大值或最小值(统称为最值),如利润最大、容积最大、用料最省等问题往往可以转化为求某个函数(称为目标函数)的最值问题.

3.5.1 闭区间 $[a,b]$ 上的最值

最值与极值是既有区别又有联系的两个概念,最值是函数的全局性质,是在整个区间能取到的最大(小)的函数值,而极值是函数的局部性质,是在极值点的小邻域内取到的"最大(小)"的函数值.因此,最值可以在区间端点上取得,而极值只能在区间内取得.

若函数 $f(x)$ 在闭区间 $[a,b]$ 上连续,则必存在最大值和最小值,求 $f(x)$ 在 $[a,b]$ 上的最值,步骤如下:

(1)求 $f'(x)$,找出全部使 $f'(x_0)=0$ 的点(即驻点)和不可导点;

(2)计算 $f(x)$ 在各驻点、不可导点和区间端点的函数值 $f(a), f(b)$;

(3)比较以上各点处函数值的大小,确定最大值、最小值.

例 3.30 求函数 $f(x) = 2x^3 - 3x^2 + 1$ 在区间 $[-1,2]$ 上的最值.

解 由于 $f(x)$ 在 $(-1,2)$ 内可导,则
$$f'(x) = 6x^2 - 6x = 6x(x-1),$$

令 $f'(x)=0$,解得 $x=0$ 或 1. 因此,驻点处的函数值 $f(0)=1, f(1)=0$;端点处的函数值 $f(-1)=-4, f(2)=5$.

比较以上各值大小得,函数 $f(x)$ 在 $[-1,2]$ 上有最大值 $f(2)=5$,最小值 $f(-1)=-4$.

例 3.31 求函数 $f(x) = x + \dfrac{3}{2}(x-1)^{\frac{2}{3}}$ 在区间 $[-1,2]$ 上的最值.

解 当 $x \neq 1$ 时,函数 $f(x)$ 可导,且
$$f'(x) = 1 + (x-1)^{-\frac{1}{3}} = \frac{\sqrt[3]{x-1}+1}{\sqrt[3]{x-1}},$$

令 $f'(x)=0$,解得 $x=0$. 因此,驻点处的函数值 $f(0)=\dfrac{3}{2}$;不可导点处的函数值 $f(1)=1$;

端点处的函数值 $f(-1) = \frac{3}{2}\sqrt[3]{4} - 1, f(2) = \frac{7}{2}$.

比较以上各值大小得,函数 $f(x)$ 在 $[-1,2]$ 上有最大值 $f(2) = \frac{7}{2}$,最小值 $f(-1) = \frac{3}{2}\sqrt[3]{4} - 1$.

3.5.2 开区间 (a,b) 内的最值

求函数最值时,往往会遇到函数在某区间上仅有一个极值点的情形.

定理 3.11 设函数 $f(x)$ 在 $[a,b]$ 上连续,在 (a,b) 内可导,且有唯一极值点 x_0,则 x_0 一定是 $f(x)$ 在 $[a,b]$ 上的最值点.

定理的结论从直观上看是明显的,并且将 $[a,b]$ 改为其他形式的区间时,结论仍成立.

例 3.32 欲造一个有上、下底的圆柱形铁桶,容积为定值 V_0,试问当铁桶的底圆半径 r 和高度 h 取何值时,才能用料最省?

解 设其底圆半径为 r,高为 h,如图 3-13 所示,则
$$V_0 = \pi r^2 h,$$
故
$$h = \frac{V_0}{\pi r^2}.$$

易知铁桶侧面积为 $2\pi rh$,底面积为 $2\pi r^2$,则铁桶的表面积为
$$S = 2\pi r^2 + 2\pi rh,$$
即

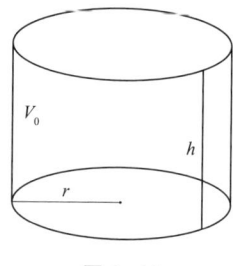

图 3-13

$$S(r) = 2\pi r^2 + \frac{2V_0}{r}, r > 0,$$

求导得
$$S'(r) = 4\pi r - \frac{2V_0}{r^2},$$

令 $S'(r) = 0$,得 $r_0 = \sqrt[3]{\frac{V_0}{2\pi}}$. 又
$$S''(r) = 4\pi + \frac{4V_0}{r^3} > 0,$$

因此,唯一驻点 $r_0 = \sqrt[3]{\frac{V_0}{2\pi}}$ 是极小值点,也是最小值点. 此时,相应的高 $h = 2\sqrt[3]{\frac{V_0}{2\pi}} = 2r$,即当底的直径和高相等时,所用材料最省.

例 3.33 设边长为 a 的一块正方形纸板,四角各裁去一个大小相同的边长为 x 的小正方形,然后将四边折起做成一个无盖的纸盒,问当 x 为多大时,所得纸盒的容积最大?

解 如图 3-14 所示，纸盒的容积为

$$V=x(a-2x)^2, x\in\left(0,\frac{a}{2}\right),$$

故

$$V'=(a-6x)(a-2x),$$

令 $V'=0$，得 $x=\frac{a}{6}, x=\frac{a}{2}$（舍去）. 又

$$V''=-8a+24x, V''\left(\frac{a}{6}\right)=-4a<0,$$

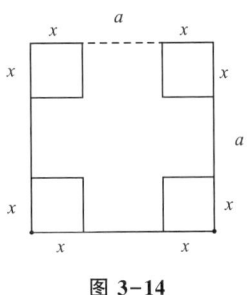

图 3-14

故 $x=\frac{a}{6}$ 为极大值点，也是最大值点，即当小正方形的边长为 $\frac{a}{6}$ 时，所做纸盒容积最大为 $\frac{2}{27}a^3$.

3.5.3 最值的应用

例 3.34 从西到东的铁路干线经过甲、乙两城，两个城市相距 15 km，位于甲城正南 2 km 处有一工厂，现要把货物从工厂运往乙城，铁路运费为每千米 3 元，公路运费为每千米 5 元. 为使货物从工厂运往乙城的运费最省，应该从铁路干线的何处修建一条公路到工厂？

解 如图 3-15 所示，设铁路干线上修公路处距甲城 x km，总运费为 $Q(x)$，则

$$Q(x)=5\sqrt{4+x^2}+3(15-x), 0\leq x\leq 15,$$

图 3-15

求导得

$$\frac{\mathrm{d}Q}{\mathrm{d}x}=\frac{5x}{\sqrt{4+x^2}}-3=\frac{5x-3\sqrt{4+x^2}}{\sqrt{4+x^2}},$$

令 $\frac{\mathrm{d}Q}{\mathrm{d}x}=0$，得驻点 $x=\frac{3}{2}$，驻点处的值 $Q\left(\frac{3}{2}\right)=53$，端点值 $Q(0)=55, Q(15)=5\sqrt{229}$，比较得最小值为 53，故在铁路干线上距甲城 1.5 km 处修公路可使运费最省.

例 3.35 某商场有 50 套设备出租，当租金定为每月 180 元时，可全部租出去；若租金每增加 10 元时，就有 1 套设备租不出去，而租出去的设备每月需增加 20 元的维护费，问月租金定为多少可得最多的收入？

解 设月租金定为 x 元，则租出去的设备为 $50-\frac{x-180}{10}$ 套，每月的总收入为

$$R(x)=(x-20)\left(50-\frac{x-180}{10}\right)=(x-20)\left(68-\frac{x}{10}\right),$$

求导得

$$R'(x) = 70 - \frac{x}{5},$$

令 $R'(x) = 0$, 得 $x = 350$. 又 $R''(350) = -\frac{1}{5} < 0$, 从而知 $x = 350$ 为 $R(x)$ 的极大值点; 又 $x = 350$ 是 $R(x)$ 的唯一极值点, 故 $x = 350$ 是 $R(x)$ 的最大值点, 即月租金定为 350 元时, 有最大月收入 $R(350) = 10890$.

实践证明, 有时可以利用函数的最值证明不等式.

例 3.36 证明不等式

$$\frac{1}{2^{p-1}} \leqslant x^p + (1-x)^p \leqslant 1,$$

其中 $0 \leqslant x \leqslant 1, p > 1$.

证 设 $f(x) = x^p + (1-x)^p$, 则

$$f'(x) = px^{p-1} - p(1-x)^{p-1},$$

令 $f'(x) = 0$, 解得 $x = \frac{1}{2}$. 而

$$f\left(\frac{1}{2}\right) = \frac{1}{2^{p-1}} < 1, f(0) = f(1) = 1,$$

所以 $f(x)$ 在区间 $[0,1]$ 上的最大值为 $f(1) = f(0) = 1$, 最小值为 $f\left(\frac{1}{2}\right) = \frac{1}{2^{p-1}}$, 即

$$\frac{1}{2^{p-1}} \leqslant x^p + (1-x)^p \leqslant 1.$$

习题 3.5(A)

1. 设 $f(x)$ 在 x_0 处取极值, 那么 ( )
   (A) $f'(x_0) = 0$ (B) 假设 $f(x)$ 可导, 那么 $f'(x_0) = 0$
   (C) $f'(x_0)$ 不存在   (D) $f(x_0)$ 必是最值

2. 设 x_0 是 $f(x)$ 在 $[a,b]$ 上的最大值, 那么 ( )
   (A) x_0 必为极大值点   (B) 当 $x_0 \in (a,b)$ 时, $f'(x_0) = 0$
   (C) 当 $x_0 \in (a,b)$ 时, $f''(x_0) > 0$ (D) 当 $x_0 \in (a,b)$ 时, x_0 必为极大值点

3. 设一个连续函数在闭区间上既有极大值又有极小值, 那么 ( )
   (A) 极大值必然是最大值   (B) 极小值必然是最小值
   (C) 极大值必然比极小值大   (D) 以上结论都不对

4. 函数 $f(x) = x + \frac{2}{x}$ 在 $[1,2]$ 上的最大值为 ( )
   (A) $2\sqrt{2}$ (B) $\sqrt{2}$

(C) 3   (D) 2

5. 某工厂生产某种商品 x 件利润为 $L(x)=500+x-0.001x^2$, 生产利润最大时的商品件数为 ( )

(A) 100 件   (B) 200 件
(C) 400 件   (D) 500 件

习题 3.5(B)

1. 求下列函数在给定区间上的最值.

(1) $f(x)=6\sqrt{x}-4x,[0,4]$;   (2) $f(x)=(\sin x)^{\frac{2}{3}},\left[-\frac{\pi}{6},\frac{2\pi}{3}\right]$;

(3) $f(x)=(x+1)(x-1)^{\frac{1}{3}},[-2,2]$;   (4) $f(x)=\frac{64}{\sin x}+\frac{27}{\cos x},\left(0,\frac{\pi}{2}\right)$;

(5) $f(x)=x^4-4x,(-\infty,+\infty)$;   (6) $f(x)=\frac{1}{x(1-x)},(0,1)$;

(7) $f(x)=\frac{50x}{x-4}+8x,(4,+\infty)$;   (8) $f(x)=x-\frac{3}{2}x^{\frac{2}{3}},\left[-1,\frac{27}{8}\right]$;

(9) $f(x)=\frac{ab}{x}+\frac{c}{2}x, x\in(0,a), a,b,c>0$;   (10) $f(x)=\frac{3}{5}(100-x)+\sqrt{x^2+400}$.

2. 设 $f(x)=ax^3-6ax^2+b(a>0)$ 在 $[-1,2]$ 上有最大值 3 和最小值 -29, 求 a,b.

3. 求函数 $y=x+\sqrt{1-x}$ 在指定区间 $[-5,1]$ 上的最大值和最小值.

4. 求函数 $y=|x^2-3x+2|$ 在 $|x|\leq 10$ 时的最大值和最小值.

5. 利用函数的最值证明下列不等式.

(1) $x^\alpha \leq 1-\alpha+\alpha x, x\in(0,+\infty), 0<\alpha<1$;   (2) $2x\arctan x\geq \ln(1+x^2)$.

6. 设长为 L 的线段分成两段, 并以此作为矩形的边, 怎样才能使矩形的面积最大?

7. 由 $y=0, x=8, y=x^2$ 围成的曲线边三角形 OAB, 这里 $A(8,0), B(8,64)$. 在曲边 OB 上求一点, 使得过此点所作 $y=x^2$ 的切线与 OA,AB 所围成的三角形面积最大.

8. 设 $A=(2a,0)(a>0)$, 在心形线 $\rho=a(1+\cos\theta)$ 的第一象限部分上找一点 P, 使 $\triangle OPA$ 的面积最大.

9. 欲造一个无盖的圆柱形水池, 容积为定值 V, 试问当游泳池的底半径 R 和高度 H 取何值时, 才能使用料最省?

3.6 导数的应用

知识衔接

设函数 $f(x)$ 在 $[a,b]$ 上连续,在 (a,b) 内可导,若函数在 (a,b) 内单调增加,则必有 $f'(x)$ _____;若函数在 (a,b) 内单调递减,则必有 $f'(x)$ _____.

设函数 $f(x)$ 在 $[a,b]$ 上连续,在 (a,b) 内具有二阶导数,若曲线 $y=f(x)$ 在 (a,b) 内是凹的,则必有 $f''(x)$ _____;若曲线 $y=f(x)$ 在 (a,b) 内是凸的,则必有 $f''(x)$ _____.

除了利用导数求解函数极限、判断函数的单调性、凹凸性、求解函数的极值和最值外,导数在几何学、工程学、经济学方面也有重要的应用.

3.6.1 导数在几何学中的应用

1. 曲线的渐近线

一般说来,与曲线 C 无限接近但永不相交的直线 L 称为曲线 C 的渐近线. 例如,双曲线 $\dfrac{x^2}{a^2}-\dfrac{y^2}{b^2}=1$ 有两条渐近线 $\dfrac{x}{a}\pm\dfrac{y}{b}=0$,函数 $y=\dfrac{1}{x}$ 的渐近线为坐标轴 $x=0$ 及 $y=0$,如图 3-16 所示.

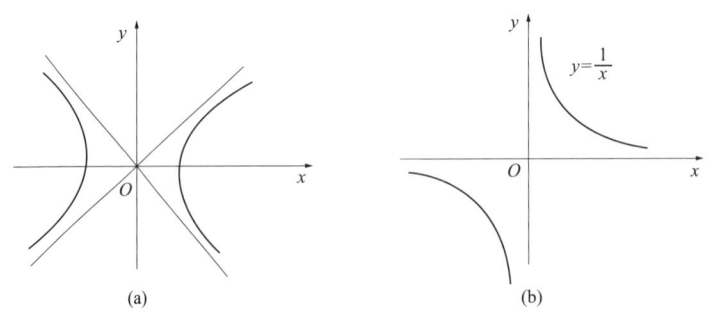

图 3-16

用数学语言可定义渐近线如下.

定义 3.4 当曲线 C 上一点 M 沿曲线无限远离原点时,若 M 到某定直线 L 的距离无限趋近于零,则称直线 L 为这条曲线 C 的**渐近线**.

曲线的渐近线可分为三类:斜渐近线 $y=kx+b(k\neq0)$、水平渐近线 $y=b$ 和垂直渐近线 $x=x_0$.

定理 3.12 设曲线 C 的方程为 $y=f(x)$,直线 $L:x=x_0$ 为曲线 C 的垂直渐近线的充分必要条件为

$$\lim_{x \to x_0} f(x) = \infty \quad \left(\lim_{x \to x_0^+} f(x) = \infty \ \text{或} \ \lim_{x \to x_0^-} f(x) = \infty \right).$$

定理 3.13 设曲线 C 的方程为 $y=f(x)$,直线 $L:y=b$ 为曲线 C 的水平渐近线的充分必要条件为

$$b = \lim_{x \to \infty} f(x).$$

这里 $x \to +\infty$ 或 $x \to -\infty$ 时亦可.

定理 3.14 设曲线 C 的方程为 $y=f(x)$,直线 $L:y=kx+b$ 为曲线 C 的斜渐近线的充分必要条件为

$$k = \lim_{x \to \infty} \frac{f(x)}{x}, \quad b = \lim_{x \to \infty} [f(x) - kx].$$

证 如图 3-17 所示,有

这里 $x \to +\infty$ 或 $x \to -\infty$ 时亦可.

$$|PN| = |PM \cos \alpha| = |f(x) - (kx+b)| \frac{1}{\sqrt{1+k^2}}.$$

由 $x \to +\infty$ 时 $|PN| \to 0$ 得

$$\lim_{x \to +\infty} [f(x) - (kx+b)] = 0,$$

即 $\lim\limits_{x \to +\infty} [f(x) - kx] = b.$

又因为

$$\lim_{x \to \infty} \left[\frac{f(x)}{x} - k \right] = \lim_{x \to \infty} \frac{1}{x} [f(x) - kx] = 0 \cdot b = 0,$$

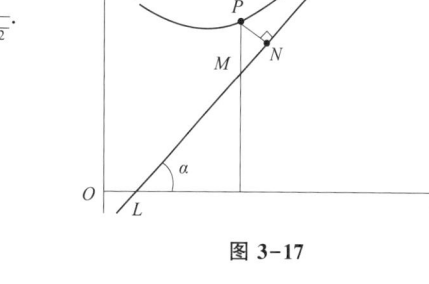

图 3-17

即

$$k = \lim_{x \to +\infty} \frac{f(x)}{x}.$$

当 $x \to -\infty$ 时,同理可证.

下面将利用函数极限这个"工具"来求曲线的渐近线.

例 3.37 求曲线 $y = \dfrac{x^3}{x^2+x-2}$ 的渐近线.

解 因为

$$k = \lim_{x \to \infty} \frac{f(x)}{x} = \lim_{x \to \infty} \frac{x^2}{x^2+x-2} = 1,$$

$$b = \lim_{x \to \infty} [f(x) - kx] = \lim_{x \to \infty} \left[\frac{x^3}{x^2+x-2} - x \right] = \lim_{x \to \infty} \frac{-x^2+2x}{x^2+x-2} = -1,$$

所以曲线的斜渐近线为

$$y = x - 1.$$

因为

$$\lim_{x \to \infty} \frac{x^3}{x^2+x-2} = \infty,$$

所以曲线无水平渐近线.

又因为
$$\lim_{x \to 1} \frac{x^3}{x^2+x-2} = \infty \text{ 及 } \lim_{x \to -2} \frac{x^3}{x^2+x-2} = \infty,$$

所以曲线的垂直渐近线为 $x=1$ 和 $x=2$.

例 3.38 求曲线 $y = \frac{1}{x} + \ln(1+e^x)$ 的渐近线.

解 因为
$$\lim_{x \to 0} \left[\frac{1}{x} + \ln(1+e^x) \right] = \infty,$$

所以 $x=0$ 为垂直渐近线.

又
$$\lim_{x \to -\infty} \left[\frac{1}{x} + \ln(1+e^x) \right] = 0,$$

所以 $y=0$ 为水平渐近线.

进一步,
$$\lim_{x \to +\infty} \frac{f(x)}{x} = \lim_{x \to +\infty} \left[\frac{1}{x^2} + \frac{\ln(1+e^x)}{x} \right] = \lim_{x \to +\infty} \frac{\ln(1+e^x)}{x} = \lim_{x \to +\infty} \frac{e^x}{1+e^x} = 1,$$

即 $k=1$. 另一方面
$$\begin{aligned}
\lim_{x \to +\infty} [f(x) - kx] &= \lim_{x \to +\infty} \left[\frac{1}{x} + \ln(1+e^x) - x \right] \\
&= \lim_{x \to +\infty} [\ln(1+e^x) - x] \\
&= \lim_{x \to +\infty} [\ln e^x(1+e^{-x}) - x] \\
&= \lim_{x \to +\infty} [x + \ln(1+e^{-x}) - x] \\
&= \lim_{x \to +\infty} \ln(1+e^{-x}) = 0,
\end{aligned}$$

于是曲线有斜渐近线 $y=x$.

知道曲线的渐近线,有利于确定曲线的位置,这对于研究函数的各种性质有很大帮助.

2. 函数图形的描绘

前面,我们以导数为工具,对函数的单调性、凹凸性有了比较直观的判断. 现在我们把以上的内容串在一起,就可以大致准确地描绘出函数的图形了,这不同于中学里讲的描点法作图.

描绘函数的图像的步骤:

(1) 求出定义域,察看周期性、奇偶性等;

(2) 求出 $f'(x)$, $f''(x)$,令 $f'(x)=0$, $f''(x)=0$,求出全部零点;

(3) 列表:用以上零点以及函数的间断点、导数不存在的点将定义域划分为若干个小区间,列表考察每个小区间上函数的单调性、凹凸性以及极值点和拐点;

(4) 求出曲线的渐近线;

(5)描绘作图.

例 3.39 作出 $f(x)=x^4-4x^3+10$ 的图像.

解 $f(x)$ 在 $(-\infty,+\infty)$ 上连续、可导,且
$$f'(x)=4x^3-12x^2=4x^2(x-3), f''(x)=12x^2-24x=12x(x-2),$$
令 $f'(x)=0$,得 $x=0,x=3$;令 $f''(x)=0$,得 $x=0,x=2$.

由以上信息列表如下.

x	$(-\infty,0)$	0	$(0,2)$	2	$(2,3)$	3	$(3,+\infty)$
$f'(x)$	-		-		-		+
$f''(x)$	+		-		+		+
$f(x)$	↘∪	拐点	↘∩	拐点	↘∪	极小值	↗∪

由上表可知,$(0,10),(2,-6)$ 是曲线 $f(x)$ 的拐点;又 $f(0)=10,f(2)=-6,f(3)=-17$,无最大值,最小值为 $f(3)=-17$. 显然,$f(x)=x^4-4x^3+10$ 不存在渐近线.

根据以上知识,描出点 $(0,10),(2,-6),(3,-17)$,用光滑曲线连接这些点,就得到函数 $f(x)=x^4-4x^3+10$ 的图像,如图 3-18 所示.

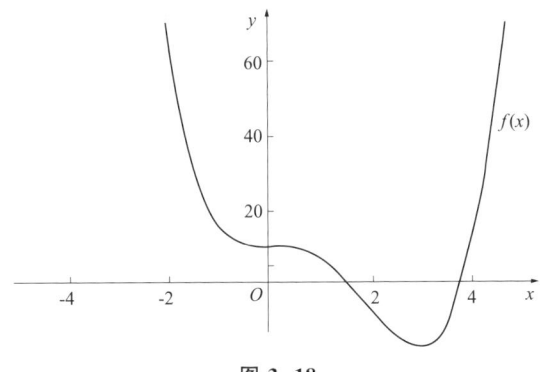

图 3-18

例 3.40 作出函数 $f(x)=\dfrac{1}{\sqrt{2\pi}}\mathrm{e}^{-\frac{x^2}{2}}$ 的图像.

解 函数在 $(-\infty,+\infty)$ 内连续、可导,且 $f(x)$ 是偶函数,有
$$f'(x)=-\frac{x}{\sqrt{2\pi}}\mathrm{e}^{-\frac{x^2}{2}}, f''(x)=\frac{x^2-1}{\sqrt{2\pi}}\mathrm{e}^{-\frac{x^2}{2}},$$
令 $f'(x)=0$,得 $x=0$;令 $f''(x)=0$,得 $x=\pm 1$.

由以上信息列表如下.

x	$(-\infty,-1)$	-1	$(-1,0)$	0	$(0,1)$	1	$(1,+\infty)$
$f'(x)$	+		+	0	-		-
$f''(x)$	+		-		-		+
$f(x)$	↗∪	拐点	↗∩	极大值点	↘∩	拐点	↘∪

由上表可知，$\left(\pm 1, \dfrac{1}{\sqrt{2\pi e}}\right)$ 是曲线 $f(x)$ 的拐点，极大值为 $f(0) = \dfrac{1}{\sqrt{2\pi}}$.

因为
$$\lim_{x\to +\infty} f(x) = \lim_{x\to +\infty} \dfrac{1}{\sqrt{2\pi}} e^{-\frac{x^2}{2}} = 0,$$

故曲线有水平渐近线 $y=0$，即 x 轴.

根据以上知识，描绘出点 $\left(0, \dfrac{1}{\sqrt{2\pi}}\right)$ 和 $\left(1, \dfrac{1}{\sqrt{2\pi e}}\right)$，用光滑曲线连接，并对称地作出 y 轴左侧的图像，如图 3-19 所示.

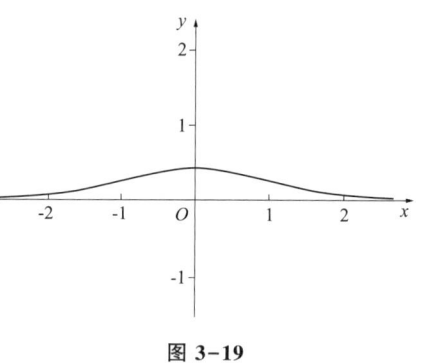

图 3-19

3.6.2 导数在工程学中的应用

在生产实践和工程技术中，常需要研究曲线的弯曲程度，如线形构件的弯曲程度，公路、铁路的弯曲程度等. 这里，我们先来介绍曲率的概念.

设平面上的曲线 C 是光滑的，在 C 上取一固定点 M_0，设点 M 对应于弧 s，在此处切线的倾角为 α，点 M' 对应于弧 $s+\Delta s$，在此处切线的倾角为 $\alpha+\Delta\alpha$，则弧段的长度为 $|\Delta s|$，当从点 M 移动到点 M' 时切线的转角为 $|\Delta\alpha|$，如图 3-20 所示.

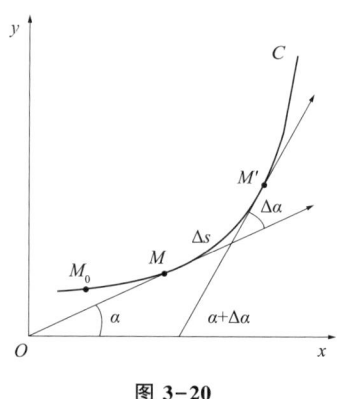

图 3-20

我们规定：用比值 $\dfrac{|\Delta\alpha|}{|\Delta s|}$ 来表示弧段的平均弯曲程度，称为平均曲率，记为 $\overline{K}$，即

$$\overline{K} = \dfrac{|\Delta\alpha|}{|\Delta s|}.$$

定义 3.5 若平面上光滑曲线 C 上点 M 移动到点 M'，即 $\Delta s \to 0$ 时，平均曲率的极限为 K，即

$$K = \lim_{\Delta s \to 0} \dfrac{|\Delta\alpha|}{|\Delta s|},$$

则称 K 为切线 C 在点 M 处的**曲率**.

在 $\lim\limits_{\Delta s \to 0} \dfrac{\Delta\alpha}{\Delta s} = \dfrac{d\alpha}{ds}$ 存在的条件下，

$$K = \left|\dfrac{d\alpha}{ds}\right|.$$

下面，我们来推导计算曲率的公式.

定理 3.15 设曲线方程为 $y=f(x)$，且 $f(x)$ 具有二阶导数，则曲率

$$K = \frac{|y''|}{(1+(y')^2)^{\frac{3}{2}}}.$$

证 因为 $\tan \alpha = y'$, $\alpha = \arctan y'$, 故

$$d\alpha = \frac{y''}{1+(y')^2}dx,$$

由弧微分公式(在第 6 章第 6.1 节推导)知

$$ds = \sqrt{1+(y')^2}dx,$$

所以

$$K = \frac{|y''|}{(1+(y')^2)^{\frac{3}{2}}}.$$

这就得到计算曲率的公式.

例 3.41 求抛物线 $y = ax^2 + bx + c$ 上曲率最大的点?

解 由于 $y = ax^2 + bx + c$, 而

$$y' = 2ax + b, \quad y'' = 2a,$$

故

$$K = \frac{|2a|}{(1+(2ax+b)^2)^{\frac{3}{2}}}.$$

显然, 当 $x = -\frac{b}{2a}$ 时, K 有最大值 $|2a|$, 故抛物线在点 $\left(-\frac{b}{2a}, -\frac{b^2-4ac}{4a}\right)$ 处曲率最大.

定理 3.16 若曲线参数方程为 $\begin{cases} x = \varphi(t), \\ y = \psi(t), \end{cases}$ 且具有二阶导数, 则曲率

$$K = \frac{|\varphi'(t)\psi''(t) - \varphi''(t)\psi'(t)|}{((\varphi'(t))^2 + (\psi'(t))^2)^{\frac{3}{2}}}.$$

证 由参数方程所确定函数的求导法, 有

$$\frac{dy}{dx} = \frac{\psi'(t)}{\varphi'(t)}, \quad \frac{d^2y}{dx^2} = \frac{\varphi'(t)\psi''(t) - \varphi''(t)\psi'(t)}{(\varphi'(t))^3},$$

由定理 3.15 得

$$K = \frac{|\varphi'(t)\psi''(t) - \varphi''(t)\psi'(t)|}{((\varphi'(t))^2 + (\psi'(t))^2)^{\frac{3}{2}}}.$$

例 3.42 计算 $\begin{cases} x = t - \sin t, \\ y = 1 - \cos t, \end{cases}$ 在 $t = \frac{\pi}{2}$ 处的曲率.

解 由于

$$\frac{dy}{dx} = \frac{\sin t}{1-\cos t}, \quad \frac{d^2y}{dx^2} = \frac{\cos t(1-\cos t) - \sin t \sin t}{(1-\cos t)^3} = \frac{-1}{(1-\cos t)^2},$$

故

$$K = \frac{|\cos t - 1|}{[(1-\cos t)^2 + \sin^2 t]^{\frac{3}{2}}}.$$

当 $t = \frac{\pi}{2}$ 时,$K = \frac{\sqrt{2}}{4}$.

3.6.3 导数在经济学中的应用

1. 边际与边际分析

边际的概念是经济学中一个重要的基本概念,它反映了一个经济变量 y 相对于另一个经济变量 x 的变化率,即 $\frac{dy}{dx}$ 或 $\lim_{\Delta x \to 0} \frac{\Delta y}{\Delta x}$,在经济学中称为边际"$y$",这与导数概念密切相关,其经济意义是:变量 x 每增加一个单位,变量 y 变化 Δy 个单位,即

$$\Delta y = y(x+1) - y(x).$$

设生产 x 件产品的成本函数为 $C(x)$,则 $C'(x)$ 就是生产的边际成本,它是成本函数 $C(x)$ 关于生产水平的变化率. 实际应用中,常把生产的实际成本定义为多生产一件的产品成本,即

$$\Delta C(x) = C(x+1) - C(x).$$

例 3.43 设成本函数 $C(x) = 2x^2 + 3x + 8$,求:

(1) 边际成本;

(2) 生产第 20 件产品所需的边际成本;

(3) 生产第 20 件产品所需的实际成本.

解 (1) 由于成本函数 $C(x) = 2x^2 + 3x + 8$,故边际成本为

$$C'(x) = 4x + 3;$$

(2) 生产第 20 件产品所需的边际成本为

$$C'(20) = 83;$$

(3) 生产第 20 件产品所需的实际成本为

$$\Delta C(20) = C(21) - C(20) = 85.$$

由此可以看出,边际成本和实际成本是十分接近的.

对于收益函数、利润函数、供应量函数等都可以定义边际收益、边际利润、边际供应量等,它们在经济分析中都扮演着重要角色.

例 3.44 设生产 x 千件的成本 $C(x)$ 与销售 x 千件的收入 $R(x)$ 分别为 $C(x) = x^3 - 3x^2 + 5x$,$R(x) = 14x$,则销售 x 千件产品的利润为 $L(x) = R(x) - C(x) = -x^3 + 3x^2 + 9x$,试问何时可以使 $L(x)$ 达到最大值?

解 由于 $L(x) = -x^3 + 3x^2 + 9x$,而

$$L'(x) = -3x^2 + 6x + 9 = -3(x-3)(x+1),$$

令 $L'(x) = 0$,得 $x = 3$,$x = -1$(舍去).

又 $L''(x) = -6x + 6 = -6(x-1)$,而 $L''(3) < 0$,可知 $L(x)$ 在 $x = 3$ 时达到最大值,即当生产约 3 千件产品时,能使利润达到最大值.

2. 弹性与弹性分析

前面所说的边际概念是函数的绝对变化率,有时并不能完全反映函数对于变化的反应灵敏度.下面我们引入弹性,它用函数的相对变化率来刻画.

设商品的需求量 $D=D(p)$ 是价格 p 的函数,一般而言,价格的上涨会使需求量减少,因此,$D(p)$ 是 p 的单调减少函数.当价格 p 变化到 $p+\Delta p$ 时,其变化率为 $\dfrac{\Delta p}{p}$,与其相应的需求量的变化率为 $\dfrac{\Delta D}{D(p)}$.

若当 $\Delta p \to 0$ 时,极限

$$\lim_{\Delta p \to 0} \frac{\dfrac{\Delta D}{D(p)}}{\dfrac{\Delta p}{p}} = \frac{p}{D(p)} \cdot D'(p)$$

存在,记为 η,则称 η 为价格为 p 时的需求弹性.这是一个十分有用的经济指标,其直观含义是:当价格每变化一个百分点时,对应的需求量变化的百分数.

例 3.45 设某商品的需求函数为 $D(p)=\dfrac{1000}{p}$,求 $p=10$ 时的需求弹性.

解 由于 $D(p)=\dfrac{1000}{p}$,$p=10$,故

$$\eta = \frac{p}{D(p)} \cdot D'(p) = \frac{p^2}{1000}\left(-\frac{1000}{p^2}\right) = -1.$$

这里,负号表示价格与需求量的变化是相反方向.这说明,当 $p=10$ 时,价格每上涨 1%,需求量则减少 1%;价格每下跌 1%,需求量则增加 1%.

这里的需求函数不论 p 为何值,均有 $\eta=1$,称为单位弹性,此时商品需求量变化的百分比等于价格变化的百分比.当 $\eta<-1$ 时,称为高弹性,此时价格变动对需求量的影响较大,即常说的薄利多销;当 $-1<\eta<0$ 时,称为低弹性,此时价格的变动对需求量的影响不大.

例 3.46 设商品的需求函数为 $D(p)=\mathrm{e}^{-\frac{p}{6}}$,求:

(1)需求弹性;

(2)$p=3,5,6$ 时的需求弹性,并解释其意义.

解 (1)由于 $D(p)=\mathrm{e}^{-\frac{p}{6}}$,故

$$\eta = \frac{p}{D(p)} \cdot D'(p) = \frac{p}{\mathrm{e}^{-\frac{p}{6}}}\left(-\frac{1}{6}\right)\mathrm{e}^{-\frac{p}{6}} = -\frac{p}{6}.$$

(2)当 $p=3$ 时,$\eta=-\dfrac{1}{2}$,即当价格上涨 1% 时,需求量减少 0.5%;

当 $p=5$ 时,$\eta=-\dfrac{5}{6}$,即当价格上涨 1% 时,需求量减少 0.83%;

当 $p=6$ 时,$\eta=-1$,即当价格上涨 1% 时,需求量减少 1%.

设商品的总收益是价格与需求量的乘积,即
$$R(p)=p\cdot D(p),$$
则
$$R'(p)=D(p)+pD'(p)=(1+\eta)D(p).$$
那么,

① 若 $\eta<-1$,即需求变动的幅度大于价格变动的幅度,则 $R'<0$,即价格上涨,总收益减少;

② 若 $-1<\eta<0$,即需求变动的幅度小于价格变动的幅度,则 $R'>0$,即价格上涨,总收益增加;

③ 若 $\eta=-1$,即需求变动的幅度等于价格变动的幅度,则 $R'=0$,此时 R 取得最大值.

例 3.47 设某商品的需求函数为 $D(p)=12-\dfrac{p}{2}$,求:

(1)需求弹性;

(2)$p=6$ 时的需求弹性;

(3)$p=6$ 时,若价格上涨 1%,总收益如何变化?

(4)p 为何值时,总收益最大?

解 (1)由于 $D(p)=12-\dfrac{p}{2}$,故需求弹性
$$\eta=\frac{p}{D(p)}\cdot D'(p)=-\frac{1}{2}\cdot\frac{p}{12-\dfrac{p}{2}}=\frac{p}{p-24};$$

(2)当 $p=6$ 时,需求弹性 $\eta=\dfrac{p}{p-36}=-\dfrac{1}{3}$;

(3)由于总收益 $R(p)=pD(p)$,$R'(p)=(1+\eta)D(p)=12-p$,总收益的弹性为
$$\widetilde{\eta}=\frac{p}{R(p)}\cdot R'(p)=\frac{p}{pD(p)}\cdot(1+\eta)D(p),$$

当 $p=6$ 时,$\widetilde{\eta}=\dfrac{2}{3}\approx 0.67$,即价格上涨 1%,总收益将增加 0.67%;

(4)由于 $R(p)=pD(p)$,$R'(p)=(1+\eta)D(p)=12-p$,即当 $p=12$ 时,$R'=0$,此时总收益最大为 $R(12)=12\times(12-6)=72$.

习 题 3.6(A)

1. 曲线 $y=\dfrac{1}{x}+\ln(1+\mathrm{e}^x)$ 渐近线的条数为 ( )

(A)0   (B)1

(C) 2 (D) 3

2. 当 $x>0$ 时,则曲线 $y=x\cdot\sin\dfrac{1}{x}$　　　　　　　　　　　　　　　　(　)

(A) 有且仅有水平渐近线　　　　(B) 有且仅有垂直渐近线
(C) 既有水平渐近线,又有垂直渐近线　　(D) 水平和垂直渐近线都没有

3. 曲线 $y=\sqrt{4ax-x^2}$ 在点 $(a,\sqrt{3}a)$ 处的曲率为　　　　　　　　　　(　)

(A) $\dfrac{1}{a}$　　　　　　　　(B) a

(C) $\dfrac{1}{2a}$　　　　　　　　(D) $2a$

4. 摆线 $\begin{cases}x=a(t-\sin t),\\ y=a(1-\cos t)\end{cases}(a>0)$ 在 $t=\pi$ 处的曲率为　　　　　　(　)

(A) $\dfrac{1}{a}$　　　　　　　　(B) a

(C) $\dfrac{1}{2a}$　　　　　　　　(D) $\dfrac{1}{4a}$

5. 设生产 x 件某商品的利润为 $L(x)=5000+x-0.00001x^2$,利润最大时生产的件数为
　　　　　　　　　　　　　　　　　　　　　　　　　　　　　　　　(　)

(A) 5000　　　　　　　　　　(B) 50000
(C) 10000　　　　　　　　　(D) 1000

习题 3.6(B)

1. 求下列函数所表示曲线的渐近线.

(1) $y=\arctan(x-2)$；　　(2) $y=\dfrac{3x^3+4}{x^2-2x}$；　　(3) $y=(2x-1)e^{\frac{1}{x}}$；

(4) $y=2x+\dfrac{\ln x}{x-1}+4$；　　(5) $y=x+4\sqrt{x^2+x}$；　　(6) $y=\dfrac{x}{1+x^2}$.

2. 作出下列函数的图像.

(1) $f(x)=\dfrac{4(x+1)}{x^2}-2$；　　(2) $f(x)=\dfrac{x^2-2x+4}{x-2}$；

(3) $f(x)=\dfrac{(x-3)^2}{4(x-1)}$；　　(4) $y=\dfrac{x}{1+x^2}$.

3. 求下列曲线在给定点的曲率及曲率半径.

(1) 曲线 $y=x^2+e^{x^2}$ 在点 $(0,1)$ 处；

(2) 抛物线 $y=x^2-4x+3$ 在其顶点处；

(3) 椭圆 $4x^2+y^2=4$ 在点 $(0,2)$ 处；

(4) 曲线 $\begin{cases} x=a(t-\sin t), \\ y=a(1-\cos t) \end{cases}$ 在 $t=\dfrac{\pi}{2}$ 处；

(5) 曲线 $xy=2$ 在点 $(2,1)$ 处；

(6) 抛物线 $y=x^2+3x+2$ 在点 $x=1$ 处；

(7) 曲线 $y=\ln(x+\sqrt{1+x^2})$ 在 $(0,0)$ 处；

(8) 曲线 $y=\ln(\sec x)$ 在点 (x,y) 处.

4. 求曲线 $x=a\cos^3 t, y=a\sin^3 t$ 在 $t=t_0$ 相应的点处的曲率.

5. 对数曲线 $y=\ln x$ 上哪一点处的曲率半径最小？求出该点处的曲率半径.

6. 求曲线弧 $y=\sin x (0<x<\pi)$ 上哪一点处的曲率最大？

7. 设某工厂的生产总成本函数为 $C(x)=1000+7x+50\sqrt{x}, x\in[0,1000]$，求当 $x=100$ 时的边际成本.

8. 设某厂每批生产商品 x 件的费用为 $C(x)=5x+200$，收益为 $R(x)=10x-0.01x^2$，问每批生产多少件时才能使利润最大？最大利润为多少？

9. 制造和销售每个背包的成本为 c 元，若背包的售出价为 x 元，售出数目为 $n=\dfrac{a}{x-c}+b(100-x)$，其中 a 和 b 是正常数，什么样的售出价能带来最大利润？

10. 设某商品的需求函数为 $D(p)=75-p^2$，求：

(1) $p=4$ 时的边际需求；

(2) $p=4$ 时的需求弹性；

(3) $p=4$ 时，若价格上涨1%，总收益将变化多少？

(4) p 为何值时，总收益最大？

11. 设某厂生产的某产品的销售收益为 $R(x)=3\sqrt{x}$，而成本函数为 $C(x)=1+\dfrac{1}{36}x^2$，求使总利润最大时的产量 x 和最大总利润.

12. 某商品的价钱 p 关于需求量 Q 的函数为 $p=10-\dfrac{Q}{5}$，求：

(1) 总收益函数和边际收益函数；

(2) 当 $Q=20$ 时的总收益及边际收益.

13. 某商品的需求量 Q 为价钱 P 的函数 $Q=150-2P^2$，

(1) 求 $P=6$ 时的边际需求，并说明其经济意义；

(2) 求 $P=6$ 时的需求弹性，并说明其经济意义；

(3) 当 $P=6$ 时，假设价钱下降2%，总收益转变百分之几？是增加还是减少？

自测题(三)

一、选择题.

1. 使函数 $f(x)=\sqrt[3]{x^2(1-x^2)}$ 适合罗尔定理条件的区间是 ( )
   (A) $[0,1]$
   (B) $[-1,1]$
   (C) $[-2,2]$
   (D) $\left[-\dfrac{3}{3},\dfrac{4}{3}\right]$

2. 设 $a<b, ab<0, f(x)=\dfrac{1}{x}$,则在 $a<x<b$ 内使 $f(b)-f(a)=f'(\xi)(b-a)$ 成立的点 ξ
   ( )
   (A) 只有一点
   (B) 有两点
   (C) 不存在
   (D) 是否存在与 a,b 的具体数值有关

3. 设 $f(x),g(x)$ 在 x_0 某个去心邻域内可导,$g'(x)\neq 0$ 且 $\lim\limits_{x\to x_0}f(x)=\lim\limits_{x\to x_0}g(x)=0$,则
   (Ⅰ) $\lim\limits_{x\to x_0}\dfrac{f(x)}{g(x)}=A$ 与 (Ⅱ) $\lim\limits_{x\to x_0}\dfrac{f'(x)}{g'(x)}=A$ 关系是 ( )
   (A) (Ⅰ) 是 (Ⅱ) 的充分条件
   (B) (Ⅰ) 是 (Ⅱ) 的必要条件
   (C) (Ⅰ) 是 (Ⅱ) 的充要条件
   (D) (Ⅰ) 是 (Ⅱ) 的既非充分也非必要条件

4. 曲线 $y=\dfrac{x-1}{x^2+1}$ 在点 $(-1,-1)$ 是 ( )
   (A) 两侧近邻向上凸的
   (B) 左侧近邻向上凸的,右侧近邻向下凸的
   (C) 两侧近邻向下凸的
   (D) 左侧近邻向下凸的,右侧近邻向上凸的

5. 函数 $f(x)$ 在 $[0,1]$ 上满足 $f''(x)>0$ 且 $f'(0)=0$,则 $f'(0),f'(1),f(1)-f(0)$ 或 $f(0)-f(1)$ 的大小顺序为 ( )
   (A) $f'(1)>f'(0)>f(1)-f(0)$
   (B) $f'(1)>f(1)-f(0)>f'(0)$
   (C) $f(1)-f(0)>f'(1)>f'(0)$
   (D) $f'(1)>f(0)-f(1)>f'(0)$

6. 设 $f(x)$ 在 x_0 的某邻域内有二阶导数,且 $f(x_0)=0, f'(x_0)\neq 0, f''(x_0)=0$,则一定有( )成立.
   (A) $f(x)$ 在 $x=x_0$ 处取得极值
   (B) 点 $(x_0, f(x_0))$ 是曲线 $y=f(x)$ 的拐点
   (C) x_0 不是 $f(x)$ 的极值点
   (D) 点 $(x_0, f(x_0))$ 不是曲线 $y=f(x)$ 的拐点

二、填空题.

7. 函数 $f(x)=\sqrt[3]{x^2-x-6}$ 在 $[-3,3]$ 上不满足罗尔定理的原因是由于 $f(x)$ 不满足_____条件.

8. 极限 $\lim\limits_{x\to 0}\dfrac{x-\ln(1+x)}{x^2}$ 的值等于_____.

9. 函数 $y=\dfrac{x}{1-x^2}$ 在区间 $[-1,1]$ 上的单调性为 _____.

10. 曲线 $y=x^2\ln x$ 在区间 $\left[\dfrac{1}{e},e\right]$ 上的凹凸性为 _____.

11. 函数 $y=x+2\cos x$ 在区间 $\left[0,\dfrac{\pi}{2}\right]$ 上的最大值为 _____.

12. 函数 $f(x)=\ln x-\dfrac{x}{e}+1$ 在 $(0,+\infty)$ 内零点的个数为 _____.

三、解答题.

13. 设函数 $f(x)=e^{-x}\sin x$，验证在区间 $[0,3\pi]$ 上 $f(x)$ 满足罗尔定理中的中间值 ξ.

14. 求极限 $\lim\limits_{x\to 0^+}\dfrac{\ln\tan 4x}{\ln\tan 3x}$.

15. 求极限 $\lim\limits_{x\to 0}\left[\dfrac{1}{\ln(1+x)}-\dfrac{1+x}{x}\right]$.

16. 求极限 $\lim\limits_{x\to 0}\dfrac{\sqrt{1+\tan x}-\sqrt{1+\sin x}}{x\ln(1+x)-x^2}$.

17. 确定 a,b,c,d 之值，使曲线 $y=ax^3+bx^2+cx+d$ 在 $(-2,44)$ 处有水平切线，在 $(1,-10)$ 处有拐点.

18. 讨论函数 $y=(2x-5)\sqrt[3]{x^2}$ 的单调性与凸凹性区间及拐点.

四、证明题.

19. 设 $f(x)$ 在区间 $[a,b]$ 上连续，在 (a,b) 内可导，证明在 (a,b) 内至少存在一点 ξ，使得
$$\dfrac{bf(b)-af(a)}{b-a}=\xi f'(\xi)+f(\xi).$$

20. 证明当 $x>0$ 时，$\ln(1+x)>\dfrac{\tan^{-1}x}{1+x}$.

21. 利用函数图形的凸性，证明不等式：
$$x\ln x+y\ln y>(x+y)\ln\dfrac{x+y}{2}\quad(x>0,y>0,x\ne y).$$

五、应用题.

22. 在半径为 R 的球内作一个内接圆锥体，问此圆锥体的高、底半径为何值时，其体积 V 最大？

第4章 不定积分

正如减法是加法逆运算、除法是乘法逆运算、开方是乘方逆运算、对数是指数逆运算等一样,本章介绍的不定积分运算就是微分运算的逆运算,不定积分与定积分密切相关,它与即将学习的定积分共同构成一元函数积分学.

4.1 不定积分的概念与性质

知识衔接

$(\qquad)' = \cos x;\quad (\qquad)' = \dfrac{1}{1+x^2};$

$(\qquad)' = \sec x;\quad (\qquad)' = e^x.$

4.1.1 原函数与不定积分的概念

定义 4.1 设函数 $F(x)$ 与 $f(x)$ 在区间 I 上有定义,若
$$F'(x) = f(x) \text{ 或 } dF(x) = f(x)dx\ (\forall x \in I),$$
则称 $F(x)$ 为 $f(x)$(或 $f(x)dx$)在区间 I 上的一个**原函数**.

由知识衔接中的题目不难看出,对一些简单的函数,如 $\dfrac{1}{1+x^2}, \cos x, e^x$,可以通过基本导数公式倒推得到这些函数的原函数,但寻找绝大多数函数的原函数却很难这样做.比如,求函数 $\sec x, \dfrac{1}{\sqrt{x}+\sqrt[3]{x}}$ 的一个原函数时倒推就十分困难!因此,关于原函数必须解决以下三个重要问题:

(1)原函数的存在性问题,即什么样的函数存在原函数?

(2) 原函数的结构性问题,即原函数若存在,是否唯一?都有哪些元素构成?

(3) 原函数计算方法问题,即如何准确、有效地找到原函数?

这三个问题构成了不定积分的主干内容,下面分别予以回答.

定理 4.1 连续函数必存在连续的原函数.即若函数 $f(x)$ 在区间 I 上连续,则必存在函数 $F(x)$,使得 $F'(x)=f(x), \forall x \in I$.

本定理回答了第一个问题,证明安排在下一章中进行.因为初等函数在其定义区间内都是连续的,所以初等函数在其定义区间内必存在原函数,但其原函数却不一定仍是初等函数.连续是存在原函数的充分条件,并非必要条件,下面的例 4.1 就是一个反例.

例 4.1 求函数 $f(x)=\dfrac{1}{x}, x\in(-\infty,0)\cup(0,+\infty)$ 的一个原函数.

解 由

$$(\ln x)'=\frac{1}{x}$$

知函数 $\ln x$ 为 $f(x)=\dfrac{1}{x}$ 在区间 $(0,+\infty)$ 上的一个原函数.类似地,由

$$[\ln(-x)]'=\frac{1}{x}$$

知函数 $\ln(-x)$ 为 $f(x)=\dfrac{1}{x}$ 在区间 $(-\infty,0)$ 上的一个原函数.于是,函数 $\ln|x|$ 是函数 $f(x)=\dfrac{1}{x}$ 在区间 $(-\infty,0)\cup(0,+\infty)$ 上的一个原函数.

定理 4.2 若函数 $f(x)$ 在区间 I 上存在原函数,则函数 $f(x)$ 必有无限多个原函数,且任何两个原函数之间仅相差一个常数.即若 $F(x)$ 为 $f(x)$ 在区间 I 上的一个原函数,则 $f(x)$ 的全体原函数为 $\{F(x)+C \mid C \text{ 为任意常数}\}$.

证 设 $F(x)$ 是 $f(x)$ 在区间上的一个原函数,即 $F'(x)=f(x)$,则对于任意常数 C,有

$$(F(x)+C)'=f(x),$$

即 $f(x)$ 必有无限多个原函数.对于 $f(x)$ 在区间 I 上的任意原函数 $\Phi(x)$,有 $\Phi'(x)=f(x), \forall x \in I$,因此

$$[\Phi(x)-F(x)]'=\Phi'(x)-F'(x)=f(x)-f(x)\equiv 0,$$
$$\Phi(x)-F(x)\equiv C(C \text{ 为常数}),$$

即

$$\Phi(x)=F(x)+C, \forall x \in I.$$

本定理回答了第二个问题,即原函数存在,则必不唯一,且 $f(x)$ 的原函数族结构为 $\{F(x)+C \mid C \text{ 为任意常数}\}$,其中 $F(x)$ 为 $f(x)$ 的一个原函数.

以上定理回答了原函数的结构性问题,为了学习的方便起见,我们引入如下定义.

定义 4.2 函数 $f(x)$ 在区间 I 上原函数的全体称为 $f(x)$(或 $f(x)\mathrm{d}x$)在区间 I 上的**不定积分**,记作

$$\int f(x)\,dx,$$

即

$$\int f(x)\,dx = F(x) + C,$$

其中符号 $\int$ 为不定积分运算号，$f(x)$ 为被积函数，$f(x)\,dx$ 为被积表达式，x 为积分变量，$F(x)$ 是 $f(x)$ 在区间 I 上的一个原函数，C 为任意常数. 一般地，称求原函数(全体)的运算为不定积分运算，简称积分运算.

注：1) 符号 $\int f(x)\,dx$ 除了表示函数 $f(x)$ 在区间 I 上原函数的全体意义外，也含有"对函数 $f(x)$ 或被积表达式 $f(x)\,dx$ 进行积分运算的含义"，此时不定积分运算符 "$\int$" 与微分运算符号 "d" 就像加法运算符 "+" 与减法运算符 "−" 一样构成了一对互逆运算符号.

2) 原函数与不定积分是元素与整体的关系，因此结合不定积分的定义也可将定理 4.2 叙述为"连续函数必可积".

思 考：由等式 $(\sin^2 x)' = 2\sin x\cos x$，$\left(-\dfrac{1}{2}\cos 2x\right)' = 2\sin x\cos x$ 及 $(-\cos^2 x)' = 2\sin x\cos x$ 得，函数 $f(x) = 2\sin x\cos x$ 的不定积分有以下三种形式：

$$\int 2\sin x\cos x\,dx = \sin^2 x + C,$$

$$\int 2\sin x\cos x\,dx = -\frac{1}{2}\cos 2x + C,$$

$$\int 2\sin x\cos x\,dx = -\cos^2 x + C.$$

想一想，为什么被积函数一样而积分结果却"不一样"？在实际计算中如何验证计算结果是否正确？

4.1.2　不定积分的性质

为了更好地回答本章开头提出的第三个问题，结合不定积分与导数运算的互逆关系可给出与不定积分有关的如下性质.

性质 4.1　设函数 $f(x)$ 在区间 I 上的原函数为 $F(x)$，则

$$\left[\int f(x)\,dx\right]' = f(x) \text{ 或 } d\int f(x)\,dx = f(x)\,dx.$$

性质 4.2

$$\int F'(x)\,dx = F(x) + C \text{ 或 } \int dF(x) = F(x) + C.$$

以上两个性质可由不定积分与原函数的概念直接导出.

性质 4.1 和性质 4.2 表明当微分与积分两种运算相继(无论先后)进行时，二者相消或相消后仅差一个常数.

例 4.2　已知 $\int f(x)\,dx = e^x \arctan x + C$，求 $f(x)$.

解 对原式两端分别求导得

$$f(x) = \left(\frac{1}{1+x^2} + \arctan x\right) e^x.$$

例 4.3 已知 $f(x)$ 的一个原函数为 $\ln x$，求 $f'(x)$.

解 由 $f(x) = (\ln x)' = \dfrac{1}{x}$ 知

$$f'(x) = -\frac{1}{x^2}.$$

依据微分运算的线性性质及微分运算与积分运算的互逆关系，可给出积分运算的线性性质，简单地说，"逆用微分线性规则就得到积分线性规则".

性质 4.3 若函数 $f(x)$ 在区间 I 上存在原函数，k 为非零常数，则

$$\int k f(x) \, dx = k \int f(x) \, dx.$$

证 只需证 $\left[k \int f(x) \, dx\right]' = k f(x)$ 即可. 而

$$\left[k \int f(x) \, dx\right]' = k \left[\int f(x) \, dx\right]' = k f(x).$$

得证.

性质 4.4 若函数 $f(x)$ 与 $g(x)$ 在区间 I 上都存在原函数，则

$$\int [f(x) \pm g(x)] \, dx = \int f(x) \, dx \pm \int g(x) \, dx.$$

证 只需证 $\left[\int f(x) \, dx \pm \int g(x) \, dx\right]' = f(x) \pm g(x)$ 即可. 而

$$\left[\int f(x) \, dx \pm \int g(x) \, dx\right]' = \left[\int f(x) \, dx\right]' \pm \left[\int g(x) \, dx\right]' = f(x) \pm g(x).$$

得证.

性质 4.3 和性质 4.4 统称为不定积分的线性性质（或线性公式），其一般形式为

$$\int \sum_{i=1}^{n} k_i f_i(x) \, dx = \sum_{i=1}^{n} k_i \int f_i(x) \, dx.$$

线性性质在积分中的价值在于裂项，因此使用线性性质积分的方法通常被称为"分项积分法".

4.1.3 不定积分的几何意义

一般地，若函数 $F(x)$ 是 $f(x)$ 的一个原函数，则称 $y = F(x)$ 的图像为 $f(x)$ 的一条积分曲线. 全体原函数的图像称为 $f(x)$ 的积分曲线族. 不难看出，它是由其中一条积分曲线沿 y 轴方向平移而得到的. 于是，不定积分 $\int f(x) \, dx$ 的几何意义为：一族相互平行的积分曲线，如图 4-1 所示.

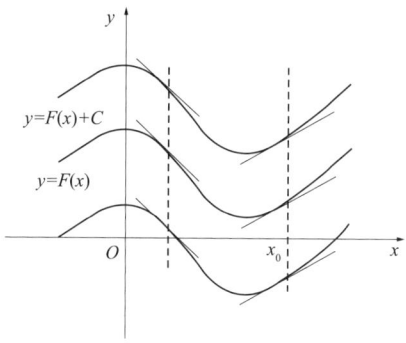

图 4-1

所以,每一条积分曲线上横坐标相同点处的切线必互相平行,即斜率 k 相等,这个斜率就是被积函数在该横坐标处的导数值.

若在实际问题中求函数 $f(x)$ 的具体某一个原函数,则只需先作积分运算,求出所有原函数 $y = \int f(x) \mathrm{d}x = F(x) + C$,然后将已知条件 $F(x_0) = y_0$ 代入 $y = F(x) + C$ 确定任意常数 C 即可. 用来确定原函数 $y = F(x) + C$ 中任意常数 C 的条件 $F(x_0) = y_0$ 通常称为初始条件. 此时,被确定的"具体原函数"的图像就是积分曲线族中过点 (x_0, y_0) 的那一条积分曲线.

例 4.4 若曲线 L 上任一点处的切线斜率等于该点横坐标平方的三倍,且该曲线过点 $(2,3)$,求曲线 L 的方程.

解 设曲线 L 的方程为 $y = f(x)$,依题意得
$$f'(x) = 3x^2,$$
对上式积分得
$$f(x) = \int 3x^2 \mathrm{d}x = x^3 + C.$$
由曲线 L 过点 $(2,3)$ 得初始条件 $f(2) = 3$,从而知 $C = -5$,于是所求曲线方程为 $y = x^3 - 5$.

4.1.4 基本积分公式

同样,根据基本初等函数导数公式及积分运算与微分运算互为逆运算的关系,可以得到下列常见函数的基本积分公式. 简单地说,"逆用基本微分公式就得到基本积分公式".

(1) $\int k \mathrm{d}x = kx + C$ (k 是常数).

(2) $\int x^{\alpha} \mathrm{d}x = \dfrac{x^{\alpha+1}}{\alpha+1} + C$ ($\alpha \neq -1$).

(3) $\int \dfrac{1}{x} \mathrm{d}x = \ln |x| + C$ ($x \neq 0$).

(4) $\int \mathrm{e}^x \mathrm{d}x = \mathrm{e}^x + C$.

(5) $\int a^x \mathrm{d}x = \dfrac{a^x}{\ln a} + C$ ($a > 0, a \neq 1$).

(6) $\int \cos x \,\mathrm{d}x = \sin x + C.$

(7) $\int \sin x \,\mathrm{d}x = -\cos x + C.$

(8) $\int \sec^2 x \,\mathrm{d}x = \int \dfrac{1}{\cos^2 x} \,\mathrm{d}x = \tan x + C.$

(9) $\int \csc^2 x \,\mathrm{d}x = \int \dfrac{1}{\sin^2 x} \,\mathrm{d}x = -\cot x + C.$

(10) $\int \sec x \cdot \tan x \,\mathrm{d}x = \sec x + C.$

(11) $\int \csc x \cdot \cot x \,\mathrm{d}x = -\csc x + C.$

(12) $\int \dfrac{\mathrm{d}x}{\sqrt{1-x^2}} = \arcsin x + C = -\arccos x + C.$

(13) $\int \dfrac{\mathrm{d}x}{1+x^2} = \arctan x + C = -\operatorname{arccot} x + C.$

下面介绍直接积分法:所谓直接积分法就是利用常见的恒等变形技巧、不定积分的性质(尤其是线性性质)将不定积分转化为基本积分公式中已有形式或直接利用基本积分公式计算的方法. 常用的恒等变形技巧有分解因式、配方、多项式乘积展开、根式指数化、分离常数、变量代换、凑项、拆分、分子分母有理化及三角公式等.

例 4.5 求 $\int \dfrac{1}{\sqrt[3]{x}} \mathrm{d}x.$

解 化简得
$$\int \dfrac{1}{\sqrt[3]{x}} \mathrm{d}x = \int x^{-\frac{1}{3}} \mathrm{d}x = \dfrac{3}{2} x^{\frac{2}{3}} + C.$$

例 4.6 求 $\int \dfrac{(x-1)^3}{\sqrt{x}} \mathrm{d}x.$

解 由公式 $(a-b)^3 = a^3 - 3a^2 b + 3ab^2 - b^3$ 得
$$\int \dfrac{(x-1)^3}{\sqrt{x}} \mathrm{d}x = \int x^{\frac{5}{2}} \mathrm{d}x - 3\int x^{\frac{3}{2}} \mathrm{d}x + 3\int x^{\frac{1}{2}} \mathrm{d}x - \int x^{-\frac{1}{2}} \mathrm{d}x$$
$$= \dfrac{2}{7} x^{\frac{7}{2}} - \dfrac{6}{5} x^{\frac{5}{2}} + 2 x^{\frac{3}{2}} - 2 x^{\frac{1}{2}} + C.$$

上例表明:用分式或根式表示的幂函数,往往先恒等变形为 x^n 的形式,然后再利用幂函数的积分公式计算.

例 4.7 求 $\int \dfrac{x^6}{x^2+1} \mathrm{d}x.$

解 因为
$$\dfrac{x^6}{x^2+1} = \dfrac{(x^6+1)-1}{x^2+1} = x^4 - x^2 + 1 - \dfrac{1}{x^2+1},$$

所以
$$\int \frac{x^6}{x^2+1} dx = \int \left(x^4 - x^2 + 1 - \frac{1}{x^2+1}\right) dx = \frac{x^5}{5} - \frac{x^3}{3} + x - \arctan x + C.$$

这里的恒等变形使用了凑的思想方法和分解因式的技术. 此外, 裂项、分离常数等也是经常使用的. 例如,

$$\int \frac{1}{x^2(1+x^2)} dx = \int \left(\frac{1}{x^2} - \frac{1}{1+x^2}\right) dx,$$

$$\int \frac{1}{x^2(x+1)} dx = -\int \left(\frac{x-1}{x^2} - \frac{1}{x+1}\right) dx.$$

例 4.8 求 $\int \frac{2dx}{\sin^2 x \cos^2 x}$.

解 由三角关系得

$$\int \frac{2dx}{\sin^2 x \cos^2 x} = 2\int \frac{\sin^2 x + \cos^2 x}{\sin^2 x \cos^2 x} dx$$

$$= 2\int (\sec^2 x + \csc^2 x) dx$$

$$= 2(\tan x - \cot x) + C.$$

例 4.9 求 $\int \cot^2 x \, dx$.

解 $\int \cot^2 x \, dx = \int (\csc^2 x - 1) dx = -\cot x - x + C.$

例 4.10 求 $\int \frac{(10^x - 10^{-x})^2}{5^x} dx$.

解
$$\int \frac{(10^x - 10^{-x})^2}{5^x} dx = \int \frac{10^{2x} + 10^{-2x} - 2}{5^x} dx$$

$$= \int \frac{(10^2)^x + (10^{-2})^x - 2}{5^x} dx$$

$$= \int [(20)^x + (500^{-1})^x - 2(5^{-1})^x] dx$$

$$= \frac{1}{\ln 20} 20^x - \frac{1}{\ln 500} 500^{-x} + \frac{2}{\ln 5} 5^{-x} + C.$$

注: 指数恒等变形技术常用的式子有

$$a^x b^x = (ab)^x, \frac{a^x}{b^x} = \left(\frac{a}{b}\right)^x, a^x a^{-x} = 1, a^x = e^{x \ln a}.$$

例 4.11 求 $\int |x-1| dx$ (分段函数积分).

解 设 $f(x) = |x-1|$, 则

$$f(x) = \begin{cases} -x+1, & x<1, \\ x-1, & x \geq 1; \end{cases}$$

$$F(x) = \begin{cases} -\dfrac{1}{2}x^2 + x + C_1, & x < 1, \\ \dfrac{1}{2}x^2 - x + C_2, & x \geq 1. \end{cases}$$

由连续函数定义知

$$\lim_{x \to 1^-}\left(-\dfrac{1}{2}x^2 + x + C_1\right) = \lim_{x \to 1^+}\left(\dfrac{1}{2}x^2 - x + C_2\right) = F(1),$$

即

$$-\dfrac{1}{2} + 1 + C_1 = \dfrac{1}{2} - 1 + C_2.$$

令 $C_1 = C$ 得 $C_2 = 1 + C$,故

$$\int |x-1|\,dx = \begin{cases} -\dfrac{1}{2}x^2 + x + C, & x < 1, \\ \dfrac{1}{2}x^2 - x + 1 + C, & x \geq 1. \end{cases}$$

不难看出,直接积分法的路线图为:恒等变形+线性性质裂项+基本积分公式.而积分方法和积分技巧的作用在于"试探性"地化复杂积分为简单、常见积分,最终依据基本积分公式计算.概括来说,就是利用"一个积分表,一个积分规则"求出大量"简单元素组合"起来的不定积分.

习 题 4.1(A)

1. 对于不定积分 $\int f(x)\,dx$,在下列等式中正确的是 （　　）

(A) $\int f'(x)\,dx = f(x)$ 　　　　　　(B) $\int df(x) = f(x)$

(C) $d[\int f(x)\,dx] = f(x)$ 　　　　　(D) $\dfrac{d}{dx}\int f(x)\,dx = f(x)$

2. 设导数 $g'(x) = f'(x)$,则下列各式中正确的是 （　　）

(A) $\int g(x)\,dx = \int f(x)\,dx$ 　　　(B) $g(x) = f(x) + C$

(C) $g(x) = f(x)$ 　　　　　　　　　(D) $\int g(x)\,dx = \int f(x)\,dx + C$

3. 下列函数中,是同一函数的原函数的是 （　　）

(A) $\dfrac{1}{2}\sin^2 x$ 与 $-\dfrac{1}{4}\cos 2x$ 　　(B) $\ln|\ln x|$ 与 $2\ln x$

(C) $\dfrac{1}{2}\sin^2 x$ 与 $\dfrac{1}{4}\cos 2x$ 　　　(D) $\tan^2\dfrac{x}{2}$ 与 $\csc^2\dfrac{x}{2}$

4. 在积分曲线族 $\int x\sqrt{x}\,dx$ 中,过点 $(0,1)$ 的积分曲线方程为 ( )

(A) $2\sqrt{x}$　　　　　　　　　　(B) $\dfrac{2}{5}(\sqrt{x})^5+1$

(C) $2\sqrt{x}+1$　　　　　　　　　(D) $\dfrac{5}{2}(\sqrt{x})^5+C$

5. 若 e^{-x} 是 $f(x)$ 的原函数,则 $\int x^3 f(\ln x)\,dx =$ ( )

(A) $-\dfrac{1}{3}x^3+C$　　　　　　(B) $\dfrac{1}{3}x^3+C$

(C) $-\dfrac{1}{4}x^3+C$　　　　　　(D) $\dfrac{1}{4}x^3+C=$

习题 4.1(B)

1. 验证函数 $\dfrac{1}{3}\sin^2 3x$,$-\dfrac{1}{3}\cos^2 3x$ 和 $1-\dfrac{1}{6}\cos 6x$ 都是 $\sin 6x$ 的原函数.

2. 写出下列函数的一个原函数.

(1) $\cos\dfrac{\pi}{2}x$;　　　　(2) $-\dfrac{2}{1+x^2}$;　　　　(3) $\dfrac{1}{4\sqrt{x}}$;

(4) $3a^x \ln a$.

3. 求下列不定积分.

(1) $\int \dfrac{(1+x^2)^2}{\sqrt{x}}\,dx$;　　(2) $\int x^3 \sqrt[3]{x}\,dx$;　　(3) $\int \left(1-\dfrac{1}{x^2}\right)\sqrt{x\sqrt{x}}\,dx$;

(4) $\int \dfrac{x^2+\sin^2 x}{x^2+1}\sec^2 x\,dx$;　(5) $\int (\sqrt{x}-1)(\sqrt{x^3}+1)\,dx$;　(6) $\int \left(3e^x+\dfrac{2}{x^2}\right)dx$;

(7) $\int e^{-x}\left(1-\dfrac{e^x}{\sin^2 x}\right)dx$;　(8) $\int 2^x e^{2x}\,dx$;　(9) $\int \dfrac{2\cdot 5^x - 5\cdot 2^x}{3^x}\,dx$;

(10) $\int \tan^2 x\,dx$;　　(11) $\int \sec x(\sec x - \tan x)\,dx$;　(12) $\int 2\cos^2 \dfrac{x}{2}\,dx$;

(13) $\int \dfrac{\cos 2x}{\cos x - \sin x}\,dx$;　(14) $\int \dfrac{2\sqrt{1+x^2}}{\sqrt{1-x^4}}\,dx$;　(15) $\int \dfrac{x^2}{x^2-1}\,dx$;

(16) $\int \dfrac{1+x+x^2}{2x(1+x^2)}\,dx$;　(17) $\int \max\{1,|x|\}\,dx$;　(18) $\int \dfrac{\cos 2x}{\cos^2 x \sin^2 x}\,dx$.

4. 根据不定积分的定义验证等式

$$\int (\sin x + \cos x)\,dx = -\cos x + \sin x + C$$

是否正确？

5. 设 $f'(x) = 1$，且 $f(0) = 1$，求 $\int f(x) \mathrm{d}x$.

6. 已知 $\int f(x) \mathrm{d}x = \ln(x + \sqrt{1+x^2}) + C$，求 $f(x)$.

7. 已知函数 $f(x)$ 的一个原函数是 $\dfrac{\ln x}{x}$，求 $f(x)$.

8. 设 $[\ln f(x)]' = \sec^2 x$，求 $f(x)$.

9. 已知 $f(x)$ 的一个原函数为 $\sin 3x$，求 $\int f'(x) \mathrm{d}x$.

10. 若 $2f(x)\cos x = \dfrac{\mathrm{d}}{\mathrm{d}x}[f(x)]^2$，并且 $f(0) = 1$，求 $f(x)$.

11. 设 $\int x f(x) \mathrm{d}x = \mathrm{e}^{-x^2} + C$，求 $f(x)$.

12. 已知曲线通过点 $(0,1)$，且曲线上任一点处的切线斜率等于 e^{-x}，求该曲线的方程.

13. 若 $f(x)$ 是 e^{-x} 的原函数，求 $\int \dfrac{f(\ln x)}{x} \mathrm{d}x$.

14. 若 e^{-x} 是 $f(x)$ 的原函数，求 $\int x^2 f(\ln x) \mathrm{d}x$.

15. 设 $f(x^2 - 1) = \ln \dfrac{x^2}{x^2 - 2}$，且 $f[\varphi(x)] = \ln x$，求 $\int \varphi(x) \mathrm{d}x$.

16. 已知 $f'(x) = |x|$，且 $f(-2) = a$，求 $f(x)$.

4.2　第一类换元积分法

知识衔接

若函数 $f(u)$ 有原函数 $F(u)$，且函数 $u = \varphi(x)$ 可导，则 $F[\varphi(x)]' = $ _____.
在下列各式横线处填入适当的系数，使等式成立：

(1) $\mathrm{d}x = $ _____ $\mathrm{d}(ax+b)$；　(2) $x\mathrm{d}x = $ _____ $\mathrm{d}(ax^2+b)$；

(3) $\mathrm{e}^{ax}\mathrm{d}x = $ _____ $\mathrm{d}(\mathrm{e}^{ax})$；　(4) $\sin ax \mathrm{d}x = $ _____ $\mathrm{d}(\cos ax)$；

(5) $\dfrac{1}{x}\mathrm{d}x = $ _____ $\mathrm{d}\ln|x| = $ _____ $\mathrm{d}(\ln|x|) = $ _____ $\mathrm{d}(b + a\ln|x|)$；

(6) $\dfrac{1}{\sqrt{1-4x^2}}\mathrm{d}x = $ _____ $\dfrac{1}{\sqrt{1-4x^2}}\mathrm{d}(2x) = $ _____ $\mathrm{d}(\arcsin 2x) = $ _____ $\mathrm{d}(\arcsin 2x+1)$.

对复合函数求导公式进行积分运算即可得到求不定积分非常有效的换元积分公式，

即逆用复合函数微分规则就得到换元法的积分规则.

4.2.1 第一类换元积分法

定理 4.3 若函数 $u=\varphi(x)$ 在区间 I 上可导,$\varphi(I)=J$,则当函数 $f(u)$ 在区间 J 上有一个原函数 $F(u)$ 时,有换元公式

$$\int f[\varphi(x)]\varphi'(x)\mathrm{d}x \xhookrightarrow{\substack{u=\varphi(x)\\ \mathrm{d}u=\varphi'(x)\mathrm{d}x}} \int f(u)\mathrm{d}u = F(u)+C = F[\varphi(x)]+C \quad (4.1)$$

成立.

证 因为 $F'(u)=f(u)$,所以由复合函数求导法则知

$$\{F[\varphi(x)]+C\}' = F'[\varphi(x)]\varphi'(x) \xlongequal{F'(u)=f(u)} f[\varphi(x)]\varphi'(x),$$

对上式积分便得公式 (4.1).

通常称公式(4.1)为**第一类换元积分公式**,也称**凑微分公式**.使用公式(4.1)计算不定积分的方法通常被称为第一类换元积分法或凑微分法.使用凑微分法的第一步在于恒等变形(即拆解、重组、构造),关键在于"凑微分因子 $\mathrm{d}\varphi(x)=\varphi'(x)\mathrm{d}x$",因此掌握以下几种典型的"凑"的形式与技巧十分有益.

(1) $\int f(\mathrm{e}^x)\mathrm{e}^x \mathrm{d}x = \int f(\mathrm{e}^x)\mathrm{d}(\mathrm{e}^x)$.

(2) $\int f(a^x)a^x \mathrm{d}x = \dfrac{1}{\ln a}\int f(a^x)\mathrm{d}(a^x) \ (a>0,a\neq 1)$.

(3) $\int f(a\ln x + b)\dfrac{1}{x}\mathrm{d}x = \dfrac{1}{a}\int f(a\ln x + b)\mathrm{d}(a\ln x + b)$.

(4) $\int f(\arcsin x)\dfrac{1}{\sqrt{1-x^2}}\mathrm{d}x = \int f(\arcsin x)\mathrm{d}(\arcsin x)$.

(5) $\int f(\arccos x)\dfrac{1}{\sqrt{1-x^2}}\mathrm{d}x = -\int f(\arccos x)\mathrm{d}(\arccos x)$.

(6) $\int f(\arctan x)\dfrac{1}{1+x^2}\mathrm{d}x = \int f(\arctan x)\mathrm{d}(\arctan x)$.

(7) $\int f(\mathrm{arccot}\, x)\dfrac{1}{1+x^2}\mathrm{d}x = -\int f(\mathrm{arccot}\, x)\mathrm{d}(\mathrm{arccot}\, x)$.

(8) $\int f(\sin x)\cos x\,\mathrm{d}x = \int f(\sin x)\mathrm{d}(\sin x)$.

(9) $\int f(\cos x)\sin x\,\mathrm{d}x = -\int f(\cos x)\mathrm{d}(\cos x)$.

(10) $\int f(\tan x)\dfrac{1}{\cos^2 x}\mathrm{d}x = \int f(\tan x)\sec^2 x\,\mathrm{d}x = \int f(\tan x)\mathrm{d}(\tan x)$.

(11) $\int f(\cot x)\dfrac{1}{\sin^2 x}\mathrm{d}x = \int f(\cot x)\csc^2 x\,\mathrm{d}x = -\int f(\cot x)\mathrm{d}(\cot x)$.

(12) $\int f(\sec x)\sec x\tan x\,\mathrm{d}x = \int f(\sec x)\mathrm{d}(\sec x)$.

(13) $\int f(\csc x)\csc x\cot x\,\mathrm{d}x = -\int f(\csc x)\mathrm{d}(\csc x)$.

(14) $\int f(x^a + b) x^{a-1} dx = \dfrac{1}{a} \int f(x^a + b) d(x^a + b)$ ($a \neq 0, a = 1, 2, 3$ 常用).

(15) $\int f(kx + b) dx = \dfrac{1}{k} \int f(kx + b) d(kx + b)$ ($k \neq 0$, 相当于 $a = 1$).

(16) $\int f\left(\dfrac{1}{x}\right) \dfrac{1}{x^2} dx = -\int f\left(\dfrac{1}{x}\right)\left(-\dfrac{1}{x^2}\right) dx = -\int f\left(\dfrac{1}{x}\right) d\left(\dfrac{1}{x}\right)$ (相当于 $a = -1, b = 0$).

(17) $\int f(\sqrt{x}) \dfrac{1}{\sqrt{x}} dx = 2\int f(\sqrt{x}) \dfrac{1}{2\sqrt{x}} dx = 2\int f(\sqrt{x}) d\sqrt{x}$ (相当于 $a = \dfrac{1}{2}, b = 0$).

(18) $\int f\left(x - \dfrac{1}{x}\right)\left(1 + \dfrac{1}{x^2}\right) dx = \int f\left(x - \dfrac{1}{x}\right) d\left(x - \dfrac{1}{x}\right)$.

(19) $\int f\left(\sqrt{1+x^2}\right) \dfrac{x}{\sqrt{1+x^2}} dx = \int f\left(\sqrt{1+x^2}\right) d\sqrt{1+x^2}$.

(20) $\int \dfrac{\varphi'(x)}{\varphi^2(x)} dx = \int \dfrac{1}{\varphi^2(x)} d\varphi(x)$;   (20') $\int \dfrac{\varphi'(x)}{\varphi(x)} dx = \int \dfrac{1}{\varphi(x)} d\varphi(x)$.

注：以上这些公式均为等式 $\int f[\varphi(x)]\varphi'(x) dx = \int f[\varphi(x)] d\varphi(x)$ 的各种具体变形, 学习它们的关键不在记忆, 而在领悟"凑微分"的思想.

例 4.12 求 $\int \cos 2x dx$.

解 $\int \cos 2x dx = \dfrac{1}{2} \int \cos 2x d2x = \dfrac{1}{2} \sin 2x + C.$

例 4.13 求 $\int \dfrac{dx}{e^x + e^{-x}}$.

解 $\int \dfrac{dx}{e^x + e^{-x}} = \int \dfrac{e^x}{1 + e^{2x}} dx = \int \dfrac{1}{1 + (e^x)^2} de^x = \arctan e^x + C.$

例 4.14 求 $\int \cot x dx$.

解 $\int \cot x \, dx = \int \dfrac{\cos x}{\sin x} dx = \int \dfrac{1}{\sin x} d\sin x = \ln|\sin x| + C.$

类似地, 可得

$$\int \tan x \, dx = -\ln|\cos x| + C.$$

例 4.15 求 $\int \dfrac{1}{x \ln x} dx$.

解 $\int \dfrac{1}{x \ln x} dx = \int \dfrac{1}{\ln x} d\ln x = \ln|\ln x| + C.$

注：凑微分法十分灵活, 技巧性强, 除了凑的成分外还有构造的成分, 读者可通过本节中的知识衔接细细品味.

例 4.16 求 $\int \dfrac{2x}{\sqrt{1 - x^2}} dx$.

解 凑微得

$$\int \frac{2x}{\sqrt{1-x^2}} \, dx = \int \frac{1}{\sqrt{1-x^2}} \, dx^2$$

$$= -\int (1-x^2)^{-\frac{1}{2}} \, d(1-x^2)$$

$$= -2\sqrt{1-x^2} + C.$$

例 4.17 求 $\int 2x e^{x^2} dx$.

解 $$\int 2x e^{x^2} dx = \int e^{x^2} dx^2 = e^{x^2} + C.$$

例 4.18 求 $\int \frac{1}{x^2} \sec^2 \frac{1}{x} dx$.

解 $$\int \frac{1}{x^2} \sec^2 \frac{1}{x} \, dx = -\int \sec^2 \frac{1}{x} \, d\frac{1}{x} = -\tan \frac{1}{x} + C.$$

例 4.19 求 $\int \frac{1}{a^2 + x^2} dx$.

解
$$\int \frac{1}{a^2+x^2} \, dx = \frac{1}{a^2} \int \frac{1}{1+\left(\frac{x}{a}\right)^2} \, dx$$

$$= \frac{1}{a} \int \frac{1}{1+\left(\frac{x}{a}\right)^2} \, d\left(\frac{x}{a}\right)$$

$$= \frac{1}{a} \arctan \frac{x}{a} + C.$$

例 4.20 求 $\int \frac{dx}{4x^2 + 4x + 17}$.

解
$$\int \frac{dx}{4x^2+4x+17} = \int \frac{dx}{16+(2x+1)^2}$$

$$= \frac{1}{8} \int \frac{1}{1+\left(\frac{2x+1}{4}\right)^2} d\left(\frac{2x+1}{4}\right)$$

$$= \frac{1}{8} \arctan \left(\frac{x}{2} + \frac{1}{4}\right) + C.$$

例 4.21 求 $\int \frac{1}{\sqrt{a^2 - x^2}} dx \, (a > 0)$.

解
$$\int \frac{1}{\sqrt{a^2-x^2}} \, dx = \frac{1}{a} \int \frac{1}{\sqrt{1-\left(\frac{x}{a}\right)^2}} dx$$

$$= \int \frac{1}{\sqrt{1-\left(\frac{x}{a}\right)^2}} d\left(\frac{x}{a}\right)$$

$$= \arcsin \frac{x}{a} + C.$$

例 4.22 求 $\int \frac{1}{\sqrt{x-x^2}} dx$.

解 方法一 $\quad \int \frac{1}{\sqrt{x-x^2}} dx = \int \frac{1}{\sqrt{\frac{1}{4} - \left(x - \frac{1}{2}\right)^2}} d\left(x - \frac{1}{2}\right)$

$$= \arcsin(2x-1) + C.$$

方法二 $\quad \int \frac{1}{\sqrt{x-x^2}} dx = \int \frac{1}{\sqrt{x(1-x)}} dx$

$$= 2\int \frac{1}{2\sqrt{x} \cdot \sqrt{1-x}} dx$$

$$= 2\int \frac{1}{\sqrt{1-(\sqrt{x})^2}} d(\sqrt{x})$$

$$= 2\arcsin\sqrt{x} + C.$$

思考：例 4.22 按照不同的方法计算出不同的结论，哪个是正确的？为什么？

4.2.2 有理函数的不定积分

设 $P_n(x)$ 和 $Q_m(x)$ 为两个多项式，则称

$$R(x) = \frac{P_n(x)}{Q_m(x)} = \frac{a_0 x^n + a_1 x^{n-1} + \cdots + a_n}{b_0 x^m + b_1 x^{m-1} + \cdots + b_m}$$

为有理函数，其中 m, n 为非负整数；$a_0, a_1, \cdots, a_n$ 及 $b_0, b_1, \cdots, b_m$ 都是实数，且 $a_0 \neq 0$，$b_0 \neq 0$；$P_n(x)$ 和 $Q_m(x)$ 互质。当 $n < m$ 时，称有理函数 $R(x)$ 为真分式，否则称为假分式。当有理函数 $R(x)$ 是假分式时，可以用多项式的除法或拆分的办法，把假分式化为一个多项式与一个真分式之和。

例如，

$$\frac{x^3 + 5x^2 + 9x + 7}{x^2 + 3x + 2} = x + 2 + \frac{x+3}{x^2 + 3x + 2}.$$

我们已经会求多项式的积分，因此只需讨论真分式的积分。由代数学知识知道，可以将真分式中的分母，即多项式 $Q_m(x)$ 在实数范围内分解成一次因式（如 $(x-a)^k$）和二次质因式（如 $(x^2+px+q)^l, p^2-4q<0$）的乘积，然后进一步将真分式裂项成若干个简单分式的代数和，其中每个简单分式称为部分分式，具体如下。

（1）当分母 $Q_m(x)$ 中含有 $(x-a)^k$ 时，部分分式中所含对应项为

$$\frac{A_1}{x-a} + \frac{A_2}{(x-a)^2} + \cdots + \frac{A_k}{(x-a)^k}.$$

（2）当分母 $Q_m(x)$ 中含有 $(x^2+px+q)^l$ 时，部分分式所含对应项为
$$\frac{B_1x+C_1}{x^2+px+q}+\frac{B_2x+C_2}{(x^2+px+q)^2}+\cdots+\frac{B_lx+C_l}{(x^2+px+q)^l}.$$
把所有的部分分式加起来，使之等于 $R(x)$，从而利用待定系数法确定常系数 A_i, B_j, C_j，$1 \le i \le k, 1 \le j \le l$.

例 4.23 求 $\int \dfrac{1}{a^2-x^2}\mathrm{d}x$.

解
$$\int \frac{1}{a^2-x^2}\mathrm{d}x = \int \frac{1}{(a-x)(a+x)}\mathrm{d}x$$
$$= \frac{1}{2a}\int\left(\frac{1}{a+x}+\frac{1}{a-x}\right)\mathrm{d}x$$
$$= \frac{1}{2a}(\ln|a+x|-\ln|a-x|)+C$$
$$= \frac{1}{2a}\ln\left|\frac{x+a}{x-a}\right|+C.$$

类似地，可得
$$\int \frac{1}{x^2-a^2}\mathrm{d}x = \frac{1}{2a}\ln\left|\frac{x-a}{x+a}\right|+C.$$

例 4.24 求 $\int \dfrac{\mathrm{d}x}{x^2-x-12}$.

解 因为
$$\frac{1}{x^2-x-12}=\frac{1}{7}\cdot\frac{(x+3)-(x-4)}{(x+3)(x-4)}=\frac{1}{7}\left(\frac{1}{x-4}-\frac{1}{x+3}\right),$$
所以
$$\int \frac{\mathrm{d}x}{x^2-x-12}=\frac{1}{7}\int\frac{\mathrm{d}(x-4)}{x-4}-\frac{1}{7}\int\frac{\mathrm{d}(x+3)}{x+3}=\frac{1}{7}\ln\left|\frac{x-4}{x+3}\right|+C.$$

例 4.25 求 $\int \dfrac{\mathrm{d}x}{9x^2+12x+4}$.

解
$$\int \frac{\mathrm{d}x}{9x^2+12x+4}=\frac{1}{3}\int\frac{\mathrm{d}(3x+2)}{(3x+2)^2}=-\frac{1}{3(3x+2)}+C.$$

例 4.26 求 $\int \dfrac{2x-3}{x^2+2x+4}\mathrm{d}x$.

解 注意式中 $2x+2$ 恰好是分母的导数，即 $2x+2=(x^2+2x+4)'$，于是有
$$\int \frac{2x-3}{x^2+2x+4}\mathrm{d}x=\int\frac{2x+2}{x^2+2x+4}\mathrm{d}x-5\int\frac{1}{x^2+2x+4}\mathrm{d}x$$
$$=\int\frac{\mathrm{d}(x^2+2x+4)}{x^2+2x+4}-5\int\frac{1}{(x+1)^2+(\sqrt{3})^2}$$

$$= \ln|x^2 + 2x + 4| - \frac{5}{\sqrt{3}} \arctan \frac{x+1}{\sqrt{3}} + C.$$

上述题型常用的公式为

$$\int \frac{\varphi'(x)}{\varphi(x)} \mathrm{d}x = \int \frac{1}{\varphi(x)} \mathrm{d}\varphi(x) = \ln|\varphi(x)| + C,$$

$$\int \frac{\varphi'(x)}{\varphi^2(x)} \mathrm{d}x = \int \frac{1}{\varphi^2(x)} \mathrm{d}\varphi(x) = -\frac{1}{\varphi(x)} + C.$$

4.2.3 三角函数的不定积分

例 4.27 求 $\int \sec x \mathrm{d}x$.

解 方法一
$$\int \sec x \mathrm{d}x = \int \frac{1}{\cos x} \mathrm{d}x$$
$$= \int \frac{\cos x}{\cos^2 x} \mathrm{d}x$$
$$= \int \frac{1}{1 - \sin^2 x} \mathrm{d}(\sin x)$$
$$= \frac{1}{2} \ln \left| \frac{1 + \sin x}{1 - \sin x} \right| + C$$
$$= \frac{1}{2} \ln \left| \frac{(1 + \sin x)^2}{\cos^2 x} \right| + C$$
$$= \ln|\sec x + \tan x| + C.$$

方法二
$$\int \sec x \mathrm{d}x = \int \frac{\sec x (\sec x + \tan x)}{\sec x + \tan x} \mathrm{d}x$$
$$= \int \frac{\sec^2 x + \sec x \tan x}{\sec x + \tan x} \mathrm{d}x$$
$$= \int \frac{1}{\sec x + \tan x} \mathrm{d}(\sec x + \tan x)$$
$$= \ln|\sec x + \tan x| + C.$$

类似地,有

$$\int \csc x \mathrm{d}x = \ln|\csc x - \cot x| + C.$$

例 4.28 求 $\int \sec^6 x \mathrm{d}x$.

解
$$\int \sec^6 x \mathrm{d}x = \int \sec^4 x \mathrm{d}\tan x = \int (1 + \tan^2 x)^2 \mathrm{d}\tan x$$
$$= \int 1 + 2\tan^2 x + \tan^4 x \mathrm{d}\tan x$$
$$= \tan x + \frac{1}{3} \tan^3 x + \frac{1}{5} \tan^5 x + C.$$

例 4.29 求 $\int \dfrac{\mathrm{d}x}{\sin^2 x \cos^2 x}$.

解
$$\int \dfrac{\mathrm{d}x}{\sin^2 x \cos^2 x} = \int \csc^2 x \,\mathrm{d}\tan x$$
$$= \int \left(1 + \dfrac{1}{\tan^2 x}\right) \mathrm{d}\tan x$$
$$= \tan x - \dfrac{1}{\tan x} + C$$
$$= \tan x - \cot x + C.$$

例 4.30 求 $\int \sin^2 x \cos^2 x \,\mathrm{d}x$.

解
$$\int \sin^2 x \cos^2 x \,\mathrm{d}x = \dfrac{1}{4}\int \sin^2 2x \,\mathrm{d}x$$
$$= \dfrac{1}{8}\int (1 - \cos 4x)\,\mathrm{d}x$$
$$= \dfrac{x}{8} - \dfrac{1}{32}\sin 4x + C.$$

例 4.31 求 $\int \sin 2x \sin 3x \,\mathrm{d}x$.

解 由积化和差公式
$$\sin \alpha \sin \beta = -\dfrac{1}{2}[\cos(\alpha+\beta) - \cos(\alpha-\beta)]$$

得
$$\int \sin 2x \sin 3x \,\mathrm{d}x = -\dfrac{1}{2}\int (\cos 5x - \cos x)\,\mathrm{d}x$$
$$= -\dfrac{1}{10}\sin 5x + \dfrac{1}{2}\sin x + C.$$

例 4.32 求 $\int \cos^5 x \,\mathrm{d}x$.

解
$$\int \cos^5 x \,\mathrm{d}x = \int \cos^4 x \,\mathrm{d}\sin x$$
$$= \int (1 - \sin^2 x)^2 \,\mathrm{d}\sin x$$
$$= \int 1 - 2\sin^2 x + \sin^4 x \,\mathrm{d}\sin x$$
$$= \sin x - \dfrac{2}{3}\sin^3 x + \dfrac{1}{5}\sin^5 x + C.$$

例 4.33 求 $\int \sin^2 x \cos^3 x \,\mathrm{d}x$.

解
$$\int \sin^2 x \cos^3 x \,\mathrm{d}x = \int \sin^2 x \cos^2 x \,\mathrm{d}\sin x$$

$$= \int \sin^2 x (1 - \sin^2 x) \mathrm{d}\sin x$$

$$= \int \sin^2 x - \sin^4 x \mathrm{d}\sin x$$

$$= \frac{1}{3}\sin^3 x - \frac{1}{5}\sin^5 x + C.$$

例 4.33 中使用的积分即可推广为一般形式：

$$\int \sin^{2n+1} x \cos^m x \mathrm{d}x = -\int (1 - \cos^2 x)^n \cos^m x \mathrm{d}\cos x,$$

被积函数可看作关于 $\cos x$ 的多项式；

$$\int \sin^m x \cos^{2n+1} x \mathrm{d}x = \int \sin^m x (1 - \sin^2 x)^n \mathrm{d}\sin x,$$

被积函数可看作关于 $\sin x$ 的多项式，其中 $m, n \in \mathbf{N}$.

例 4.34 求 $\int \cos^4 x \mathrm{d}x$.

解 利用倍角公式化简得

$$\int \cos^4 x \mathrm{d}x = \int \left(\frac{1 + \cos 2x}{2}\right)^2 \mathrm{d}x$$

$$= \frac{1}{4} \int (1 + 2\cos 2x + \cos^2 2x) \mathrm{d}x$$

$$= \frac{1}{4} \int \left(1 + 2\cos 2x + \frac{1 + \cos 4x}{2}\right) \mathrm{d}x$$

$$= \frac{1}{4} \int \left(\frac{3}{2} + 2\cos 2x + \frac{1}{2}\cos 4x\right) \mathrm{d}x$$

$$= \frac{3}{8}x + \frac{1}{4}\sin 2x + \frac{1}{32}\sin 4x + C.$$

注：例 4.34 中使用的积分技巧可推广为一般形式：

$$\int \cos^{2n} x \mathrm{d}x, \int \sin^{2n} x \mathrm{d}x (n \in \mathbf{N}).$$

思考：形如 $\int \cos^{2n+1} x \mathrm{d}x, \int \sin^{2n+1} x \mathrm{d}x (n \in \mathbf{N})$ 的积分怎么计算？

例 4.35 求 $\int \sin^2 x \cos^4 x \mathrm{d}x$.

解 由降幂公式得

$$\int \sin^2 x \cos^4 x \mathrm{d}x = \frac{1}{8} \int (1 - \cos 2x)(1 + \cos 2x)^2 \mathrm{d}x$$

$$= \frac{1}{8} \int (1 + \cos 2x - \cos^2 2x - \cos^3 2x) \mathrm{d}x$$

$$= \frac{1}{8} \int (1 + \cos 2x) \mathrm{d}x - \frac{1}{8} \int \cos^2 2x \mathrm{d}x - \frac{1}{8} \int \cos^3 2x \mathrm{d}x$$

$$= \frac{1}{8}\int(1+\cos 2x)\mathrm{d}x - \frac{1}{16}\int(1+\cos 4x)\mathrm{d}x$$

$$-\frac{1}{16}\int(1-\sin^2 2x)\mathrm{d}\sin 2x$$

$$= \frac{1}{16}x - \frac{1}{64}\sin 4x + \frac{1}{48}\sin^3 2x + C.$$

例 4.35 中使用的积分技巧可推广为一般形式：

$$\int \sin^{2n}x \cos^{2m}x \mathrm{d}x = \frac{1}{2^{n+m}}\int(1-\cos 2x)^n(1+\cos 2x)^m \mathrm{d}x (k,n \in \mathbf{N}),$$

被积函数可看作关于 $\cos 2x$ 的多项式.

由以上例题读者不难体会到,凑微分法(第一类积分换元法)是一种非常灵活的积分方法,它始终贯穿着"逆向思维".

习 题 4.2(A)

1. 若 $\int f(x)\mathrm{d}x = F(x) + C$,则 $\int \sin x f(\cos x)\mathrm{d}x =$ (   )

(A) $F(\sin x) + C$ (B) $-F(\sin x) + C$

(C) $F(\cos x) + C$ (D) $-F(\cos x) + C$

2. $\int f'\left(\dfrac{1}{x}\right)\dfrac{1}{x^2}\mathrm{d}x =$ (   )

(A) $f\left(-\dfrac{1}{x}\right) + C$ (B) $-f\left(-\dfrac{1}{x}\right) + C$

(C) $f\left(\dfrac{1}{x}\right) + C$ (D) $-f\left(\dfrac{1}{x}\right) + C$

3. $\int \dfrac{1}{\mathrm{e}^x + \mathrm{e}^{-x}}\mathrm{d}x =$ (   )

(A) $\arctan \mathrm{e}^x + C$ (B) $\arctan \mathrm{e}^{-x} + C$

(C) $\mathrm{e}^x - \mathrm{e}^{-x} + C$ (D) $\ln(\mathrm{e}^x + \mathrm{e}^{-x}) + C$

4. 若 $\int f(x)\mathrm{d}x = \sin x + C$,则 $\int xf(1-x^2)\mathrm{d}x =$ (   )

(A) $2\sin(1-x^2) + C$ (B) $-2\sin(1-x^2)^2 + C$

(C) $\dfrac{1}{2}\sin(1-x^2) + C$ (D) $-\dfrac{1}{2}\sin(1-x^2) + C$

5. 设 $\int xf(x)\mathrm{d}x = \arcsin x + C$,则 $\int \dfrac{1}{f(x)}\mathrm{d}x =$ (   )

(A) $\dfrac{1}{3}\sqrt{(1-x^2)^3}+C$ (B) $\dfrac{1}{3}(1-x^2)^3+C$

(C) $-\dfrac{1}{3}\sqrt{(1-x^2)^3}+C$ (D) $-\dfrac{1}{3}(1-x^2)^3+C$

习 题 4.2(B)

1. 利用第一类换元积分法求下列不定积分.

(1) $\displaystyle\int \dfrac{1}{x^2-2x+2}dx$; (2) $\displaystyle\int \dfrac{dx}{\sqrt{x^2+2x+2}}$; (3) $\displaystyle\int e^{2x}dx$;

(4) $\displaystyle\int (1-2x)^3 dx$; (5) $\displaystyle\int \dfrac{dx}{3-4x}$; (6) $\displaystyle\int \dfrac{1}{\sqrt{x(1-x)}}dx$;

(7) $\displaystyle\int \dfrac{2+\ln x}{x}dx$; (8) $\displaystyle\int \dfrac{dx}{x\ln^2 x}$; (9) $\displaystyle\int \dfrac{\tan x}{\sqrt{\cos x}}dx$;

(10) $\displaystyle\int \dfrac{dx}{\sqrt{x(4-x)}}$; (11) $\displaystyle\int \dfrac{e^x}{e^x+1}dx$; (12) $\displaystyle\int \left(e^{3x+1}+\dfrac{2e^x}{1+e^{2x}}\right)dx$;

(13) $\displaystyle\int \dfrac{4x}{x^2+1}dx$; (14) $\displaystyle\int \dfrac{x}{\sqrt{2x^2+9}}dx$; (15) $\displaystyle\int x^2\cos(x^3+3)dx$;

(16) $\displaystyle\int \dfrac{1}{x\ln^2 x}dx$; (17) $\displaystyle\int \dfrac{e^{-2\sqrt{x}}}{2\sqrt{x}}dx$; (18) $\displaystyle\int \dfrac{\arctan\sqrt[3]{x}}{\sqrt{x}(1+x)}dx$;

(19) $\displaystyle\int \dfrac{x\,dx}{\sqrt{4-7x^2}}$; (20) $\displaystyle\int \dfrac{\sqrt[3]{\arcsin x}}{\sqrt{1-x^2}}dx$; (21) $\displaystyle\int \dfrac{2^x}{1+2^x+4^x}dx$;

(22) $\displaystyle\int \cos^3 x\,dx$; (23) $\displaystyle\int \dfrac{\sqrt{1-x^2}}{\sin x\cos x}dx$; (24) $\displaystyle\int \cot\sqrt{x^2+1}\,\dfrac{x}{\sqrt{x^2-1}}dx$;

(25) $\displaystyle\int \cos^3 x\sin^3 x\,dx$; (26) $\displaystyle\int \dfrac{\sin x}{2\sqrt{\cos x}}dx$; (27) $\displaystyle\int \dfrac{1-\ln\dfrac{1}{x}}{(x\ln x)^2}dx$;

(28) $\displaystyle\int \sin^2 x\cos^5 x\,dx$; (29) $\displaystyle\int \sin^4 x\,dx$; (30) $\displaystyle\int \tan^5 x\sec^4 x\,dx$;

(31) $\displaystyle\int \tan^3 x\sec^6 x\,dx$.

4.3 第二类换元积分法

知识衔接

写出第一类换元积分法公式 $\int f[\varphi(x)]\varphi'(x)\mathrm{d}x = $ _____.

不定积分 $\int \dfrac{1}{a^2-x^2}\mathrm{d}x = $ _____.

不定积分 $\int \dfrac{1}{\sqrt{a^2-x^2}}\mathrm{d}x$ 能否按照上题的方法计算 _____.

遇见带根号的函数进行不定积分时,如果采用之前的直接积分法或者是第一类换元积分法来进行计算时,可能会很复杂甚至难以计算,这种形式函数的不定积分可以采用将无理函数的积分通过变量代换化为有理式的积分的方法进行计算,这也就是第二类换元积分法的思想所在.

4.3.1 第二类换元积分法

若在定理 4.3 条件中增加条件 $\varphi'(x) \neq 0$,则定理 4.3 的逆命题成立,即

定理 4.4 设 $u=\varphi(x)$ 在区间 I 上可导,$\varphi(I)=J$,$\boxed{\varphi'(x) \neq 0}$,则当 $f(\varphi(x))\varphi'(x)$ 有原函数 $F(x)$ 时,有换元公式

$$\int f(u)\mathrm{d}u \xrightarrow{u=\varphi(x)} \int f[\varphi(x)]\varphi'(x)\mathrm{d}x = F(x) + c \xrightarrow{x=\varphi^{-1}(u)} F[\varphi^{-1}(u)] + C \quad (4.2)$$

成立,其中 $x=\varphi^{-1}(u)$ 是 $u=\varphi(x)$ 的反函数.

证 因为 $F'(x)=f(\varphi(x))\varphi'(x)$,所以由复合函数及反函数求导法则知

$$\{F[\varphi^{-1}(u)]+C\}' = \dfrac{\mathrm{d}F(x)}{\mathrm{d}x} \cdot \dfrac{\mathrm{d}x}{\mathrm{d}u}$$

$$= \dfrac{\mathrm{d}F(x)}{\mathrm{d}x} \cdot \dfrac{1}{\dfrac{\mathrm{d}u}{\mathrm{d}x}}$$

$$= f[\varphi(x)]\varphi'(x) \cdot \dfrac{1}{\varphi'(x)}$$

$$= f(u),$$

对上式积分便得换元积分公式(4.2).

注:1)换元积分公式(4.2)通常被称为**第二类换元积分公式**.事实上,它是**第一类换元积分公式的逆向换元公式**.

2)第一类换元积分法的本质是**由外层函数的原函数求复合函数原函数**,特征为"凑

微分";而**第二类换元积分法**的本质是**由复合函数原函数求外层函数的原函数**,特征为"**换、必还元**".直观上如下.

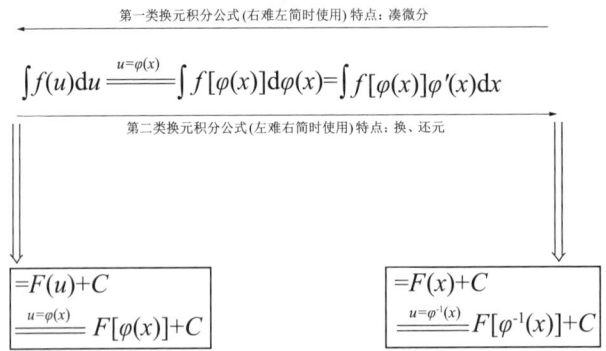

3)在证明上二者均为复合函数微分法的逆,只是第二类换元积分法比第一类换元积分法多了反函数求导而已.

第二类换元积分法常用于如下基本类型.

4.3.2 三角代换

使用三角代换的一般规律见下表.

被积函数所含因子	可作代换	辅助直角三角形示意图
$\sqrt{a^2-x^2}$	$x=a\sin t\left(0\leq t\leq\dfrac{\pi}{2}\right)$	图 4-2
$\sqrt{a^2+x^2}$	$x=a\tan t\left(0\leq t\leq\dfrac{\pi}{2}\right)$	图 4-3
$\sqrt{x^2-a^2}$	$x=a\sec t\left(0\leq t\leq\dfrac{\pi}{2}\right)$	图 4-4

注:以上三种不定积分类型代换不唯一,方法也不唯一.

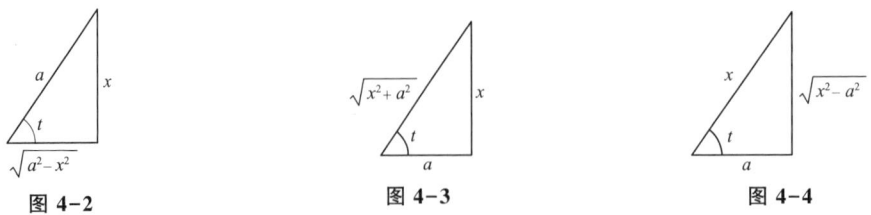

图 4-2　　　　　　　图 4-3　　　　　　　图 4-4

例 4.36　求 $\displaystyle\int\sqrt{a^2-x^2}\,\mathrm{d}x\,(a>0)$.

解　令 $x=a\sin t\left(-\dfrac{\pi}{2}\leq t\leq\dfrac{\pi}{2}\right)$,如图 4-2 所示,则

$$\int\sqrt{a^2-x^2}\,\mathrm{d}x = \int\sqrt{a^2-a^2\sin^2 t}\,\mathrm{d}(a\sin t)$$

$$= a^2\int\cos^2 t\,\mathrm{d}t = a^2\int\dfrac{1+\cos 2t}{2}\mathrm{d}t$$

$$= a^2\left(\frac{1}{2}t + \frac{1}{4}\sin 2t\right) + C$$

$$\xrightarrow{\text{还元}} a^2\left(\frac{1}{2}\arcsin\frac{x}{a} + \frac{2}{4}\cdot\underbrace{\frac{x}{a}}_{\sin t}\cdot\underbrace{\frac{\sqrt{a^2-x^2}}{a}}_{\cos t}\right) + C$$

$$= \frac{x}{2}\sqrt{a^2-x^2} + \frac{a^2}{2}\arcsin\frac{x}{a} + C.$$

例 4.37 求 $\int\dfrac{\mathrm{d}x}{\sqrt{x^2+a^2}}(a>0)$.

解 令 $x=a\tan t, -\dfrac{\pi}{2}<t<\dfrac{\pi}{2}$, 如图 4-3 所示, 则

$$\int\frac{\mathrm{d}x}{\sqrt{x^2+a^2}} = \int\frac{1}{\sqrt{a^2\tan^2 t+a^2}}\mathrm{d}a\tan x$$

$$= \int\frac{a\sec^2 t}{a\sec t}\mathrm{d}t = \int\sec t\mathrm{d}t$$

$$= \ln|\sec t + \tan t| + C_1$$

$$\xrightarrow{\text{辅助三角还元法(图 4-3)}} \ln\left|\frac{\sqrt{x^2+a^2}}{a} + \frac{x}{a}\right| + C_1$$

$$= \ln(x + \sqrt{x^2+a^2}) + C,$$

其中 $C = C_1 - \ln a$.

例 4.38 求 $\int\dfrac{\mathrm{d}x}{\sqrt{x^2-a^2}}(a>0)$.

解 令 $x=a\sec t\left(0<t<\dfrac{\pi}{2}\right)$, 如图 4-4 所示, 则

$$\int\frac{\mathrm{d}x}{\sqrt{x^2-a^2}} = \int\frac{1}{\sqrt{(a\sec x)^2-a^2}}\mathrm{d}a\sec x$$

$$= \int\frac{a\sec t\tan t}{a\tan t}\mathrm{d}t = \int\sec t\,\mathrm{d}t$$

$$= \ln|\sec t + \tan t| + C_1$$

$$= \ln\left|\frac{x}{a} + \frac{\sqrt{x^2-a^2}}{a}\right| + C_1$$

$$= \ln\left|x + \sqrt{x^2-a^2}\right| + C,$$

其中 $C = C_1 - \ln a$.

类似地, 当 $x<-a$ 时, 令 $x=a\sec t\left(-\dfrac{\pi}{2}<t<0\right)$ 仍有上述结论.

例 4.39 求 $\int\dfrac{\mathrm{d}x}{x\sqrt{x^2-a^2}}(a>0)$.

解 当 $x>a$ 时,

$$\int \frac{\mathrm{d}x}{x\sqrt{x^2-a^2}} = \int \frac{\mathrm{d}x}{x^2\sqrt{1-\frac{a^2}{x^2}}} = -\frac{1}{a}\int \frac{\mathrm{d}\frac{a}{x}}{\sqrt{1-\frac{a^2}{x^2}}} = -\frac{1}{a}\arcsin\frac{a}{x} + C;$$

当 $x<-a$ 时,

$$\int \frac{\mathrm{d}x}{x\sqrt{x^2-a^2}} = -\frac{1}{a}\arcsin\frac{a}{t} + C = -\frac{1}{a}\arcsin\left(-\frac{a}{x}\right) + C,$$

于是

$$\int \frac{\mathrm{d}x}{x\sqrt{x^2-a^2}} = -\frac{1}{a}\arcsin\frac{a}{|x|} + C.$$

注:以上依据图 4-2、4-3、4-4 这类辅助三角形进行还元的方法,统称为辅助三角还元法.

为了计算积分方便起见,以下结果可作为积分公式使用:

(1) $\int \tan x \mathrm{d}x = -\ln|\cos x| + C.$

(2) $\int \cot x \mathrm{d}x = \ln|\sin x| + C.$

(3) $\int \sec x \mathrm{d}x = \ln|\sec x + \tan x| + C.$

(4) $\int \csc x \mathrm{d}x = \ln|\csc x - \cot x| + C.$

(5) $\int \frac{\mathrm{d}x}{a^2+x^2} = \frac{1}{a}\arctan\frac{x}{a} + C.$

(6) $\int \frac{\mathrm{d}x}{a^2-x^2} = \frac{1}{2a}\ln\left|\frac{a+x}{a-x}\right| + C.$

(7) $\int \frac{\mathrm{d}x}{x^2-a^2} = \frac{1}{2a}\ln\left|\frac{a-x}{a+x}\right| + C.$

(8) $\int \frac{\mathrm{d}x}{\sqrt{a^2-x^2}} = \arcsin\frac{x}{a} + C.$

(9) $\int \frac{\mathrm{d}x}{\sqrt{x^2 \pm a^2}} = \ln\left|x + \sqrt{x^2 \pm a^2}\right| + C.$

(10) $\int \sqrt{a^2-x^2}\,\mathrm{d}x = \frac{x}{2}\sqrt{a^2-x^2} + \frac{a^2}{2}\arcsin\frac{x}{a} + C.$

以上公式中常数 $a>0$.

4.3.3 简单无理函数的积分

无理函数的积分除少数使用凑微分法积分外,更多的是采用第二类换元积分法化无理式积分为有理式积分.

根式代换是计算简单无理函数积分的常见方法,根式代换的一般思路是化无理式积分为有理式积分,且易于从代换中解出 x 的有理表达式.

常见的积分题型为

$$\underbrace{\int f(\sqrt[n]{ax+b})\mathrm{d}x}_{\text{无理式积分}} \xrightarrow[\underbrace{\text{则 } x = \frac{1}{a}(t^n - b)}_{\text{转化}}]{\text{令 } t = \sqrt[n]{ax+b}} \underbrace{\frac{n}{a}\int f(t)t^{n-1}\mathrm{d}t}_{\text{有理式积分}} = \cdots.$$

常见无理函数的变换类型如下表.

类型	被积函数积分特征		所作变换
1	$R\left(x, \sqrt[n]{\dfrac{ax+b}{cx+d}}\right)$ ($ad-bc\neq 0$)型		$\sqrt[n]{\dfrac{ax+b}{cx+d}}=t$,若含有多个无理式时,取最小公倍数.
2	$R(x, \sqrt{ax^2+bx+c})$ 型 ($a>0$ 时,$b^2-4ac\neq 0$; $a<0$ 时,$b^2-4ac>0$)	方法一 将 ax^2+bx+c 配方变换为右边已知三种积分类型	$R(u,\sqrt{u^2+k^2})$;$R(u,\sqrt{u^2-k^2})$;$R(u,\sqrt{k^2-u^2})$ 且分别用 $u=k\tan t$,$u=\sec t$,$u=k\sin t$ 变换成三角有理积分.
		方法二 欧拉变换	令 $\sqrt{ax^2+bx+c}=\sqrt{a}x\pm t$($a>0$) 化无理为有理
			令 $\sqrt{ax^2+bx+c}=xt\pm\sqrt{c}$($c>0$) 化无理为有理

例 4.40 求 $\displaystyle\int \frac{\mathrm{d}x}{1+\sqrt{2x+1}}$.

解 令 $\sqrt{2x+1}=t$,则 $x=\dfrac{1}{2}(t^2-1)$,$\mathrm{d}x=t\mathrm{d}t$,于是

$$\int \frac{\mathrm{d}x}{1+\sqrt{2x+1}} = \int \frac{t}{1+t}\mathrm{d}t$$

$$= \int \left(1 - \frac{1}{1+t}\right)\mathrm{d}t = [t - \ln(1+t)] + C$$

$$= [\sqrt{2x+1} - \ln(1+\sqrt{2x+1})] + C.$$

例 4.41 求 $\displaystyle\int \frac{\mathrm{e}^{2x}}{\sqrt{\mathrm{e}^x+1}}\mathrm{d}x$.

解 令 $\sqrt{\mathrm{e}^x+1}=t$,则 $x=\ln(t^2-1)$,$\mathrm{d}x=\dfrac{2x}{x^2-1}\mathrm{d}x$,于是

$$\int \frac{\mathrm{e}^{2x}\mathrm{d}x}{\sqrt{\mathrm{e}^x+1}} = \int \frac{(t^2-1)^2}{t} \cdot \frac{2t}{t^2-1}\mathrm{d}t$$

$$= 2\int (t^2-1)\mathrm{d}t = \frac{2}{3}t^3 - 2t + C$$

$$= \frac{2}{3}(\mathrm{e}^x+1)^{\frac{3}{2}} - 2(\mathrm{e}^x+1)^{\frac{1}{2}} + C.$$

例 4.42 求 $\displaystyle\int \frac{\mathrm{d}x}{\sqrt{x}-\sqrt[3]{x}}$.

解 令 $\sqrt[6]{x}=t$,则 $x=t^6$,$\mathrm{d}x=6t^5\mathrm{d}t$,于是

$$\int \frac{\mathrm{d}x}{\sqrt{x} - \sqrt[3]{x}} = \int \frac{1}{t^3 - t^2} \mathrm{d}t^6$$

$$= 6\int \frac{t^5}{t^3 - t^2} \mathrm{d}t$$

$$= 6\int \left(t^2 + t + 1 + \frac{1}{t-1}\right) \mathrm{d}t + C$$

$$= 6\left(\frac{1}{3}t^3 + \frac{1}{2}t^2 + t + \ln|t-1|\right) + C$$

$$= 2\sqrt{x} + 3\sqrt[3]{x} + 6\sqrt[6]{x} + \ln|\sqrt[6]{x} - 1| + C.$$

例 4.43 求 $\int \frac{1}{x}\sqrt{\frac{x+1}{x-1}} \mathrm{d}x$.

解 令 $t = \sqrt{\frac{x+1}{x-1}}$,则 $x = \frac{t^2+1}{t^2-1}, \mathrm{d}x = \frac{-4t}{(t^2-1)^2} \mathrm{d}t$,于是

$$\int \frac{1}{x}\sqrt{\frac{x+1}{x-1}} \mathrm{d}x = \int \frac{t^2-1}{t^2+1} \cdot t \cdot \frac{-4t}{(t^2-1)^2} \mathrm{d}t$$

$$= -2\int \left(\frac{1}{t^2-1} + \frac{1}{1+t^2}\right) \mathrm{d}t$$

$$= \ln\left|\frac{t+1}{t-1}\right| - 2\arctan t + C$$

$$= \ln\left|\frac{\sqrt{x+1} + \sqrt{x-1}}{\sqrt{x+1} - \sqrt{x-1}}\right| - 2\arctan \sqrt{\frac{x+1}{x-1}} + C.$$

例 4.44 求 $\int \frac{\mathrm{d}x}{x\sqrt{x^2-x+1}}$.

分析:本题为常见无理函数的变换类型 2,可使用欧拉变换积分.

解 令 $\sqrt{x^2-x+1} = x-t$,则 $x = \frac{t^2-1}{2t-1}, \mathrm{d}x = \frac{2(t^2-t+1)}{(2t-1)^2} \mathrm{d}t$,于是

$$\int \frac{\mathrm{d}x}{x\sqrt{x^2-x+1}} = -2\int \frac{1}{t^2-1} \mathrm{d}t$$

$$= -\ln\left|\frac{t-1}{t+1}\right| + C$$

$$= \ln\left|\frac{\sqrt{x^2-x+1} - x - 1}{\sqrt{x^2-x+1} - x + 1}\right| + C.$$

4.3.4 倒代换

当被积函数分母中关于积分变量 x 的幂指数比分子至少高二次幂时,可考虑使用倒代换.

例 4.45 求 $\int \frac{x+1}{x^2\sqrt{x^2-1}} \mathrm{d}x$.

解 当 $x>1$ 时，令 $\dfrac{1}{x}=t$，则 $x=\dfrac{1}{t}$，$\mathrm{d}x=-\dfrac{1}{t^2}\mathrm{d}t$，于是

$$\int\dfrac{x+1}{x^2\sqrt{x^2-1}}\mathrm{d}x = \int t^3\dfrac{\dfrac{1}{t}+1}{\sqrt{1-t^2}}\cdot\dfrac{-1}{t^2}\mathrm{d}t$$

$$= -\int\dfrac{1}{\sqrt{1-t^2}}\mathrm{d}t + \int\dfrac{1}{2\sqrt{1-t^2}}\mathrm{d}(1-t^2)$$

$$= -\arcsin t + \sqrt{1-t^2} + C$$

$$= -\arcsin\dfrac{1}{x} + \dfrac{\sqrt{x^2-1}}{x} + C.$$

类似地，当 $x<-1$ 时，

$$\int\dfrac{x+1}{x^2\sqrt{x^2-1}}\mathrm{d}x = -\arcsin\dfrac{1}{-x} + \dfrac{\sqrt{x^2-1}}{x} + C.$$

故

$$\int\dfrac{x+1}{x^2\sqrt{x^2-1}}\mathrm{d}x = -\arcsin\dfrac{1}{|x|} + \dfrac{\sqrt{x^2-1}}{x} + C.$$

例 4.46 求 $\int\dfrac{1}{x(x^8+2)}\mathrm{d}x$.

解 令 $\dfrac{1}{x}=t$，则 $x=\dfrac{1}{t}$，$\mathrm{d}x=-\dfrac{1}{t^2}\mathrm{d}t$，于是

$$\int\dfrac{1}{x(x^8+1)}\mathrm{d}x = \int\dfrac{1}{\dfrac{1}{t}\left(\dfrac{1}{t^8}+1\right)}\cdot\dfrac{-1}{t^2}\mathrm{d}t$$

$$= -\int\dfrac{t^7}{1+t^8}\mathrm{d}t$$

$$= -\dfrac{1}{8}\int\dfrac{1}{1+t^8}\mathrm{d}(1+t^8)$$

$$= -\dfrac{1}{8}\ln(1+t^8) + C$$

$$= -\dfrac{1}{8}\ln\left(1+\dfrac{1}{x^8}\right) + C.$$

4.3.5 指数代换

当被积函数是由指数元素 e^x, a^x 构成的代数式时，可考虑使用指数代换．

例 4.47 求 $\int\dfrac{3^x}{1+3^x+9^x}\mathrm{d}x$.

解 令 $3^x=t$，则 $x=\log_3 t$，$\mathrm{d}x=\dfrac{1}{t\ln 3}\mathrm{d}t$，于是

$$\int \frac{3^x}{1+3^x+9^x}dx = \int \frac{t}{1+t+t^2} \cdot \frac{1}{t\ln 3}dt$$

$$= \frac{1}{\ln 3}\int \frac{1}{1+t+t^2}dt$$

$$= \frac{1}{\ln 3}\int \frac{1}{\left(t+\frac{1}{2}\right)^2 + \frac{3}{4}}d\left(t+\frac{1}{2}\right)$$

$$= \frac{2}{\sqrt{3}\ln 3}\arctan \frac{2t+1}{\sqrt{3}} + C$$

$$= \frac{2}{\sqrt{3}\ln 3}\arctan \frac{2 \cdot 3^x + 1}{\sqrt{3}} + C.$$

例 4.48 求 $\int \frac{1}{e^x + e^{3x}}dx$.

解 令 $e^x = t$,则 $x = \ln t, dx = \frac{1}{t}dt$,于是

$$\int \frac{1}{e^x + e^{3x}}dx = \int \frac{1}{t+t^3} \cdot \frac{1}{t}dt$$

$$= \int \frac{1}{t^2(1+t^2)}dt$$

$$= \int \left(\frac{1}{t^2} - \frac{1}{1+t^2}\right)dt$$

$$= -\frac{1}{t} - \arctan t + C$$

$$= -e^{-x} - \arctan e^x + C.$$

4.3.6 可化为有理函数的积分

三角函数有理式是指由三角函数和常数经过有限次四则运算所构成的函数,一般形式为 $R(\sin x,\cos x)$. 这里我们考虑对 $\int R(\sin x,\cos x)dx$ 作变换,令 $\tan \frac{x}{2} = t$(也称为万能代换),则

$$\sin x = 2\sin \frac{x}{2} \cdot \cos \frac{x}{2} = \frac{2\sin \frac{x}{2}}{\cos \frac{x}{2}} \cdot \frac{1}{\sec^2 \frac{x}{2}} = \frac{2\tan \frac{x}{2}}{1+\tan^2 \frac{x}{2}} = \frac{2t}{1+t^2},$$

$$\cos x = 2\frac{1}{\sec^2 \frac{x}{2}} - 1 = \frac{2}{1+t^2} - 1 = \frac{1-t^2}{1+t^2},$$

$$dx = d(2\arctan t) = \frac{2}{1+t^2}dt,$$

故

$$\int R(\sin x, \cos x)\,\mathrm{d}x = \int R\left(\frac{2t}{1+t^2}, \frac{1-t^2}{1+t^2}\right)\frac{2}{1+t^2}\mathrm{d}t,$$

将三角有理式的积分化为有理函数的不定积分.

例 4.49 求 $\int \dfrac{\mathrm{d}x}{2+\cos x}$.

解 令 $t = \tan \dfrac{x}{2}$，则

$$\int \frac{\mathrm{d}x}{2+\cos x} = \int \frac{1}{2 + \dfrac{1-t^2}{1+t^2}} \cdot \frac{2}{1+t^2}\mathrm{d}t$$

$$= \int \frac{2}{3+t^2}\mathrm{d}t$$

$$= \frac{2}{\sqrt{3}}\arctan \frac{t}{\sqrt{3}} + C$$

$$= \frac{2}{\sqrt{3}}\arctan\left(\frac{1}{\sqrt{3}}\tan \frac{x}{2}\right) + C.$$

例 4.50 求 $\int \dfrac{\mathrm{d}x}{1+\sin x+\cos x}$.

解 令 $t = \tan \dfrac{x}{2}$，则

$$\int \frac{\mathrm{d}x}{1+\sin x+\cos x} = \int \frac{1}{1+\dfrac{2t}{1+t^2}+\dfrac{1-t^2}{1+t^2}} \cdot \frac{2}{1+t^2}\mathrm{d}t$$

$$= \int \frac{\mathrm{d}t}{t+1}$$

$$= \ln|t+1| + C$$

$$= \ln\left|\tan \frac{x}{2} + 1\right| + C.$$

以上是使用第二类换元积分法计算积分的常见类型，其他方法就不一一介绍了.

习 题 4.3(A)

1. 计算不定积分 $\int f(\sqrt{x^2-a^2})\,\mathrm{d}x$ 时，令 （　　）

(A) $x = a\sin t$ (B) $x = a\tan t$

(C) $x = a\sec t$ (D) $\sqrt{a^2-x^2} = t$

2. 不定积分 $\int \sqrt{a^2-x^2}\,dx =$ （　　）

(A) $\dfrac{a^2}{2}\arccos\dfrac{x}{a}+\dfrac{1}{2}x\sqrt{a^2-x^2}+C$　　(B) $\dfrac{a^2}{2}\arcsin\dfrac{x}{a}+\dfrac{1}{2}x\sqrt{a^2-x^2}+C$

(C) $\dfrac{a^2}{2}\arcsin\dfrac{x}{a}-\dfrac{1}{2}x\sqrt{a^2-x^2}+C$　　(D) $\dfrac{a^2}{2}\arccos\dfrac{x}{a}-\dfrac{1}{2}x\sqrt{a^2-x^2}+C$

3. 不定积分 $\int \dfrac{dx}{\sqrt{x^2+a^2}} =$ （　　）

(A) $\ln(x-\sqrt{x^2-a^2})+C$　　(B) $\ln(x-\sqrt{x^2+a^2})+C$

(C) $\ln(x+\sqrt{x^2-a^2})+C$　　(D) $\ln(x+\sqrt{x^2+a^2})+C$

4. 不定积分 $\int \dfrac{dx}{1+\sqrt{2x}} =$ （　　）

(A) $\sqrt{2x}+\ln(1+\sqrt{2x})+C$　　(B) $\sqrt{2x}-\ln(1+\sqrt{2x})+C$

(C) $\sqrt{2x}+\ln(1-\sqrt{2x})+C$　　(D) $\sqrt{2x}-\ln(1-\sqrt{2x})+C$

5. 不定积分 $\int \dfrac{x}{\sqrt{x-1}}\,dx =$ （　　）

(A) $\dfrac{2}{3}\sqrt{(x-1)^3}-2\sqrt{x-1}+C$　　(B) $-\dfrac{2}{3}\sqrt{(x-1)^3}-2\sqrt{x-1}+C$

(C) $\dfrac{2}{3}\sqrt{(x-1)^3}+2\sqrt{x-1}+C$　　(D) $-\dfrac{2}{3}\sqrt{(x-1)^3}+2\sqrt{x-1}+C$

习 题 4.3(B)

1. 利用第二类换元积分法求下列不定积分.

(1) $\int \dfrac{1}{x\sqrt{x^2-1}}\,dx$；

(2) $\int \dfrac{\sqrt{x^2-16}}{x}\,dx$；

(3) $\int \dfrac{x^2\,dx}{\sqrt{1-x^2}}$；

(4) $\int \dfrac{x+1}{x^2+2x+17}\,dx$；

(5) $\int \dfrac{dx}{x^2-2x-3}$；

(6) $\int \dfrac{2x-1}{x^2+3x+2}\,dx$；

(7) $\int \dfrac{dx}{4x^2+4x+3}$；

(8) $\int \dfrac{x+\arctan^2 x}{x^2+1}\,dx$；

(9) $\int \dfrac{1}{x^2\sqrt{1-x^2}}\,dx$；

(10) $\int \dfrac{x^2}{x+4}\,dx$；

(11) $\int \dfrac{dx}{1+\sqrt{3x}}$；

(12) $\int \dfrac{dx}{1+\sqrt{1-x^2}}$；

(13) $\int \sqrt{\dfrac{1+x}{1-x}}\,dx$；

(14) $\int \dfrac{1}{\sqrt{x}+\sqrt[3]{x}}\,dx$；

(15) $\int \dfrac{1}{e^x-e^{-x}}\,dx$；

$(16) \int \dfrac{\mathrm{d}x}{\sqrt{(x^2+1)^3}}$; $(17) \int \dfrac{x^3}{\sqrt{1+x^2}}\mathrm{d}x$; $(18) \int \dfrac{10^{2\arccos x}}{\sqrt{1-x^2}}\mathrm{d}x$.

2. 设 $f(\ln x)=\dfrac{\ln(1+x)}{x}$，计算 $\int f(x)\mathrm{d}x$.

3. 求 $\int \dfrac{\mathrm{d}x}{(2x^2+1)\sqrt{x^2+1}}$.

4. 设 $x=y(x-y)^2$，求 $\int \dfrac{\mathrm{d}x}{x-3y}$.

5. 求 $\int \dfrac{\mathrm{d}x}{\sin 2x+2\sin x}$.

4.4 分部积分法

知识衔接

$[u(x)v(x)]' = $ _____.

$(u \cdot v)^{(n)} = $ _____.

写出第一类换元积分法公式 $\int f[\varphi(x)]\varphi'(x)\mathrm{d}x = $ _____.

对乘积求导公式进行积分运算即可得到求不定积分非常有效的分部积分公式，即"逆用积的求导规则就得到分部积分规则". 分部积分法的价值在于改变积分结构，化繁为简，主要解决两种不同类型函数乘积或具有递推、循环特征的积分问题.

由乘积求导法则知

$$[u(x)v(x)]' = u'(x)v(x) + u(x)v'(x),$$

整理得

$$u(x)v'(x) = [u(x)v(x)]' - u'(x)v(x),$$

积分得

$$\int u(x)v'(x)\mathrm{d}x = u(x)v(x) - \int u'(x)v(x)\mathrm{d}x.$$

于是有以下定理.

定理 4.5(分部积分公式) 若函数 $u(x)$ 与 $v(x)$ 可导，且 $\int u'(x)v(x)\mathrm{d}x$ 存在，则

$$\int u(x)v'(x)\mathrm{d}x = u(x)v(x) - \int u'(x)v(x)\mathrm{d}x, \tag{4.3}$$

简记为

$$\int uv' dx = uv - \int v du = uv - \int u'v dx.$$

公式(4.3)称为**分部积分公式**.

注：1) 通常讲的分部积分法是指通过分部积分公式将困难积分 $\int u dv$ 转化为简单积分 $\int v du$.

2) 使用分部积分法的关键在于正确选择 u 和 v. 一般地，容易积分的部分选作 v，求导后简单的部分选作 u，二者不能兼顾的前者优先，且总体 $u'v$ 要比 uv' 容易积出，至少难度相当. 简单地说，分部积分法中一般选取 u,v 的次序为"反、对、幂、指、三"（前者为 u，后者为 v).

一般地，根据被积函数的特点，分部积分法主要使用于如下几种基本类型.

类型 1：$\int P_n(x) e^{ax} dx, \int P_n(x) \sin(ax+b) dx, \int P_n(x) \cos(ax+b) dx$ (a,b 为常数)，$P_n(x)$ 为 n 次多项式，且常选 $P_n(x)$ 为 u，相应其余部分为 dv.

例 4.51 求 $\int xe^x dx$.

解
$$\int xe^x dx = \int x de^x = xe^x - e^x + C.$$

思考：若在该题中选 $u = e^x$ 可以吗？为什么？

例 4.52 求 $\int x^2 \cos x dx$.

解 $\int x^2 \cos x dx = \int \underbrace{x^2}_{u:\text{幂}} \underbrace{d\sin x}_{v:\text{三角}} \xrightarrow{\text{分部积分}} x^2 \sin x - \int \underbrace{\sin x}_{v} \underbrace{dx^2}_{u}$

$\qquad = x^2 \sin x - 2\int x \sin x dx$

$\qquad = x^2 \sin x + 2\int x d\cos x \xrightarrow{\text{再次使用分部积分}} x^2 \sin x + 2x\cos x - 2\int \cos x dx$

$\qquad = x^2 \sin x + 2x\cos x - 2\sin x + C.$

思考：若在该题中选 $u = \cos x$ 可以吗？为什么？

类型 2：$\int P_n(x)(\ln x)^k dx, \int P_n(x)(\arcsin x)^k dx, \int P_n(x)(\arctan x)^k dx$ (a,b,k 为常数)，$P_n(x)$ 为 n 次多项式. 当 $k=1$ 时，选 $P_n(x) dx$ 为 dv，相应其余部分为 u；当 k 取大于 1 的整数时，常对 $\ln x$，$\arcsin x$，$\arctan x$ 进行变量代换转化为类型 1.

例 4.53 求 $\int \ln x dx$.

解
$$\int \underbrace{\ln x}_{u:\text{对}} \underbrace{dx}_{v:\text{幂}} = x\ln x - \int x d\ln x$$
$$= x\ln x - \int x \cdot \frac{1}{x} dx$$

$$= x\ln x - x + C.$$

例 4.54 求 $\int x^2 \arctan x \, dx$.

解
$$\int x^2 \arctan x \, dx = \frac{1}{3}\int \arctan x \, dx^3$$
$$= \frac{1}{3}x^3 \arctan x - \frac{1}{3}\int x^3 \cdot \frac{1}{1+x^2} dx$$
$$= \frac{1}{3}x^3 \arctan x - \frac{1}{3}\int \left(x - \frac{x}{1+x^2}\right) dx$$
$$= \frac{1}{3}x^3 \arctan x - \frac{1}{6}x^2 + \frac{1}{6}\ln(1+x^2) + C.$$

在同一积分问题中,有时需要使用多种不同方法,如下例.

例 4.55 求 $\int e^{\sqrt{x}} dx$.

解
$$\int e^{\sqrt{x}} dx \xrightarrow[\text{则 } x = t^2]{\text{令 } \sqrt{x} = t} \int e^t dt^2$$
$$= 2\int te^t dt = 2\int t \, de^t$$
$$= 2\left(te^t - \int e^t dt\right) = 2(te^t - e^t) + C$$
$$= 2(\sqrt{x} - 1)e^{\sqrt{x}} + C.$$

> 类型 3:$\int e^{kx}\sin(ax+b)dx, \int e^{kx}\cos(ax+b)dx$ (a,b,k 为常数),且 u,dv 的选取任意,习惯常选 $e^{kx}dx$ 为 dv,相应其余部分为 u. 该类型具有循环特征.

例 4.56 求 $\int e^x \cos x \, dx$.

解
$$\int e^x \cos x \, dx = \int \cos x \, de^x$$
$$= e^x \cos x + \int e^x \sin x \, dx$$
$$= e^x \cos x + \int \sin x \, de^x$$
$$= e^x \cos x + e^x \sin x - \int e^x \cos x \, dx,$$

因此
$$\int e^x \cos x \, dx = \frac{1}{2}e^x(\sin x + \cos x) + C.$$

想一想,若在该题中选 $u = e^x$ 可以吗？经过若干次分部积分后,出现原来所求的积分,这种现象通常称为"循环积分",这在积分计算中是经常遇见的,下面再看一例.

例 4.57 求 $\int \sqrt{a^2 + x^2} \, dx$.

解
$$\int \sqrt{a^2 + x^2}\, dx = x\sqrt{a^2 + x^2} - \int x \cdot \frac{x}{\sqrt{a^2 + x^2}}\, dx$$

$$= x\sqrt{a^2 + x^2} - \int \sqrt{a^2 + x^2}\, dx + a^2 \int \frac{1}{\sqrt{a^2 + x^2}}\, dx$$

$$= x\sqrt{a^2 + x^2} + a^2 \ln(x + \sqrt{a^2 + x^2}) - \int \sqrt{a^2 + x^2}\, dx,$$

所以

$$\int \sqrt{a^2 + x^2}\, dx = \frac{1}{2} x\sqrt{a^2 + x^2} + \frac{a^2}{2} \ln(x + \sqrt{a^2 + x^2}) + C.$$

类似地,有

$$\int \sqrt{x^2 - a^2}\, dx = \frac{1}{2} x\sqrt{x^2 - a^2} - \frac{a^2}{2} \ln|x + \sqrt{x^2 - a^2}| + C,$$

$$\int \sqrt{a^2 - x^2}\, dx = \frac{1}{2} x\sqrt{a^2 - x^2} + \frac{a^2}{2} \arcsin \frac{x}{a} + C.$$

> 类型 4:递推公式.

例 4.58 求 $I_n = \int \sec^n x\, dx\, (n > 2)$ 的递推公式.

解
$$I_n = \int \sec^n x\, dx$$

$$= \int \sec^{n-2} x\, d\tan x$$

$$= \sec^{n-2} x \tan x - \int \tan x\, d\sec^{n-2} x$$

$$= \sec^{n-2} x \tan x - (n-2) \int \tan^2 x \sec^{n-2} x\, dx$$

$$= \sec^{n-2} x \tan x - (n-2) \left(\int \sec^n x\, dx - \int \sec^{n-2} x\, dx \right)$$

$$= \sec^{n-2} x \tan x - (n-2)(I_n - I_{n-2}),$$

所以

$$I_n = \frac{1}{n-1} \sec^{n-2} x \tan x + \frac{n-2}{n-1} I_{n-2}\, (n > 2).$$

由递推公式 $I_n = \frac{1}{n-1} \sec^{n-2} x \tan x + \frac{n-2}{n-1} I_{n-2}\, (n > 2)$ 不难计算积分

$$\int \sec^3 x\, dx = \frac{1}{2} \sec x \tan x + \frac{1}{2} \ln|\sec x + \tan x| + C.$$

例 4.59 求 $I_n = \int \frac{1}{(x^2 + a^2)^n}\, dx\, (n \geq 2)$ 的递推公式.

解
$$I_n = \int \frac{1}{(x^2 + a^2)^n}\, dx$$

$$= \frac{1}{a^2} \int \frac{x^2 + a^2 - x^2}{(x^2 + a^2)^n}\, dx$$

$$= \frac{1}{a^2}\int \frac{1}{(x^2+a^2)^{n-1}}dx - \frac{1}{a^2}\int \frac{x^2}{(x^2+a^2)^n}dx$$

$$= \frac{1}{a^2}I_{n-1} - \frac{1}{2a^2(1-n)}\int xd\frac{1}{(x^2+a^2)^{n-1}}$$

$$= \frac{1}{a^2}I_{n-1} - \frac{1}{2a^2(1-n)}\left(\frac{x}{(x^2+a^2)^{n-1}} - \int \frac{1}{(x^2+a^2)^{n-1}}dx\right)$$

$$= \frac{1}{a^2}I_{n-1} - \frac{1}{2a^2(1-n)}\left(\frac{x}{(x^2+a^2)^{n-1}} - I_{n-1}\right),$$

整理得

$$I_n = \frac{x}{a^2(n-1)(x^2+a^2)^{n-1}} + \frac{2n-3}{2a^2(n-1)}I_{n-1}.$$

类型 5:抽象函数的不定积分.

含抽象函数的不定积分常用换元法或分部积分法计算之. 若积分式中含导数因子,则往往将导数因子放在微分符号后边.

例 4.60 若 $f(x)$ 的一个原函数为 $\dfrac{x}{\ln x}$,求 $\int xf'(x)dx$.

解 因为 $f(x) = \left(\dfrac{x}{\ln x}\right)'$,所以

$$\int xf'(x)dx = \int xdf(x) = xf(x) - \int f(x)dx$$

$$= x\left(\frac{x}{\ln x}\right)' - \int \left(\frac{x}{\ln x}\right)'dx$$

$$= \frac{x(\ln x - 1)}{\ln^2 x} - \frac{x}{\ln x} + C.$$

例 4.61 求 $\int \left[\dfrac{f(x)}{f'(x)} - \dfrac{f^2(x)f''(x)}{(f'(x))^3}\right]dx$,其中 $f''(x)$ 为连续函数.

解 $\int \left[\dfrac{f(x)}{f'(x)} - \dfrac{f^2(x)f''(x)}{(f'(x))^3}\right]dx = \int \dfrac{f(x)}{f'(x)}\left(\dfrac{(f'(x))^2 - f(x)f''(x)}{(f'(x))^2}\right)dx$

$$= \int \frac{f(x)}{f'(x)}d\frac{f(x)}{f'(x)}$$

$$= \frac{1}{2}\left(\frac{f(x)}{f'(x)}\right)^2 + C.$$

推论 4.1(分部积分推广公式) 若函数 $u(x)$ 与 $v(x)$ 具有 $n+1$ 阶连续导数,则

$$\int uv^{(n+1)}dx = uv^{(n)} - u'v^{(n-1)} + u''v^{(n-2)} - \cdots + (-1)^{n+1}\int u^{(n+1)}vdx. \qquad (4.4)$$

连续使用 n 次分部积分即可证明上式,公式(4.4)常使用于较复杂积分.

例 4.62 求 $\int x\arcsin^2 xdx$.

解 令 $t = \arcsin x$,则 $x = \sin t$,于是

$$\int x \arcsin^2 x \, dx = \int t^2 \sin t \cos t \, dt$$

$$= \frac{1}{2} \int t^2 \sin 2t \, dt$$

$$= -\frac{1}{4}\left(t^2 \cos 2t - t \cdot \sin 2t - \frac{1}{2}\cos 2t\right) + C \text{(使用公式 4.4)}$$

$$= -\frac{1}{4}\left[(1-2x^2)\arcsin^2 x - 2x\sqrt{1-x^2}\arcsin x - \frac{1}{2}(1-2x^2)\right] + C.$$

由以上各题不难看出,分部积分法所使用的技巧可大致归为降幂(阶)、升幂(阶)、循环、递推四类.

注:无论是基本积分方法还是基本积分类型的积分技巧,其本质作用均在于将积分对象化复杂为简单,化未知为已知.

因为初等函数的原函数不一定是初等函数,所以某些初等函数虽然在定义区间上可积,但是在初等函数的范围内原函数却是不存在的,使用前者介绍的方法是"积不出来"的(因为这些初等函数的原函数不能用初等函数来表示). 例如,

$$\int \frac{\sin x}{x} dx(\text{工程}), \int e^{-x^2} dx(\text{概率}), \int e^{\frac{a}{x}} dx, \int \frac{1}{\ln x} dx, \int \frac{1}{\sqrt{1+x^4}} dx, \int \sin x^2 dx(\text{折射}),$$

$$\int \sqrt{1-k^2\sin^2 x}\, dx (0 < k^2 < 1)(\text{弧长}), 等等(刘维尔已于 1835 年证明).$$

至此,我们已经介绍了不定积分的基本积分方法和基本积分类型、技巧. 除此之外,求不定积分时也可(经过适当变形后)根据被积函数的类型直接在附录中的积分表内查得所需的结果,或使用 Maple、Matlab、Mathematica 等数学软件进行积分运算,限于高等数学研究的范围和任务,在此不予介绍.

习 题 4.4(A)

1. 设 e^{-x} 是 $f(x)$ 的一个原函数,则 $\int x f(x) dx =$ (   )

(A) $e^{-x}(1-x)+C$ (B) $e^{-x}(1+x)+C$

(C) $e^{-x}(x-1)+C$ (D) $-e^{-x}(1+x)+C$

2. 设 $\frac{\sin x}{x}$ 为 $f(x)$ 的原函数,则 $\int x f'(x) dx =$ (   )

(A) $\frac{x\cos x - 2\sin x}{x} + C$ (B) $-\frac{\cos x + 2\sin x}{x} + C$

(C) $\frac{\cos x - \sin x}{x} + C$ (D) $\frac{\cos x}{x} + C$

3. 已知 $f'(e^x) = 1+x$，则 $f(x) =$ (   )

(A) $1 + \ln x + C$ (B) $x + \dfrac{1}{2}x^2 + C$

(C) $\ln x + \dfrac{1}{2}\ln^2 x + C$ (D) $x \ln x + C$

4. 已知函数 $f(x) = \begin{cases} 2(x-1), & x < 1, \\ \ln x, & x \geqslant 1, \end{cases}$ 则 $f(x)$ 的一个原函数是   (   )

(A) $F(x) = \begin{cases} (x-1)^2, & x < 1, \\ x(\ln x - 1), & x \geqslant 1 \end{cases}$ (B) $F(x) = \begin{cases} (x-1)^2, & x < 1, \\ x(\ln x + 1) - 1, & x \geqslant 1 \end{cases}$

(C) $F(x) = \begin{cases} (x-1)^2, & x < 1, \\ x(\ln x + 1) + 1, & x \geqslant 1 \end{cases}$ (D) $F(x) = \begin{cases} (x-1)^2, & x < 1, \\ x(\ln x - 1) + 1, & x \geqslant 1 \end{cases}$

5. $\displaystyle\int \dfrac{\ln(1 + e^x)}{e^x} dx =$ (   )

(A) $e^x \ln(1+e^x) - \ln(1+e^{-x}) + C$ (B) $-e^{-x}\ln(1+e^x) - \ln(1+e^{-x}) + C$

(C) $-e^{-x}\ln(1+e^x) + \ln(1+e^{-x}) + C$ (D) $e^{-x}\ln(1+e^x) + \ln(1+e^{-x}) + C$

习 题 4.4(B)

1. 求下列不定积分.

(1) $\displaystyle\int x \sin 2x\, dx$；   (2) $\displaystyle\int x^2 \cos x\, dx$；   (3) $\displaystyle\int x^2 e^{-x}\, dx$；

(4) $\displaystyle\int \arcsin x\, dx$；   (5) $\displaystyle\int \dfrac{\ln \sin x}{\sin^2 x}\, dx$；   (6) $\displaystyle\int \dfrac{x^2}{1+x^2} \arctan x\, dx$；

(7) $\displaystyle\int x^2 \ln x\, dx$；   (8) $\displaystyle\int \cos \ln x\, dx$；   (9) $\displaystyle\int x^2 \arctan x\, dx$；

(10) $\displaystyle\int \dfrac{\ln x}{\sqrt{x}}\, dx$；   (11) $\displaystyle\int x \cos^2 x\, dx$；   (12) $\displaystyle\int x \tan^2 x\, dx$；

(13) $\displaystyle\int e^{ex} \cos bx\, dx$；   (14) $\displaystyle\int \dfrac{\ln x - 1}{x^2}\, dx$；   (15) $\displaystyle\int \dfrac{\ln x}{(1-x)^2}\, dx$；

(16) $\displaystyle\int \dfrac{\ln^2 x}{x^2}\, dx$；   (17) $\displaystyle\int \ln^2 x\, dx$；   (18) $\displaystyle\int \ln(\cos x)\, dx$.

2. 求 $\displaystyle\int x f'''(x)\, dx$，其中 $f''(x)$ 为连续函数.

3. 若 $F'(x) = f(x)$，且当 $x \geqslant 0$ 时，$F(0) = 1$，$F(x) > 0$，$f(x) F(x) = \dfrac{x e^x}{2(1+x)^2}$，求 $\displaystyle\int f(x)\, dx$.

4. 求 $\int \dfrac{\arctan \mathrm{e}^x}{\mathrm{e}^{2x}} \mathrm{d}x$.

5. 求 $\int \mathrm{e}^x \arcsin \sqrt{1-\mathrm{e}^{2x}}\, \mathrm{d}x$.

6. 求 $\int \dfrac{\arcsin \sqrt{x} + \ln x}{\sqrt{x}} \mathrm{d}x$.

7. 已知曲线 $y=f(x)$ 过点 $\left(0, -\dfrac{1}{2}\right)$，且其上任一点 (x,y) 处的切线斜率为 $x\ln(1+x^2)$，求 $f(x)$.

8. 设 $f(\sin^2 x) = \dfrac{x}{\sin x}$，求 $\int \dfrac{\sqrt{x}}{\sqrt{1-x}} f(x) \mathrm{d}x$.

9. 设 $F(x)$ 是 $f(x)$ 的原函数，且当 $x \geq 0$ 时，有 $f(x)F(x) = \sin^2 2x$；又 $F(0)=1$，$F(x) \geq 0$，求 $f(x)$.

自测题(四)

一、选择题.

1. 设 $f(x)$ 是 $g(x)$ 的原函数，则下列各式中正确的是 （　　）

(A) $\int f'(x) \mathrm{d}x = g(x) + C$ (B) $\int g(x) \mathrm{d}x = f(x) + C$

(C) $\int f(x) \mathrm{d}x = g(x) + C$ (D) $\int g'(x) \mathrm{d}x = f(x) + C$

2. 设 $f(x)$ 为连续函数，且 $\int f(x) \mathrm{d}x = F(x) + C$，则下列各式中正确的是 （　　）

(A) $\int f(\mathrm{e}^x) \mathrm{d}x = F(\mathrm{e}^x) + C$ (B) $\int f(\ln 2x) \dfrac{1}{x} \mathrm{d}x = F(\ln 2x) + C$

(C) $\int f(3x+2) \mathrm{d}x = F(3x+2) + C$ (D) $\int f(x^2) \mathrm{d}x = F(x^2) + C$

3. 设 $\int \dfrac{x}{f(x)} \mathrm{d}x = \ln(1+x) + C$，则 $\int \dfrac{f(x)}{x} \mathrm{d}x =$ （　　）

(A) $\dfrac{x^2}{2} + \dfrac{x^3}{3} + C$ (B) $\dfrac{\ln(1+x)}{x} + C$

(C) $\dfrac{1}{\ln(1+x)} + C$ (D) $x + \dfrac{x^2}{2} + C$

4. 若 $\int f'(x^3) \mathrm{d}x = x^3 + C$，则 $f(x) =$ （　　）

(A) $x^3 + C$ (B) $x + C$

(C) $\dfrac{9}{5}x^{\frac{5}{3}}+C$ (D) $\dfrac{2}{3}x^{\frac{5}{3}}+C$

5. 设 $\int f(x)\mathrm{d}x = \sqrt{2x^2+1} + C$，则 $\int xf(2x^2+1)\mathrm{d}x =$ (　　)

(A) $\dfrac{1}{4}\sqrt{2x^2+1}+C$ (B) $\dfrac{1}{2}\sqrt{2x^2+1}+C$

(C) $x\sqrt{2x^2+1}+C$ (D) $\dfrac{1}{4}\sqrt{2(2x^2+1)^2+1}+C$

6. 若 $\sin 2x$ 是 $f(x)$ 的一个原函数，则 $\int xf(x)\mathrm{d}x =$ (　　)

(A) $x\sin 2x - \dfrac{1}{2}\cos 2x + C$ (B) $x\sin 2x - \cos 2x + C$

(C) $x\sin 2x + \cos 2x + C$ (D) $x\sin 2x + \dfrac{1}{2}\cos 2x + C$

二、填空题.

7. 设 $f'(\ln x) = 1+x(x>0)$，则 $f(x) =$ _____.

8. 设 $f(x)$ 是连续函数，则 $\int f'(x)\mathrm{d}x =$ _____.

9. 若 $\dfrac{2}{1+x^2}f(x) = \dfrac{\mathrm{d}}{\mathrm{d}x}[f(x)]^2$，且 $f(0)=0$，则 $f(x) =$ _____.

10. 已知 $\int f(x)\mathrm{d}x = \sin x + x + C$，则 $\int e^x f(e^x+1)\mathrm{d}x =$ _____.

11. 设 $\int f(x)\mathrm{d}x = F(x) + C$，则 $\int xf'(x)\mathrm{d}x =$ _____.

12. 设 $F(x)$ 是 $f(x)$ 的一个原函数，则 $\int e^{-x}f(e^{-x})\mathrm{d}x =$ _____.

13. 已知 $F(x)$ 是 $\dfrac{\sin x}{x}$ 的一个原函数，则 $\mathrm{d}(F(x^2)) =$ _____.

14. 已知一曲线在各点的切线斜率为其切点横坐标的 3 倍，且通过点 $(0,1)$，此曲线方程为 _____.

三、计算题.

15. $\int \dfrac{\cot x}{1+\sin x}\mathrm{d}x$；

16. $\int \dfrac{\mathrm{d}x}{x(x^6+4)}$；

17. $\int \dfrac{\mathrm{d}x}{\sin 2x + 2\sin x}$；

18. $\int \dfrac{\mathrm{d}x}{(\arcsin x)^2 \sqrt{1-x^2}}$；

19. $\int x^2 \cos^2 \dfrac{x}{2}\mathrm{d}x$；

20. $\int e^{2x}\arctan\sqrt{e^x-1}\,\mathrm{d}x$.

四、解答题.

21. 设 $\int f(x)\mathrm{d}x = \sin x + c$，计算 $\int \dfrac{f(\arcsin x)}{\sqrt{1-x^2}}\mathrm{d}x$.

22. 已知 $f(x)$ 的一个原函数为 $(1+\sin x)\ln x$,求 $\int x f'(x)\mathrm{d}x$.

23. 设 $I_n = \int \tan^n x\mathrm{d}x$,求 $I_2 + I_4$.

24. 已知某家电的边际成本函数为 $C'(x) = 8\mathrm{e}^{2x}$,固定成本为 $C(0) = 200$,求成本函数.

25. 设 $f(x)$ 为单调连续函数,$f^{-1}(x)$ 为其反函数,且 $F'(x) = f(x)$,求 $\int f^{-1}(x)\mathrm{d}x$.

26. 设 $f(\sin^2 x) = \dfrac{x}{\sin x}$,求 $\int \dfrac{\sqrt{x}}{\sqrt{1-x}} f(x)\mathrm{d}x$.

第 5 章 定积分

扫码查看
- 知识拓展 - 学习秘诀
- 干货精讲 - 精品课程

定积分是微积分的重要组成部分,在数学、物理等自然科学及社会科学中有着广泛的应用.本章首先揭示定积分的本质,然后研究定积分的基本性质、核心理论和计算方法.

5.1 定积分的概念与性质

知识衔接

梯形的面积计算公式为_____.

长方形的面积计算公式为_____.

设某一物体沿直线做匀速运动,运动速度 $v=v(t)$,则其在时间段 $T_1 \leqslant t \leqslant T_2$ 内运动的路程 $s=$ _____.

5.1.1 引例

1. 曲边梯形的面积

所谓曲边梯形是指由非负连续函数 $y=f(x)$,$\forall x \in [a,b]$ 及直线 $x=a$,$x=b$ 与 x 轴所围成的图形(图 5-1),其中曲线 $y=f(x)$ 称为曲边.

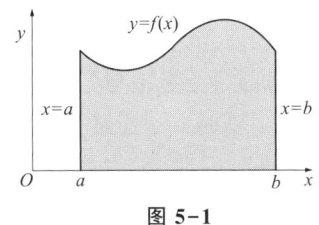

图 5-1

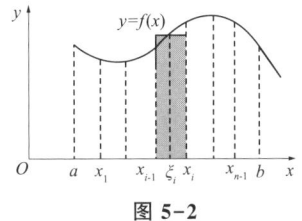

图 5-2

下面求曲边梯形面积.

分析:已知,矩形面积=底×高,而现在面临的问题困难在于曲边梯形的一条边为曲的!事实上,曲与直的关系就像运动与静止的关系一样,二者密切相关.根据曲边连续变化这一条件,知曲边在极短的区间段上起伏变化相当细小,"几乎不变". 因此,最终解决**曲边梯形面积**这一问题的思路为:将分布在区间$[a,b]$上的**曲边梯形面积**这一整体量视为众多微小区间段上对应的**小曲边梯形面积**的和,而每一微小区间段对应的**小曲边梯形面积**用矩形面积公式近似计算,进而求出完整**曲边梯形面积**的近似值,然后通过逐渐缩小微小区间段的长度让面积误差逐渐缩小,直至为零. 其具体计算步骤如下.

第一步 分割 在区间$[a,b]$中任意插入$n-1$个分点
$$a = x_0 < x_1 < x_2 < \cdots < x_{n-1} < x_n = b,$$
将$[a,b]$分成n个小区间
$$[x_0, x_1], [x_1, x_2], [x_2, x_3], \cdots, [x_{n-1}, x_n],$$
各小区间长度为$\Delta x_i = x_i - x_{i-1}$,其中$i=1,2,\cdots,n-1,n$. 过每个分点作平行于$y$轴的直线,将曲边梯形分成$n$个小曲边梯形.

第二步 近似求和 用底为$[x_{i-1}, x_i]$,高为$f(\xi_i)$的小矩形代替区间$[x_{i-1}, x_i]$上的小曲边梯形(图5-2),则每个小曲边梯形的面积为
$$\Delta S_i \approx f(\xi_i) \Delta x_i, i = 1, 2, \cdots, n,$$
其中ξ_i为$[x_{i-1}, x_i]$中任取的一点,$f(\xi_i)$为ξ_i处的值.

以所有小矩形面积的和作为曲边梯形面积S的近似值,则
$$S \approx f(\xi_1)\Delta x_1 + f(\xi_2)\Delta x_2 + \cdots + f(\xi_n)\Delta x_n = \sum_{i=1}^{n} f(\xi_i)\Delta x_i.$$

第三步 取极限 这是一个从量变到质变的过程,即通过使用极限这一数学工具求出曲边梯形面积的精确值:

记$\|T\| = \max\{\Delta x_1, \Delta x_2, \cdots, \Delta x_n\}$,称为分割$T$的细度或模,则无限分割曲边梯形使每个小曲边梯形的宽度趋于零(相当于$\|T\| \to 0$);用相应矩形面积和代替曲边梯形面积所产生的误差随分割T的细度$\|T\| \to 0$逐渐缩小直至消失,所以曲边梯形的面积为
$$S = \lim_{\|T\| \to 0} \sum_{i=1}^{n} f(\xi_i) \Delta x_i.$$

2. 变速直线运动的路程

若某一物体做变速直线运动,其速度$v = v(t)$是时间t的非负连续函数,求该物体从时刻T_1到时刻T_2运动的路程s.

分析:已知物体做匀速直线运动时:
$$路程 = 速度 \times 时间,$$
而现在面临的问题困难在于物体做变速直线运动! 事实上,变速与匀速的关系就像曲与直、运动与静止的关系一样,二者密切相关. 根据速度v随时间t连续变化这一条件,知该物体在极短的时间段上速度变化相当细小,"几乎匀速". 因此,最终解决变速直线运动的路程这一问题的思路为:将分布在时间段$T_1 \leq t \leq T_2$上的路程这一整体量视为众多微小时间段上的路程和,而每一微小时间段上的路程用匀速直线运动的路程公式计算,进而求出时间段$T_1 \leq t \leq T_2$上的路程近似值,然后通过逐渐缩小微小时间段让路程误差逐渐缩小,直至为零. 其具体计算步骤如下.

第一步 分割 在时间段$[T_1, T_2]$内任意插入$n-1$个分点

$$T_1 = t_0 < t_1 < t_2 < \cdots < t_{n-1} < t_n = T_2,$$

将 $[T_1, T_2]$ 分成 n 个小区间

$$[t_0, t_1], [t_1, t_2], \cdots, [t_{n-1}, t_n],$$

各小区间长度为 $\Delta t_i = t_i - t_{i-1}(i=1,2,\cdots,n)$.

第二步 近似求和 在每一小时段 $[t_{i-1}, t_i]$ 内任取一时刻 ξ_i，以 ξ_i 时刻的速度 $v(\xi_i)$ 作为物体在时段 $[t_{i-1}, t_i]$ 上的平均速度，则物体在该时段上所经过的实际路程为

$$\Delta s_i \approx v(\xi_i)\Delta t_i (i=1,2,\cdots,n).$$

把 n 个小时段上路程 Δs_i 的近似值相加得时段 $[T_1, T_2]$ 上物体经过路程 s 的近似值，即

$$s \approx v(\xi_1)\Delta t_1 + v(\xi_2)\Delta t_2 + \cdots + v(\xi_n)\Delta t_n = \sum_{i=1}^{n} v(\xi_i)\Delta t_i.$$

第三步 取极限 记 $\|T\| = \max\{\Delta t_1, \Delta t_2, \cdots, \Delta t_n\}$，则所求变速直线运动的路程为

$$s = \lim_{\|T\|\to 0} \sum_{i=1}^{n} v(\xi_i)\Delta t_i.$$

5.1.2 定积分的定义

尽管上面讨论的两个实际问题，一个属于几何问题，一个属于物理问题，各自的具体内容相异，但计算的思想方法、式子结构却惊人的一致！即均可按照分割、近似求和、取极限三个步骤将具体问题转化为一种特殊和式的极限：

扫码查看
- 知识拓展 - 学习秘诀
- 干货精讲 - 精品课程

$\lim\limits_{\|T\|\to 0}\sum\limits_{i=1}^{n}f(\xi_i)\Delta x_i$. 实际上，在电子技术、计算机开发、土木工程、化学化工、地理环境、城市规划、历史考古等自然科学与社会科学等领域中类似这样计算分布在一个空间上的不均匀量的积累问题广泛存在. 因此，有必要将引例中"解决问题的数学思想方法"及"特殊和式 $\lim\limits_{\|T\|\to 0}\sum\limits_{i=1}^{n}f(\xi_i)\Delta x_i$ 作为一个重要的"数学模型"进行研究推广、应用，于是给出如下定义.

定义 5.1 设 $f(x)$ 为 $[a,b]$ 上的有界函数，对 $[a,b]$ 作任意的分割 T，即在 $[a,b]$ 中任意插入 $n-1$ 个分点

$$a = x_0 < x_1 < x_2 < \cdots < x_{n-1} < x_n = b,$$

将区间 $[a,b]$ 分成 n 个小区间

$$[x_0, x_1], [x_1, x_2], \cdots, [x_{n-1}, x_n],$$

各小区间长度记为 $\Delta x_i = x_i - x_{i-1}$，其中 $i=1,2,\cdots,n-1,n$.

在小区间 $[x_{i-1}, x_i]$ 上任取一点 $\xi_i(x_{i-1}\leq \xi_i \leq x_i)$，作乘积 $f(\xi_i)\Delta x_i(i=1,2,\cdots,n)$，并写出和式

$$\sum_{i=1}^{n} f(\xi_i)\Delta x_i.$$

记 $\|T\| = \max\{\Delta x_1, \Delta x_2, \cdots, \Delta x_n\}$，称为分割 T 的细度或模. 若无论对 $[a,b]$ 任意的分法 T，及小区间 $[x_{i-1}, x_i]$ 上任取的一点 x_i，只要当 $\|T\|\to 0$ 时，和式 $\sum\limits_{i=1}^{n}f(\xi_i)\Delta x_i$ 总趋于一个确

定的常数 I，则称 $f(x)$ 在 $[a,b]$ 上**黎曼**[①]**可积**，简称**可积**. 极限 I 就称为函数 $f(x)$ 在 $[a,b]$ 上的**定积分**或**黎曼积分**，记作 $\int_a^b f(x)\mathrm{d}x$，即

$$\int_a^b f(x)\mathrm{d}x = \lim_{\|T\|\to 0}\sum_{i=1}^n f(\xi_i)\Delta x_i = I.$$

其中，$\int_a^b$ 为定积分符号，a 为积分下限，b 为积分上限，$[a,b]$ 为积分区间（空间），x 为积分变量，$f(x)$ 叫作被积函数，$f(x)\mathrm{d}x$ 叫作被积表达式（或被积函数 $f(x)$ 原函数的微分），$\mathrm{d}x$ 为长度微元（或 x 的微分），$\sum_{i=1}^n f(\xi_i)\Delta x_i$ 叫作 $f(x)$ 在 $[a,b]$ 上关于分法 T 和 $x_i(i=1,2,\cdots,n)$ 取法的积分和或黎曼和，如图 5-3 所示.

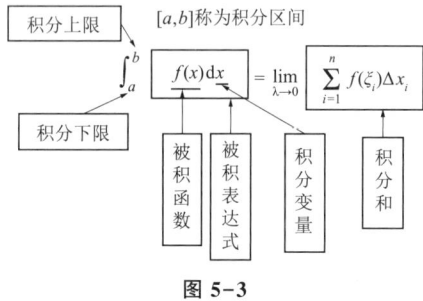

图 5-3

根据定积分的定义，曲边梯形的面积为

$$S = \lim_{\|T\|\to 0}\sum_{i=1}^n f(\xi_i)\Delta x_i = \int_a^b f(x)\mathrm{d}x,$$

变速直线运动的路程为

$$S = \lim_{\|T\|\to 0}\sum_{i=1}^n v(\xi_i)\Delta t_i = \int_a^b v(t)\mathrm{d}t.$$

关于定积分定义作如下几点注释：

（1）定积分是**计算分布在一个空间上的不均匀量的积累问题**的一种数学技术，形式上是一个特殊和式的极限，是一个数，与不定积分有根本的不同，不定积分是一个函数族.

（2）定积分的"ε-δ"定义式：设 $f(x)$ 为 $[a,b]$ 上的一个有界函数，I 是一个确定的实数，若对 $\forall \varepsilon>0$，$\exists \delta>0$，使得对 $[a,b]$ 的任意分法 T，以及 $\forall \xi_i \in \Delta_i (\Delta_i = [x_{i-1},x_i])$，$i=1,2,\cdots,n$，只要 $\|T\|<\delta$，就有

$$\left|\sum_{i=1}^n f(\xi_i)\Delta x_i - I\right| < \varepsilon,$$

则称 $f(x)$ 在 $[a,b]$ 上可积或黎曼可积，数 I 称为 $f(x)$ 在 $[a,b]$ 上的定积分或黎曼积分.

[①] 黎曼（Riemann，1826—1866）德国数学家，也是世界数学史上最具独创精神、思想异常深刻的数学家之一. 他极富于对概念的创造与想象，在其短暂的一生中奠基了复变函数论，创始了黎曼几何并导致另一种非欧几何——椭圆几何学及张量、外微分、联络等现代几何工具的诞生，创造性地完善了微积分理论，开创了用复数解析函数研究数论问题的先河，开拓了组合拓扑，开源了代数几何，在数学物理、微分方程等其他领域也有丰硕成果. 黎曼不但对纯数学作出了划时代的贡献，也是对冲击波作数学处理的第一人，他的工作直接影响了 19 世纪后半期的数学发展.

(3)定积分的值仅与被积函数及积分区间有关,而与积分变量的记法无关,即
$$\int_a^b f(x)\,\mathrm{d}x = \int_a^b f(u)\,\mathrm{d}u = \int_a^b f(t)\,\mathrm{d}t = \int_a^b f(\theta)\,\mathrm{d}\theta = \cdots.$$

(4)若 $f(x)$ 在 $[a,b]$ 上可积,则积分值必唯一. 定积分的值与分法 T 及 x_i 的取法无关,但积分和 $\sum_{i=1}^n f(\xi_i)\Delta x_i$ 则随分法 T 和 $\xi_i(i=1,2,\cdots,n)$ 的取法变化而变化,因此通常记
$$\sigma(T,\xi) = \sum_{i=1}^n f(\xi_i)\Delta x_i.$$

例 5.1 利用积分定义计算定积分 $\int_0^1 x^3 \mathrm{d}x$.

解 在可积的前提下,可选取对 $[0,1]$ 的特殊分割及相应点的特殊选取. 在此选取等分分割 T:将 $[0,1]$ 平均分成 n 份,分点为 $x_i = \dfrac{i}{n}(i=1,2,\cdots,n-1)$,小区间长度 $\Delta x_i = \dfrac{1}{n}$ $(i=1,2,\cdots,n)$;取 $\xi_i = \dfrac{i}{n}(i=1,2,\cdots,n)$,分割 T 的细度 $\|T\| = \max\{\Delta x_1, \Delta x_2, \cdots, \Delta x_n\} = \dfrac{1}{n}$,于是由定积分定义知

$$\begin{aligned}
\int_0^1 x^3 \mathrm{d}x &= \lim_{\|T\|\to 0}\sum_{i=1}^n f(\xi_i)\Delta x_i \\
&= \lim_{n\to\infty}\sum_{i=1}^n \xi_i^3 \Delta x_i = \lim_{n\to\infty}\sum_{i=1}^n \left(\dfrac{i}{n}\right)^3 \cdot \dfrac{1}{n} \\
&= \lim_{n\to\infty}\sum_{i=1}^n \dfrac{1}{n^4} i^3 = \lim_{n\to\infty}\dfrac{1}{n^4}\cdot\left[\dfrac{n(n+1)}{2}\right]^2 \\
&= \dfrac{1}{4}.
\end{aligned}$$

注:1)定积分定义中的极限与普通的极限不同(比普通极限复杂、严格得多),在不同分割下,$\|T\|\to 0$ 时必有 $n\to\infty$;反之,则不然. 只有在已知可积且将 $[a,b]$ n 等分时,$\|T\|\to 0 \Leftrightarrow n\to\infty$. 因此常在已知可积情况下将 $[a,b]$ n 等分且 ξ_i 选取特殊点,将研究的问题转化为定积分计算或将定积分计算转化为普通极限计算.

2)$\sum_{i=1}^n i^2 = \dfrac{1}{6}n(n+1)(2n+1)$;$\sum_{i=1}^n i^3 = (1+2+\cdots+n)^2$.

5.1.3 定积分的几何意义

由引例 1 不难理解,在 $[a,b]$ 上,当 $f(x)\geqslant 0$ 时,由曲线 $y=f(x)$ 及两条直线 $x=a$,$x=b$ 与 x 轴所围成的曲边梯形的面积就等于定积分 $\int_a^b f(x)\mathrm{d}x$;当 $f(x)\leqslant 0$ 时,由曲线 $y=f(x)$ 及两条直线 $x=a$,$x=b$ 与 x 轴所围成的曲边梯形(位于 x 轴的下方)面积的负值等于定积分 $\int_a^b f(x)\mathrm{d}x$. 为了叙述与使用的方便起见,在 x 轴上方的图形面积赋以正号,在 x 轴下方的图形面积赋以负号,当 $f(x)$ 与 x 轴重合时面积为零,则无论 $f(x)$ 取正值、取负值或者

正负都有,定积分 $\int_a^b f(x)\mathrm{d}x$ 的几何意义均可描述为:介于函数 $f(x)$ 的图像、两条直线 $x=a$ 和 $x=b$ 及 x 轴之间的各部分面积的代数和,如图 5-4 所示.

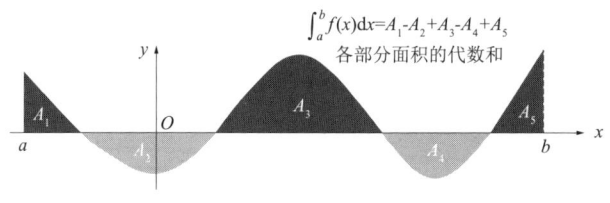

图 5-4

注:1)定积分的几何意义仅是为了理解、应用定积分而引入的意义之一,当然定积分还有物理意义、经济意义等更广泛的意义.

2)由定积分几何意义易知,若在区间 $[a,b]$ 上 $f(x)=1$,则
$$\int_a^b 1\mathrm{d}x = \int_a^b \mathrm{d}x = b-a;$$
若在区间 $[a,b]$ 上 $f(x)=0$,则
$$\int_a^b 0\mathrm{d}x = 0.$$

例 5.2 计算定积分: (1) $\int_0^a \sqrt{a^2-x^2}\mathrm{d}x$; (2) $\int_{-1}^1 |x|\mathrm{d}x$.

分析:由例 5.1 计算知,即使被积函数十分简单,利用定义计算定积分也并不轻松,于是对例 5.2 考虑利用定积分的几何意义计算.

解 由定积分的几何意义知:

(1) 定积分 $\int_0^a \sqrt{a^2-x^2}\mathrm{d}x$ 表示由曲线 $f(x)=\sqrt{a^2-x^2}$ 及直线 $x=0,x=a$ 与 x 轴所围成的曲边梯形(此时为圆 $x^2+y^2\leqslant a^2$ 在第一象限的部分)的面积,如图 5-5 所示,因此
$$\int_0^a \sqrt{a^2-x^2}\mathrm{d}x = \frac{1}{4}\pi a^2.$$

(2) $\int_{-1}^1 |x|\mathrm{d}x$ 表示由 $f(x)=\begin{cases}x, & x\geqslant 0,\\ -x, & x<0,\end{cases}$ $x=\pm 1$ 及 x 轴围成的两个对称三角形的面积,如图 5-6 所示,因此
$$\int_{-1}^1 |x|\mathrm{d}x = 2\times\frac{1}{2}(1\times 1) = 1.$$

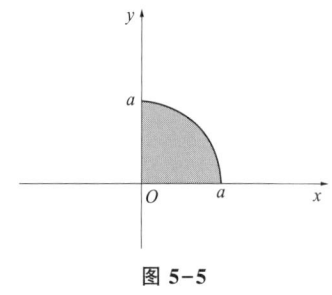

图 5-5

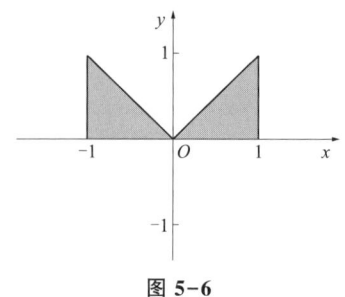

图 5-6

显然,并非所有定积分对应的几何图形面积都像例 5.2 那样容易计算,事实上寥寥无几! 因此,有必要更进一步研究定积分的性质与高效的计算方法.

5.1.4 定积分存在定理

既然定积分这一数学模型可以解决众多科学问题,那么寻找可积的必要、充分条件在理论上就十分重要. 这是一个定积分存在性问题,由引例及定积分定义不难看出可积的必要条件为被积函数有界(这是以后谈论定积分的前提条件);关于可积的充分条件,我们仅给出如下定理.

定理 5.1 若 $f(x)$ 在区间 $[a,b]$ 上连续,则 $f(x)$ 在 $[a,b]$ 上可积.

定理 5.2 若 $f(x)$ 在区间 $[a,b]$ 上有界,且只有有限间断点,则 $f(x)$ 在 $[a,b]$ 上可积.

定理 5.3 若 $f(x)$ 是区间 $[a,b]$ 上的单调函数,则 $f(x)$ 在 $[a,b]$ 上可积.

说明:定理 5.1 的证明将在本章第二节详述,定理 5.2 和 5.3 的证明请参考相关文献. $f(x)$ 在 $[a,b]$ 上黎曼可积时也记作 $f \in R[a,b]$.

5.1.5 定积分的基本性质

由定积分定义知,符号 $\int_a^b f(x)\,dx$ 只有在 $a < b$ 时才有意义. 为了定积分应用上的方便起见,作如下两点规定(事实上可用定义证明下面规定是完全合理的):

(1) 当 $a = b$ 时,$\int_a^b f(x)\,dx = 0$;

(2) 当 $a < b$ 时,$\int_b^a f(x)\,dx = -\int_a^b f(x)\,dx$.

若无特殊说明,本节剩余内容提到的函数均为可积函数.

性质 5.1 $\int_a^b kf(x)\,dx = k\int_a^b f(x)\,dx$ (k 为常数).

证 由定义得

$$\int_a^b kf(x)\,dx = \lim_{\|T\|\to 0}\sum_{i=1}^n kf(\xi_i)\Delta x_i = k\lim_{\|T\|\to 0}\sum_{i=1}^n f(\xi_i)\Delta x_i = k\int_a^b f(x)\,dx.$$

推论 5.1 $\int_a^b k\,dx = k\int_a^b dx = k(b-a)$ (k 为常数).

性质 5.2 $\int_a^b [f(x) \pm g(x)]\,dx = \int_a^b f(x)\,dx \pm \int_a^b g(x)\,dx$.

证 由定义得

$$\int_a^b [f(x) \pm g(x)]\,dx = \lim_{\|T\|\to 0}\sum_{i=1}^n [f(\xi_i) \pm g(\xi_i)]\Delta x_i$$

$$= \lim_{\|T\|\to 0}\left(\sum_{i=1}^n f(\xi_i)\Delta x_i \pm \sum_{i=1}^n g(\xi_i)\Delta x_i\right)$$

$$= \lim_{\|T\|\to 0}\sum_{i=1}^n f(\xi_i)\Delta x_i \pm \lim_{\|T\|\to 0}\sum_{i=1}^n g(\xi_i)\Delta x_i$$

$$= \int_a^b f(x)\,dx \pm \int_a^b g(x)\,dx.$$

注:1) 性质 5.1 与性质 5.2 合称线性性质,二者可综合写为

$$\int_a^b [kf(x) \pm lg(x)] dx = k\int_a^b f(x) dx \pm l\int_a^b g(x) dx.$$

2）定积分有乘积可积性，若 $f(x),g(x)$ 都在 $[a,b]$ 上可积，则 $f(x) \cdot g(x)$ 在 $[a,b]$ 上也可积．

但一般地，

$$\int_a^b f(x)g(x) dx \neq \int_a^b f(x) dx \int_a^b g(x) dx.$$

例如，当 $g(x) \equiv 1, b-a \neq 1$ 时，

$$\int_a^b f(x)g(x) dx = \int_a^b f(x) dx \neq (b-a)\int_a^b f(x) dx$$

$$= \int_a^b 1 dx \int_a^b f(x) dx$$

$$= \int_a^b f(x) dx \int_a^b g(x) dx.$$

性质 5.3（区间可加性） 函数在整个区间上的定积分等于分割后两个部分区间上定积分之和，即

$$\int_a^b f(x) dx = \int_a^c f(x) dx + \int_c^b f(x) dx,$$

其中 $a<c<b$．

根据定积分的几何意义及平面面积的可加性知，该结论是显然的．

注：事实上性质 5.3 对任意大小次序的 a,c,b 都成立．例如，当 $a<b<c$ 时，有

$$\int_a^c f(x) dx = \int_a^b f(x) dx + \int_b^c f(x) dx = \int_a^b f(x) dx - \int_c^b f(x) dx,$$

整理得

$$\int_a^b f(x) dx = \int_a^c f(x) dx + \int_c^b f(x) dx.$$

性质 5.3 可推广到任意有限个分点的情形．

性质 5.4（保号性） 若在区间 $[a,b]$ 上 $f(x) \geq 0$，则

$$\int_a^b f(x) dx \geq 0 (a<b).$$

证 由 $f(x) \geq 0$ 知，无论对 $[a,b]$ 任意的分割及小区间 $[x_{i-1}, x_i]$ 上任取的一点 ξ_i，均有

$$\sum_{i=1}^n f(\xi_i) \Delta x_i \geq 0,$$

根据极限的保号性得

$$\lim_{\|T\| \to 0} \sum_{i=1}^n f(\xi_i) \Delta x_i \geq 0,$$

即

$$\int_a^b f(x) dx \geq 0.$$

类似地，当 $f(x) \leq 0$ 时，$\int_a^b f(x) dx \leq 0$．

推论 5.2(保序性) 若 $f(x) \leq g(x), x \in [a,b]$,则
$$\int_a^b f(x)dx \leq \int_a^b g(x)dx.$$

证 由 $g(x) - f(x) \geq 0$ 及性质 5.4 知
$$\int_a^b [g(x) - f(x)]dx \geq 0,$$
即
$$\int_a^b g(x)dx - \int_a^b f(x)dx \geq 0,$$
整理得
$$\int_a^b f(x)dx \leq \int_a^b g(x)dx.$$

思考:(1)若 $f(x)$ 为 $[a,b]$ 上的连续函数,$f(x) \geq 0, x \in [a,b]$,且 $f(x) \not\equiv 0$,则 $\int_a^b f(x)dx > 0$ 一定成立,为什么?

(2)若 $f(x)$ 为 $[a,b]$ 上的连续函数,且 $f(x) \geq 0, \int_a^b f(x)dx = 0$ 时,$f(x)$ 是否恒为 0?

(3)若 $f(x), g(x)$ 为 $[a,b]$ 上的连续函数,$f(x) \leq g(x)$ 且 $f(x) \not\equiv g(x)$,则 $\int_a^b f(x)dx \leq \int_a^b g(x)dx$ 是否一定成立?

(4)若 $f(x), g(x)$ 为 $[a,b]$ 上的连续函数,$f(x) \leq g(x)$ 且 $\int_a^b f(x)dx = \int_a^b g(x)dx$ 时,$f(x)$ 是否恒等于 $g(x)$?

性质 5.5(绝对值性) 若 $a < b$,则 $\left| \int_a^b f(x)dx \right| \leq \int_a^b |f(x)|dx$.

证 因为 $-|f(x)| \leq f(x) \leq |f(x)|$,所以由保序性知
$$-\int_a^b |f(x)|dx \leq \int_a^b f(x)dx \leq \int_a^b |f(x)|dx,$$
整理得
$$\left| \int_a^b f(x)dx \right| \leq \int_a^b |f(x)|dx.$$

此性质表明 $f(x)$ 在 $[a,b]$ 上积分的绝对值一定不超过其绝对值的积分.

性质 5.6(估值性) 若函数 $f(x)$ 在区间 $[a,b]$ 上可积,且最小值为 m,最大值为 M,则
$$m(b-a) \leq \int_a^b f(x)dx \leq M(b-a).$$

证 如图 5-7 所示,因为 $m \leq f(x) \leq M$,所以由保序性知

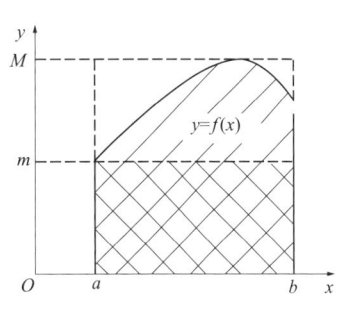

图 5-7

$$\int_a^b m\,dx \le \int_a^b f(x)\,dx \le \int_a^b M\,dx,$$

即
$$m(b-a) \le \int_a^b f(x)\,dx \le M(b-a).$$

例 5.3 试比较下列积分的大小：

(1) $\int_0^{\frac{\pi}{4}} \sin^2 x\,dx$ 与 $\int_0^{\frac{\pi}{2}} \sin^3 x\,dx$；

(2) $\int_1^2 x^2$ 与 $\int_1^2 x^3\,dx$.

解 (1) 因为 $0 \le x \le \frac{\pi}{4}$ 时，$\sin^2 x \ge \sin^3 x$，所以
$$\int_0^{\frac{\pi}{4}} \sin^2 x\,dx \ge \int_0^{\frac{\pi}{2}} \sin^3 x\,dx.$$

(2) 因为 $1 \le x \le 2$ 时，$x^2 \le x^3$，所以
$$\int_1^2 x^2\,dx \le \int_1^2 x^3\,dx.$$

例 5.4 估计定积分 $\int_0^2 e^{x^2-x}\,dx$ 的值.

解 这类题往往是先求出被积函数在积分区间上的最大值和最小值，再利用估值性质判断.

易求得 x^2-x 在区间 $[0,2]$ 上的最大值、最小值分别为 2 和 $-\frac{1}{4}$，所以
$$e^{-\frac{1}{4}} \le e^{x^2-x} \le e^2,$$

根据估值性质可知
$$2e^{-\frac{1}{4}} \le \int_0^2 e^{x^2-x}\,dx \le 2e^2.$$

性质 5.7 (积分第一中值定理) 若函数 $f(x)$ 在 $[a,b]$ 上连续，则在 $[a,b]$ 上至少存在一个点 ξ，使得
$$\int_a^b f(x)\,dx = f(\xi)(b-a).$$

这个公式叫**积分中值公式**或**平均值公式**.

证 由 $f(x)$ 在 $[a,b]$ 上连续知，必存在 $f(x)$ 的最小值 m 及最大值 M 使得 $m \le f(x) \le M$，于是
$$\int_a^b m\,dx \le \int_a^b f(x)\,dx \le \int_a^b M\,dx,$$

即
$$m(b-a) \le \int_a^b f(x)\,dx \le M(b-a),$$

整理得
$$m \le \frac{1}{b-a}\int_a^b f(x)\,dx \le M.$$

由连续函数的介值性知,在$[a,b]$上至少存在一点ξ,使得

$$f(\xi) = \frac{1}{b-a}\int_a^b f(x)\,\mathrm{d}x,$$

即

$$\int_a^b f(x)\,\mathrm{d}x = f(\xi)(b-a).$$

积分第一中值定理(公式)的几何意义:若$f(x)$在$[a,b]$上连续,则由曲线$y=f(x)$及直线$x=a,x=b$与x轴所围曲边梯形(或称为$y=f(x)$在$[a,b]$上的曲边梯形)的面积等于以$[a,b]$为底,以$f(\xi)=\dfrac{1}{b-a}\int_a^b f(x)\,\mathrm{d}x$为高(可看作曲边梯形平均的高)的矩形面积. 因此,称$f(\xi)=\dfrac{1}{b-a}\int_a^b f(x)\,\mathrm{d}x$为连续函数$f(x)$在$[a,b]$上的平均值,这是离散型算术平均值的自然推广,如图 5-8 所示.

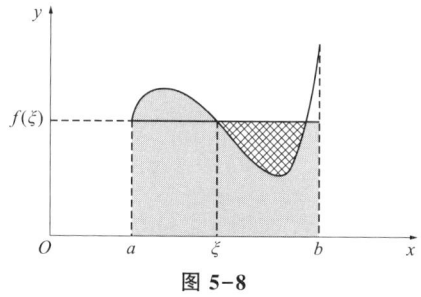

图 5-8

推论 5.3(推广的积分第一中值定理) 若$f(x)$和$g(x)$均在$[a,b]$上连续,且$g(x)$在$[a,b]$上不变号,则至少存在一点$\xi\in[a,b]$,使得

$$\int_a^b f(x)g(x)\,\mathrm{d}x = f(\xi)\int_a^b g(x)\,\mathrm{d}x.$$

证明方法类似于性质 5.7,请读者自证.

注:1)当$g(x)\equiv 1$时,即为积分第一中值定理.

2)事实上,积分第一中值定理和推广的积分第一中值定理中的点ξ必能在(a,b)内取得.

习 题 5.1(A)

1.将和式的极限$\lim\limits_{n\to\infty}\sum\limits_{i=1}^n \dfrac{i}{n^2}$表示成定积分为 ( )

(A) $\int_0^1 \dfrac{1}{x}\,\mathrm{d}x$ (B) $\int_0^1 x^p\,\mathrm{d}x$

(C) $\int_0^1 \left(\dfrac{1}{x}\right)^p\,\mathrm{d}x$ (D) $\int_0^1 \left(\dfrac{x}{n}\right)^p\,\mathrm{d}x$

2. 设 $I = \int_a^b f(x)\mathrm{d}x$，根据定积分的几何意义可知 （　　）

(A) I 是由曲线 $y=f(x)$ 及直线 $x=a, x=b$ 与 x 轴所围图形面积，所以 $I>0$

(B) 若 $I=0$，则上述图形面积为零，从而图形的"高"$f(x)=0$

(C) I 是由曲线 $y=f(x)$ 及直线 $x=a, x=b$ 与 x 轴之间各部分面积代数和

(D) I 是由曲线 $y=|f(x)|$ 及直线 $x=a, x=b$ 与 x 轴所围图形面积，所以 $I>0$

3. 下列积分等于 1 的是 （　　）

(A) $\int_0^1 x\mathrm{d}x$ 　　　　　　　　　　　(B) $\int_0^1 (x+1)\mathrm{d}x$

(C) $\int_0^1 1\mathrm{d}x$ 　　　　　　　　　　　(D) $\int_0^1 \frac{1}{2}\mathrm{d}x$

4. 定积分 $\int_1^2 x^2 \ln x\mathrm{d}x (n>1)$ 的值 （　　）

(A) 等于零　　　　　　　　　　(B) 小于零

(C) 大于零　　　　　　　　　　(D) 不能确定

5. 积分第一中值定理中 $\int_a^b f(x)\mathrm{d}x = f(\xi)(b-a)$，其中 （　　）

(A) ξ 是 $[a,b]$ 内必定存在的某一点　　(B) ξ 是 $[a,b]$ 内唯一的某一点

(C) ξ 是 $[a,b]$ 的中点　　　　　　　　(D) ξ 是 $[a,b]$ 内任一点

习题 5.1(B)

1. 利用定积分定义计算 $\int_0^1 x^2\mathrm{d}x$ 及 $\int_a^b c\mathrm{d}x$，其中 c 为常数.

2. 举例说明有界的函数未必可积.

3. 利用定积分的几何意义求下列定积分.

(1) $\int_{-1}^2 (2x+3)\mathrm{d}x$;　　　　　　　(2) $\int_{-1}^1 |x|\mathrm{d}x$.

4. 设 $\int_{-1}^1 2f(x)\mathrm{d}x = 6$，求定积分 $\int_{-1}^1 [2f(x)+1]\mathrm{d}x, \int_1^{-1} f(x)\mathrm{d}x$.

5. 利用定积分的性质比较下列各对积分的大小.

(1) $\int_0^1 \sin^2 x\mathrm{d}x$ 与 $\int_0^1 \sin x\mathrm{d}x$;　　(2) $\int_0^1 x\mathrm{d}x$ 与 $\int_0^1 \sin x\mathrm{d}x$;

(3) $\int_0^1 \mathrm{e}^x\mathrm{d}x$ 与 $\int_0^1 \mathrm{e}^{x^x}\mathrm{d}x$;　　　(4) $\int_1^e \ln x\mathrm{d}x$ 与 $\int_1^e \ln^2 x\mathrm{d}x$;

(5) $\int_{-1}^1 \sqrt{1+x^4}\mathrm{d}x$ 与 $\int_{-1}^1 (1+x^2)\mathrm{d}x$;　(6) $\int_0^1 \arctan x\mathrm{d}x$ 与 $\int_0^1 (\arctan x)^2\mathrm{d}x$.

6. 估计下列各积分的值.

(1) $\int_1^4 \dfrac{1}{2+x}dx$;

(2) $\int_{-1}^{\frac{1}{\pi}} e^{-x^2}dx$;

(3) $\int_1^4 (x^2+1)dx$;

(4) $\int_{\frac{\pi}{4}}^{\frac{5\pi}{4}}(1+\sin^2 x)dx$;

(5) $\int_{\frac{1}{7}}^{\sqrt{3}} x\arctan x dx$.

7. 求函数 $f(x) = \sqrt{1-x^2}$ 在闭区间 $[-1,1]$ 上的平均值.

5.2 微积分基本定理

知识衔接

写出定积分 $\int_a^b f(x)dx$ 的定义式_____.

目前计算不定积分的方法有_____.

目前计算定积分的方法有_____.

上一节介绍了定积分与不定积分两个概念有根本的不同. 那么, 为什么都称之为"积分"呢? 二者联系在哪里? 另外, 在定积分计算中, 即使被积函数十分简单, 但用定义计算定积分也是十分烦琐的, 甚至是几乎不可能的事情! 那么, 如何寻求计算定积分的新的高效方法呢?

寻找以上两个问题的答案不妨从实际问题中发掘. 下面我们对变速直线运动的路程进行研究, 以此来探索定积分与不定积分甚至积分与微分之间的奥秘及计算定积分值的"新"方法.

5.2.1 变速直线运动位移函数与速度函数之间的联系

设一个物体沿数轴做变速运动, t 时刻物体的速度为 $v(t)$ (不妨设 $v(t) \geq 0$), 所在的位置为 $s(t)$, 如图 5-9 所示, 则在时间间隔 $[T_1, T_2]$ 内物体所经过的路程 S 可表示为

$\int_{T_1}^{T_2} v(t)dt$ 及 $S(T_2) - S(T_1)$,

于是

$$\int_{T_1}^{T_2} v(t)dt = S(T_2) - S(T_1).$$

图 5-9

由微分学知识知

$$S'(t) = v(t),$$

(注意:此式表明 $S(t)$ 为 $v(t)$ 的一个原函数.)

所以
$$\int_{T_1}^{T_2} v(t)\,dt = \int_{T_1}^{T_2} S'(t)\,dt = S(T_2) - S(T_1).$$

上式表明:速度函数 $v(t)$ 在区间 $[T_1, T_2]$ 上的定积分等于 $v(t)$ 的一个原函数 $S(t)$ 在区间 $[T_1, T_2]$ 上的增量.

将上述结论推广为一般的情形即为如下计算定积分的简洁方法:

连续函数 $f(x)$ 在 $[a,b]$ 上的定积分等于 $f(x)$ 的一个原函数 $F(x)$ 在积分区间 $[a,b]$ 上的增量,即
$$\int_a^b f(x)\,dx = F(b) - F(a).$$

上述结论是否成立呢?为了证明这一结论,我们引入积分上限函数.

5.2.2 积分上限函数及其导数

设函数 $f(x)$ 在 $[a,b]$ 上连续,则对 $\forall x \in [a,b]$,$f(x)$ 在 $[a,x]$ 上仍然连续,因此定积分 $\int_a^x f(x)\,dx$ 是存在的,这里的 x 既表示积分变量,又表示定积分的上限.根据定积分与积分变量记法无关的特性,为了避免混淆,把积分变量记为 t,即有

扫码查看
☑ 知识拓展　☑ 学习秘诀
☑ 干货精讲　☑ 精品课程

$$\int_a^x f(x)\,dx = \int_a^x f(t)\,dt, \forall x \in [a,b].$$

显然,对于每一个确定的 x 值,按照积分 $\int_a^x f(t)\,dt$ 都存在唯一一个确定的数值与 x 对应,所以,积分 $\int_a^x f(t)\,dt$ 确定了一个定义在 $[a,b]$ 上以积分上限 x 为自变量的函数,如图 5-10 所示,记为 $\Phi(x)$,即
$$\Phi(x) = \int_a^x f(t)\,dt, \ x \in [a,b],$$
称为**积分上限函数**或**变上限函数**.

类似地,可定义**积分下限函数**或**变下限函数**
$$\Psi(x) = \int_x^b f(t)\,dt, x \in [a,b].$$

$\Phi(x)$ 和 $\Psi(x)$ 统称为**变限函数**或**变限积分**.

因为 $\int_x^b f(t)\,dt = -\int_b^x f(t)\,dt$,所以只需讨论变上限函数的性质即可.

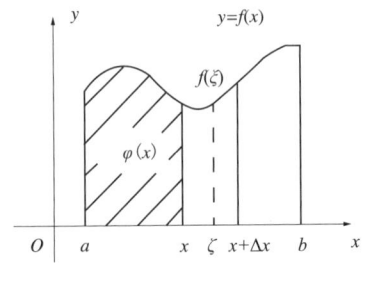

图 5-10

定理 5.4(原函数存在定理)　若函数 $f(x)$ 在 $[a,b]$ 上连续,则变上限函数

$$\Phi(x) = \int_a^x f(t)\,dt$$

在 $[a,b]$ 上处处可导，且

$$\Phi'(x) = \frac{d}{dx}\int_a^x f(t)\,dt = f(x)\ (a \leqslant x \leqslant b).$$

证 若 $x \in (a,b)$，则当 x 取得任意增量 $\Delta x \neq 0$，且保证 $x+\Delta x \in [a,b]$ 时，变上限函数 $\Phi(x)$ 在 $[x, x+\Delta x]$ 上的增量

$$\begin{aligned}
\Delta \Phi &= \Phi(x+\Delta x) - \Phi(x) \\
&= \int_a^{x+\Delta x} f(t)\,dt - \int_a^x f(t)\,dt \\
&= \int_a^x f(t)\,dt + \int_x^{x+\Delta x} f(t)\,dt - \int_a^x f(t)\,dt \\
&= \int_x^{x+\Delta x} f(t)\,dt \\
&= f(\xi) \cdot \Delta x\ (\xi = x + \theta \Delta x, 0 \leqslant \theta \leqslant 1),
\end{aligned}$$

由于 $f(x)$ 在 $[a,b]$ 上连续，故

$$\begin{aligned}
\Phi'(x) &= \lim_{\Delta x \to 0} \frac{\Delta \Phi}{\Delta x} = \lim_{\Delta x \to 0} \frac{f(\xi)\Delta x}{\Delta x} = \lim_{\Delta x \to 0} f(\xi) \\
&= \lim_{\Delta x \to 0} f(x + \theta \Delta x) = f(x).
\end{aligned}$$

类似地可证，当 $x=a$ 时，$\Phi'_+(a) = f(a)$；当 $x=b$ 时，$\Phi'_-(b) = f(b)$.

本定理的重要价值在于：沟通了导数（微分）和定积分这两个表面上并不相干概念之间的内在联系．它一方面证明了"连续函数必存在原函数"这一积分学基本理论，另一方面揭示了定积分与原函数之间的联系，并用变上限的积分形式——$\int_a^x f(t)\,dt$ 构造出被积函数 $f(x)$ 的一个原函数．因此，我们就有可能通过原函数来计算定积分．正是因为该定理的重要作用而被誉为**微积分基本定理**．

推论 5.4 若函数 $f(x)$ 在 $[a,b]$ 上连续，则在区间 $[a,b]$ 上

$$\int f(x)\,dx = \int_a^x f(t)\,dt + C.$$

证 由定理 5.4 知 $\Phi(x) = \int_a^x f(t)\,dt$ 为 $f(x)$ 的一个原函数，故结论成立．

推论 5.5 设 $f(x)$ 是连续函数，$\varphi(x), \psi(x)$ 均可导，则下列结论成立：

(1) $\dfrac{d}{dx}\int_a^{\varphi(x)} f(t)\,dt = f(x)$；

(2) $\dfrac{d}{dx}\int_a^{\varphi(x)} f(t)\,dt = f[\varphi(x)]\varphi'(x)$；

(3) $\dfrac{d}{dx}\int_{\psi(x)}^{\varphi(x)} f(t)\,dt = f[\varphi(x)]\varphi'(x) - f[\psi(x)]\psi'(x).$

证 (1) $\dfrac{d}{dx}\int_{\psi(x)}^{\varphi(x)} f(t)\,dt = -\dfrac{d}{dx}\int_a^{\varphi(x)} f(t)\,dt = -f(x)$；

(2) 变限函数 $\int_a^{\varphi(x)} f(t)dt$ 是由外层函数 $\int_a^u f(t)dt$ 和内层函数 $u = \varphi(x)$ 构成的复合函数,由复合函数的求导法则及定理 5.4 结论得

$$\frac{d}{dx}\int_a^{\varphi(x)} f(t)dt = \frac{d}{du}\int_a^u f(t)dt \cdot \frac{du}{dx}$$
$$= f(u) \cdot \varphi'(x) = f[\varphi(x)]\varphi'(x);$$

(3) $\quad \dfrac{d}{dx}\int_{\psi(x)}^{\varphi(x)} f(t)dt = \dfrac{d}{dx}\int_a^{\varphi(x)} f(t)dt + \dfrac{d}{dx}\int_{\psi(x)}^a f(t)dt$

$$= \frac{d}{dx}\int_a^{\varphi(x)} f(t)dt - \frac{d}{dx}\int_a^{\psi(x)} f(t)dt$$
$$= f[\varphi(x)]\varphi'(x) - f[\psi(x)]\psi'(x).$$

思考:(1) $\dfrac{d}{dx}\int_a^{\varphi(x)} g(x)f(t)dt = ?$

(2) $\dfrac{d}{dx}\int_a^{\varphi(x)} f[t+g(x)]dt = ?$

例 5.5 求 $\dfrac{d}{dx}\left[\int_0^x \cos^2 t \, dt\right]$.

解 由定理 5.4 知

$$\frac{d}{dx}\left[\int_0^x \cos^2 t \, dt\right] = \cos^2 x.$$

例 5.6 求 $\lim\limits_{x \to 0} \dfrac{\int_{\sin x}^0 \sin t^3 dt}{1 - \cos x^2}$.

解 这是 $\dfrac{0}{0}$ 型待定式,由洛必达法则、等价无穷小替换及变限函数求导公式得

$$\lim_{x \to 0}\frac{\int_{\sin x}^0 \sin t^3 dt}{1 - \cos x^2} = \lim_{x \to 0}\frac{\int_{\sin x}^0 \sin t^3 dt}{\frac{1}{2}x^4} = \lim_{x \to 0}\frac{-\sin(\sin^3 x)\cos x}{2x^3}$$
$$= \lim_{x \to 0}\left(\frac{-\sin^3 x}{2x^3} \cdot \cos x\right) = -\frac{1}{2}.$$

例 5.7 设 $f(x)$ 为 $[0,1]$ 上的单调递减连续函数,证明

$$b\int_0^a f(x)dx > a\int_0^b f(x)dx,$$

其中常数 a, b 满足 $0 < a < b < 1$.

证 作辅助函数

$$\varphi(x) = \frac{1}{x}\int_0^x f(t)dt,$$

则

$$\varphi'(x) = \frac{xf(x) - \int_0^x f(t)\,dt}{x^2} = \frac{f(x)\int_0^x dt - \int_0^x f(t)\,dt}{x^2}$$

$$= \frac{\int_0^x [f(x) - f(t)]\,dt}{x^2} < 0,$$

从而知 $\varphi(x)$ 在 $(0,1)$ 内单调递减,所以对任意满足 $0<a<b<1$ 的常数 a,b,有 $\varphi(a)>\varphi(b)$,即

$$\frac{1}{a}\int_0^a f(x)\,dx > \frac{1}{b}\int_0^b f(x)\,dx,$$

整理得

$$b\int_0^a f(x)\,dx > a\int_0^b f(x)\,dx,$$

故命题成立.

5.2.3 牛顿[①]-莱布尼茨公式

定理 5.5 设 $f(x)$ 在 $[a,b]$ 上连续,$F(x)$ 为 $f(x)$ 在 $[a,b]$ 上的一个原函数,则

$$\int_a^b f(x)\,dx = F(b) - F(a).$$

证 由原函数存在定理知,变上限函数

$$\Phi(x) = \int_a^x f(t)\,dt$$

为 $f(x)$ 的一个原函数. 由条件知 $F(x)$ 也是 $f(x)$ 的一个原函数,因此

$$F(x) = \Phi(x) + C\,(a \leqslant x \leqslant b, C\text{ 为常数}),$$

即

$$F(x) = \int_a^x f(t)\,dt + C,$$

于是

$$F(b) - F(a) = \left(\int_a^b f(t)\,dt + C\right) - \left(\int_a^a f(t)\,dt + C\right)$$

$$= \int_a^b f(t)\,dt,$$

即

$$\int_a^b f(x)\,dx = F(b) - F(a).$$

定理 5.5 称为牛顿-莱布尼茨(Newton-Leibniz)公式. 为了方便起见,常把 $F(b) - F(a)$ 记为 $F(x)\big|_a^b$ 或 $[F(x)]_a^b$,于是

---

① 牛顿(Newton,1643—1727)英国著名的数学家、物理学家、科学巨人,他的数学成就涉及解析几何、数值分析、概率论和初等数论等众多领域,主要是创立了微积分(以物理问题为背景),开辟了数学上的一个新纪元;他同时是经典力学理论的集大成者,发现了著名的万有引力定律和牛顿运动三定律,奠定了之后三个世纪中物理界的科学观点.《自然哲学的数学原理》是牛顿的经典著作.

$$\int_a^b f(x)\,dx = F(x)\Big|_a^b = F(b) - F(a)$$

或

$$\int_a^b f(x)\,dx = [F(x)]_a^b = F(b) - F(a).$$

注: 1) 牛顿-莱布尼茨公式揭示了定积分与被积函数的原函数之间的联系,实现了将定积分计算向不定积分(微分逆运算)计算的转化.

2) 牛顿-莱布尼茨公式提供了一个计算定积分有效而简洁的方法——连续函数在 $[a,b]$ 上的定积分等于它的任何一个原函数在 $[a,b]$ 上的增量.

在牛顿-莱布尼茨公式条件下

$$\underbrace{\underbrace{\int_a^b f(x)\,dx = f(\xi)(b-a)}_{\text{积分中值定理}} = \underbrace{F'(\xi)(b-a)}_{\text{微分中值定理}} \xrightarrow{\xi\in(a,b)} F(b)-F(a)}_{\text{牛顿-莱布尼茨公式}}$$

鉴于牛顿-莱布尼茨公式的重大意义常被称为**微积分学基本公式**.

至此,我们就圆满地回答了本章开始所提出的两个积分学中极为重要的问题.

例 5.8 利用牛顿-莱布尼茨公式计算本章第一节中的定积分 $\int_0^1 x^3\,dx$.

解 因为 $\dfrac{x^4}{4}$ 是 x^3 的一个原函数,故由牛顿-莱布尼茨公式知

$$\int_0^1 x^3\,dx = \left[\frac{x^4}{4}\right]_0^1 = \frac{1^4}{4} - \frac{0^4}{4} = \frac{1}{4}.$$

例 5.9 求 $\int_1^2 \dfrac{dx}{x^2}$.

解 由牛顿-莱布尼茨公式知

$$\int_1^2 \frac{dx}{x^2} = \left[-\frac{1}{x}\right]_1^2 = -\frac{1}{2} + 1 = \frac{1}{2}.$$

例 5.10 设 $f(x) = \begin{cases} 0, & -2 \le x < 0 \\ 1+e^x, & 0 \le x \le 1 \end{cases}$,求 $\int_{-2}^1 f(x)\,dx$.

解 因为 $f(x)$ 为分段函数,所以

$$\int_{-2}^1 f(x)\,dx = \int_{-2}^0 0\,dx + \int_0^1 (1+e^x)\,dx$$
$$= 0 + [x+e^x]_0^1 = e.$$

例 5.11 $\int_1^e \dfrac{1+\sqrt{x}}{x}\,dx.$

解 由线性性质可得

$$\int_1^e \frac{1+\sqrt{x}}{x}\,dx = \int_1^e \frac{1}{x}\,dx + \int_1^e \frac{1}{\sqrt{x}}\,dx$$

$$= [\ln x]_1^e + [2\sqrt{x}]_1^e$$
$$= 2\sqrt{e} - 1.$$

例 5.12 $\int_0^{\frac{\pi}{4}} \dfrac{1+\sin^2 x}{\cos^2 x} dx$

解 由线性性质可得

$$\int_0^{\frac{\pi}{4}} \frac{1+\sin^2 x}{\cos^2 x} dx = \int_0^{\frac{\pi}{4}} \frac{2-\cos^2 x}{\cos^2 x} dx$$
$$= 2\int_0^{\frac{\pi}{4}} \frac{1}{\cos^2 x} dx - \int_0^{\frac{\pi}{4}} dx$$
$$= 2[\tan x]_0^{\frac{\pi}{4}} - \frac{\pi}{4}$$
$$= 2 - \frac{\pi}{4}.$$

例 5.8 至例 5.12 计算定积分的方法通常被称为**直接积分法**. 其特点是：直接利用牛顿-莱布尼茨公式或先恒等变形,接着借助定积分性质裂项后再利用牛顿-莱布尼茨公式计算.

习题 5.2(A)

1. 若 $f(x) = \begin{cases} \dfrac{\int_0^x (e^{t^2}-1)dt}{x^2}, & x \neq 0, \\ a, & x = 0, \end{cases}$ 且 $f(x)$ 在点 $x=0$ 处连续,则必有 （　　）

(A) $a = 0$ (B) $a = 2$
(C) $a = 1$ (D) $a = -1$

2. 函数 $f(x) = \int_0^x \dfrac{2t}{t^2-t+1} dt$ 在 $[0,1]$ 上的最小值为 （　　）

(A) 0   (B) 2
(C) 1   (D) -1

3. 把 $x \to 0^+$ 时的无穷小量 $\alpha = \int_0^x \cos t^2 dt, \beta = \int_0^{x^2} \tan\sqrt{t} dt, \gamma = \int_0^{\sqrt{x}} \sin t^3 dt$ 重排次序,使排在后面的是新一个的高阶无穷小,则正确的排列次序是 （　　）

(A) β, α, γ (B) α, γ, β
(C) α, β, γ (D) β, γ, α

4. 设 $f(x)$ 是区间 $[a,b]$ 上的连续函数,且 $\int_1^{x^2-2} f(t) dt = x - \sqrt{3}$,则 $f(2) =$ （　　）

(A) 2 (B) $\dfrac{1}{4}$

(C) -2 (D) $-\dfrac{1}{4}$

5. 曲线 $y = \sin x\,(0 \leq x \leq \pi)$ 与 x 轴所围成的图形的面积为 ( )

(A) $\dfrac{1}{2}$ (B) 1

(C) 2 (D) 2π

习题 5.2(B)

1. 填空题.

(1) $\dfrac{d}{dx}\int \sin x^2 dx =$ _____ ,$\dfrac{d}{dx}\int_0^1 \sin x^2 dx =$ _____ .

(2) $\dfrac{d}{dx}\int_0^x \sin t^2 dt =$ _____ .

(3) $\dfrac{d}{dx}\int_{e^x}^{x^2} \sin t^2 dt =$ _____ .

(4) 若 $y = \int_0^x xf(t)dt$，则 $\dfrac{dy}{dx} =$ _____ .

(5) 若 $y = \dfrac{d}{dx}\int_0^x (t^2 - x^2)\sin t dt$，则 $\dfrac{dy}{dx} =$ _____ .

(6) 由参数方程 $\begin{cases} x = \int_0^{t^2} ue^u du, \\ y = \int_{t^2}^0 u^2 e^u du \end{cases}$ 所确定的函数的导数 $\dfrac{dy}{dx} =$ _____ .

(7) 若 $y = \ln\left(\int_0^x \dfrac{dt}{1 + \sin^2 t}\right)\,(x > 0)$，则 $\dfrac{dy}{dx} =$ _____ .

(8) 函数 $f(x) = xe^{-x^2}$ 的一个原函数为 _____ .

2. 计算下列各定积分.

(1) $\int_0^1 x^{100} dx$;

(2) $\int_0^1 \dfrac{dx}{\sqrt{4 - x^2}}$;

(3) $\int_0^1 e^x dx$;

(4) $\int_0^{\frac{\pi}{2}} \sin(2x + \pi) dx$;

(5) $\int_0^{2\pi} |\sin x| dx$;

(6) $\int_0^1 \dfrac{x^2}{x^2 + 1} dx$;

(7) $\int_0^1 \max\{x, 1-x\} dx$; (8) $\int_0^\pi \sqrt{1+\cos 2x}\, dx$.

3. 求下列极限.

(1) $\lim\limits_{x\to +\infty} \dfrac{\int_0^x (\arctan t)^2 dt}{\sqrt{x^2+1}}$; (2) $\lim\limits_{x\to 1} \dfrac{\int_1^x \sin \pi t\, dt}{1+\cos \pi x}$;

(3) $\lim\limits_{n\to \infty} \dfrac{1}{n^2}(\sqrt{n}+\sqrt{2n}+\cdots+\sqrt{n^2})$; (4) $\lim\limits_{n\to\infty} \sum\limits_{k=1}^{n} \dfrac{e^{\frac{k}{n}}}{n+ne^{\frac{2k}{n}}}$.

4. 设 $f(x) = \begin{cases} x+1, & x \leq 1, \\ \dfrac{1}{2}x^2, & x > 1, \end{cases}$ 求 $\int_0^2 f(x) dx$.

5. 设 $f(x)$ 在 $[a,b]$ 上连续, 在 (a,b) 内可导, 且 $f'(x) \leq 0$, $F(x) = \dfrac{1}{x-a} \int_a^x f(t) dt$, 证明在 (a,b) 内有 $F'(x) \leq 0$.

6. 求函数 $f(x) = \int_0^x t(t-1)e^{-2t} dt$ 极值点.

7. 设 $f(x)$ 是连续函数, 且 $f(x) = x + 2\int_0^1 f(t) dt$, 求 $f(x)$.

8. 设 $f(x)$ 是 $[0, +\infty)$ 内正值连续函数, 证明 $F(x) = \dfrac{\int_0^x tf(t) dt}{\int_0^x f(t) dt}$ 在 $(0, +\infty)$ 内为严格单调增函数.

9. 设物体以速度 $v = 2t+1$ 做直线运动, 用定积分表示并计算时间 t 从 0 到 3 时物体移动的路程 S.

5.3 定积分的计算

知识衔接

不定积分第一类换元积分法公式_____.
不定积分第二类换元积分法公式_____.
不定积分分部积分法公式_____.

利用牛顿-莱布尼茨公式计算定积分的关键是求出被积函数的一个原函数. 而不定

积分的换元积分法和分部积分法正是求被积函数原函数的重要方法,将不定积分的换元积分法和分部积分法移植到定积分中,便形成相应的定积分计算方法.

5.3.1 定积分的换元法

定理 5.6(换元积分法) 若函数 $f(x)$ 在区间 $[a,b]$ 上连续,单值函数 $x=\varphi(t)$ 满足条件:

(1) $x=\varphi(t)$ 在 $[\alpha,\beta]$ 上连续可微;

(2) $\varphi(\alpha)=a, \varphi(\beta)=b, a \leqslant \varphi(t) \leqslant b, t \in [\alpha,\beta]$,

则

$$\int_a^b f(x)\mathrm{d}x = \int_\alpha^\beta f(\varphi(t))\mathrm{d}\varphi(t) = \int_\alpha^\beta f(\varphi(t))\varphi'(t)\mathrm{d}t. \tag{5.1}$$

公式(5.1)称为**定积分换元公式**.

证 由条件知函数 $f(x), f[\varphi(t)]\varphi'(t)$ 均连续,因此二者在相应的区间上都存在原函数.

设 $F(x)$ 是 $f(x)$ 在 $[a,b]$ 上的一个原函数,即

$$F'(x) = f(x),$$

则由

$$\frac{\mathrm{d}}{\mathrm{d}t}F[\varphi(t)] = \frac{\mathrm{d}F}{\mathrm{d}x} \cdot \frac{\mathrm{d}x}{\mathrm{d}t} = f(x)\varphi(t) = f[\varphi(t)]\varphi(t)$$

知函数 $F[\varphi(t)]$ 为 $f[\varphi(t)]\varphi'(t)$ 的一个原函数,于是

$$\int_\alpha^\beta f[\varphi(t)]\varphi'(t)\mathrm{d}t = F[\varphi(t)]\Big|_\alpha^\beta = F[\varphi(\beta)] - F[\varphi(\alpha)]$$

$$= F(b) - F(a) = \int_a^b f(x)\mathrm{d}x,$$

即

$$\int_a^b f(x)\mathrm{d}x = \int_\alpha^\beta f(\varphi(t))\varphi'(t)\mathrm{d}t.$$

注:1)定积分的换元公式与不定积分的换元公式很类似,不同之处在于不定积分换元必还元,定积分换元必换限,不必还元.

2)定积分的换元公式有两种用法:

一种采用凑微分的思想由右向左使用,即

$$\int_\alpha^\beta f(\varphi(t))\varphi'(t)\mathrm{d}t = \int_\alpha^\beta f(\varphi(t))\mathrm{d}\varphi(t) \xrightarrow{x=\varphi(t)} \int_a^b f(x)\mathrm{d}x = [F(x)]_a^b = F(b) - F(a)$$

或

$$\int_\alpha^\beta f(\varphi(t))\varphi'(t)\mathrm{d}t = \int_\alpha^\beta f(\varphi(t))\mathrm{d}\varphi(t) \xrightarrow{F'(x)=f(x)} F(\varphi(t))\Big|_\alpha^\beta = F(\varphi(\beta)) - F(\varphi(\alpha)),$$

称为定积分的凑微分法或第一换元法.

另一种采用第二换元的思想由左向右使用,即

$$\int_a^b f(x)\mathrm{d}x \xrightarrow{x=\varphi(t)} \int_\alpha^\beta f(\varphi(t))\mathrm{d}\varphi(t) = \int_\alpha^\beta f(\varphi(t))\varphi'(t)\mathrm{d}t$$

$$= [F(\varphi(t))]_\alpha^\beta = F(\varphi(\beta)) - F(\varphi(\alpha)),$$

称为定积分的第二换元法.

例 5.13 计算 $\int_0^{\frac{\pi}{2}} \sin x \cos^2 x \, dx$.

解 $\int_0^{\frac{\pi}{2}} \sin x \cos^2 x \, dx = -\int_0^{\frac{\pi}{2}} (\cos x)^2 \, d\cos x = \left[-\frac{1}{3} \cos^3 x \right]_0^{\frac{\pi}{2}} = \frac{1}{3}$.

注:凑元不换限.

例 5.14 计算 $\int_{-\frac{1}{2}}^{4} \frac{x}{1 + \sqrt{2x+1}} \, dx$.

解 $\int_{-\frac{1}{2}}^{4} \frac{x}{1 + \sqrt{2x+1}} \, dx \xrightarrow{\text{令 } t = \sqrt{2x+1}} \int_0^3 \frac{\frac{t^2-1}{2}}{1+t} \cdot t \, dt = \frac{1}{2} \int_0^3 (t^2 - t) \, dt$

$= \left[\frac{1}{6} t^3 - \frac{1}{4} t^2 \right]_0^3 = \frac{9}{4}$.

注:换元必换限.

例 5.15 计算 $\int_0^1 \sqrt{2x - x^2} \, dx$.

解 $\int_0^1 \sqrt{2x - x^2} \, dx = \int_0^1 \sqrt{1 - (x-1)^2} \, dx \xrightarrow{\text{令 } x-1 = \sin t} \int_{-\frac{\pi}{2}}^{0} \cos^2 t \, dt$

$= \int_{-\frac{\pi}{2}}^{0} \frac{1 + \cos 2t}{2} \, dt = \frac{\pi}{4}$.

思考:用定积分几何意义如何计算该题?

例 5.16 设函数 $f(x) = \begin{cases} \sqrt{1-\sin x}, & 0 \leq x \leq 2 \\ x\cos x^2, & -1 \leq x < 0 \end{cases}$,计算 $\int_1^4 f(x-2) \, dx$.

解 令 $t = x - 2$,则

$\int_1^4 f(x-2) \, dx = \int_{-1}^{2} f(t) \, dt$

$= \int_{-1}^{0} t \cos t^2 \, dt + \int_0^2 \sqrt{1 - \sin t} \, dt$

$= \left[\frac{1}{2} \sin t^2 \right]_{-1}^{0} + \left[\sin \frac{t}{2} + \cos \frac{t}{2} \right]_0^2$

$= 1 + \frac{3}{2} \sin 1 - \cos 1$.

例 5.17 设 $f(x)$ 在 $[-a, a]$ 连续,证明:

(1)若 $f(x)$ 为奇函数,则 $\int_{-a}^{a} f(x) \, dx = 0$;

(2)若 $f(x)$ 为偶函数,则 $\int_{-a}^{a} f(x) \, dx = 2 \int_0^a f(x) \, dx$;

(3)若 $f(x)$ 为任意函数,则 $\int_{-a}^{a} f(x) \, dx = \int_0^a [f(x) + f(-x)] \, dx$.

证 (1)若 $f(x)$ 为奇函数,则 $f(-x) = -f(x)$,于是

$$\int_{-a}^{a} f(x)\,dx = \int_{0}^{a} f(x)\,dx + \int_{-a}^{0} f(x)\,dx$$

$$= \int_{0}^{a} f(x)\,dx + \int_{a}^{0} f(-x)\,d(-x)$$

$$= \int_{0}^{a} f(x)\,dx + \int_{0}^{a} f(-x)\,dx$$

$$= \int_{0}^{a} [f(x) + f(-x)]\,dx = 0.$$

(2) 类似地可证 $f(x)$ 为偶函数时, $\int_{-a}^{a} f(x)\,dx = 2\int_{0}^{a} f(x)\,dx.$

(3) $\int_{-a}^{a} f(x)\,dx = \int_{-a}^{a} \underbrace{\frac{f(x)+f(-x)}{2}}_{\text{偶函数}} + \underbrace{\frac{f(x)-f(-x)}{2}}_{\text{奇函数}} dx$

$$= \int_{-a}^{a} \frac{f(x)+f(-x)}{2}\,dx + \int_{-a}^{a} \frac{f(x)-f(-x)}{2}\,dx$$

$$\xrightarrow{\text{由(1),(2)结论}} \int_{0}^{a} [f(x)+f(-x)]\,dx.$$

思考：如何计算积分 $\int_{-1}^{1} \frac{|x|+x\cos x}{1+|x|}\,dx$ 与 $\int_{-\frac{\pi}{4}}^{\frac{\pi}{4}} \frac{\sin^{2} x}{1+e^{-x}}\,dx$?

例 5.18 若 $f(x)$ 为以 T 为周期的连续函数，证明 $\int_{a}^{a+T} f(x)\,dx = \int_{0}^{T} f(x)\,dx.$

分析：在这里可利用积分区间可加性及换元后若干部分相消的方法证明，这是证明积分恒等式的又一重要方法.

证 因为
$$\int_{a}^{a+T} f(x)\,dx = \int_{a}^{0} f(x)\,dx + \int_{0}^{T} f(x)\,dx + \int_{T}^{a+T} f(x)\,dx,$$

而
$$\int_{T}^{a+T} f(x)\,dx \xrightarrow{\text{令 } t=x-T} \int_{0}^{a} f(t+T)\,dt = \int_{0}^{a} f(t)\,dt = \int_{0}^{a} f(x)\,dx,$$

$$\int_{a}^{0} f(x)\,dx + \int_{T}^{a+T} f(x)\,dx = -\int_{0}^{a} f(x)\,dx + \int_{0}^{a} f(x)\,dx = 0,$$

所以
$$\int_{a}^{a+T} f(x)\,dx = \int_{0}^{T} f(x)\,dx.$$

思考：1) 公式 $\int_{a}^{a+T} f(x)\,dx = \int_{0}^{T} f(x)\,dx$ 的几何意义是什么?

2) $\int_{a}^{a+nT} f(x)\,dx = n\int_{0}^{T} f(x)\,dx$ 恒成立吗?

例 5.19 若 $f(x)$ 为 $[0,1]$ 上的连续函数，证明：

(1) $\int_{0}^{\frac{\pi}{2}} f(\sin x)\,dx = \int_{0}^{\frac{\pi}{2}} f(\cos x)\,dx;$

(2) $\int_{0}^{\pi} x f(\sin x)\,dx = \frac{\pi}{2} \int_{0}^{\pi} f(\sin x)\,dx.$

证 （1）令 $x = \frac{\pi}{2} - t$，则

$$\int_0^{\frac{\pi}{2}} f(\sin x)\,dx = \int_{\frac{\pi}{2}}^0 f\left[\sin\left(\frac{\pi}{2} - t\right)\right] d\left(\frac{\pi}{2} - t\right) = \int_0^{\frac{\pi}{2}} f(\cos x)\,dx.$$

（2）令 $x = \pi - t$，则

$$\int_0^\pi x f(\sin x)\,dx = \int_\pi^0 (\pi - t) f[\sin(\pi - t)]\,d(\pi - t)$$

$$= \int_0^\pi (\pi - t) f(\sin t)\,dt$$

$$= \pi \int_0^\pi f(\sin t)\,dt - \int_0^\pi t f(\sin t)\,dt$$

$$= \pi \int_0^\pi f(\sin x)\,dx - \int_0^\pi x f(\sin x)\,dx,$$

整理得

$$\int_0^\pi x f(\sin x)\,dx = \frac{\pi}{2} \int_0^\pi f(\sin x)\,dx.$$

思考：如何计算积分 $\int_0^\pi \frac{x \sin x}{1 + \cos^2 x}\,dx$？

5.3.2 分部积分法

若函数 $u(x), v(x)$ 在 $[a, b]$ 上有连续导数，则

$$(uv)' = u'v + uv',$$

即

$$uv' = (uv)' - u'v.$$

对上式左右两端在 $[a, b]$ 上积分得

$$\int_a^b uv'\,dx = \int_a^b (uv)'\,dx - \int_a^b u'v\,dx = [uv]_a^b - \int_a^b u'v\,dx.$$

于是有如下定理.

定理 5.7（分部积分法） 若函数 $u(x), v(x)$ 在 $[a, b]$ 上连续可微，则

$$\int_a^b u(x) v'(x)\,dx = [u(x) v(x)]_a^b - \int_a^b u'(x) v(x)\,dx$$

或

$$\int_a^b u(x)\,dv(x) = [u(x) v(x)]_a^b - \int_a^b v(x)\,du(x), \tag{5.2}$$

简记为

$$\int_a^b u\,dv = [uv]_a^b - \int_a^b v\,du.$$

公式（5.2）称为**定积分的分部积分公式**. 它在计算定积分时可连续使用，而使用的第一步是选取恰当的 u, v，凑一个局部的微分 dv.

利用分部积分法计算定积分的模式为凑微分、分部积分、求微分，即

$$\int_a^b u(x) v'(x)\,dx \xlongequal{\text{凑微分}} \int_a^b u(x)\,dv(x) \xlongequal{\text{分部积分}} [u(x) v(x)]_a^b - \int_a^b v(x)\,du(x)$$

$$\xlongequal{\text{求微分}} [u(x)v(x)]_a^b - \int_a^b u'(x)v(x)\mathrm{d}x.$$

定积分的分部积分公式可多次重复使用.

例 5.20 求 $\int_0^1 x\arctan x\mathrm{d}x$.

解
$$\int_0^1 x\arctan x\mathrm{d}x = \int_0^1 \arctan x\mathrm{d}\left(\frac{1}{2}x^2\right)$$
$$= \left[\frac{1}{2}x^2\arctan x\right]_0^1 - \frac{1}{2}\int_0^1 \frac{x^2}{1+x^2}\mathrm{d}x$$
$$= \frac{\pi}{8} - \frac{1}{2}[x-\arctan x]_0^1$$
$$= \frac{\pi-2}{4}.$$

注:凑元不换限,先乘再交换.

例 5.21 求 $\int_0^{\frac{\pi^2}{4}} \sqrt{x}\cos\sqrt{x}\mathrm{d}x$.

解 设 $\sqrt{x}=t$,则
$$\int_0^{\frac{\pi^2}{4}} \sqrt{x}\cos\sqrt{x}\mathrm{d}x = \int_0^{\frac{\pi}{2}} 2t^2\cos t\mathrm{d}t = \int_0^{\frac{\pi}{2}} 2t^2\mathrm{d}\sin t$$
$$= [2t^2\sin t]_0^{\frac{\pi}{2}} - \int_0^{\frac{\pi}{2}} 4t\sin t\mathrm{d}t$$
$$= \frac{\pi^2}{2} + \int_0^{\frac{\pi}{2}} 4t\mathrm{d}\cos t$$
$$= \frac{\pi^2}{2} + [4t\cos t]_0^{\frac{\pi}{2}} - 4\int_0^{\frac{\pi}{2}} \cos t\mathrm{d}t$$
$$= \frac{\pi^2}{2} - 4.$$

例 5.22 求 $\int_0^{\frac{\pi}{4}} \frac{2x\tan x}{(1+\cos 2x)}\mathrm{d}x$.

解
$$\int_0^{\frac{\pi}{4}} \frac{2x\tan x}{(1+\cos 2x)}\mathrm{d}x = \int_0^{\frac{\pi}{4}} x\tan x\sec^2 x\mathrm{d}x = \int_0^{\frac{\pi}{4}} x\mathrm{d}\left(\frac{1}{2}\tan^2 x\right)$$
$$= \left[\frac{1}{2}x\tan^2 x\right]_0^{\frac{\pi}{4}} - \frac{1}{2}\int_0^{\frac{\pi}{4}} \tan^2 x\mathrm{d}x$$
$$= \frac{\pi}{8} - \frac{1}{2}\int_0^{\frac{\pi}{4}} (\sec^2 x - 1)\mathrm{d}x$$
$$= \frac{\pi}{8} - \frac{1}{2}[\tan x - x]_0^{\frac{\pi}{4}} = \frac{\pi-2}{4}.$$

例 5.23 证明沃利斯积分公式:

$$I_n = \int_0^{\frac{\pi}{2}} \sin^n x \, dx = \int_0^{\frac{\pi}{2}} \cos^n x \, dx$$

$$= \begin{cases} \dfrac{n-1}{n} \cdot \dfrac{n-3}{n-2} \cdot \cdots \cdot \dfrac{4}{5} \cdot \dfrac{2}{3}, & n>1 \text{ 的正奇数,} \\ \dfrac{n-1}{n} \cdot \dfrac{n-3}{n-2} \cdot \cdots \cdot \dfrac{3}{4} \cdot \dfrac{1}{2} \cdot \dfrac{\pi}{2}, & n>1 \text{ 的正偶数.} \end{cases}$$

证 由例 5.19 结论 1 知 $I_n = \int_0^{\frac{\pi}{2}} \sin^n x \, dx = \int_0^{\frac{\pi}{2}} \cos^n x \, dx$ 成立. 而

$$I_n = \int_0^{\frac{\pi}{2}} \sin^n x \, dx = \int_0^{\frac{\pi}{2}} \sin^{n-1} x \, d(-\cos x)$$

$$= \left[-\sin^{n-1} x \cos x\right]_0^{\frac{\pi}{2}} + (n-1) \int_0^{\frac{\pi}{2}} \cos^2 x \sin^{n-2} x \, dx$$

$$= (n-1) \int_0^{\frac{\pi}{2}} (1 - \sin^2 x) \sin^{n-2} x \, dx$$

$$= (n-1) \int_0^{\frac{\pi}{2}} \sin^{n-2} x \, dx - (n-1) \int_0^{\frac{\pi}{2}} \sin^n x \, dx$$

$$= (n-1) I_{n-2} - (n-1) I_n,$$

整理得递推公式

$$I_n = \frac{n-1}{n} I_{n-2}.$$

而

$$I_0 = \int_0^{\frac{\pi}{2}} dx = \frac{\pi}{2}, \quad I_1 = \int_0^{\frac{\pi}{2}} \sin x \, dx = 1.$$

因此, 当 n 为大于 1 的正奇数时,

$$I_n = \frac{n-1}{n} \cdot \frac{n-3}{n-2} \cdot \cdots \cdot \frac{4}{5} \cdot \frac{2}{3} \cdot I_1 = \frac{n-1}{n} \cdot \frac{n-3}{n-2} \cdot \cdots \cdot \frac{4}{5} \cdot \frac{2}{3};$$

当 n 为正偶数时,

$$I_n = \frac{n-1}{n} \cdot \frac{n-3}{n-2} \cdot \cdots \cdot \frac{3}{4} \cdot \frac{1}{2} \cdot I_0 = \frac{n-1}{n} \cdot \frac{n-3}{n-2} \cdot \cdots \cdot \frac{3}{4} \cdot \frac{1}{2} \cdot \frac{\pi}{2}.$$

注: 在实际计算中, 常用公式 $I_1 = \int_0^{\frac{\pi}{2}} \sin x \, dx = \int_0^{\frac{\pi}{2}} \cos x \, dx = 1.$

习题 5.3(A)

1. 设 $M = \int_{-\frac{\pi}{2}}^{\frac{\pi}{2}} \dfrac{\sin x}{1+x^2} \cos^4 x \, dx$, $N = \int_{-\frac{\pi}{2}}^{\frac{\pi}{2}} (\sin^3 x + \cos^4 x) \, dx$, $P = \int_{-\frac{\pi}{2}}^{\frac{\pi}{2}} (x^2 \sin^3 x - \cos^4 x) \, dx$, 则有

( )

(A) $N<M<P$　　　　　　　　(B) $M<P<N$
(C) $N<P<M$　　　　　　　　(D) $P<M<N$

2. 若 $f(x)$ 在 $(-\infty, +\infty)$ 上连续，且存在 $T>0$，使 $f(x+T)=f(x)$，$M=\int_0^{nT} f(x)\mathrm{d}x$，$N=n\int_0^T f(x)\mathrm{d}x$，其中 n 为正整数，则　　　　　　　　　　　　　　　　　（　　）

(A) $M=N$　　　　　　　　(B) $M<N$
(C) $M>N$　　　　　　　　(D) $M^2=2N$

3. 定积分 $\int_{-\frac{\pi}{4}}^{\frac{\pi}{4}} \dfrac{\tan^2 x}{1+\mathrm{e}^{-x}}\mathrm{d}x=$　　　　　　　　　　　　　　　（　　）

(A) $\dfrac{1}{2}$　　　　　　　　(B) $1+\dfrac{\pi}{2}$

(C) $\dfrac{1}{4}+\dfrac{\pi}{2}$　　　　　　　　(D) $1-\dfrac{\pi}{4}$

4. 定积分 $\int_0^1 \dfrac{\ln(1+x)}{1+x^2}\mathrm{d}x=$　　　　　　　　　　　　　　（　　）

(A) $\ln 2$　　　　　　　　(B) $\dfrac{\pi}{2}$

(C) 1　　　　　　　　(D) $\dfrac{\pi}{8}\ln 2$

5. 定积分 $\int_0^{\frac{1}{2}} \dfrac{\arcsin\sqrt{x}}{\sqrt{x(1-x)}}\mathrm{d}x=$　　　　　　　　　　　　　（　　）

(A) $\dfrac{\pi^2}{2}$　　　　　　　　(B) $\dfrac{\pi^2}{4}$

(C) $\dfrac{\pi^2}{8}$　　　　　　　　(D) $\dfrac{\pi^2}{16}$

习题 5.3(B)

1. 判断下面的积分计算是否正确，并说明理由.

(1) $\int_0^1 \dfrac{1+\cos 2t}{2}\mathrm{d}t=\left(t+\dfrac{1}{2}\sin 2t\right)\Big|_0^t=1+\dfrac{1}{2}\sin 2$；

(2) $\int_{-1}^1 \sqrt{1-x^2}\,\mathrm{d}x=\int_{-1}^1 \sqrt{1-(\sin t)^2}\,\mathrm{d}(\sin t)=\int_{-1}^1 \cos t\cdot\cos t\,\mathrm{d}t$
$=\int_{-1}^1 (\cos t)^2\mathrm{d}t=2\int_0^1 (\cos t)^2\mathrm{d}t=2$；

$(3) \int_{-\frac{\pi}{2}}^{\frac{\pi}{2}} \sqrt{\cos x - \cos^3 x} \, dx = \int_{-\frac{\pi}{2}}^{\frac{\pi}{2}} (\cos x)^{\frac{1}{2}} \sin x \, dx$

$$= -\int_{-\frac{\pi}{2}}^{\frac{\pi}{2}} (\cos x)^{\frac{1}{2}} d(\cos x) = -\frac{2}{3} \cos^{\frac{3}{2}} x \bigg|_{-\frac{\pi}{2}}^{\frac{\pi}{2}} = 0.$$

2. 计算下列定积分.

$(1) \int_0^{\frac{\pi}{2}} \sin x \cos^3 x \, dx$；

$(2) \int_1^e \frac{\ln^2 x}{x} \, dx$；

$(3) \int_0^{\frac{\pi}{2}} \sin^3 x \, dx$；

$(4) \int_0^4 \sqrt{16 - x^2} \, dx$；

$(5) \int_1^{e^2} \frac{dx}{x\sqrt{1 + \ln x}}$；

$(6) \int_1^4 \frac{dx}{\sqrt{x} + 1}$；

$(7) \int_0^1 (1 - x^2)^6 \, dx$；

$(8) \int_0^{\ln 2} \sqrt{e^x - 1} \, dx$；

$(9) \int_{-2}^0 \frac{dx}{x^2 + 2x + 2}$；

$(10) \int_0^1 x^2 \sqrt{1 - x^2} \, dx$.

3. 计算下列定积分.

$(1) \int_0^1 \arctan x \, dx$；

$(2) \int_0^{\frac{\pi}{2}} x \sin x \, dx$；

$(3) \int_0^2 x e^{\frac{x}{2}} \, dx$；

$(4) \int_{\frac{\pi}{4}}^{\frac{\pi}{3}} \frac{x}{\sin^2 x} \, dx$；

$(5) \int_0^1 (x^3 + 3^x + e^{3x}) x \, dx$；

$(6) \int_1^4 \frac{\ln x}{\sqrt{x}} \, dx$；

$(7) \int_{\frac{1}{e}}^e |\ln x| \, dx$；

$(8) \int_0^{\frac{\pi}{4}} \frac{x}{1 + \cos 2x} \, dx$.

4. 利用函数的奇偶性、对称性计算下列积分.

$(1) \int_{-5}^5 \frac{x^5 \sin^2 x}{x^4 + 2x^2 + 1} \, dx$；

$(2) \int_{-1}^1 (x^3 + \sqrt{1 - x^2})^2 \, dx$；

$(3) \int_{-a}^a (x\cos x - 5\sin x + 2\cos x) \, dx$；

$(4) \int_{-\frac{\pi}{2}}^{\frac{\pi}{2}} 4\cos^6 x \, dx$.

5. 证明下列等式.

$(1) \int_a^b f(x) \, dx = \int_a^b f(a + b - x) \, dx$，其中 $f(x)$ 在 $[a, b]$ 上连续；

$(2) \int_x^1 \frac{dx}{1 + x^2} = \int_1^{\frac{1}{x}} \frac{dx}{1 + x^2}$；

$(3) \int_0^1 x^m (1 - x)^n \, dx = \int_0^1 x^n (1 - x)^m \, dx$，其中 $m > 0, n > 0 (x > 0)$；

(4) $\int_{\frac{\pi}{3}}^{\frac{\pi}{2}} \frac{\sin x}{x} dx = \int_{0}^{\frac{1}{2}} \frac{dx}{\arccos x}$;

(5) $\int_{0}^{2a} f(x) dx = \int_{0}^{a} [f(x) + f(2a-x)] dx$,其中 $f(x)$ 在 $[0, 2a]$ 上连续.

6. 设 $f(x)$ 是以 π 为周期的连续函数,证明
$$\int_{0}^{2\pi} (\sin x + x) f(x) dx = \int_{0}^{\pi} (2x + \pi) f(x) dx.$$

7. 设 $f''(x)$ 在 $[a, b]$ 上连续,证明
$$\int_{a}^{b} x f''(x) dx = [bf'(b) - f(b)] - [af'(a) - f(a)].$$

8. 设非负连续函数 $f(x)$ 满足 $f(x)f(-x) = 1 \ (-\infty < x < +\infty)$,求
$$I = \int_{-\frac{\pi}{2}}^{\frac{\pi}{2}} \frac{\cos x}{1 + f(x)} dx.$$

9. (1) 若 $f(t)$ 是连续的奇函数,证明 $\int_{0}^{x} f(t) dt$ 是偶函数;

(2) 若 $f(t)$ 是连续的偶函数,证明 $\int_{0}^{x} f(t) dt$ 是奇函数.

10. 设函数 $f(x) = \begin{cases} x \cos x^2, & x \geq 0, \\ \dfrac{1}{1 + \cos x}, & -1 < x < 0, \end{cases}$ 计算 $\int_{1}^{3} f(x-2) dx$.

11. 设函数 $f(x)$ 在 $[0, 1]$ 上连续且单调递减,证明对任意常数 $a \in (0, 1)$,有
$$\int_{0}^{a} f(x) dx \geq a \int_{0}^{1} f(x) dx.$$

5.4 反常积分

知识衔接

函数 $f(x) = \dfrac{1}{x-a}$ 在_____处无界.

定积分 $\int_{a}^{b} f(x) dx$ 可积的必要条件是_____.

定积分的计算方法有_____.

定积分 $\int_a^b f(x)\mathrm{d}x$ 是黎曼积分(下册还要介绍重积分、曲线积分、曲面积分等)中的一个经典模型,应用十分广泛. 但它有两个限制条件:其一,积分区间必是有限区间;其二,被积函数必为有界函数(可积的必要条件). 这两个限制条件曾经推动定积分的发展,使定积分理论达到较为完美的程度. 然而,在许多实践问题和理论问题中却涉及积分区间是无穷区间或被积函数为无界函数的情形. 这样,定积分的应用就受到这两个条件的限制. 因此,有必要将定积分(即常规积分或普通积分)作如下推广:

$$\text{定积分}\int_a^b f(x)\mathrm{d}x \xrightarrow{\text{推广}} \begin{cases} \text{积分区间变为无穷区间}\begin{cases}\int_a^{+\infty} f(x)\mathrm{d}x; \\ \int_{-\infty}^{b} f(x)\mathrm{d}x; \\ \int_{-\infty}^{+\infty} f(x)\mathrm{d}x. \end{cases} \\ \text{被积函数变为无界函数}\begin{cases}\int_a^b f(x)\mathrm{d}x(\text{被积函数在上限局部无界}); \\ \int_a^b f(x)\mathrm{d}x(\text{被积函数在下限局部无界}); \\ \int_a^b f(x)\mathrm{d}x(\text{被积函数在中间某点局部无界}). \end{cases} \end{cases}$$

将极限理论与定积分理论对接,便形成了本节的反常积分理论.

5.4.1 无穷限的反常积分

定义 5.2 若函数 $f(x)$ 在任何有限区间 $[a,b]$ 上均可积,且存在极限

$$\lim_{b\to+\infty}\int_a^b f(x)\mathrm{d}x = I;$$

则称无穷限反常积分(简称无穷积分) $\int_a^{+\infty} f(x)\mathrm{d}x$ **收敛**(于 I), I 为无穷积分 $\int_a^{+\infty} f(x)\mathrm{d}x$ 的值,即

$$\int_a^{+\infty} f(x)\mathrm{d}x = \lim_{b\to+\infty}\int_a^b f(x)\mathrm{d}x = I,$$

否则,称无穷积分 $\int_a^{+\infty} f(x)\mathrm{d}x$ **发散**.

反常积分 $\int_a^{+\infty} f(x)\mathrm{d}x$ 的几何意义为:以曲线 $f(x)$, x 轴正向及直线 $x=a$ 为边界的"广义曲边梯形"的面积,如图 5-11 所示.

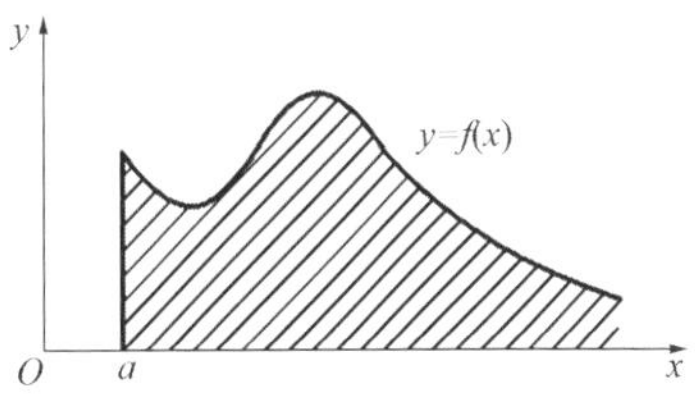

类似地,若有

$$\int_{-\infty}^{b} f(x)\mathrm{d}x = \lim_{u\to-\infty}\int_u^b f(x)\mathrm{d}x$$

图 5-11

存在,则称 $\int_{-\infty}^{b} f(x)\mathrm{d}x$ 收敛,极限值为无穷积分 $\int_{-\infty}^{b} f(x)\mathrm{d}x$ 的值;否则,该无穷积分发散.

记无穷积分

$$\int_{-\infty}^{+\infty} f(x)\mathrm{d}x = \int_{-\infty}^{a} f(x)\mathrm{d}x + \int_{a}^{+\infty} f(x)\mathrm{d}x\,(a\text{ 为任一常数,通常选 } a = 0),$$

当且仅当上式右边两个无穷积分都收敛时称无穷积分 $\int_{-\infty}^{+\infty} f(x)\mathrm{d}x$ 收敛,否则发散. 收敛时无穷积分值

$$\int_{-\infty}^{+\infty} f(x)\mathrm{d}x = \int_{-\infty}^{a} f(x)\mathrm{d}x + \int_{a}^{+\infty} f(x)\mathrm{d}x = \lim_{c\to -\infty}\int_{c}^{a} f(x)\mathrm{d}x + \lim_{b\to +\infty}\int_{a}^{b} f(x)\, (\text{一般取 } b \neq c).$$

用定义计算无穷积分固然有效,但并非高效. 若将定积分的一些计算方法,如线性运算、换元积分法、分部积分法等,推广到无穷积分上必能使无穷积分计算的效率更高.

若 $F(x)$ 为连续函数 $f(x)$ 在 $[a, +\infty)$ 上的一个原函数,则

$$\int_{a}^{+\infty} f(x)\mathrm{d}x = \lim_{b\to +\infty}\int_{a}^{b} f(x)\mathrm{d}x = \lim_{b\to +\infty}[F(x)]_{a}^{b}$$
$$= \lim_{b\to +\infty} F(b) - F(a) \xlongequal{\text{记}F(+\infty) = \lim_{b\to +\infty} F(b)} F(+\infty) - F(A)$$
$$\triangleq [F(x)]_{a}^{+\infty},$$

即

$$\int_{a}^{+\infty} f(x)\mathrm{d}x = [F(x)]_{a}^{+\infty} = F(+\infty) - F(a) = \lim_{x\to +\infty} F(x) - F(a). \tag{5.3}$$

类似地,有

$$\int_{-\infty}^{b} f(x)\mathrm{d}x = [F(x)]_{-\infty}^{b} = F(b) - F(-\infty) = F(b) - \lim_{x\to -\infty} F(x), \tag{5.4}$$

$$\int_{-\infty}^{+\infty} f(x)\mathrm{d}x = [F(x)]_{-\infty}^{+\infty} = F(+\infty) - F(-\infty) = \lim_{x\to +\infty} F(x) - \lim_{x\to -\infty} F(x). \tag{5.5}$$

这里的式(5.3)~(5.5)通常被称为无穷积分的牛顿-莱布尼茨公式. $\lim_{x\to -\infty} F(x)$ 或 $\lim_{x\to +\infty} F(x)$ 有一个不存在时,则该无穷积分发散.

例 5.24 计算反常积分 $\int_{0}^{+\infty}\dfrac{\mathrm{d}x}{1+x^2}$.

解
$$\int_{0}^{+\infty}\frac{\mathrm{d}x}{1+x^2} = [\arctan x]_{0}^{+\infty}$$
$$= \lim_{x\to +\infty}\arctan x - 0 = \frac{\pi}{2}.$$

例 5.25 讨论反常积分 $\int_{-\infty}^{+\infty}\sin x\mathrm{d}x$ 的敛散性.

解 由 $\int_{0}^{+\infty}\sin x\mathrm{d}x = [\cos x]_{0}^{+\infty} = \lim_{x\to +\infty}\cos x - 1$ 极限不存在知, $\int_{0}^{+\infty}\sin x\mathrm{d}x$ 发散,从而 $\int_{-\infty}^{+\infty}\sin x\mathrm{d}x$ 发散.

思考:1)以下两式是否正确?

$$\int_{-\infty}^{+\infty}\sin x\mathrm{d}x = \lim_{a\to +\infty}\int_{-a}^{a}\sin x\mathrm{d}x,$$

$$\int_{-\infty}^{+\infty}\sin x\mathrm{d}x = [\cos x]_{-\infty}^{+\infty}.$$

2) 如何从几何的角度理解反常积分 $\int_{-\infty}^{+\infty} \sin x \, dx$ 的发散状态?

例 5.26 讨论反常积分 $\int_{1}^{+\infty} \dfrac{dx}{x^p}$ 的敛散性,其中常数 $p > 0$.

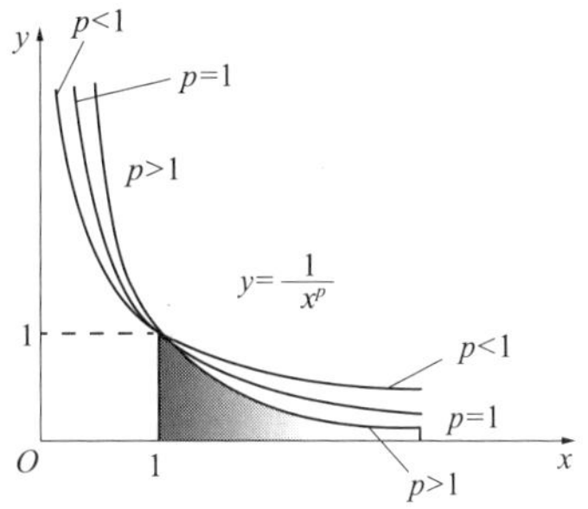

解 如图 5-12 所示,当 $p = 1$ 时,

$$\int_{1}^{+\infty} \dfrac{dx}{x^p} = \int_{1}^{+\infty} \dfrac{dx}{x} = [\ln x]_{1}^{+\infty} = \lim_{x \to +\infty} \ln x = +\infty;$$

当 $p \neq 1$ 时,

$$\int_{1}^{+\infty} \dfrac{dx}{x^p} = \left[\dfrac{x^{1-p}}{1-p}\right]_{1}^{+\infty} = \lim_{x \to +\infty} \dfrac{x^{1-p}}{1-p} - \dfrac{1}{1-p}$$

$$= \begin{cases} \dfrac{1}{p-1}, & p > 1, \\ +\infty, & p < 1. \end{cases}$$

图 5-12

故当 $p > 1$ 时, $\int_{1}^{+\infty} \dfrac{dx}{x^p}$ 收敛于 $\dfrac{1}{p-1}$;当 $p \leq 1$ 时, $\int_{1}^{+\infty} \dfrac{dx}{x^p}$ 发散于 $+\infty$.

思考: 1) 当 p 取何值时,反常积分 $\int_{2}^{+\infty} \dfrac{dx}{x(\ln x)^p}$ 收敛?

2) 当 p 取何值时,该反常积分发散?

5.4.2 无界函数的反常积分

定义 5.3 若函数 $f(x)$ 在点 a 的任一邻域(或左、右邻域)无界,则称 a 为函数 $f(x)$ 的**瑕点**.

例如, $x = \pm 1$ 为 $f(x) = \dfrac{x}{1-x^2}$ 的瑕点, $x = a$ 为 $g(x) = \ln(x-a)$ 的瑕点.

注: 1) 瑕点必为无意义点,反之不然. 例如, $x = 0$ 就不是 $h(x) = \dfrac{\sin x}{x}$ 的瑕点.

2) 函数的无穷间断点必为瑕点. 而被积函数的第一类间断点不是瑕点,相应积分本质上是常义积分,而非反常积分.

定义 5.4 设 a 为函数 $f(x)$ 的瑕点,若 $f(x)$ 在任何闭区间 $[u, b] \subset (a, b]$ 上可积,且存在极限

$$\lim_{u \to a^+} \int_{u}^{b} f(x) \, dx = I, \tag{5.6}$$

则称瑕积分(无界函数的反常积分) $\int_{a}^{b} f(x) \, dx$ **收敛**(于 I);否则,称瑕积分 $\int_{a}^{b} f(x) \, dx$ **发散**. 收敛时, I 称为瑕积分 $\int_{a}^{b} f(x) \, dx$ 的**值**,即

$$\int_a^b f(x)\mathrm{d}x = \lim_{u\to a^+}\int_u^b f(x)\mathrm{d}x = I.$$

类似地，b 为瑕点时，

$$\int_a^b f(x)\mathrm{d}x = \lim_{v\to b^-}\int_a^v f(x)\mathrm{d}x. \tag{5.7}$$

若极限存在则瑕积分收敛，否则发散。收敛时可用(5.7)式计算瑕积分值。

一般地，将瑕积分 $\int_a^b f(x)\mathrm{d}x$ ($c\in(a,b)$ 为瑕点) 记为

$$\int_a^b f(x)\mathrm{d}x = \int_a^c f(x)\mathrm{d}x + \int_c^b f(x)\mathrm{d}x, \tag{5.8}$$

当且仅当(5.8)式右边两个瑕积分都收敛时它才收敛，否则发散。

当 $\int_a^b f(x)\mathrm{d}x$（仅 c 为瑕点）收敛时，可用下式计算无穷积分值（一般取 $u\neq v$）

$$\int_a^b f(x)\mathrm{d}x = \int_a^c f(x)\mathrm{d}x + \int_c^b f(x)\mathrm{d}x = \lim_{u\to c^-}\int_a^u f(x)\mathrm{d}x + \lim_{v\to c^+}\int_v^b f(x)\mathrm{d}x.$$

类似于无穷积分，计算瑕积分的牛顿-莱布尼茨公式如下：

若 $F(x)$ 为连续函数 $f(x)$ 在区间 (a,b)（$[a,b)$ 或 $[a,c)\cup(c,b]$）上的一个原函数，则

$$\int_a^b f(x)\mathrm{d}x = [F(x)]_a^b \xsavebox{a为瑕点}= F(b) - \lim_{x\to a^+}F(x), \tag{5.9}$$

$$\int_a^b f(x)\mathrm{d}x = [F(x)]_a^b \xsavebox{b为瑕点}= \lim_{x\to b^-}F(x) - F(a), \tag{5.10}$$

$$\int_a^b f(x)\mathrm{d}x \xsavebox{c为瑕点}= \int_a^c f(x)\mathrm{d}x + \int_c^b f(x)\mathrm{d}x. \tag{5.11}$$

(5.9)和(5.10)式中当 $\lim_{x\to a^+}F(x)$ 或 $\lim_{x\to b^-}F(x)$ 不存在时，瑕积分发散。(5.11)式右端要分别使用牛顿-莱布尼茨公式，一般不能直接使用。

例如，由于

$$\int_{-1}^1 \frac{1}{x^2}\mathrm{d}x = \int_{-1}^0 \frac{1}{x^2}\mathrm{d}x + \int_0^1 \frac{1}{x^2}\mathrm{d}x = \left[-\frac{1}{x}\right]_{-1}^0 + \left[-\frac{1}{x}\right]_0^1$$

$$= \lim_{x\to 0^-}\left(-\frac{1}{x}\right) - 1 + 1 - \lim_{x\to 0^+}\left(-\frac{1}{x}\right)$$

不存在，因此瑕积分 $\int_{-1}^1 \frac{1}{x^2}\mathrm{d}x$ 发散，而直接使用牛顿-莱布尼茨公式计算为

$$\int_{-1}^1 \frac{1}{x^2}\mathrm{d}x = \left[-\frac{1}{x}\right]_{-1}^1 = -2.$$

这是错误的结果！想一想，为什么？

注：1) 瑕积分 $\int_a^b f(x)\mathrm{d}x$（b 为瑕点）的几何意义：以曲线 $f(x)$，x 轴正向及直线 $x=a$，$x=b$ 为边界的"广义曲边梯形"的面积。

2) 瑕积分也可定义为

$$\int_a^b f(x)\,dx \xlongequal{a\text{为瑕点}} \lim_{u\to a^+}\int_u^b f(x)\,dx \Leftrightarrow \lim_{\varepsilon\to 0^+}\int_{a+\varepsilon}^b f(x)\,dx,$$

$$\int_a^b f(x)\,dx \xlongequal{b\text{为瑕点}} \lim_{v\to b^-}\int_a^v f(x)\,dx \Leftrightarrow \lim_{\varepsilon\to 0^+}\int_a^{b-\varepsilon} f(x)\,dx.$$

这样更能清楚地看出无穷积分与瑕积分的关系.

事实上,瑕积分 $\int_a^b f(x)\,dx \xlongequal[\text{令}\, b-x=\frac{1}{y}]{b\text{为瑕点}} \int_{\frac{1}{b-a}}^{+\infty} f\left(b-\frac{1}{y}\right)\cdot\frac{1}{y^2}\,dy.$ 因此,无穷积分与瑕积分的相应理论是完全平行的!

例 5.27 计算瑕积分 $\int_0^1 \dfrac{dx}{\sqrt{1-x^2}}$.

解 由 $\lim\limits_{x\to 1^-}\dfrac{1}{\sqrt{1-x^2}}=+\infty$ 知点 $x=1$ 为瑕点,于是

$$\int_0^1 \frac{dx}{\sqrt{a^2-x^2}} = [\arcsin x]_0^1 = \lim_{x\to 1^-}\arcsin x - 0 = \frac{\pi}{2}.$$

例 5.28 讨论瑕积分 $\int_0^1 \dfrac{dx}{x^p}$ 的敛散性.

证 当 $p=1$ 时,瑕积分

$$\int_0^1 \frac{dx}{x^p} = \int_0^1 \frac{dx}{x} = [\ln x]_0^1 = 0 - \lim_{x\to 0^+}\ln x = +\infty;$$

当 $p\neq 1$ 时,

$$\int_0^1 \frac{dx}{x^p} = \left[\frac{1}{1-p}x^{1-p}\right]_0^1 = \frac{1}{1-p}\left(1-\lim_{x\to 0^+}x^{1-p}\right) = \begin{cases}\dfrac{1}{1-p}, & p<1,\\ +\infty, & p>1.\end{cases}$$

因此,当 $p<1$ 时,瑕积分 $\int_0^1 \dfrac{dx}{x^p}$ 收敛于 $\dfrac{1}{1-p}$;当 $p\geqslant 1$ 时,发散.

思考:瑕积分 $\int_a^b \dfrac{dx}{(x-a)^p}$,$\int_a^b \dfrac{dx}{(b-x)^p}$,$\int_1^2 \dfrac{dx}{x(\ln x)^p}$ 的敛散性如何?

一般地,当反常积分的积分区间为无穷区间,且被积函数又有瑕点时,可以把它拆分成几个积分,使每一个积分只是单纯的无穷区间上的反常积分或无界函数的反常积分,然后再分别讨论每个反常积分的收敛性. 例如,反常积分 $\int_0^{+\infty}\dfrac{dx}{x^p} = \int_0^1\dfrac{dx}{x^p} + \int_1^{+\infty}\dfrac{dx}{x^p}$,无论 p 取何值上式等号右端的两个反常积分都不会同时收敛,因此反常积分 $\int_0^{+\infty}\dfrac{dx}{x^p}$ 总是发散的.

反常积分的计算除了用定义、牛顿-莱布尼茨公式外,定积分的计算方法,如换元积分法、分部积分法等,也都可以平行地用于反常积分. 其中,奇点(无穷积分的区间端点、瑕积分的瑕点)处的值理解为极限值.

例 5.29 求反常积分 $\int_1^{+\infty}\dfrac{1}{\sqrt{x}}e^{-\sqrt{x}}\,dx$.

解
$$\int_1^{+\infty} \frac{1}{\sqrt{x}} e^{-\sqrt{x}} dx = -2\int_1^{+\infty} e^{-\sqrt{x}} d(-\sqrt{x}) = [-2e^{-\sqrt{x}}]_1^{+\infty}$$
$$= \lim_{x\to +\infty} -2e^{-\sqrt{x}} - \left(-\frac{2}{e}\right) = \frac{2}{e}.$$

例 5.30 求反常积分 $\int_0^1 \frac{dx}{(2-x)\sqrt{1-x}}$.

解 设 $\sqrt{1-x} = t$, 则 $x = 1-t^2$, $dx = -2tdt$, 于是
$$\int_0^1 \frac{dx}{(2-x)\sqrt{1-x}} = -\int_1^0 \frac{2tdt}{(1+t^2)t} = 2\int_0^1 \frac{1}{1+t^2} dt$$
$$= [2\arctan x]_0^1 = \frac{\pi}{2}.$$

例 5.31 求反常积分 $\int_0^{+\infty} x^2 e^{-x} dx$.

解
$$\int_0^{+\infty} x^2 e^{-x} dx = -\int_0^{+\infty} x^2 de^{-x} = [-x^2 e^{-x}]_0^{+\infty} + 2\int_0^{+\infty} x e^{-x} dx$$
$$= -2\int_0^{+\infty} x de^{-x} = [-2x e^{-x}]_0^{+\infty} + 2\int_0^{+\infty} e^{-x} dx$$
$$= [-2e^{-x}]_0^{+\infty} = 2.$$

习题 5.4(A)

1. 下列各项正确的是 ( )

(A) $\int_0^4 \frac{1}{(x-3)^2} dx = \left.\frac{-1}{x-3}\right|_0^4 = -\frac{4}{3}$

(B) 当 $f(x)$ 为奇函数时, $\int_{-\infty}^{+\infty} f(x) dx = 0$

(C) $\int_0^{+\infty} \frac{\arctan x}{(1+x^2)^{\frac{3}{2}}} dx \xrightarrow{\arctan x = t} \int_0^{\frac{\pi}{2}} \frac{t\sec^2 t}{\sec^3 t} dt = \int_0^{\frac{\pi}{2}} t\cos t dt = \frac{\pi}{2} - 1$

(D) 反常积分 $\int_a^{+\infty} kf(x) dx$ 与 $\int_a^{+\infty} f(x) dx$ 有相同的敛散性

2. 若 $\int_0^{+\infty} ae^{-\sqrt{x}} dx = 1$, 则 $a =$ ( )

(A) $\frac{1}{2}$ (B) $-\frac{1}{2}$

(C) 2 (D) 1

3. 下列反常积分发散的是 ( )

(A) $\int_2^{+\infty} \dfrac{1}{x\ln^2 x}dx$ (B) $\int_{-\infty}^{+\infty} xe^{-x^2}dx$

(C) $\int_{-1}^{1} \dfrac{1}{\sin x}dx$ (D) $\int_{-1}^{1} \dfrac{1}{\sqrt{1-x^2}}dx$

4. 下列反常积分中收敛的是 ( )

(A) $\int_2^{+\infty} \dfrac{1}{\sqrt{x}}dx$ (B) $\int_2^{+\infty} \dfrac{\ln x}{x}dx$

(C) $\int_2^{+\infty} \dfrac{1}{x\ln x}dx$ (D) $\int_2^{+\infty} \dfrac{x}{e^x}dx$

5. 下列反常积分发散的是 ( )

(A) $\int_0^{+\infty} xe^{-x}dx$ (B) $\int_0^{+\infty} xe^{-x^2}dx$

(C) $\int_0^{+\infty} \dfrac{\arctan x}{1+x^2}dx$ (D) $\int_0^{+\infty} \dfrac{x}{1+x^2}dx$

习题 5.4(B)

1. 判断下列广义积分是否收敛？若收敛，则求出其值.

(1) $\int_1^{+\infty} \dfrac{1}{x^2}dx$; (2) $\int_e^{+\infty} \dfrac{1}{x(\ln x + 1)^2}dx$;

(3) $\int_0^{+\infty} \dfrac{dx}{4+x^2}$; (4) $\int_0^{+\infty} e^{-2x}dx$;

(5) $\int_{-\infty}^{1} \dfrac{dx}{(2x-3)^2}$; (6) $\int_0^{+\infty} \dfrac{dx}{(x+2)(x+3)}$.

2. 判断下列广义积分是否收敛？若收敛，则求出其值.

(1) $\int_0^{1} \dfrac{dx}{(2x-1)^2}$; (2) $\int_1^{e} \dfrac{dx}{x\sqrt{1-\ln^2 x}}$;

(3) $\int_0^{4} \dfrac{dx}{x^2+x-6}$; (4) $\int_0^{1} \dfrac{\ln x}{x}dx$.

3. 已知 $\lim\limits_{x\to+\infty}\left(\dfrac{x-a}{x+a}\right)^x = \int_a^{+\infty} 4x^2 e^{-2x}dx$, 求常数 a.

4. 讨论反常积分 $\int_2^{+\infty} \dfrac{dx}{x(\ln x)^k}$ 的敛散性, 并确定 k 的值, 使该反常积分取得最小值.

自测题(五)

一、选择题.

1. 设 $f(x) = \int_0^{\ln(1+x^2)} \sin t^2 dt$, $g(x) = \dfrac{x^5}{5!} + \dfrac{x^6}{6!}$, 则当 $x \to 0$ 时, $f(x)$ 是 $g(x)$ 的( )

   (A) 高阶无穷小 (B) 低阶无穷小
   (C) 同阶但不等价无穷小 (D) 等价无穷小

2. 设 $f(x)$ 在 $[a,b]$ 上连续且 $f(x) > 0$, 则方程 $\int_a^x f(t)dt + \int_b^x \dfrac{1}{f(t)}dt = 0$ 在 (a,b) 上根的个数 ( )

   (A) 0 个 (B) 1 个 (C) 2 个 (D) 无穷多个

3. 设 $\int_0^x f(t)dt = \dfrac{1}{2}f(x) - \dfrac{1}{2}$, 且 $f(0) = 1$, 则 $f(x) = $ ( )

   (A) e^{2x} (B) $\dfrac{1}{2}e^x$ (C) $e^{\frac{x}{2}}$ (D) $\dfrac{1}{2}e^{2x}$

4. 设 $f(x) = \operatorname{sgn} x$, $F(x) = \int_0^x f(t)dt$, 则 ( )

   (A) $F(x)$ 在 $(-\infty, +\infty)$ 内连续, 在点 $x=0$ 处不可导
   (B) $F(x)$ 在点 $x=0$ 处不连续
   (C) $F(x)$ 在 $(-\infty, +\infty)$ 内可导, 但不一定满足 $F'(x) = f(x)$
   (D) $F(x)$ 在 $(-\infty, +\infty)$ 内可导, 且满足 $F'(x) = f(x)$

5. 定积分的定义为 $\int_a^b f(x)dx = \lim\limits_{\lambda \to 0} \sum\limits_{i=1}^n f(\xi_i) \Delta x_i$, 以下哪些任意性是错误的 ( )

   (A) 积分区间 $[a,b]$ 所分成的份数 n 是任意的
   (B) 虽然要求当 $\lambda = \max\limits_i \Delta x_i \to 0$ 时, $\sum\limits_i f(\xi_i) \Delta x_i$ 的极限存在且有限, 但极限值仍是任意的
   (C) 对指定的一组分点, 各个 $\xi_i \in [x_{i-1}, x_i]$ 的取法也是任意的
   (D) 对给定的份数 n, 如何将 $[a,b]$ 分成 n 份的分法也是任意的, 即除区间端点 $a = x_0, b = x_n$ 外, 各个分点 $x_1 < x_2 < \cdots < x_{n-1}$ 的取法是任意的

6. 设 $I_1 = \int_0^{\frac{\pi}{4}} \dfrac{\tan x}{x} dx$, $I_2 = \int_0^{\frac{\pi}{4}} \dfrac{x}{\tan x} dx$, 则 ( )

   (A) $I_2 > I_1 > 1$ (B) $I_1 > I_2 > 1$
   (C) $1 > I_2 > I_1$ (D) $1 > I_1 > I_2$

7. $\lim\limits_{n \to \infty} \ln \sqrt[n]{\left(1+\dfrac{1}{n}\right)^2 \left(1+\dfrac{2}{n}\right)^2 \cdots \left(1+\dfrac{n}{n}\right)^2} = $ ( )

(A) $\int_1^2 \ln^2(1+x)\,dx$ (B) $\int_1^2 \ln^2 x\,dx$

(C) $2\int_1^2 \ln x\,dx$ (D) $2\int_1^2 \ln(1+x)\,dx$

8. 若 $F(x) = \int_x^{x+2\pi} e^{\sin t}\sin t\,dt$，则 $F(x)$ ( )

(A) 恒为零 (B) 为正常数

(C) 为负常数 (D) 不为常数

9. 设 $g(x) = \int_0^x f(t)\,dt$，其中 $f(x) = \begin{cases} \dfrac{1}{2}(x^2+1), & 0 \leqslant x \leqslant 1, \\ \dfrac{1}{3}(x-1), & 1 \leqslant x \leqslant 2, \end{cases}$ 则 $g(x)$ 在区间 $(0,2)$ 内

( )

(A) 连续 (B) 不连续 (C) 递减 (D) 无界

10. 设 $a_n = \dfrac{3}{2}\int_0^{\frac{n+1}{n}} x^{n-1}\sqrt{1+x^n}\,dx$，则极限 $\lim\limits_{n\to\infty} na_n =$ ( )

(A) $(1+e^{-1})^{\frac{3}{2}} + 1$. (B) $(1+e^{-1})^{\frac{3}{2}} - 1$

(C) $(1+e)^{\frac{3}{2}} + 1$. (D) $(1+e)^{\frac{3}{2}} - 1$

11. 设函数 $f(x)$ 连续，则下列变限函数中必为偶函数的是 ( )

(A) $\int_0^x f^2(t)\,dt$ (B) $\int_0^x f(t^2)\,dt$

(C) $\int_0^x t[f(t) - f(-t)]\,dt$ (D) $\int_0^x t[f(t) + f(-t)]\,dt$

12. 设 $f(x) = \begin{cases} x^2, & 0 \leqslant x < 1, \\ x, & 1 \leqslant x \leqslant 2, \end{cases}$ $\Phi(x) = \int_0^x f(t)\,dt$，则 $\Phi(x)$ 在区间 $(0,2)$ 内 ( )

(A) 是连续的 (B) 有第一类间断点

(C) 有第二类间断点 (D) 两类间断点都有

13. 设 $F(x)$ 是连续函数 $f(x)$ 的一个原函数，则必有 ( )

(A) $F(x)$ 是奇函数 $\Leftrightarrow f(x)$ 是偶函数

(B) $F(x)$ 是偶函数 $\Leftrightarrow f(x)$ 是奇函数

(C) $F(x)$ 是周期函数 $\Leftrightarrow f(x)$ 是周期函数

(D) $F(x)$ 是单调函数 $\Leftrightarrow f(x)$ 是单调函数

14. 设函数 $f(x)$ 在 $[0,\pi]$ 上连续，则极限 $\lim\limits_{n\to+\infty} \int_0^\pi f(x)|\sin nx|\,dx =$ ( )

(A) $\dfrac{1}{\pi}\int_0^\pi f(x)\,dx$ (B) $\dfrac{2}{\pi}\int_0^\pi f(x)\,dx$

(C) $2\int_0^\pi f(x)\,dx$ (D) 不存在

15. 设 $f \in C[0,1]$，且 $\int_0^1 f(x)\,dx = 2$，则 $\int_0^{\frac{\pi}{2}} f(\cos^2 x)\sin 2x\,dx =$ ( )

(A) 1　　　　　(B) 2　　　　　(C) 3　　　　　(D) 4

16. $\int_0^2 \sqrt{x^3 - 2x^2 + x}\,dx = $　　　　　　　　　　　　　　　　　（　　）

(A) $\dfrac{4\sqrt{2}}{3} - \dfrac{8\sqrt{2}}{5}$　　(B) $-\dfrac{4\sqrt{2}}{3} + \dfrac{8\sqrt{2}}{5}$

(C) $\dfrac{4}{15}(2 + \sqrt{2})$　　(D) $-\dfrac{4}{15}(2 + \sqrt{2})$

17. $\int_{-1}^1 (1 + x)\sqrt{1 - x^2}\,dx = $　　　　　　　　　　　　　　　　（　　）

(A) π　　　　　(B) 2π　　　　　(C) $\dfrac{\pi}{2}$　　　　　(D) $\dfrac{\pi}{4}$

二、填空题.

18. 若 $f(x) = \dfrac{1}{1+x^2} + \sqrt{1-x^2}\int_0^1 f(x)\,dx$，则 $f(x) = $ _____.

19. $\int_{-\frac{\pi}{2}}^{\frac{\pi}{2}} (\sin^5 x + \cos^3 x)\,dx = $ _____.

20. $\int_{-1}^1 (|x| + x)\,\mathrm{e}^{-|x|}\,dx = $ _____.

21. 设 $f(x)$ 是连续函数，$F(x) = \int_{x^2}^{\mathrm{e}^x} f(t)\,dt$，则 $F'(0) = $ _____.

22. $\displaystyle\lim_{x \to 0} \dfrac{\int_0^{x^2} tf(t)\,dt}{x^4} = $ _____，其中 $f(x)$ 在 $(-\infty, +\infty)$ 内是连续函数.

23. $\int_1^{+\infty} \dfrac{1}{x\sqrt{x^2-1}}\,dx = $ _____.

24. $\displaystyle\lim_{n \to \infty}\left(\dfrac{n}{n^2+1} + \dfrac{n}{n^2+2^2} + \cdots + \dfrac{n}{n^2+n^2}\right) = $ _____.

25. $\displaystyle\lim_{x \to 0} \dfrac{\int_0^x \left[\int_0^{u^2} \arctan(1+t)\,dt\right]du}{x(1-\cos x)} = $ _____.

26. 若 $f(x) = \int_1^{x^2} \dfrac{\sin t}{t}\,dt$，则 $\int_0^1 x f(x)\,dx = $ _____.

27. 已知 $f(x)$ 连续，$\int_0^x t f(x-t)\,dt = 1 - \cos x$，$\int_0^{\frac{\pi}{2}} f(x)\,dx = $ _____.

28. 设 $f(x)$ 是连续函数，b 为常数，则 $\dfrac{\mathrm{d}}{\mathrm{d}x}\int_0^b f(x+t)\,dt = $ _____.

29. $\int_1^2 \left[\dfrac{1}{x\ln^2 x} - \dfrac{1}{(x-1)^2}\right]dx = $ _____.

30. 若 $\int_\alpha^{2\ln 2} \dfrac{\mathrm{d}t}{\sqrt{\mathrm{e}^t - 1}} = \dfrac{\pi}{6}$，则 $\alpha = $ _____.

31. $\int_0^4 |2-x| dx = $ _____.

32. 若 $f(\pi) = 1$，且 $\int_0^\pi [f(x) + f''(x)] \sin x \, dx = 3$，则 $f(0) = $ _____.

33. 设 $f(x) = \int_1^x \dfrac{2\ln u}{1+u} du, x \in (0, +\infty)$，则 $f(x) + f\left(\dfrac{1}{x}\right) = $ _____.

34. $\int_0^{n\pi} \sqrt{1 + \sin 2x} \, dx = $ _____.

35. $\int_{-1}^1 x(1 + x^{2023})(e^x - e^{-x}) dx = $ _____.

三. 计算题.

36. $\int_0^1 \dfrac{\ln(1+x)}{(2-x)^2} dx$；

37. $\int_0^{\ln 2} \sqrt{1 - e^{-2x}} dx$.

四. 综合题.

38. 证明 $\lim\limits_{n \to \infty} \int_{n^2}^{n^2+n} \dfrac{1}{\sqrt{x}} e^{-\frac{1}{x}} dx = 1$.

39. 设 $f'(x)$ 连续，$F(x) = \int_0^x (x^2 - t^2) f'(t) dt$ 的导数与 x^2 是 $x \to 0$ 时的等价无穷小，求 $f(0)$.

40. 求连续函数 $f(x)$，使它满足
$$\int_0^1 f(tx) dt = f(x) + x\sin x, \quad f(0) = 0.$$

41. 确定 a, b, c 的值，使等式 $\lim\limits_{x \to 0} \dfrac{ax - \sin x}{\int_b^x \dfrac{\ln(1+t^3)}{t} dt} = c \, (c \neq 0)$ 成立.

42. 设函数 $f(x)$ 可导，且 $f(0) = 0, F(x) = \int_0^x t^{n-1} f(x^n - t^n) dt$，求 $\lim\limits_{x \to 0} \dfrac{F(x)}{x^{2n}}$.

43. 设 $f''(x)$ 在 $[0,1]$ 上连续，且 $f(0) = 1, f(2) = 3, f'(2) = 5$，求 $\int_0^1 x f''(2x) dx$.

44. 设 $f(x), g(x)$ 在 $[-a, a]$ $(a<0)$ 上连续，$g(x) - g(-x) = 0, f(x) + f(-x) = A$（$A$ 为常数），试证 $\int_{-a}^a f(x) g(x) dx = A \int_0^a g(x) dx$，并计算 $\int_{-\frac{\pi}{2}}^{\frac{\pi}{2}} |\sin x| \arctan e^x dx$.

45. 证明不等式
$$\dfrac{1}{n^p} \leq \dfrac{1}{p-1}\left[\dfrac{1}{(n-1)^{p-1}} - \dfrac{1}{n^{p-1}}\right],$$
其中 $p > 1, n = 2, 3, \cdots$

46. 证明：若 $f(x), g(x)$ 在 $[a, b]$ 上连续，则 $\left(\int_a^b f(x) g(x) dx\right)^2 \leq \int_a^b f^2(x) dx \int_a^b g^2(x) dx$ (该不等式称为柯西-施瓦兹不等式).

47. 证明：若 $f(x), g(x)$ 在 $[a,b]$ 上连续，则 $\left(\int_a^b (f(x)+g(x))^2 dx\right)^{\frac{1}{2}} \leq \left(\int_a^b f^2(x) dx\right)^{\frac{1}{2}} + \left(\int_a^b g^2(x) dx\right)^{\frac{1}{2}}$（该不等式称为闵科夫斯基不等式）.

48. 设 $f(x)$ 在 $[0,1]$ 上连续，证明 $(0,1)$ 中至少存在一点 ξ，使
$$\int_0^\xi f(x) dx = (1-\xi) f(\xi).$$

49. 设 $f(x)$ 在 $[0,1]$ 上连续，在 $(0,1)$ 内可导，且 $f(0)=0, 0 \leq f'(x) \leq 1$，证明
$$\left(\int_0^1 f(x) dx\right)^2 \geq \int_0^1 f^3(x) dx.$$

第6章 定积分的应用

本章首先介绍将实际问题转化为定积分的重要分析方法——微元法,然后运用微元法分析和解决一些典型的几何、物理、经济问题.

6.1 定积分的几何应用

知识衔接

若 $f(x)>0$,则定积分 $\int_a^b f(x)\mathrm{d}x(a<b)$ 的几何意义为_____.

定积分 $\int_a^b v(t)\mathrm{d}t$ 表示的物理意义为_____.

扇形的面积公式为_____.

定积分是在求平面图形面积等问题背景下提炼出来的数学模型,因此使用定积分计算面积是再自然不过的事情. 事实上,定积分的应用早已超越单纯的面积计算问题,它可以用来处理所有的几何度量(长度、面积、体积等)问题及计算不均匀分布在某一区间上的整体量.

6.1.1 定积分的微元法

由定积分定义式

$$\lim_{\|T\|\to 0}\sum_{i=1}^n f(\xi_i)\Delta x_i = I = \int_a^b f(x)\mathrm{d}x \tag{6.1}$$

的引入过程知,分布在区间 $[a,b]$ 上的整体量 I 由分布在各小区间 $[x_i,x_i+\Delta x_i]$ 上的局部分量构成,而 $f(\xi_i)\Delta x_i(\xi_i\in[x_i,x_i+\Delta x_i])$ 是以直(常)代曲(变)后局部分量的近似值. 根据各小区间的任意性,记 $[x_i,x_i+\Delta x_i]$ 为 $[x,x+\Delta x]$,$\forall x\in[a,b]$,则当 $\Delta x\to 0$ 时,$\xi_i\to x$,且

$$f(\xi_i)\Delta x \to f(x)\mathrm{d}x,$$

其中 $f(x)\mathrm{d}x$ 就是整体量 I 在 x 处的微元 $\mathrm{d}I$,此时 $\mathrm{d}I=f(x)\mathrm{d}x$ 精确成立,因而式(6.1)右侧整体量 I 可视为微元 $\mathrm{d}I$ 从 a 到 b 的连续和. 这种处理问题的方法称为**微元法**或**元素法**.

不难看出,所谓微元法就是视整体由微元(元素)构成,以直(常)代曲(变)给出微元表达式,然后对微元积分(连续求和)计算整体的方法,即"化整为零,积'零'为整"的方法.

例如,使用微元法求以曲线 $y=f(x)$ ($f(x)>0$) 为曲边、以 $[a,b]$ 为底的曲边梯形面积 S 时,第一步(化整为零),将整体曲边梯形视作无限多小曲边梯形(图 6-1)的和,并写出相应的面积微元 $\mathrm{d}S=f(x)\mathrm{d}x$(底×高,以直代曲);第二步(连续求和,积"零"为整),对面积微元连续求和,并写出曲边梯形面积计算公式

$$S=\int_a^b \mathrm{d}S = \int_a^b f(x)\mathrm{d}x.$$

用微元法计算整体量的具体过程如下:

(1)微元法多用于研究实际问题,因此要建立恰当的坐标系,选取积分变量 x,并确定其变化范围 $[a,b]$.

(2)在 $[a,b]$ 中取代表性小区间 $[x,x+\mathrm{d}x]$,求出分布在该小区间上所求量的分量 ΔU 的近似表达式

$$\Delta U \approx \mathrm{d}U = f(x)\mathrm{d}x,$$

其中 $\mathrm{d}U$ 称为总量 U 的元素,$f(x)$ 是连续函数,元素的几何形状常取为条、带、扇、环、段、片、壳、块等单元.

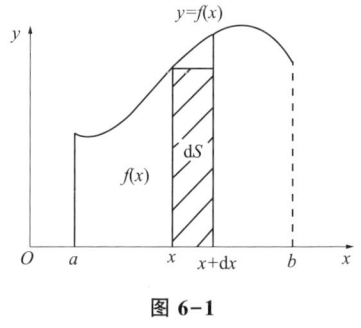

图 6-1

(3)利用可加性,把 U 的元素 $\mathrm{d}U$"连续累加"成总量 U,即以 $\mathrm{d}U$ 为积分表达式,在 $[a,b]$ 上作定积分

$$U=\int_a^b \mathrm{d}U = \int_a^b f(x)\mathrm{d}x.$$

6.1.2 平面图形的面积

用定积分理论计算平面图形面积的方法已十分成熟,故在此仅使用微元法直接给出相应类型的平面区域面积计算公式.

1. 直角坐标情形

一般地,在直角坐标系下平面图形可分为 X-型、Y-型和混合型三类,而混合型均可分割为前两种,因此只需讨论 X-型与 Y-型的计算公式.

通常称平面点集

$$D=\{(x,y)\,|\,a\leqslant x\leqslant b, g(x)\leqslant y\leqslant f(x)\}$$

为 X-型区域(图 6-2),其中 $f(x),g(x)$ 为 $[a,b]$ 上的连续函数.

称平面点集

$$D=\{(x,y)\,|\,c\leqslant y\leqslant d, \psi(y)\leqslant x\leqslant \varphi(y)\}$$

为 Y-型区域(图 6-3),其中 $\varphi(y),\psi(y)$ 为 $[c,d]$ 上的连续函数.

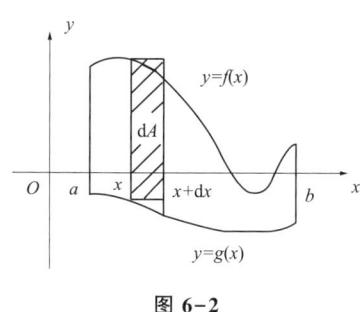
图 6-2

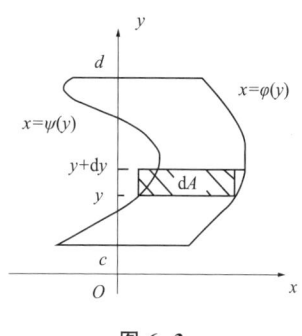
图 6-3

X-型区域的特点为:两条曲边在 x 轴上的投影重合,且恰好就是区间 $[a,b]$,过 $[a,b]$ 内任一点作 x 轴垂线,沿平行于 y 轴正向看从下曲边 $g(x)$ 穿入,从上曲边 $f(x)$ 穿出,且与 X-型区域的曲边至多有两个交点(也可能重合为一个交点,图 6-4). Y-型区域特征与 X-型区域类似.

由微元法知, X-型区域的面积微元 $\mathrm{d}S=[f(x)-g(x)]\mathrm{d}x$(以 $\mathrm{d}x$ 为底, $f(x)-g(x)$ 为高的小矩形面积),故 X-型区域面积计算公式为

$$S=\int_a^b [f(x)-g(x)]\mathrm{d}x. \tag{6.2}$$

类似地,知 Y-型区域面积微元 $\mathrm{d}S=[\varphi(y)-\psi(y)]\mathrm{d}y$(以 $\mathrm{d}y$ 为底, $\varphi(y)-\psi(y)$ 为高的小矩形面积),故 Y-型区域面积计算公式为

$$S=\int_c^d [\varphi(y)-\psi(y)]\mathrm{d}y. \tag{6.3}$$

注:通常称平面点集 $D=\{(x,y)\mid a\leqslant x\leqslant b,c\leqslant y\leqslant d\}$ 为矩形区域,矩形区域可看作 X-型区域或 Y-型区域的一种特例;另外,我们常说的曲边梯形也是 X-型或 Y-型区域的一种特例.

例 6.1 求由曲线 $y=\dfrac{1}{x}$ 及直线 $y=x,x=2$ 所围图形的面积.

解 所求图形为 X-型区域(图 6-4)且可表示为

$$D=\left\{(x,y)\mid 1\leqslant x\leqslant 2,\dfrac{1}{x}\leqslant y\leqslant x\right\},$$

于是所求图形的面积为

$$S=\int_1^2 \left(x-\dfrac{1}{x}\right)\mathrm{d}x=\left[\dfrac{x^2}{2}-\ln x\right]_1^2=\dfrac{3}{2}-\ln 2.$$

例 6.2 求由曲线 $y^2=x$ 与直线 $x-2y-3=0$ 所围图形的面积.

解 所求图形为 Y-型区域(图 6-5)且可表示为

$$D=\{(x,y)\mid -1\leqslant y\leqslant 3,y^2\leqslant x\leqslant 2y+3\},$$

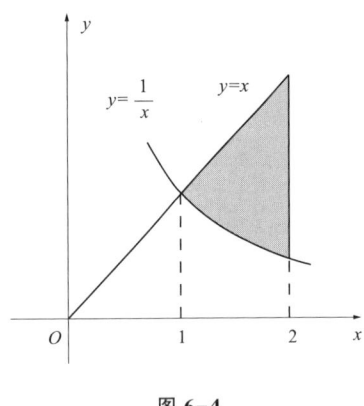

图 6-4

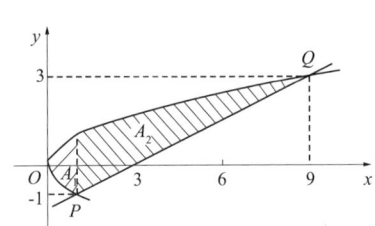

图 6-5

于是所求图形的面积为

$$S = \int_{-1}^{3} [(2y+3) - y^2] dy$$
$$= \left[y^2 + 3y - \frac{1}{3}y^3 \right]_{-1}^{2} = \frac{32}{3}.$$

思考：本题若取 x 为积分变量怎么计算？

例 6.3 求由曲线 $y = \ln x, \forall x \in \left[\frac{1}{2}, 2\right], x$ 轴及直线 $x = \frac{1}{2}$ 与 $x = 2$ 所围图形的面积.

解 所求图形为两个 X-型区域（图 6-6）且可表示为

$$D = \left\{ (x,y) \mid \frac{1}{2} \le x \le 1, \ln x \le y \le 0 \right\} \cup \left\{ (x,y) \mid 1 \le x \le 2, 0 \le y \le \ln x \right\},$$

于是所求图形的面积为

$$S = \int_{\frac{1}{2}}^{1} -\ln x \, dx + \int_{1}^{2} \ln x \, dx$$
$$= \left[-(x \ln x - x) \right]_{\frac{1}{2}}^{1} + \left[x \ln x - x \right]_{1}^{2}$$
$$= \frac{3}{2} \ln 2 - \frac{1}{2}.$$

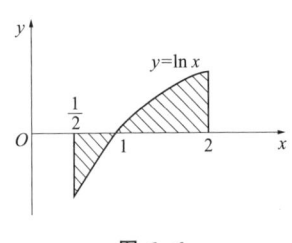

图 6-6

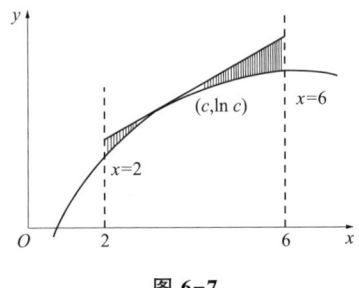

图 6-7

例 6.4 求曲线 $y = \ln x, \forall x \in (2,6)$ 的一条切线，使其与曲线 $y = \ln x, \forall x \in (2,6)$ 及

直线 $x=2, x=6$ 所围图形的面积最小.

解 曲线 $y=\ln x$ 在点 $(t,\ln t), t\in(2,6)$ 处切线 l 的方程为
$$y-\ln t=\frac{1}{t}(x-t),$$
即
$$y=\frac{x}{t}+\ln t-1,$$
切线 l 与曲线 $y=\ln x, \forall x\in(2,6)$ 及直线 $x=2, x=6$ 所围图形为 X-型区域(图6-7)且可表示为
$$D=\left\{(x,y)\mid 2\leq x\leq 6,\ln x\leq y\leq\frac{x}{t}+\ln t-1\right\},$$
也可表示为
$$D=\underbrace{\left\{(x,y)\mid 2\leq x\leq 6,0\leq y\leq\frac{x}{t}+\ln t-1\right\}}_{\text{梯形}}-\underbrace{\left\{(x,y)\mid 2\leq x\leq 6,0\leq y\leq\ln x\right\}}_{\text{曲边梯形}},$$
于是所求区域的面积为
$$S(t)=\underbrace{\frac{4}{2}\left[\left(\frac{2}{t}+\ln t-1\right)+\left(\frac{6}{t}+\ln t-1\right)\right]}_{\text{梯形面积}}-\int_2^6\ln x\,\mathrm{d}x$$
$$=\frac{16}{t}+4\ln t-4-\int_2^6\ln x\,\mathrm{d}x.$$

由 $S'(t)=-\frac{16}{t^2}+\frac{4}{t}=0$ 解得 $t=4$, 而 $S''(4)=\frac{1}{4}>0$, 因此 $S(t)$ 在 $t=4$ 处取得极小值, 也是最小值. 此时, 切线方程为
$$y=\frac{x}{4}+2\ln 2-1.$$

2. 参数方程情形

若曲线 L 由参数方程 $\begin{cases}x=\varphi(t),\\y=\psi(t)\end{cases}(\alpha\leq t\leq\beta)$ 表示, 且 $\varphi'(t)\neq 0$, 则由 L, x 轴及直线 $x=a, x=b$ 围成区域 R 是曲边梯形, 面积计算公式为
$$S=\int_a^b|y|\,\mathrm{d}x=\int_\alpha^\beta|\psi(t)\varphi'(t)|\,\mathrm{d}t. \tag{6.4}$$

公式(6.4)的本质就是对直角坐标下平面区域面积计算公式换元后的结果. 当然, 对公式(6.2)和(6.3)进行换元也可得到相应参数型的面积计算公式.

思考: 若以上曲线 L 为闭合曲线, 则 L 所围区域面积计算公式是否与公式(6.4)完全一样?

例6.5 求椭圆 $\frac{x^2}{a^2}+\frac{y^2}{b^2}=1$ 所围图形的面积.

解 椭圆 $\frac{x^2}{a^2}+\frac{y^2}{b^2}=1$ 的参数方程为 $\begin{cases}x=a\cos t,\\y=b\sin t\end{cases}(0\leq t\leq 2\pi)$.

如图 6-8 所示，由对称性得椭圆面积为

$$S = 4S_1 = 4\int_0^a y\,dx \text{（其中 } S_1 \text{ 为椭圆在第一象限内的部分）}$$

$$\xrightarrow{\text{注意上下限}} 4\int_{\frac{\pi}{2}}^0 b\sin t(-a\sin t)\,dt = 4ab\int_0^{\frac{\pi}{2}}\sin^2 t\,dt$$

$$\xrightarrow{\text{沃利斯公式}} 4ab \cdot \frac{1}{2} \cdot \frac{\pi}{2} = \pi ab.$$

思考：1）若本题不使用对称性怎么计算？

2）若不使用参数方程又该怎么计算？

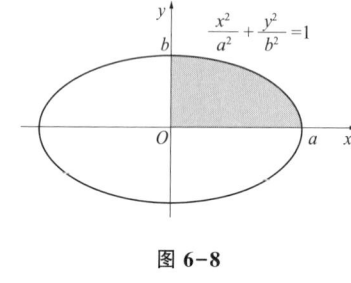

图 6-8

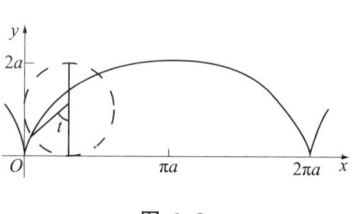

图 6-9

例 6.6 求摆线（旋轮线）：$\begin{cases} x = a(t-\sin t), \\ y = a(1-\cos t) \end{cases}$ $(a>0, 0\leq t\leq 2\pi)$ 的一个拱与 x 轴所围区域的面积.

解 所求区域（图 6-9）面积为

$$S = \int_0^{2\pi a} y\,dx = \int_0^{2\pi} a(1-\cos t)a(t-\sin t)'\,dt$$

$$= a^2\int_0^{2\pi}(1-\cos t)^2\,dt = a^2\int_0^{2\pi}(1-2\cos t+\cos^2 t)\,dt$$

$$= a^2\left[t - 2\sin t + \frac{t}{2} + \frac{\sin 2t}{4}\right]_0^{2\pi} = 3\pi a^2.$$

3. 极坐标情形

平面区域的边界曲线除了使用直角坐标方程、参数方程表示外，也常用极坐标方程表示. 因此，有必要研究极坐标系下平面图形面积的计算问题.

根据极点与平面区域的位置关系，可将极坐标系下的平面区域分为如下三个基本类型.

(1) 原点在平面区域 D 的边界上.

一般地，这类区域由连续边界曲线 $r = r(\theta)$ 及射线 $\theta = \alpha, \theta = \beta(\alpha<\beta)$ 围成，并可表示为 $D = \{(r,\theta) \mid \alpha\leq\theta\leq\beta, 0\leq r\leq r(\theta)\}$，称为曲边扇形（图 6-10）.

曲边扇形面积是分布在 θ 变化范围 $[\alpha,\beta]$ 上的整体量. 在区间 $[\alpha,\beta]$ 上任截取一个小区间 $[\theta,\theta+d\theta]$，与之对应的"小曲边扇形面积"在小区间 $[\theta,\theta+d\theta]$ 的长度 $d\theta\to 0$ 时充分趋近于"以 θ 处极径 $r(\theta)$ 为半径，$d\theta$ 为圆心角的扇形面积"（图 6-10 中的阴影部分），由扇形面积公式得，曲边扇形的面积微元

$$dS = \frac{1}{2}[r(\theta)]^2 d\theta.$$

对 D 的面积微元 $dS = \frac{1}{2}[r(\theta)]^2 d\theta$ 从 α 到 β "连续求和"得,曲边扇形 D 的面积计算公式为

$$S = \int_\alpha^\beta dS = \frac{1}{2}\int_\alpha^\beta [r(\theta)]^2 d\theta.$$

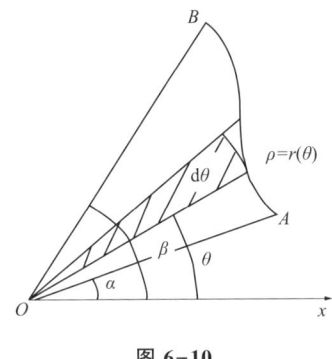

图 6-10   图 6-11

(2) 原点在平面区域 D 的内部.

这类区域由连续边界曲线 $r = r(\theta)$ 围成且可表示为

$$D = \{(r,\theta) \mid 0 \le \theta \le 2\pi, 0 \le r \le r(\theta)\}.$$

类似于(1)知这里 D 的面积微元为

$$dS = \frac{1}{2}[r(\theta)]^2 d\theta,$$

因此面积计算公式为

$$S = \int_0^{2\pi} dS = \frac{1}{2}\int_0^{2\pi} [r(\theta)]^2 d\theta.$$

(3) 原点在平面区域 D 的外部.

这类区域由连续边界曲线 $r = r_1(\theta)$ 与 $r = r_2(\theta)$ 及射线 $\theta = \alpha, \theta = \beta (\alpha < \beta)$ 围成(图 6-11),并可表示为

$$D = \{(r,\theta) \mid \alpha \le \theta \le \beta, r_1(\theta) \le r \le r_2(\theta)\}.$$

类似于(1)知这里 D 的面积微元为

$$dS = \frac{1}{2}\{[r_2(\theta)]^2 - [r_1(\theta)]^2\} d\theta,$$

因此面积计算公式为

$$S = \int_\alpha^\beta dS = \frac{1}{2}\int_\alpha^\beta \{[r_2(\theta)]^2 - [r_1(\theta)]^2\} d\theta.$$

显然,其他极坐标区域均可分割为以上三种基本类型. 根据以上三类极坐标系下平面区域的表示形式可将它们统称为 θ - 型区域. 与之对应的有 r - 型区域,如 $D =$

$\{(r,\theta)\,|\,a \leqslant r \leqslant b, \theta_1(r) \leqslant \theta \leqslant \theta_2(r)\}$ 等. r-型区域与 θ-型区域计算公式类似,这里不再介绍.

思考:由曲线 $y=x^2$,x 轴及直线 $x=1$ 围成的区域用极坐标形式如何表示?该区域为 θ-型还是 r-型区域?

例 6.7 求心形线 $r=a(1+\cos\theta)(a>0)$ 所围图形的面积.

解 所求图形(图 6-12)为极点在区域边界上这一类型,且可表示为
$$D=\{(r,\theta)\,|\,0\leqslant\theta\leqslant 2\pi,0\leqslant r\leqslant a(1+\cos\theta)\},$$
于是所求区域的面积为
$$S=\int_0^{2\pi}\frac{1}{2}a^2(1+\cos\theta)^2\mathrm{d}\theta$$
$$=a^2\int_0^{2\pi}(1+2\cos\theta+\cos^2\theta)\mathrm{d}\theta$$
$$=a^2\int_0^{2\pi}\left(\frac{3}{2}+2\cos\theta+\frac{1}{2}\cos 2\theta\right)\mathrm{d}\theta$$
$$=a^2\left[\frac{3}{2}\theta+2\sin\theta+\frac{1}{4}\sin 2\theta\right]_0^{2\pi}=\frac{3}{2}\pi a^2.$$

思考:本题使用对称性如何计算?

例 6.8 求由曲线 $r=\sin\theta$ 与 $r=\sqrt{3}\cos\theta$ 所围公共部分的面积.

解 所求图形(图 6-13)为极点在区域边界上这一类型,且可表示为
$$D=\left\{(r,\theta)\,\bigg|\,0\leqslant\theta\leqslant\frac{\pi}{3},0\leqslant r\leqslant\sin\theta\right\}\cup\left\{(r,\theta)\,\bigg|\,\frac{\pi}{3}\leqslant\theta\leqslant\frac{\pi}{2},0\leqslant r\leqslant\sqrt{3}\cos\theta\right\},$$
于是所求区域的面积为
$$S=\frac{1}{2}\int_0^{\frac{\pi}{3}}\sin^2\theta\mathrm{d}\theta+\frac{1}{2}\int_{\frac{\pi}{3}}^{\frac{\pi}{2}}3\cos^2\theta\mathrm{d}\theta$$
$$=\frac{5\pi}{24}-\frac{\sqrt{3}}{4}.$$

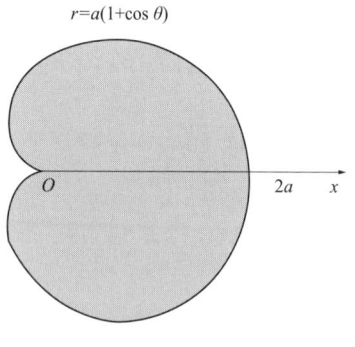

图 6-12

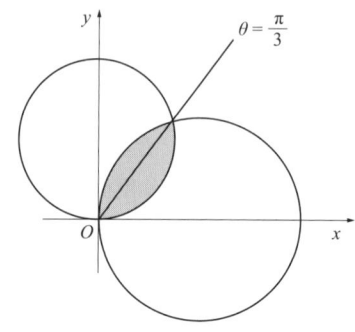

图 6-13

例 6.9 求阿基米德双纽线 $r^2=a^2\cos 2\theta(a>0)$ 所围图形的面积.

解 由对称性知所求图形(图 6-14)面积 S 为其在第一象限面积 S_1 的四倍,S_1 为极

点在区域边界上这一类型,于是所求区域的面积为

$$S = 4\int_0^{\frac{\pi}{4}} \frac{1}{2} r^2 d\theta = 4\int_0^{\frac{\pi}{4}} \frac{1}{2} a^2 \cos 2\theta d\theta$$

$$= 2a^2 \left[\frac{1}{2} \sin 2\theta\right]_0^{\frac{\pi}{4}} = a^2.$$

思考:三叶玫瑰线 $r = a\cos 3\theta (a>0)$(图 6-15)所围区域面积如何计算?

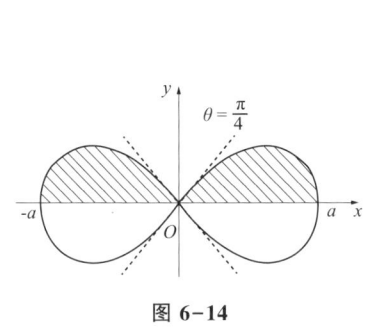

图 6-14

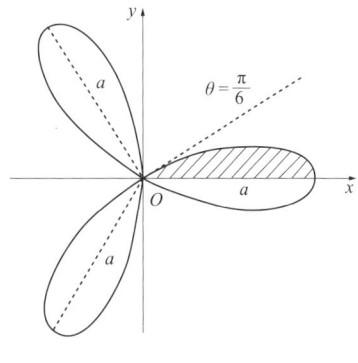

图 6-15

6.1.3 立体体积

1. 旋转体体积

所谓旋转体是指由一个平面图形,绕着该平面内的一条定直线旋转一周所形成的几何体,其中定直线称为**旋转轴**.例如,球、圆柱、圆锥、圆台都是旋转体.

根据平面图形的类型及对应的旋转轴,可将常见旋转体分为以下几个类型.

(1) X-型区域绕 x 轴旋转.

由曲边梯形

$$D = \{(x,y) \mid a \leqslant x \leqslant b, 0 \leqslant y \leqslant f(x)\}$$

绕 x 轴旋转一周而成的旋转体即为这一类型(图 6-16).记它的体积为 V,显然,V 是分布在区间 $[a,b]$ 上的整体量.在 $[a,b]$ 内任取一点 x,V 在 x 处的体积微元为以函数 $f(x)$ 为底圆半径,dx 为高的圆柱体薄片体积 $dV = \pi f^2(x) dx$.对体积微元 dV 从 a 到 b 积分得该旋转体体积计算公式

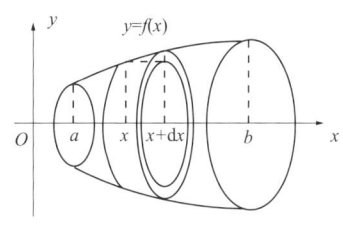

图 6-16

$$V = \pi \int_a^b [f(x)]^2 dx. \tag{6.5}$$

一般地,X-型区域 $D = \{(x,y) \mid a \leqslant x \leqslant b, 0 \leqslant y_1(x) \leqslant y \leqslant y_2(x)\}$ 绕 x 轴旋转形成的旋转体,可看作是由 $D_2 = \{(x,y) \mid a \leqslant x \leqslant b, 0 \leqslant y \leqslant y_2(x)\}$ 绕 x 轴形成的旋转体挖去 $D_1 = \{(x,y) \mid a \leqslant x \leqslant b, 0 \leqslant y \leqslant y_1(x)\}$ 绕 x 轴形成的旋转体后的空心立体,此空心旋转体体积计算公式为

$$V = \pi \int_a^b [y_2^2(x) - y_1^2(x)] dx. \tag{6.6}$$

（2）X-型区域绕 y 轴旋转.

由曲边梯形
$$D = \{(x,y) \mid a \leq x \leq b, 0 \leq y \leq f(x)\}$$
绕 y 轴旋转一周而成的旋转体(曲顶柱体)即为这一类型(图 6-17). 记它的体积为 V，易知 V 在 x 处的体积微元为以 x 为底圆半径，以 $f(x)$ 为高，$\mathrm{d}x$ 为厚度的圆柱体薄壳，该体积微元
$$\mathrm{d}V = 2\pi x f(x) \mathrm{d}x,$$
对体积微元 $\mathrm{d}V$ 从 a 到 b 积分得该旋转体体积计算公式为

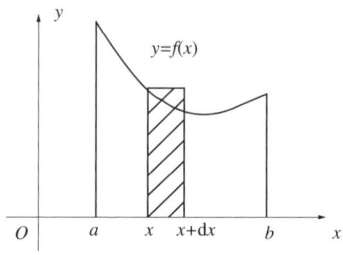

图 6-17

$$V = \int_a^b 2\pi x f(x) \mathrm{d}x. \tag{6.7}$$

使用公式(6.7)计算旋转体体积的方法就是通常所说的柱壳法.

类似地，由 X-型区域 $D = \{(x,y) \mid a \leq x \leq b, y_1(x) \leq y \leq y_2(x)\}$ 绕 y 轴旋转一周而成的旋转体(曲顶曲底柱体)体积计算公式为

$$V = \int_a^b 2\pi x [y_2(x) - y_1(x)] \mathrm{d}x. \tag{6.8}$$

注：1) Y-型区域分别绕 y 轴，x 轴旋转也有完全类似于(6.5)~(6.8)的体积计算公式.

2) 若平面区域边界曲线为参数方程时，对上述公式进行相应的变量替换即得参数形式的旋转体体积公式.

例 6.10 证明底面半径为 r，高为 h 的正圆锥体体积 $V = \dfrac{1}{3}\pi r^2 h$.

证 如图 6-18 所示，建立平面直角坐标系，则所求正圆锥体可看作直角三角形 OPh 绕 x 轴旋转一周所形成的立体. 易知直线 OP 的方程为 $y = \dfrac{r}{h}x$，因此所求圆锥体体积为

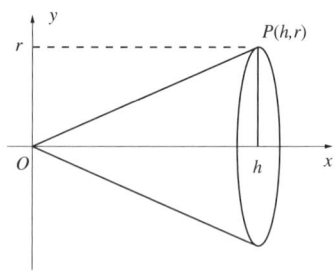

图 6-18

$$V = \int_0^h \pi \left(\frac{r}{h}x\right)^2 \mathrm{d}x = \frac{\pi r^2}{h^2} \left[\frac{1}{3}x^3\right]_0^h = \frac{1}{3}\pi r^2 h.$$

思考：底面半径为 r，高为 h 的一般圆锥体体积如何计算？

例 6.11 求由曲线 $y^2 = x$ 与直线 $x - 2y - 3 = 0$ 所围图形(图 6-5)绕 x 轴旋转一周所成立体体积.

解 由对称性知，所求立体体积等于 X-型区域
$$D = \{(x,y) \mid 0 \leq x \leq 9, 0 \leq y \leq \sqrt{x}\}$$
绕 x 轴旋转一周所形成的旋转体体积减去一个底圆半径为 3，高为 6 的正圆锥体体积，于是所求旋转体体积为

$$V = \int_0^9 \pi \left(\sqrt{x}\right)^2 \mathrm{d}x - \frac{1}{3}\pi 3^2 \cdot 6 = \frac{45\pi}{2}.$$

例 6.12 求圆 $(x-b)^2+y^2\leq a^2 (0<a<b)$(图 6-19)绕 y 轴旋转一周所成环体体积.

解 所求环体为 Y-型区域 $D=\{(x,y)\mid -a\leq y\leq a, 0<b-\sqrt{a^2-y^2}\leq x\leq b+\sqrt{a^2-y^2}\}$ 绕 y 轴旋转一周而形成的旋转体,于是所求旋转体体积为

$$V=\int_{-a}^{a}\left[\pi\left(b+\sqrt{a^2-y^2}\right)^2-\pi\left(b-\sqrt{a^2-y^2}\right)^2\right]dy$$

$$=4\pi b\int_{-a}^{a}\sqrt{a^2-y^2}\,dy$$

$$=8\pi b\int_{0}^{a}\sqrt{a^2-y^2}\,dy$$

$$=8\pi b\left[\frac{y}{2}\sqrt{a^2-y^2}+\frac{a^2}{2}\arcsin\frac{y}{a}\right]_{0}^{a}$$

$$=2\pi^2 a^2 b.$$

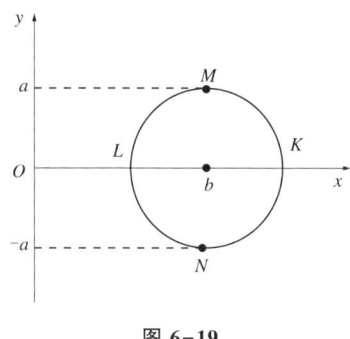

图 6-19

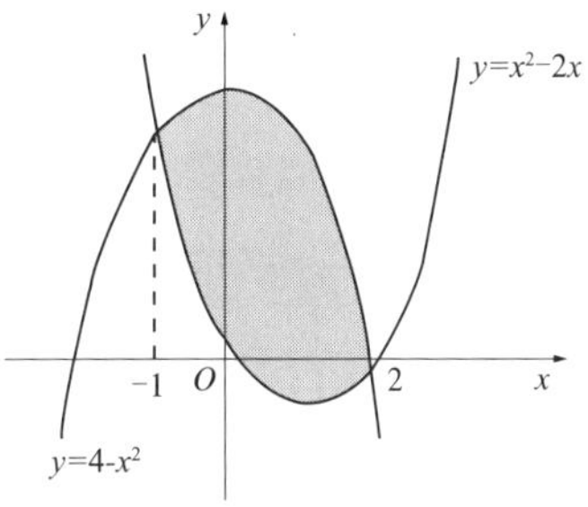

图 6-20

例 6.13 求曲线 $y=x^2-2x$ 与 $y=4-x^2$ 所围图形绕 y 轴旋转一周所成立体体积.

解 解方程组 $\begin{cases} y=x^2-2x, \\ y=4-x^2, \end{cases}$ 得曲线交点 $(-1,3)$ 与 $(2,0)$. 由对称性知,所求立体体积等于 X-型区域(图 6-20)

$$D=\{(x,y)\mid 0\leq x\leq 2, x^2-2x\leq y\leq 4-x^2\}$$

绕 y 轴旋转一周形成的旋转体体积,于是由柱壳法得所求旋转体体积为

$$V=\int_{0}^{2}2\pi x\left[(4-x^2)-(x^2-2x)\right]dx$$

$$=\left[2\pi\left(2x^2+\frac{2}{3}x^3-\frac{1}{2}x^4\right)\right]_{0}^{2}=\frac{32}{3}\pi.$$

2. 平行截面面积已知立体体积

由旋转体体积计算过程知,计算旋转体体积的关键是写出该立体上垂直于某一定轴的截面(或柱壳面)的面积,然后对截面面积积分即可.将这一思想方法进行推广便有更一般的计算平行截面面积已知立体体积的计算公式.

若 Ω 为三维空间中夹在 $x=a, x=b(a<b)$ 两个平行平面之间的一立体(图 6-21),在 $\forall x\in[a,b]$ 处作垂直于 x 轴的平面截 Ω 所得截面相互平行且截面面积是 x 的连续函数,记为 $S(x)$,通常称这样的立体 Ω 为平行截面面积已知的立体.显然,Ω 的体积 V 是分布在区间 $[a,b]$ 上的整体量且 $\forall x\in[a,b]$ 处的体积微元 $dV=S(x)dx$,对体积微元 $dV=S(x)dx$

从 a 到 b 积分便得平行截面面积已知立体 Ω 的体积计算公式：
$$V = \int_a^b S(x)\,dx.$$

例 6.14 求椭球体 $\dfrac{x^2}{a^2}+\dfrac{y^2}{b^2}+\dfrac{z^2}{c^2}\leqslant 1$ 的体积（图 6-22）。

解 作垂直于 z 轴且与椭球体 $\dfrac{x^2}{a^2}+\dfrac{y^2}{b^2}+\dfrac{z^2}{c^2}\leqslant 1$ 相交的平面，该平面截椭球体得椭圆形截面 $\dfrac{x^2}{\left(a\sqrt{1-\frac{z^2}{c^2}}\right)^2}+\dfrac{y^2}{\left(b\sqrt{1-\frac{z^2}{c^2}}\right)^2}\leqslant 1$，其面积 $S(z)=\pi ab\left(1-\dfrac{z^2}{c^2}\right)$，于是所求椭球体体积为

$$V = \int_{-c}^{c} S(z)\,dz = 2\int_0^c \pi ab\left(1-\dfrac{z^2}{c^2}\right)dz$$
$$= \left[2\pi ab\left(z-\dfrac{z^3}{3c^2}\right)\right]_0^c = \dfrac{4}{3}\pi abc.$$

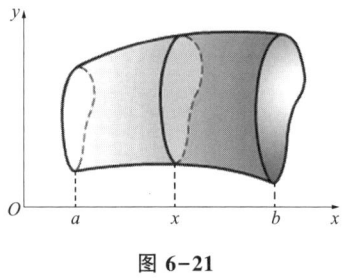

图 6-21

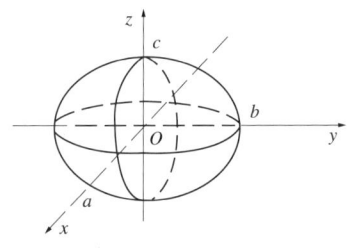

图 6-22

例 6.15 求半径为 R 的圆柱体被经过其底圆直径且与底面夹角为 α 的平面所截立体体积。

解 如图 6-23 所示，以平面与圆柱体底圆交线为 x 轴，底圆上过圆心且垂直于 x 轴的直线为 y 轴建立直角坐标系，则底圆方程为 $x^2+y^2=R^2$。过 $x\in[-R,R]$ 作垂直于 x 轴的平面截该立体，所得截面为一个面积为

$$A(x) = \dfrac{1}{2}y\cdot y\tan\alpha = \dfrac{1}{2}(R^2-x^2)\tan\alpha$$

的直角三角形，于是所求立体体积为

$$V = \int_{-R}^{R} A(x)\,dx = 2\int_0^R \dfrac{1}{2}(R^2-x^2)\tan\alpha\,dx$$
$$= \left[\tan\alpha\left(R^2 x-\dfrac{1}{3}x^3\right)\right]_0^R = \dfrac{2}{3}R^3\tan\alpha.$$

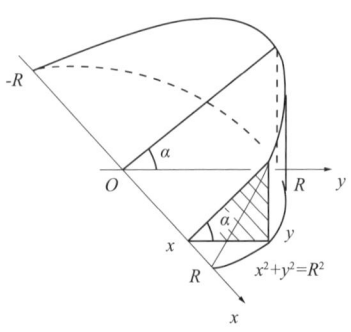

图 6-23

思考：本题选 y 为积分变量可以吗？

6.1.4 曲线的弧长

类似于用圆内接(外切)n 边形面积的极限定义圆面积的方法给出如下弧长概念.

定义 6.1 设 $L(A,B)$ 为平面内始点为 A 终点为 B 且无自交点的曲线弧段, $T=\{M_0,M_1,\cdots,M_n\}$ 是 $L(A,B)$ 的任意一个分法, 如图 6-24 所示, 从端点 M_0 开始用直线段依次连接分点 $M_0,M_1,\cdots,M_n$ 得曲线 $L(A,B)$ 的一条内接折线, 用 $|M_{i-1}M_i|$ 表示 M_{i-1} 到 M_i 的距离, 记 $\|T\|=\max\limits_{0\leqslant i\leqslant n}|M_{i-1}M_i|$ 为分法 T 的细度, 若 $\|T\|\to 0$ 时, 内接折线总长度 $L_n=\sum\limits_{i=1}^{n}|M_{i-1}M_i|$ 有极限 s, 即

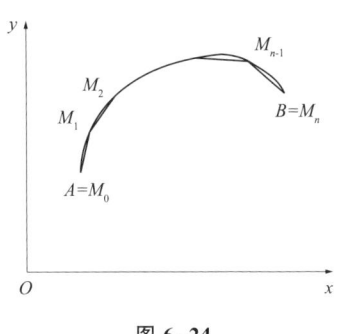

图 6-24

$$\lim_{\|T\|\to 0}L_n=\lim_{\|T\|\to 0}\sum_{i=1}^{n}|M_{i-1}M_i|=s,$$

则称曲线 L 为可求长曲线, 极限 s 即为 L 的长度.

定义 6.2 若平面曲线 $L:x=x(t),y=y(t),t\in[\alpha,\beta]$ 满足条件:

(1) $x(t)$ 与 $y(t)$ 在 $[\alpha,\beta]$ 上有连续的导数;

(2) $[x'(t)]^2+[y'(t)]^2\neq 0$,

则称曲线 L 为**光滑曲线**.

注: 当曲线的直角坐标方程为 $y=f(x),\forall x\in[a,b]$, 且 $f(x)$ 在区间 $[a,b]$ 上具有一阶连续导数, 则该曲线也是光滑曲线, 记作 $f(x)\in C[a,b]$.

若定义 6.1 中平面曲线 L 为光滑曲线且方程为 $y=f(x),\forall x\in[a,b]$, 则下面用微元法计算曲线 L 的长度.

显然, 曲线 L 的总长度是分布在 $[a,b]$ 上的整体量.

在 $[a,b]$ 内任取一小区间 $[x,x+\Delta x]$, 相应于该小区间上的一小段曲线弧记作 $\overparen{MN}$, 则当 $\Delta x\to 0$ 时, 弧 $\overparen{MN}$ 的弦长

$$|MN|=\sqrt{(\Delta x)^2+(\Delta y)^2}$$
$$\xlongequal{\text{微分定义}}\sqrt{(\Delta x)^2+(dy+o(\Delta x))^2}$$
$$\to\sqrt{(dx)^2+(dy)^2},$$

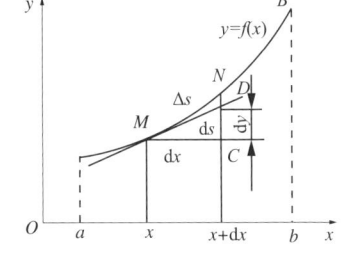

图 6-25

其中 $\sqrt{(dx)^2+(dy)^2}$ 为曲线的弧长微元(图 6-25), 记作 ds, 即

$$ds=\sqrt{(dx)^2+(dy)^2}, \tag{6.9}$$

对弧长微元 ds 从 a 到 b 连续求和得曲线 L 的总长

$$s=\int_a^b ds=\int_a^b\sqrt{(dx)^2+(dy)^2}, \tag{6.10}$$

将 $dy=f'(x)dx$ 代入(6.10)式整理得直角坐标下曲线弧长计算公式

$$s = \int_a^b \sqrt{1 + f'^2(x)}\, dx. \tag{6.11}$$

类似地，可得参数形式下光滑曲线 $L: x = \varphi(t), y = \psi(t), t \in [\alpha, \beta]$ 的弧长公式

$$s = \int_\alpha^\beta \sqrt{\varphi'^2(t) + \psi'^2(t)}\, dt. \tag{6.12}$$

若极坐标下光滑曲线 L 的方程为 $\rho = \rho(\theta)(\alpha \leq \theta \leq \beta)$，则由直角坐标与极坐标的关系可得

$$\begin{cases} x = \rho(\theta)\cos\theta \\ y = \rho(\theta)\sin\theta \end{cases}(\alpha \leq \theta \leq \beta),$$

代入(6.12)式整理得极坐标下曲线弧长计算公式

$$s = \int_\alpha^\beta \sqrt{\rho^2(\theta) + \rho'^2(\theta)}\, d\theta. \tag{6.13}$$

综上所述，光滑曲线必为可求长曲线，并可用相应计算公式计算曲线长度。

注：1) 弧微分 $ds = \sqrt{(dx)^2 + (dy)^2}$ 的几何意义为：曲线 L 上与小区间 $[x, x+dx]$ 对应的小曲线弧段 Δs 在点 (x, y) 处的切线在该小区间上的长度，即以 dx, dy 为直角边的直角三角形（微分三角形）的斜边长（图 6-25）。

2) 当三维空间光滑曲线 L 的方程为 $\begin{cases} x = x(t) \\ y = y(t), (\alpha \leq t \leq \beta) \\ z = z(t) \end{cases}$ 时，弧长公式为

$$s = \int_\alpha^\beta \sqrt{x'^2(t) + y'^2(t) + z'^2(t)}\, dt. \tag{6.14}$$

例 6.16 计算星形线 $\begin{cases} x = a\cos^3 t \\ y = a\sin^3 t \end{cases}(0 \leq t \leq 2\pi, a > 0)$ 的全长。

解 如图 6-26 所示，由对称性知星形线的全长

$$L = 4L_1 = 4\int_0^{\frac{\pi}{2}} \sqrt{x'^2(t) + y'^2(t)}\, dt = 12a\int_0^{\frac{\pi}{2}} \sqrt{\sin^2 t \cos^2 t}\, dt$$

$$= [-3a\cos 2t]_0^{\frac{\pi}{2}} = 6a,$$

其中 L_1 为星形线在第一象限内的长度。

思考：圆 $\begin{cases} x = a\cos t \\ y = a\sin t \end{cases}$，椭圆 $\begin{cases} x = a\cos t \\ y = b\sin t \end{cases}(0 \leq t \leq 2\pi)$ 的周长如何计算？

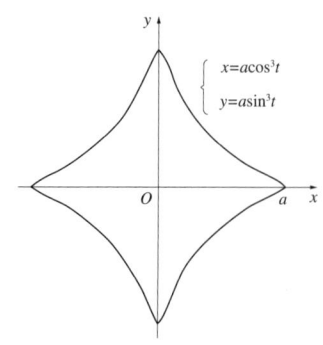

图 6-26

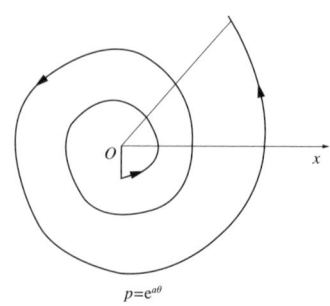

图 6-27

例 6.17 求悬链线 $y = \dfrac{1}{2}(e^x + e^{-x})$ 从 $x = -a$ 到 $x = a(a>0)$ 之间的一段弧长.

解 由公式(6.11)得所求悬链线长度

$$L = \int_{-a}^{a} \sqrt{1 + \left(\dfrac{e^x - e^{-x}}{2}\right)^2}\, dx = 2\int_0^a \dfrac{e^x + e^{-x}}{2}\, dx$$
$$= [e^x - e^{-x}]_0^a = e^a - e^{-a}.$$

例 6.18 求对数螺线 $\rho = e^{a\theta}$(图 6-27)对应于 $0 \leq \theta \leq 2\pi$ 的一段弧长.

解 由公式(6.13)得所求弧长

$$L = \int_0^{2\pi} \sqrt{(e^{a\theta})^2 + (ae^{a\theta})^2}\, d\theta = \sqrt{1+a^2}\int_0^{2\pi} e^{a\theta}\, d\theta$$
$$= \dfrac{\sqrt{1+a^2}}{a}[e^{a\theta}]_0^{2\pi}$$
$$= \dfrac{\sqrt{1+a^2}}{a}(e^{2\pi a} - 1).$$

微元法除了以上应用外,还可以用于求解旋转曲面的面积等几何问题,这里就不再详述了.

习题 6.1(A)

1. 设曲线 $y = x(x-1)(2-x)$ 与 x 轴所围成的平面图形的面积为 (　　)

(A) $\int_0^1 x(x-1)(2-x)\, dx - \int_1^2 x(x-1)(2-x)\, dx$

(B) $-\int_0^2 x(x-1)(2-x)\, dx$

(C) $-\int_0^1 x(x-1)(2-x)\, dx + \int_1^2 x(x-1)(2-x)\, dx$

(D) $\int_0^2 x(x-1)(2-x)\, dx$

2. 已知 $y = ax(a<0)$ 和抛物线 $y = 2x - x^2$ 所围成的图形面积是 36,则 $a =$ (　　)

(A) -6　　　　　　　　　　(B) -4

(C) 6　　　　　　　　　　(D) 4

3. 曲线弧 $y = \ln(1-x^2)$ $\left(0 \leq x \leq \dfrac{1}{2}\right)$ 的弧长为 (　　)

(A) $\int_0^{\frac{1}{2}} \sqrt{1 + \left(\dfrac{1}{1-x^2}\right)^2}\, dx$　　　　(B) $\int_0^{\frac{1}{2}} \dfrac{1+x^2}{1-x^2}\, dx$

(C) $\int_0^{\frac{1}{2}} \sqrt{1 + \dfrac{-2x}{1-x^2}}\, dx$　　　　(D) $\int_0^{\frac{1}{2}} \sqrt{1 + [\ln(1-x^2)]^2}\, dx$

4. 阿基米德螺线 $\rho = a\theta (a>0)$ 相应于 $0 \leq \theta \leq 2\pi$ 的一段弧长为 ( )

(A) $\int_0^{2\pi} a\sqrt{1+\theta^2}\,d\theta$ (B) $\int_0^{2\pi} \sqrt{1+a^2}\,d\theta$

(C) $\int_0^{2\pi} \sqrt{1+a^2\theta^2}\,d\theta$ (D) $2\pi a$

5. 曲线 $y = \cos x \left(-\dfrac{\pi}{2} \leq x \leq \dfrac{\pi}{2}\right)$ 与 x 轴所围成的图形绕 x 轴旋转一周所成旋转体体积为 ( )

(A) $\dfrac{\pi}{2}$ (B) π

(C) $\dfrac{\pi^2}{2}$ (D) π^2

习题 6.1(B)

1. 求下列曲线所围成的平面图形的面积.

(1) 曲线 $y = \sin x$ 与直线 $y = \dfrac{2}{\pi} x$ 所围第一象限的图形;

(2) 曲线 $y = x^3 - 2x$ 与 $y = x^2$ 所围图形;

(3) 曲线 $\sqrt{\dfrac{x}{a}} + \sqrt{\dfrac{y}{b}} = 1 (a,b>0)$ 与坐标轴所围图形;

(4) 星形线 $x^{\frac{2}{3}} + y^{\frac{2}{3}} = a^{\frac{2}{3}} (a>0)$;

(5) 阿基米德螺线 $\rho = a\theta (a>0, 0 \leq \theta \leq 2\pi)$ 与极轴.

2. 问当常数 a 取何值时, 由曲线 $y = 1 - x^2 (0 \leq x \leq 1)$ 与 x 轴及 y 轴所围成的图形被曲线 $y = ax^2$ 分为面积相等的两部分?

3. 求曲线 $y = (x-1)(x-2)$ 与 x 轴所围成的图形分别绕 x 轴及 y 轴旋转所得的旋转体体积.

4. 如图 6-28 所示, 过单位圆外一点 $A(a,0)$ ($a>0$) 作单位圆的切线 AP, OA 交圆于 B. 扇形 OPB 及阴影部分绕 x 轴旋转一周得两个旋转体, 问 a 为何值时, 这两个旋转体体积相等?

5. 设有一立体, 底为长半轴 $a = 10$, 短半轴 $b = 5$ 的椭圆, 垂直于长轴的截面都是等边三角形, 求该立体体积.

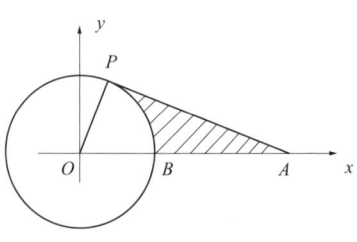

图 6-28

6. 求椭圆 $\dfrac{x^2}{a^2}+\dfrac{y^2}{b^2}=1$ 所围成的平面图形分别绕 x 轴及 y 轴旋转一周所成的旋转体(旋转椭球体)体积.

7. 求由曲线 $y=x^2$ 和 $x=y^2$ 所围成的图形分别绕 x 轴及 y 轴旋转一周所得旋转体体积.

8. 计算曲线 $y=\ln x$ 相对应于 $\sqrt{3} \leqslant x \leqslant \sqrt{8}$ 的一段弧长.

9. 求圆的渐开线 $\begin{cases} x=a(\cos t+t\sin t), \\ y=a(\sin t-t\cos t) \end{cases}$ 对应于 $0 \leqslant t \leqslant 2\pi$ 的一段弧长(图 6-29).

10. 求由摆线 $\begin{cases} x=a(t-\sin t), \\ y=a(1-\cos t) \end{cases}$ 的一拱 $(a>0,0 \leqslant t \leqslant 2\pi)$ 的弧长及其与 x 轴所围成的平面图形分别绕 x 轴及 y 轴旋转而成的旋转体体积.

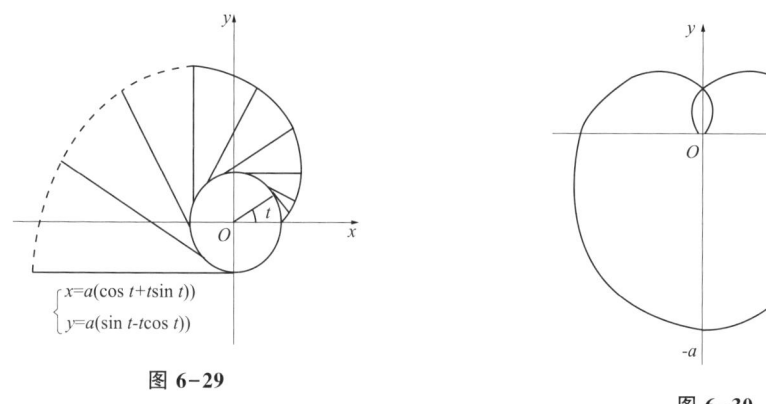

图 6-29

图 6-30

11. 求曲线 $\rho=a\left(\sin\dfrac{\theta}{3}\right)^3$ $(a>0,0 \leqslant \theta \leqslant 3\pi)$ 的全长(图 6-30).

12. 求几何体 $x^2+y^2+4z^4 \leqslant 4$ 的体积.

6.2 定积分在物理学上的应用

知识衔接

恒力 F 沿直线从 a 到 b 做功 $W=$ _____.

相距为 r 质量为 M,m 的两个物体间的引力 $F=$ _____.

将面积为 S 的平面物体放置在水下 h m,物体所受到的水压力 $F=$ _____.

定积分在物理学上有着十分广泛的应用,本节仅用几个典型的例子进行介绍,以抛砖引玉.

6.2.1 变力沿直线做功

例 6.19 从地面垂直发射一个质量为 m 的宇宙飞船,要把它送上太空,求:

(1)当飞船距离地面为 h 时克服地球引力所做的功;

(2)若飞船脱离地球引力,则发射飞船的初速度 v_0 至少多大?

解 (1)如图 6-31 所示,把发射所在铅垂线选作 x 轴建立坐标系,设地球质量为 M,半径为 R,万有引力系数为 k,地球表面的重力加速度为 g,则当飞船在地球表面时 $k\dfrac{Mm}{R^2}=mg$,即 $k=\dfrac{R^2 g}{M}$,于是当飞船发射后距地面 x 处所受地球引力

$$f(x)=k\dfrac{Mm}{(R+x)^2}=\dfrac{R^2 g}{M}\dfrac{Mm}{(R+x)^2}=\dfrac{mgR^2}{(R+x)^2}.$$

飞船飞离地面克服地球引力所做的功为分布在 $[0,h]$ 上的整体量.飞船在 $\forall x\in[0,h]$ 处克服地球引力做功的功微元

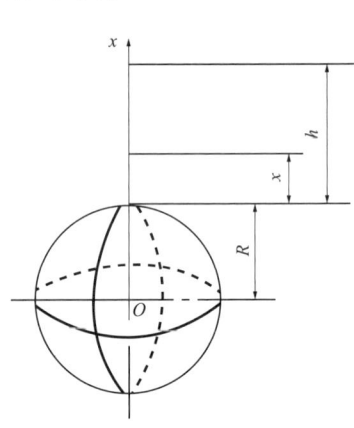

图 6-31

$$\mathrm{d}W=f(x)\mathrm{d}x=\dfrac{mgR^2}{(R+x)^2}\mathrm{d}x\,(功=力\times 距离),$$

故飞船距离地面 h 时克服地球引力所做的功

$$W=\int_0^h \mathrm{d}W=\int_0^h \dfrac{mgR^2}{(R+x)^2}\mathrm{d}x=mgR^2\left[-\dfrac{1}{R+x}\right]_0^h=mgR^2\left(\dfrac{1}{R}-\dfrac{1}{R+h}\right).$$

(2)飞船脱离地球引力进入太空相当于飞船距地面距离 h 无限大,此时飞船克服地球引力所做的功

$$W_\infty=\lim_{h\to\infty}\int_0^h \mathrm{d}W,$$

即

$$W_\infty=\int_0^{+\infty}\mathrm{d}W=\int_0^{+\infty}\dfrac{mgR^2}{(R+x)^2}\mathrm{d}x$$
$$=mgR^2\left[-\dfrac{1}{R+x}\right]_0^{+\infty}=mgR.$$

W_∞ 为此时飞船的势能,它来源于发射飞船的动能,故有

$$\dfrac{1}{2}mv_0^2\geq mgR,$$

即

$$v_0\geq\sqrt{2gR},$$

将常数 R,g 代入上式得 $v_0\geq 11.2$ km/s.因此,飞船脱离地球引力时所要求的发射初速度 v_0 至少为 11.2 km/s,这一速度即为第二宇宙速度.

例 6.20 在开口直径为 $2R$,深为 h 的圆锥形容器内盛满密度为 ρ 的液体,问若把该液体全部吸出需要做多少功?

解 如图 6-32 所示,以铅垂向下的方向为 x 轴正方向建立直角坐标系,容器内的液体及吸取液体所做的功是分布在 $[0,h]$ 上的整体量.

在 $\forall x \in [0,h]$ 处对应的液体体积微元
$$dV = \pi r^2 dx \left(\text{其中} \frac{r}{R} = \frac{h-x}{h}\right),$$
即

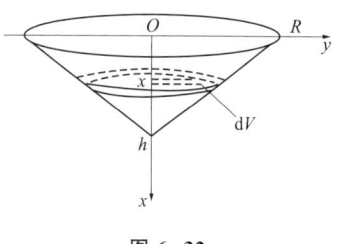

图 6-32

$$dV = \pi \left(\frac{h-x}{h}R\right)^2 dx.$$

将此部分液体吸出时需做功
$$dW = x\rho g dV = x\rho g \pi \left(\frac{h-x}{h}R\right)^2 dx (g \text{ 为重力加速度}),$$

所以将液体全部吸出需要做功
$$W = \int_0^h dW = \int_0^h x\rho g \pi \left(\frac{h-x}{h}R\right)^2 dx$$
$$= \rho g \pi R^2 \frac{1}{h^2} \left[\frac{1}{2}h^2 x^2 - \frac{1}{4}x^4\right]_0^h = \frac{1}{4}\rho g \pi R^2 h^2.$$

6.2.2 液体静压力

一薄板垂直浸没在液体中,其形状如曲边梯形 $ABCD$,在液体深度不同的点处压强 p 不相同,在深度 h 处薄板所受的压强 p 为
$$p = \rho g h,$$
其中 ρ 是液体的密度,g 是重力加速度. 液体的静压力 P 等于压强 p 与面积 A 之积,即
$$P = pA = \rho g h A.$$

设薄板的上、下缘 $\overline{AD}$ 和 $\overline{BC}$ 都平行于液面,分别距离液面 a 和 b,在液面上取一坐标原点 O,并取 x 轴正向向下,y 轴正向向右,薄板的曲边 CD 方程为 $y = f(x)$,薄板的另一边与 x 轴重合(图 6-33). 在 $[a,b]$ 上任取 $[x, x+dx]$,这一窄段上的面积元素 $dA = f(x)dx$ 可近似地看成水平放置在深度为 x 处的位置上所受到相同压强,则静压力元素
$$dP = \rho g x dA = \rho g x f(x) dx.$$
如图 6-33 所示,静压力元素 dP 在 $[a,b]$ 上的定积分就是薄板 $ABCD$ 受到的静压力
$$P = \int_a^b \rho g x f(x) dx.$$

例 6.21 设水平管道有一半径为 R 的圆形闸门,问当管道内密度为 ρ 的液体平面齐及直径时,闸门受到的液体静压力为多大?

解 如图 6-34 所示,在闸门圆上取过圆心铅垂向下的直线为 x 轴,过圆心水平向右线为 y 轴建立直角坐标系,则闸门圆方程为 $x^2 + y^2 = R^2$. 闸门所受液体静压力为分布在 $[0,R]$ 上的整体量,$\forall x \in [0,R]$ 处的面积微元 $dS = 2\sqrt{R^2 - x^2} dx$,压力微元

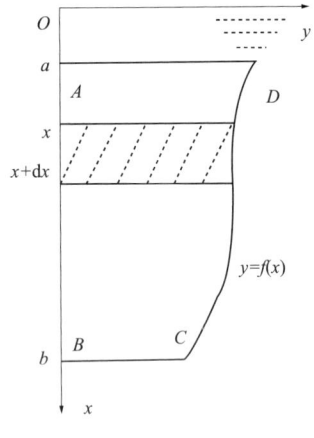

图 6-33

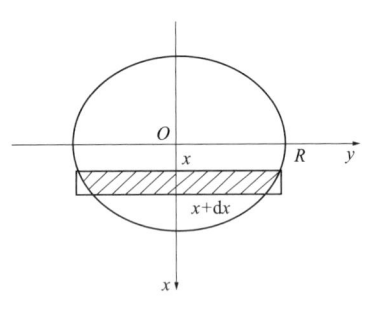

图 6-34

$$dF = 2\rho g x \sqrt{R^2 - x^2}\, dx,$$

故闸门所受液体静压力

$$F = \int_0^R dF = \int_0^R 2\rho g x \sqrt{R^2 - x^2}\, dx$$

$$= \rho g \left[-\frac{2}{3}(r^2 - x^2)^{\frac{3}{2}} \right]_0^R$$

$$= \frac{2}{3}\rho g R^3.$$

注：计算结果与坐标系的选取方式无关．因此，在选取坐标系时，以便于计算为基本原则．

6.2.3 引力

例 6.22 设有一水平放置半径为 r 的圆弧形均匀带电导线，电荷密度为 δ，在圆心正上方距圆心 h 处放置一电量为 q 的点电荷．求导线对点电荷的引力．

解 如图 6-35 所示，以点电荷所在位置为坐标原点，过原点指向圆心的方向为 z 轴正向建立坐标系．带电导线对质点的引力为分布在圆弧上的整体量.

将圆心角微元 $d\varphi$ 对应的小弧段视为质点，则该弧段的电量

$$dQ = \delta R d\varphi,$$

由库仑定理得小弧段与点电荷的引力大小为

$$dF = \frac{k\delta R q}{h^2 + R^2} d\varphi \text{（其中 } k \text{ 为库仑常数）}.$$

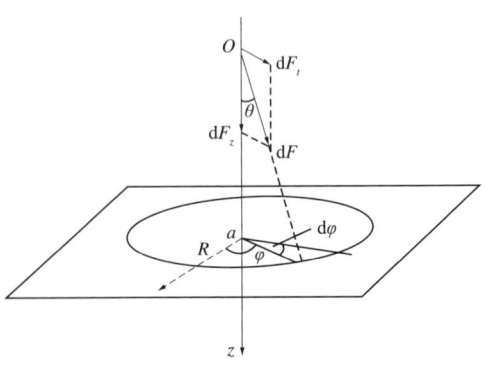

图 6-35

由力的分解原理及对称性知，dF 在垂直 z 轴的方向分力被抵消，dF 在沿 z 轴正向的分力

$$dF_z = dF \cdot \cos\theta = dF \cdot \frac{h}{\sqrt{h^2+R^2}}$$

$$= \frac{k\delta Rqh}{(h^2+R^2)^{\frac{3}{2}}} d\varphi,$$

其中 θ 为 dF 与 z 轴正向夹角,故导线对质点的引力

$$F = \int_0^{2\pi} dF_z = \int_0^{2\pi} \frac{k\delta Rqh}{(h^2+R^2)^{\frac{3}{2}}} d\varphi = \frac{2\pi k\delta Rqh}{(h^2+R^2)^{\frac{3}{2}}}.$$

以上各例表明,微元法是计算分布在区间上一个整体量的有力工具,尽管实际问题繁杂多样、难度不一,但一般地可将微元法的适用对象大致分为两类:一类为计算分布在区间上的一个"静态"整体量(比如面积、体积、弧长、质量、压力、引力、电量)以及带有分布"密度"特征的社会问题(如人口总数、汽车流量等);另一类为计算分布在区间上的一个"动态"整体量,即一个物理量持续作用的结果(比如位移、变力做功、电流做功、经济成本等).我们应努力加强该方面的思考与锻炼,提高使用微元法解决问题的能力.

习题 6.2(A)

1. 质点以速度 $t\sin t^2$ m/s 做直线运动,则从时刻 $t_1 = \sqrt{\frac{\pi}{2}}$ s 到 $t_2 = \sqrt{\pi}$ s 内质点经过的路程为 ( )

(A) $\frac{1}{3}$ m (B) 2 m

(C) 1 m (D) $\frac{1}{2}$ m

2. 地球引力 $F = G\frac{Mm}{x^2}$,其中 M 为地球质量,m 为物体质量,x 为此物体到地心距离,G 为引力系数. 今将一质量为 m 的火箭从地面($x = 6400$ m)发射到太空,要做功 $W =$
( )

(A) $\int_0^\infty \frac{GMm}{x^2} dx$ (B) $\int_{6400}^\infty \frac{GMm}{x^2} dx$

(C) $\int_0^\infty \frac{GMm}{x^2} \cdot x dx$ (D) $\int_{6400}^\infty \frac{GMm}{x^2} \cdot x dx$

3. 斜边长为 $2a$ 的等腰直角三角形平板铅直地沉没在水中,且斜边与水面相齐. 记重力加速度为 g,水的密度为 ρ,则该平板一侧所受的水压力为 ( )

(A) $\frac{1}{3}a^3\rho g$ (B) $\frac{1}{2}a^2\rho g$

(C) $a^3 \rho g$ (D) $a^2 \rho g$

4. 一三角形水闸上底与水面齐,另有一宽度与三角形水闸的上底相同,高也相同的矩形水闸,水面与水闸的上底相齐,则矩形水闸所受压力与三角形水闸所受压力之比为 （　　）

(A) 1:1   (B) 2:1
(C) 3:1   (D) 4:1

习题 6.2(B)

1. 若一宽为 10 m,高为 6 m 的矩形闸门垂直立于水中,问闸门上边界在水面下多深时闸门所受压力等于上边界与水面相齐时所受压力的两倍？

2. 一个底圆半径为 r m,高为 h m 的圆柱形水桶装满水,问把桶内的水全部吸出需做多少功(水的密度为 10^3 kg/m^3,g 取 10 m/s^2)？

3. 若一质点在变力 $F(x) = 1 - e^{-x}$ 的作用下沿 x 轴做直线运动,求质点从点 $x=0$ 运动到 $x=1$ 处所做的功.

4. 已知用 40 N 的力可将原长为 10 cm 的弹簧拉伸至 15 cm 长(图 6-36),求把弹簧从 15 cm 拉伸至 18 cm 时所做的功.

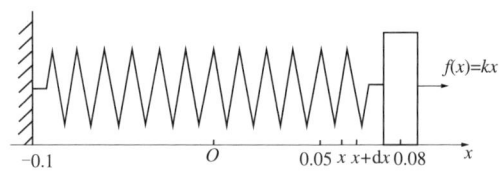

图 6-36

5. 某建筑工程施工时,需用汽锤将桩打进土层. 汽锤每次击打,都将克服土层对桩的阻力而做功. 若土层对桩的阻力大小与桩被打进地下的深度成正比(比例系数为 k, $k>0$),且汽锤第一次击打将桩打进地下 h m,根据工程设计方案,要求汽锤每次击打桩时所做的功与上一次击打时所做的功之比为常数 $r(0<r<1)$. 问：

(1) 汽锤击打桩 3 次后,可将桩推进地下多深？

(2) 若击打次数不限,汽锤至多能将桩推进地下多深？（注：m 表示长度单位米.

6. 若在纯电阻电路中交流电电压为 $V = V_m \sin \omega t$,电阻为 R(图 6-37),求交流电在一个周期 $[0, T]\left(T = \dfrac{2x}{w}\right)$ 上消耗在电阻上的能量 W 及与交流电相当的直流电压.

7. 设一水平放置、底面积为 S 的圆柱形容器中盛有一定数量的气体,在恒温条件下,由气体膨胀将容器中的一个活塞(面积为 S)从点 a 处推移到点 b 处(图 6-38). 求在移动过程中,气体压力所做的功.

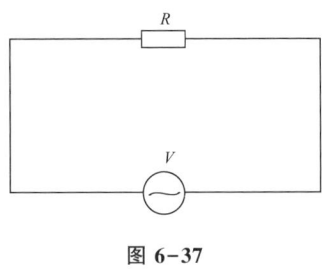
图 6-37

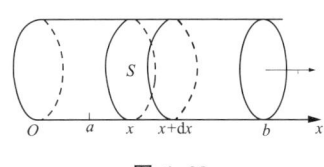
图 6-38

8. 为清除井底淤泥,用缆绳将抓斗放入井底,抓起淤泥后提出井口(图 6-39). 已知井深 30 m,抓斗自重 400 N,缆绳每米重 50 N,抓斗抓起的淤泥重 2000 N,提升速度为 3 m/s,在提升过程中,淤泥以 20 N/s 的速率从抓斗缝隙中漏掉. 问将抓起污泥的抓斗提升至井口,需克服重力做多少焦耳的功？

（说明：①1 N×1 m = 1 J,m,N,s,J 分别表示米,牛,秒,焦；②抓斗的高度及位于井口上方的缆绳长度忽略不计.)

9. 如图 6-40 所示,将直角边分别为 a 及 $2a$ 的直角三角形薄板垂直浸入密度为 ρ 的液体中,使斜边朝下,长直角边与液面平行,且该边到液面的距离恰等于 $2a$,求薄板一侧所受的静压力.

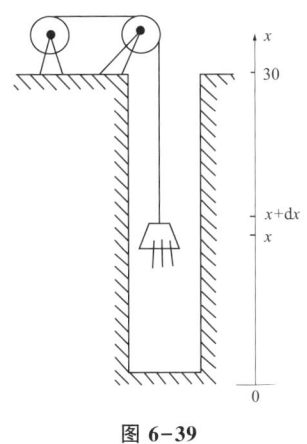
图 6-39

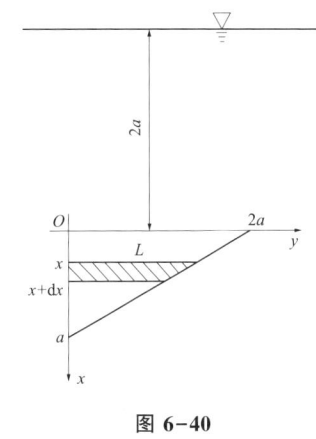
图 6-40

自测题(六)

一、选择题.

1. 曲线 $\rho = a\cos\theta\,(a>0)$ 所围平面图形的面积 $A=$ （   ）

(A) $\int_0^{2\pi} \dfrac{1}{2}a^2\cos^2\theta\,d\theta$ 　　　　(B) $\int_0^{\frac{\pi}{2}} a^2\cos^2\theta\,d\theta$

(C) $\int_0^{\frac{\pi}{2}} \dfrac{1}{2}a^2\cos^2\theta\,d\theta$ 　　　　(D) $\int_0^{\pi} \dfrac{1}{2}a^2\cos^2\theta\,d\theta$

2. 曲线 $y = e^x$ 与该曲线过原点的切线及 y 轴所围成的平面图形面积 $A =$ ( )

(A) $\int_0^1 (\ln y - y\ln y) dy$ (B) $\int_1^e (e^x - xe^x) dx$

(C) $\int_1^e (\ln y - y\ln y) dy$ (D) $\int_0^1 (e^x - e^x) dx$

3. 曲线 $r = a(1+\cos\theta)$ 的长度 $L =$ ( )

(A) $4a$ (B) $8a$ (C) $2\sqrt{2}a$ (D) $4\sqrt{2}a$

4. 设 $f(x), g(x)$ 为 $[a,b]$ 上的连续函数，且 $g(x) < f(x) < m$（m 为常数），则由 $f(x)$，$g(x)$ 及直线 $x = a, x = b$ 所围成的平面图形绕直线 $y = m$ 旋转一周形成的旋转体体积 $V =$
( )

(A) $\int_a^b \pi[m - f(x) + g(x)][f(x) - g(x)] dx$

(B) $\int_a^b \pi[m - f(x) - g(x)][f(x) - g(x)] dx$

(C) $\int_a^b \pi[2m - f(x) + g(x)][f(x) - g(x)] dx$

(D) $\int_a^b \pi[2m - f(x) - g(x)][f(x) - g(x)] dx$

二、填空题.

5. 抛物线 $y = x(x-2)$ 与直线 $y = x$ 所围成的平面图形的面积为_____.

6. 由曲线 $y = 2x - x^2$ 及直线 $y = x$ 所围成的平面图形绕 x 轴旋转所得旋转体体积为_____.

7. 曲线 $y = \int_0^x \tan t \, dt \left(0 \leqslant x \leqslant \dfrac{\pi}{4}\right)$ 的弧长 = _____.

8. 设有一铅直倒立的等腰三角形水闸，其底为 a，高为 h，且底与水面相齐，水闸所受的压力为_____.

三、计算题.

9. 求由抛物线 $y = x^2$ 与 $y = 2 - x^2$ 所围成的平面图形面积.

10. 一物体的底面是由曲线 $y = x^2$，直线 $x = 1$ 和 x 轴所围成的平面图形，用垂直 x 轴的平面截该物体，所得截面都是正方形.求该物体的体积.

11. 直径为 8 m 的圆形薄板浸入水中，其圆心在水平面下 10 m，求薄板面上所受的静压力.

12. 半径等于 a m 的半球形水池充满了水，求把池水抽干至少需要做多少功？

13. 曲线 $y = \dfrac{e^x + e^{-x}}{2}$ 与直线 $x = 0, x = t (t > 0)$ 及 $y = 0$ 围成一曲边梯形，该曲边梯形绕 x 轴旋转一周所得旋转体体积为 $V(t)$，其侧面积为 $S(t)$．在 $x = t$ 处底面积为 $F(t)$，求：

(1) $\dfrac{S(t)}{V(t)}$； (2) $\lim\limits_{t \to \infty} \dfrac{S(t)}{F(t)}$.

14. 设 $f(x)$ 为 $[0,1]$ 上任一非负连续函数，证明存在一点 $\xi \in (0,1)$，使得在区间 $[0,\xi]$ 上以 $f(\xi)$ 为高的矩形面积等于区间 $[\xi,1]$ 上以 $f(x)$ 为曲边的曲边梯形面积.

第 7 章 常微分方程

微分方程是伴随着微积分学一起发展起来的. 微积分主要研究函数的微分与积分,但在实际问题中函数的这种关系往往很难直接建立起来,却比较容易得到含有自变量以及未知函数的导数或微分的关系式,即所谓的微分方程. 一元函数的微分方程称为常微分方程. 常微分方程是基础数学的重要组成部分,在物理、化学、生物、工程技术、经济学等领域都有重要应用. 本章主要介绍常微分方程的一些基本概念和几种常用微分方程的求解方法.

7.1 常微分方程的基本概念

知识衔接

含有未知数的等式称为_____,使该等式成立的未知数的值称为_____.

一个含有两个未知数,并且未知数的次数都是 1 的整式方程,称为_____.

7.1.1 微分方程的定义

在介绍常微分方程的基本概念之前,我们先来看两个引例.

引例 1 已知平面上一条曲线 $y = y(x)$ 上任一点处的切线斜率为横坐标的平方,且过点 $(0,1)$,求该曲线的方程.

解 由题意知

$$y' = x^2, \tag{7.1}$$

方程两边积分得

$$y = \int x^2 \mathrm{d}x = \frac{1}{3}x^3 + C, \tag{7.2}$$

其中 C 为任意常数. 将点 $(0,1)$ 代入 (7.2) 式得 $C=1$, 于是所求曲线方程为
$$y=\frac{1}{3}x^3+1.$$

引例 2(竖直下抛运动) 质量为 m 的物体只在重力的作用下做竖直下抛运动,已知物体的初始速度为 v_0 m/s,若不计空气阻力,求物体下落的位移 s 与时间 t 的关系.

解 设位移和时间的关系为 $s=s(t)$, v 为瞬时速度,则
$$\frac{ds}{dt}=v(t), \frac{dv}{dt}=a(t),$$
所以
$$\frac{d^2s}{dt^2}=g, \tag{7.3}$$
且满足 $t=0$ 时, $s=0$, $v=v_0$. 方程两端同时积分得
$$\frac{ds}{dt}=v=gt+C_1, \tag{7.4}$$
再一次积分得
$$s=\frac{1}{2}gt^2+C_1t+C_2. \tag{7.5}$$
将 $t=0$ 时, $s=0$, $v=v_0$ 代入 (7.4) 和 (7.5) 式得
$$C_1=v_0, C_2=0,$$
所以物体下落的位移 s 与时间 t 的关系为
$$s=v_0t+\frac{1}{2}gt^2.$$

定义 7.1 含有自变量、未知函数以及未知函数的导数或微分的方程
$$F(x,y,y',y'',\cdots,y^{(n)})=0 \tag{7.6}$$
称为**微分方程**,微分方程中出现的未知函数的最高阶导数的阶数,称为微分方程的**阶**.

未知函数为一元函数的微分方程,称为**常微分方程**,例如,(7.1) 式为一阶常微分方程,(7.3) 式为二阶常微分方程,$xdy-y^2dx=0$, $y''+2y'+4y=e^x$ 等都是常微分方程. 未知函数为多元函数的微分方程,称为**偏微分方程**. 另外,微分方程又分为线性微分方程和非线性微分方程.

本章介绍的都是关于常微分方程的基本概念及解法,今后如未特别指明,我们把常微分方程简称为**微分方程**或**方程**.

定义 7.2 若微分方程可表示为如下形式
$$y^{(n)}+a_1(x)y^{(n-1)}+\cdots+a_{n-1}(x)y'+a_n(x)y=f(x), \tag{7.7}$$
则称其为 n **阶线性微分方程**,其中 $a_1(x),\cdots,a_n(x)$ 和 $f(x)$ 为 x 的函数. 不能表为上述形式的方程,则称为**非线性微分方程**.

例如,$xy''-2y'^3+5xy=0$ 是二阶非线性微分方程,而 $y'''+x^2y''-2y'=\sin x$ 是三阶线性微分方程.

7.1.2 初值问题

定义 7.3 设函数 $y=\varphi(x)$ 在区间 I 上有 n 阶连续导数且满足(7.6)式,即
$$F(x,\varphi(x),\varphi'(x),\varphi''(x),\cdots,\varphi^{(n)}(x))=0,$$
则称 $y=\varphi(x)$ 为微分方程(7.6)在区间 I 上的**解**.

若微分方程的解中含有的相互独立的任意常数的个数与微分方程的阶数相等,则称此解为微分方程的**通解**,不含有任意常数的解称为微分方程的**特解**.

例如,引例 2 中 $s=\dfrac{1}{2}gt^2+C_1t+C_2$ 是 $\dfrac{d^2s}{dt^2}=g$ 的通解,而 $s=v_0t+\dfrac{1}{2}gt^2$ 是 $\dfrac{d^2s}{dt^2}=g$ 的一个特解.

许多实际问题都是寻求满足某些附加条件的解,此时,这些附加条件可以用来确定通解中的任意常数,称这些附加条件为**初始条件**,也称为**定解条件**.

一般地,一阶微分方程 $F(x,y,y')=0$ 的初始条件为
$$y\big|_{x=x_0}=y_0,$$
其中 x_0,y_0 为已知常数.

二阶微分方程 $F(x,y,y',y'')=0$ 的初始条件为
$$y\big|_{x=x_0}=y_0, \qquad y'\big|_{x=x_0}=y_1,$$
其中 x_0,y_0 和 y_1 为已知常数.

带有初始条件的微分方程称为微分方程的**初值问题**. 例如,
$$\begin{cases} y'=f(x,y), \\ y\big|_{x=x_0}=y_0 \end{cases}$$
即为一阶微分方程的初值问题.

例 7.1 验证 $y=C_1\mathrm{e}^x+C_2\mathrm{e}^{2x}$ (C_1,C_2 为任意常数)是
$$y''-3y'+2y=0 \tag{7.8}$$
的通解,并求其满足 $y(0)=1,y'(0)=0$ 的特解.

解 由于 $y=C_1\mathrm{e}^x+C_2\mathrm{e}^{2x}$, C_1,C_2 为相互独立的常数,且
$$y'=C_1\mathrm{e}^x+2C_2\mathrm{e}^{2x}, y''=C_1\mathrm{e}^x+4C_2\mathrm{e}^{2x},$$
代入方程(7.8)左边得
$$C_1\mathrm{e}^x+4C_2\mathrm{e}^{2x}-3C_1\mathrm{e}^x-6C_2\mathrm{e}^{2x}+2C_1\mathrm{e}^x+2C_2\mathrm{e}^{2x}=0,$$
因此 $y=C_1\mathrm{e}^x+C_2\mathrm{e}^{2x}$ 是方程(7.8)的通解.

由 $y(0)=1,y'(0)=0$ 得
$$1=C_1+C_2,0=C_1+2C_2,$$
解之得 $C_1=2,C_2=-1$,因此所求特解为
$$y=2\mathrm{e}^x-\mathrm{e}^{2x}.$$

习题 7.1(A)

1. 下列方程中为常微分方程的是 ( )

(A) $y=x^2+c$　　　　　　　　　(B) $y'=xy^2$
(C) $x^2+y^2-1=0$　　　　　　(D) $x=ce^y$（c 为常数）

2. 下列微分方程是线性的是　　　　　　　　　　　　　　　　　　　　（　　）

(A) $y''+y^2=1+x$　　　　　　(B) $y'^2+y=\cos x$
(C) $y''+xy'=y$　　　　　　　(D) $x\mathrm{d}x+y\mathrm{d}y=0$

3. 微分方程 $xyy''+x(y')^3-y^4y'=0$ 的阶数是　　　　　　　　　　　　（　　）

(A) 3　　　　　　　　　　　　(B) 4
(C) 5　　　　　　　　　　　　(D) 2

4. 微分方程 $y'=3(x+2)^2$ 的一个特解是　　　　　　　　　　　　　　（　　）

(A) $y=x^3+1$　　　　　　　　(B) $y=(x+2)^3$
(C) $y=(x+C)^2$　　　　　　　(D) $y=C(1+x)^3$

5. 函数 $y=\cos x$ 是下列哪个微分方程的解　　　　　　　　　　　　（　　）

(A) $y'+y=0$　　　　　　　　　(B) $y'+2y=0$
(C) $y''+y=0$　　　　　　　　(D) $y''+y=\cos x$

习题 7.1(B)

1. 试说出下列微分方程的阶数.

(1) $y''+xy'+y=x^2$；　　(2) $(y')^2=x^2+y^2$；　　(3) $y'''-xy^2=2x$；
(4) $y''-y'=y^3$；　　　(5) $y'+\sin y=xy^2$，　　(6) $2yy'=2x^2$.

2. 判断下列方程是否是线性微分方程.

(1) $3x(y')^2-4y^2y'=0$；　　　　　　　(2) $xy'''=e^xy''-x^3y+\sin x$；
(3) $(7x-4y)\mathrm{d}x+(2x+y)\mathrm{d}y=0$；　　(4) $y''=(y')^3-2xy'+\ln x$.

3. 验证下列各给定函数为所给微分方程的解.

(1) $(y')^2+y^2-1=0, y=\cos(x+2014)$；
(2) $y''+4y'+4y=0, y=C_1\mathrm{e}^{-2x}+C_2x\mathrm{e}^{-2x}$，其中 C_1, C_2 是任意常数；
(3) $(x-2y)y'=2x-y, x^2-xy+y^2=C$，其中 C 是任意常数；
(4) $(xy-x)y''+xy'^2+yy'-2y'=0, y=\ln(xy)$.

4. 设 $y=(x+1)^2u(x)$ 是 $y'-\dfrac{2}{x+1}y=(x+1)^3$ 的通解，求 $u(x)$.

5. 验证 $y=Cx^3$ 是 $3y-xy'=0$ 的通解，并求满足 $y|_{x=1}=\dfrac{1}{3}$ 的特解.

6. 验证 $\mathrm{e}^y+C_1=(x+C_2)^2$ 是 $y''+(y')^2=2\mathrm{e}^{-y}$ 的通解，并求其满足 $y|_{x=0}=0, y'|_{x=0}=\dfrac{1}{2}$ 的特解.

7. 求出下列各题中给定的曲线族所满足的微分方程.

(1) $y = Cx - x^2$; (2) $y = C_1 e^{2x} + C_2 x e^{2x}$.

7.2 一阶微分方程

知识衔接

含有未知函数以及未知函数的导数或微分的方程,称为_____;此方程中出现的未知函数的最高阶导数的阶数,称为微分方程的_____.

若微分方程的解中含有的相互独立的任意常数的个数与微分方程的阶数相等,则称此解为微分方程的_____;微分方程的不含有任意常数的解称为微分方程的_____.

一阶微分方程的一般形式为
$$F(x,y,y') = 0,$$
其中 x 为自变量,y 为 x 的函数,y' 为 y 的一阶导数.

下面介绍常见一阶微分方程的解法.

7.2.1 可分离变量的一阶微分方程

定义 7.4 形如
$$f(x)\mathrm{d}x = g(y)\mathrm{d}y \tag{7.9}$$
的一阶微分方程,称为**可分离变量的一阶微分方程**. 将此方程两边同时积分得
$$\int f(x)\mathrm{d}x = \int g(y)\mathrm{d}y,$$
设 $F(x), G(y)$ 分别为 $f(x), g(y)$ 的原函数,则
$$F(x) = G(y) + C$$
即为方程(7.9)的通解.

例 7.2 求微分方程 $xy' + y = 0$ 满足条件 $y(1) = 1$ 的特解.

解 分离变量得
$$\frac{\mathrm{d}y}{y} = -\frac{\mathrm{d}x}{x},$$
两边积分得
$$\ln|y| = -\ln|x| + C_1,$$
即
$$y = \pm e^{C_1} \cdot \frac{1}{x} = C \cdot \frac{1}{x},$$

代入条件 $y(1)=1$,得 $C=1$,所以特解为

$$y=\frac{1}{x}.$$

例 7.3 求微分方程 $xy'-y\ln y=0$ 的通解.

解 分离变量得

$$\frac{1}{y\ln y}\mathrm{d}y=\frac{1}{x}\mathrm{d}x,$$

两边积分得

$$\ln|\ln y|=\ln|x|+\ln|C_1|,$$

从而

$$\ln y=Cx\,(C=\pm C_1),$$

则方程的通解为 $y=\mathrm{e}^{Cx}$,其中 C 为任意常数.

7.2.2 齐次微分方程

定义 7.5 形如

$$\frac{\mathrm{d}y}{\mathrm{d}x}=f\left(\frac{y}{x}\right)$$

的一阶微分方程,称为**齐次微分方程**. 其一般解法是通过变量代换将原方程化为可分离变量的形式再求解.

令 $u=\frac{y}{x}$,即 $y=ux$,故

$$\frac{\mathrm{d}y}{\mathrm{d}x}=u+x\frac{\mathrm{d}u}{\mathrm{d}x},$$

代入后得

$$u+x\frac{\mathrm{d}u}{\mathrm{d}x}=f(u),$$

整理得

$$\frac{\mathrm{d}u}{f(u)-u}=\frac{1}{x}\mathrm{d}x,$$

两边积分得

$$\int\frac{\mathrm{d}u}{f(u)-u}=\ln|x|+\ln|C|.$$

求出积分后再将 $u=\frac{y}{x}$ 回代原式得其通解.

注:若有 u_0 使得 $f(u_0)-u_0=0$,则 $y=u_0 x$ 也是原方程的解.

例 7.4 求微分方程 $x\frac{\mathrm{d}y}{\mathrm{d}x}=y\ln\frac{y}{x}$ 的通解.

解 整理得

$$\frac{\mathrm{d}y}{\mathrm{d}x}=\frac{y}{x}\ln\frac{y}{x},$$

这是齐次微分方程. 令 $u=\dfrac{y}{x}$, 即 $y=ux$, 故

$$\frac{\mathrm{d}y}{\mathrm{d}x}=u+x\frac{\mathrm{d}u}{\mathrm{d}x},$$

代入原方程得

$$x\frac{\mathrm{d}u}{\mathrm{d}x}+u=u\ln u,$$

分离变量得

$$\frac{1}{u\ln u-u}\mathrm{d}u=\frac{1}{x}\mathrm{d}x,$$

两边积分得

$$\ln|\ln u-1|=\ln|x|+\ln|C_1|,$$

即

$$\ln u-1=Cx, C=\pm C_1,$$

则通解为

$$\ln\frac{y}{x}=Cx+1 \text{ 或 } y=x\mathrm{e}^{Cx+1},$$

其中 C 为任意常数.

例 7.5 求方程 $(x\mathrm{e}^{\frac{y}{x}}+y)\mathrm{d}x=x\mathrm{d}y$ 满足条件 $y(1)=0$ 的特解.

解 整理得

$$\frac{\mathrm{d}y}{\mathrm{d}x}=\mathrm{e}^{\frac{y}{x}}+\frac{y}{x},$$

这是齐次微分方程. 令 $u=\dfrac{y}{x}$, 代入得

$$x\frac{\mathrm{d}u}{\mathrm{d}x}+u=\mathrm{e}^u+u,$$

分离变量得

$$\frac{1}{\mathrm{e}^u}\mathrm{d}u=\frac{1}{x}\mathrm{d}x,$$

两边积分得

$$-\mathrm{e}^{-u}=\ln|x|+\ln|C|,$$

即

$$\mathrm{e}^{-\frac{y}{x}}=-\ln|Cx|,$$

因为 $y(1)=0$, 所以 $1=-\ln|C|$, 故 $C=\dfrac{1}{\mathrm{e}}$. 原方程的特解为

$$\mathrm{e}^{-\frac{y}{x}}+\ln|x|=1.$$

7.2.3 一阶线性微分方程

定义 7.6 形如

$$\frac{dy}{dx}+P(x)y=Q(x) \tag{7.10}$$

的微分方程称为**一阶线性微分方程**,即方程关于 $\frac{dy}{dx}$,y 是线性的.

若 $Q(x) \equiv 0$,即

$$\frac{dy}{dx}+P(x)y=0, \tag{7.11}$$

称为**一阶齐次线性微分方程**;若 $Q(x) \neq 0$,称为**一阶非齐次线性微分方程**.

对于齐次线性微分方程,可按分离变量法求解,即将原方程化为

$$\frac{dy}{y}+P(x)dx=0,$$

故

$$\ln|y|=-\int P(x)dx+C_1,$$

由此得

$$y=Ce^{-\int P(x)dx}. \tag{7.12}$$

下面使用**常数变易法**求解非齐次线性微分方程.首先将齐次线性微分方程的通解 (7.12)式中的常数 C 看作 x 的函数 $u(x)$,即令

$$y=u(x)e^{-\int P(x)dx}, \tag{7.13}$$

将

$$\frac{dy}{dx}=u'(x)e^{-\int P(x)dx}-u(x)P(x)e^{-\int P(x)dx}$$

代入到非齐次方程 (7.10)中得

$$u'(x)e^{-\int P(x)dx}-u(x)P(x)e^{-\int P(x)dx}+u(x)P(x)e^{-\int P(x)dx}=Q(x),$$

从而有

$$u'(x)=Q(x)e^{\int P(x)dx},$$

两边积分得

$$u(x)=\int Q(x)e^{\int P(x)dx}dx+C,$$

其中 C 为任意常数.

将 $u(x)$ 代入(7.13)式,可得一阶非齐次线性微分方程的通解为

$$y=Ce^{-\int P(x)dx}+\left(\int Q(x)e^{\int P(x)dx}dx\right)e^{-\int P(x)dx}. \tag{7.14}$$

这说明:一阶非齐次线性微分方程(7.10)通解由两部分组成,一部分是对应的齐次线性微分方程(7.11)的通解,另一部分是它本身的一个特解.这一性质对于高阶非齐次线性微分方程亦成立.

例 7.6 求微分方程 $y'+y=\mathrm{e}^{-x}\cos x$ 满足条件 $y(0)=0$ 的特解.

解 这是一阶非齐次线性微分方程,这里
$$P(x)=1,Q(x)=\mathrm{e}^{-x}\cos x,$$
直接利用通解公式(7.14)得其通解
$$y=C\mathrm{e}^{-\int\mathrm{d}x}+\left(\int\mathrm{e}^{-x}\cos x\cdot\mathrm{e}^{\int\mathrm{d}x}\mathrm{d}x\right)\mathrm{e}^{-\int\mathrm{d}x},$$
即
$$y=\mathrm{e}^{-x}(\sin x+C),$$
由 $y(0)=0$ 得 $C=0$,故所求特解为
$$y=\mathrm{e}^{-x}\sin x.$$

例 7.7 求微分方程 $xy'+2y=x\ln x$ 满足 $y(1)=-\dfrac{1}{9}$ 的特解.

解 整理得
$$y'+\frac{2}{x}y=\ln x,$$
这是一阶非齐次线性微分方程,这里
$$P(x)=\frac{2}{x},Q(x)=\ln x,$$
直接利用通解公式(7.14)得
$$y=\mathrm{e}^{-\int\frac{2}{x}\mathrm{d}x}\left[\int\ln x\cdot\mathrm{e}^{\int\frac{2}{x}\mathrm{d}x}\mathrm{d}x+C\right],$$
于是通解为
$$y=\frac{1}{x^2}\cdot\left[\int x^2\ln x\mathrm{d}x+C\right]=\frac{1}{3}x\ln x-\frac{1}{9}x+C\frac{1}{x^2},$$
由 $y(1)=-\dfrac{1}{9}$ 得 $C=0$,故所求特解为
$$y=\frac{1}{3}x\ln x-\frac{1}{9}x.$$

有时在解题中将 x 视为 y 的函数,会带来方便.

例 7.8 求 $\dfrac{\mathrm{d}y}{\mathrm{d}x}=\dfrac{y^3}{1-2xy^2}$ 的通解.

解 这不是一阶线性微分方程,但是若将 x 视为 y 的函数,从而有
$$\frac{\mathrm{d}x}{\mathrm{d}y}+\frac{2}{y}x=\frac{1}{y^3},$$
这是一阶非齐次线性微分方程,利用公式(7.14)求得通解为
$$x=\frac{1}{y^2}(\ln|y|+C) \text{ 或 } y=C\mathrm{e}^{xy^2},$$
其中 C 为任意常数.

7.2.4* 伯努利(Bernoulli)方程

定义 7.7 形如 $\dfrac{dy}{dx}+P(x)y=Q(x)y^n$ 的方程称为**伯努利方程**，其中 n 为常数，且 $n\neq 0,1$.

这是一类非线性微分方程，但通过适当的变量替换，可将其化为线性微分方程.

一般地，将方程两边同除以 y^n 得

$$y^{-n}\dfrac{dy}{dx}+P(x)y^{1-n}=Q(x).$$

设 $z=y^{1-n}$，则

$$\dfrac{dz}{dx}=(1-n)y^{-n}\dfrac{dy}{dx},$$

代入原伯努利方程得

$$\dfrac{dz}{dx}+(1-n)P(x)z=(1-n)Q(x),$$

这是一阶非齐次线性微分方程，求得通解后，将 $z=y^{1-n}$ 回代得

$$y^{1-n}=\left(C+\int(1-n)Q(x)e^{\int(1-n)P(x)dx}dx\right)e^{-\int(1-n)P(x)dx}.$$

例 7.9 求微分方程 $y'+\dfrac{y}{x}=2y^2\cdot\ln x$ 的通解.

解 这是伯努利方程，其中 $n=2$，令 $z=y^{-1}$，则方程化为

$$\dfrac{dz}{dx}-\dfrac{1}{x}z=-2\ln x,$$

这是一个线性方程，它的通解为

$$z=x[C-(\ln x)^2],$$

将 $z=y^{-1}$ 代入上式得所求方程的通解为

$$xy[C-(\ln x)^2]=1.$$

习题 7.2(A)

1. 方程 $x(\ln x-\ln y)dy-ydx=0$ 是 ( )
   (A) 可分离变量方程   (B) 齐次方程
   (C) 伯努利方程   (D) 一阶线性非齐次方程

2. 微分方程 $2ydy-dx=0$ 的通解为 ( )
   (A) $y^2-x=C$ (B) $y-\sqrt{x}=C$
   (C) $y=x+C$ (D) $y=-x+C$

3. 微分方程 $\begin{cases}xy'+y=3,\\ y|_{x=1}=0\end{cases}$ 的解是 ( )

(A) $y = 3\left(1 - \dfrac{1}{x}\right)$ (B) $y = 3(1-x)$

(C) $y = 1 - \dfrac{1}{x}$ (D) $y = 1 - x$

4. 微分方程 $\dfrac{dy}{dx} = \dfrac{y}{x} + \tan\dfrac{y}{x}$ 的通解为 ( )

(A) $\sin\dfrac{y}{x} = Cx$ (B) $\sin\dfrac{y}{x} = \dfrac{1}{Cx}$

(C) $\sin\dfrac{x}{y} = Cx$ (D) $\sin\dfrac{x}{y} = \dfrac{1}{Cx}$

习题 7.2(B)

1. 求下列微分方程的通解.

(1) $y' = \dfrac{x(1-y)}{1+x^2}$; (2) $y' = \dfrac{x}{2y}e^{2x-y^2}$;

(3) $\sec^2 x \tan y\, dx + \sec^2 y \tan x\, dy = 0$; (4) $y' = 10^{x+y}$.

2. 求下列各初值问题的解.

(1) $y' = \dfrac{y}{\sqrt{1-x^2}}, y\left(\dfrac{1}{2}\right) = -e^{\frac{\pi}{6}}$; (2) $y' + 2xy = e^{-x^2}, y(0) = 1$;

(3) $y' + y\cot x = e^{\cos x}, y\left(\dfrac{\pi}{2}\right) = 1$;

(4) $x^2 dy + (2xy - x + 1) dx = 0, y|_{x=1} = 0$;

(5) $xy\, dx - (2x^2 + y^2)\, dy = 0, y(2) = 1$;

(6) $(x+y)dx + (x-y)dy = 0, y|_{x=0} = 0$.

3. 求下列齐次微分方程的通解.

(1) $xy' = y + x\sin^2\dfrac{y}{x}$; (2) $xy' - y - xe^{\frac{y}{x}} = 0$;

(3) $(x^3 + y^3)dx = 3xy^2 dy$;

(4) $\left(2x\sin\dfrac{y}{x} + 3y\cos\dfrac{y}{x}\right)dx - 3x\cos\dfrac{y}{x}\, dy = 0$;

(5) $\dfrac{dy}{dx} = \dfrac{y}{x}(1 + \ln y - \ln x)$; (6) $(xy' - y)\arctan\dfrac{y}{x} = x$.

4. 求下列线性微分方程的通解.

(1) $\dfrac{dy}{dx} - \dfrac{2y}{x+1} = (x+1)^{\frac{5}{2}}$; (2) $\dfrac{dy}{dx} - \dfrac{ny}{x} = x^n e^x$;

(3) $\dfrac{dy}{dx}+2xy=4x$;

(4) $\dfrac{dy}{dx}+y=e^{-x}$;

(5) $y'\cos^2 x+y=\tan x$;

(6) $\dfrac{dy}{dx}=\dfrac{1}{x\cos y+\sin 2y}$;

(7) $\dfrac{dy}{dx}=\dfrac{1}{xy+y^3}$;

(8) $(y^2-6x)y'+2y=0$;

(9) $xy'-y+y^2\ln x=0$;

(10) $xy'+y=x^2+3x+2$;

(11) $y'+y\cos x=e^{-\sin x}$;

(12) $y'\cos x=y\sin x+\sin 2x$.

5*. 求下列伯努利方程的通解.

(1) $3xy'-y-3xy^4\ln x=0$;

(2) $y'=\dfrac{\ln x}{x}y^2-\dfrac{1}{x}y$;

(3) $y'+\dfrac{2}{x}y=x^2 y^{\frac{4}{3}}$;

(4) $y'+x(y-x)+x^3(y-x)^2=1$.

6. 利用变量代换求下列微分方程的通解.

(1) $2yy'+2x-\dfrac{x^2+y^2}{x}=e^{\frac{x^2+y^2}{x}}$;

(2) $x\dfrac{dy}{dx}+x+\sin(x+y)=0$;

(3) $\dfrac{dy}{dx}=\dfrac{1}{x-y}+1$;

(4) $(y+xy^2)dx+(x-x^2y)dy=0$;

(5) $xy'-y(\ln(xy)-1)=0$;

(6) $2yy'-\dfrac{y^2}{x}=\tan\dfrac{y^2}{x}$.

7. 求连续函数 $f(x)$,使其满足 $\int_0^1 f(tx)dt=f(x)+x\sin x.$

7.3 高阶微分方程的降阶法

知识衔接

可分离变量的一阶微分方程形式为_____,通解为_____.
齐次微分方程形式为_____.解法为:作变换_____化为可分离变量的一阶微分方程求解.
一阶非齐次线性微分方程形式为_____,通解为_____.

二阶或二阶以上的微分方程称为高阶微分方程,高阶微分方程的一般形式为

$$F(x,y,y',y'',\cdots,y^{(n)})=0,$$

这里 $n\geq 2$.

一般地,高阶微分方程并没有普遍的解法,对于以下三种特殊形式的微分方程,可经过积分或适当变换,将高阶微分方程化为低阶微分方程再求其通解.

7.3.1 $y^{(n)}=f(x)$ 型

对于 $y^{(n)}=f(x)$ 型高阶微分方程求解的方法为:逐次积分,即在 $y^{(n)}=f(x)$ 的两边积分得

$$y^{(n-1)}=\int f(x)\mathrm{d}x+C_1,$$

再次积分得

$$y^{(n-2)}=\int\left(\int f(x)\mathrm{d}x+C_1\right)\mathrm{d}x+C_2,$$

继续积分下去,可得含有 n 个任意常数的通解.

例 7.10 求微分方程 $y''=xe^x$ 的通解.

解 方程两边积分得

$$y'=\int xe^x\mathrm{d}x+C_1=xe^x-e^x+C_1,$$

两边再次积分得所求通解

$$y=\int(xe^x-e^x+C_1)\mathrm{d}x+C_2=(x-2)e^x+C_1x+C_2.$$

这种逐次积分的方法,对于求解同类型的高阶微分方程也是适用的.

7.3.2 $y''=f(x,y')$ 型

定义 7.8 形如

$$y''=f(x,y')$$

的方程称为**不显含 y 型微分方程**.

此类方程的特点是不显含未知函数 y,求其通解方法为:令 $y'=p(x)$,则 $y''=p'$,原方程可化为

$$p'=f(x,p),$$

这是关于 p 的一阶微分方程,其通解为

$$p=\varphi(x,C_1),$$

即

$$y'=p=\varphi(x,C_1),$$

两边积分得所求通解

$$y=\int\varphi(x,C_1)\mathrm{d}x+C_2.$$

总的来说,求解不显含 y 型微分方程的通解方法为:先作变换 $y'=p(x)$,$y''=\dfrac{\mathrm{d}p}{\mathrm{d}x}$,将原微分方程化为两个一阶微分方程,求出通解即可.

例 7.11 求微分方程 $xy''+3y'=0$ 的通解.

解 方程不显含未知函数 y，令 $y'=p$，则 $y''=\dfrac{\mathrm{d}p}{\mathrm{d}x}$，原方程化为

$$xp'+3p=0,$$

分离变量得

$$\frac{\mathrm{d}p}{p}=-\frac{3\mathrm{d}x}{x},$$

两边积分得

$$\ln|p|=-3\ln|x|+\ln|C|,$$

则

$$y'=p=\frac{C}{x^3}(C\ \text{为任意常数}),$$

两端再积分得

$$y=\frac{C_1}{x^2}+C_2\left(C_1=-\frac{C}{2},C_1,C_2\ \text{为任意常数}\right).$$

例 7.12 求微分方程 $y''-y'-x=0$ 满足初始条件 $y\big|_{x=0}=1, y'\big|_{x=0}=-1$ 的特解.

解 方程不显含未知函数 y，令 $y'=p$，则 $y''=\dfrac{\mathrm{d}p}{\mathrm{d}x}$，原方程化为

$$\frac{\mathrm{d}p}{\mathrm{d}x}-p=x,$$

这是一阶线性微分方程，解得

$$p=\mathrm{e}^{\int\mathrm{d}x}\left(\int x\mathrm{e}^{-\int\mathrm{d}x}\mathrm{d}x+C_1\right)=-x-1+C_1\mathrm{e}^x,$$

两端再积分得

$$y=-\frac{x^2}{2}-x+C_1\mathrm{e}^x+C_2,$$

代入初始条件得

$$y=-\frac{x^2}{2}-x+1.$$

7.3.3 $y''=f(y,y')$ 型

定义 7.9 形如

$$y''=f(y,y')$$

的方程称为**不显含 x 型微分方程**.

此类方程的特点是不显含未知函数 x，求其通解方法为：先把 y 暂时看作自变量并作变换 $y'=p(y)$，于是

$$y''=\frac{\mathrm{d}p}{\mathrm{d}x}=\frac{\mathrm{d}p}{\mathrm{d}y}\cdot\frac{\mathrm{d}y}{\mathrm{d}x}=p\frac{\mathrm{d}p}{\mathrm{d}y},$$

这样原方程 $y''=f(y,y')$ 化为

$$p\frac{\mathrm{d}p}{\mathrm{d}y}=f(y,p),$$

这是关于 p 的一阶微分方程,设其通解为
$$y' = p = \varphi(y, C_1),$$
分离变量后两边积分得原方程的通解
$$\int \frac{\mathrm{d}y}{\varphi(y, C_1)} = x + C_2.$$

总的来说,求解不显含 x 型微分方程通解的方法为:先作变换 $y' = p(y), y'' = \dfrac{\mathrm{d}p}{\mathrm{d}y} \cdot p$,将原微分方程化为两个一阶微分方程,求出通解即可.

例 7.13 求微分方程 $yy'' + (y')^2 = 0$ 满足初始条件 $y(0) = 1, y'(0) = \dfrac{1}{2}$ 的特解.

解 方程为不显含 x 型,令 $y' = p, y'' = p\dfrac{\mathrm{d}p}{\mathrm{d}y}$,得
$$yp\frac{\mathrm{d}p}{\mathrm{d}y} + p^2 = 0,$$
当 $p = 0$ 时,$y = C$. 当 $p \neq 0$ 时,分离变量得
$$\frac{\mathrm{d}p}{p} = -\frac{\mathrm{d}y}{y},$$
两端积分并化简得
$$p = \frac{C_1}{y},$$
即
$$y' = p = \frac{C_1}{y},$$
分离变量并积分得
$$\frac{y^2}{2} = C_1 x + C_2,$$
由初始条件得 $C_1 = \dfrac{1}{2}, C_2 = \dfrac{1}{2}$,故所求特解为
$$y^2 = x + 1.$$

例 7.14 求微分方程 $y' \cdot y'' = (y')^3 \tan y$ 的通解.

解 方程不显含自变量 x,令 $y' = p, y'' = p\dfrac{\mathrm{d}p}{\mathrm{d}y}$,得
$$p^2 \frac{\mathrm{d}p}{\mathrm{d}y} = p^3 \tan y,$$
当 $p \neq 0$ 时,
$$\frac{\mathrm{d}p}{\mathrm{d}y} = p \tan y,$$
分离变量并积分得
$$\ln|p| = -\ln|\cos y| + \ln|C_1|,$$

即
$$y' = p = \frac{C_1}{\cos y},$$

两端分离变量得
$$\cos y \, dy = C_1 dx,$$

两端积分得
$$\sin y = C_1 x + C_2;$$

当 $p = 0$ 时,
$$y = C.$$

所以方程的通解为
$$\sin y = C_1 x + C_2,$$

其中 C_1, C_2 为任意常数.

习题 7.3(A)

1. 微分方程 $y'' = \sin x$ 的通解是 ( )
   (A) $-\sin x + C_1 x + C_2$ 　　　　(B) $-\sin x + C_1 + C_2$
   (C) $\sin x + C_1 x + C_2$ 　　　　(D) $\sin x + C_1 + C_2$

2. 微分方程 $y'' - 2yy'^3 = 0$ 满足条件 $y'(0) = -1, y(0) = 1$ 的解是 ( )
   (A) $\dfrac{y^3}{3} = x + \dfrac{1}{3}$ 　　　　(B) $\dfrac{x^3}{3} = y - 1$
   (C) $\dfrac{y^3}{3} = -x + \dfrac{1}{3}$ 　　　　(D) $\dfrac{x^3}{3} = -y + 1$

3. 微分方程 $2yy'' = (y')^2$ 的通解为 ( )
   (A) $(x-C)^2$ 　　　　(B) $C_1(x-1)^2 + C_2(x+1)^2$
   (C) $C_1 + (x-C_2)^2$ 　　　　(D) $C_1(x-C_2)^2$

4. 已知 $y = y(x)$ 的图形上点 $M(0,1)$ 处的切线斜率 $k = 0$,且 $y(x)$ 满足微分方程 $y'' = \sqrt{1+(y')^2}$,则 $y(x) =$ ( )
   (A) $\sin x$ 　　　　(B) $\cos x$
   (C) $\operatorname{sh} x$ 　　　　(D) $\operatorname{ch} x$

习题 7.3(B)

1. 求下列微分方程的通解.

(1) $y''=x+\sin x$; (2) $y''=\dfrac{1}{1+x^2}$;

(3) $y'''=xe^x$; (4) $y''=e^{3x}+\cos x$.

2. 求下列微分方程的通解.

(1) $(4x-1)y''-4y'=0$; (2) $xy''+y'=0$;

(3) $y''=y'+x$; (4) $xy''=y'+x\sin\dfrac{y'}{x}$;

(5) $(1+x^2)y''+2xy'=1$; (6) $xy''=y'\ln y'$.

3. 求下列微分方程的通解.

(1) $y''+\dfrac{(y')^2}{1-y}=0$; (2) $(1+y^2)y''=2y(y')^2$;

(3) $2yy''+1=(y')^2$; (4) $yy''+(y')^2=0$;

(5) $y''=(y')^3+y'$; (6) $y''=1+(y')^2$.

4. 求 $yy''=2((y')^2-y')$ 满足 $y|_{x=0}=1, y'|_{x=0}=2$ 的特解.

5. 求 $yy''+(y')^2=0$ 满足 $y|_{x=0}=1, y'|_{x=0}=\dfrac{1}{2}$ 的特解.

7.4 n 阶齐次线性微分方程

知识衔接

形如 $z=a+bi(a,b$ 均为实数) 的数称为 _____,其中 a 称为 _____,b 称为 _____,i 称为 _____,且 $i^2=$ _____;当 $b=0$ 时,则 z 为 _____;当 $a=0,b\neq 0$ 时,z 为 _____.

对于复数 $z=a+bi$,称复数 $\bar{z}=a-bi$ 为 z 的 _____.

一般地,n 阶线性微分方程可表示为

$$y^{(n)}+a_1(x)y^{(n-1)}+\cdots+a_{n-1}(x)y'+a_n(x)y=f(x),$$

其中 $a_i(x)(i=1,2,\cdots,n)$ 和 $f(x)$ 是关于 x 的函数,$a_i(x)(i=1,2,\cdots,n)$ 称为方程的系数,$f(x)$ 称为方程的自由项.

若 $f(x)\equiv 0$,即

$$y^{(n)}+a_1(x)y^{(n-1)}+\cdots+a_{n-1}(x)y'+a_n(x)y=0,$$

称为 n 阶齐次线性微分方程;若 $f(x)\neq 0$,则称之为 n 阶非齐次线性微分方程.

为求 n 阶齐次线性微分方程的通解,需先讨论齐次线性微分方程解的结构,并根据解的结构求出通解,这里先以二阶齐次方程为例进行讨论.

7.4.1 齐次线性微分方程解的性质

定义 7.10 称形如

$$y''+P(x)y'+Q(x)y=0 \tag{7.15}$$

的方程为**二阶齐次线性微分方程**,其中 $P(x)$,$Q(x)$ 为微分方程的**系数**.

对二阶齐次线性微分方程我们有如下的定理.

定理 7.1 设函数 $y_1(x)$ 与 $y_2(x)$ 是(7.15)的两个解,则

$$y=C_1y_1(x)+C_2y_2(x) \tag{7.16}$$

也是(7.15)的解,其中 C_1,C_2 为任意常数.

证 将(7.16)式代入(7.15)式的左端,有

$$(C_1y_1(x)+C_2y_2(x))''+P(x)(C_1y_1(x)+C_2y_2(x))'+Q(x)(C_1y_1(x)+C_2y_2(x))=$$
$$C_1(y_1''(x)+P(x)y_1'(x)+Q(x)y_1(x))+C_2(y_2''(x)+P(x)y_2'(x)+Q(x)y_2(x))=0.$$

这说明(7.16)式是(7.15)式的解.

这个性质称为齐次线性方程解的**叠加原理**.

7.4.2 二阶齐次线性微分方程解的结构

由定理 7.1 结论知,函数 $y=C_1y_1(x)+C_2y_2(x)$ 是二阶齐次线性微分方程(7.15)的解,且含有两个任意常数.但却不一定是方程(7.15)的通解,因为若 $y_1(x)$ 与 $y_2(x)=2y_1(x)$ 是方程(7.15)的两个解,则 $y=C_1y_1(x)+C_2y_2(x)=Cy_1(x)$(这里 $C=C_1+2C_2$)并不是方程(7.15)的通解.那么,在什么情况下(7.16)才是方程(7.15)的通解呢?这是由 $y_1(x)$ 与 $y_2(x)$ 的线性关系所决定的,函数的线性关系可定义如下.

定义 7.11 设函数组 $y_1(x),y_2(x),\cdots,y_n(x)$ 在区间 I 上有定义,若存在不全为零的常数 $k_1,k_2,\cdots,k_n$,使得

$$k_1y_1(x)+k_2y_2(x)+\cdots+k_ny_n(x)=0,$$

则称函数组 $y_1(x),y_2(x),\cdots,y_n(x)$ 在区间 I 上**线性相关**,否则称函数组**线性无关**.

判断两个函数 $y_1(x)$ 与 $y_2(x)$ 是否线性相关,要看是否存在不全为零的常数 k_1,k_2,使得

$$k_1y_1(x)+k_2y_2(x)=0,$$

这其实就等价于看两函数之比 $\dfrac{y_1(x)}{y_2(x)}$ 或 $\dfrac{y_2(x)}{y_1(x)}$ 是否为常数?若其比为常数,则 $y_1(x)$ 与 $y_2(x)$ 线性相关;否则,$y_1(x)$ 与 $y_2(x)$ 线性无关.

关于二阶齐次线性微分方程解的结构有如下结论.

定理 7.2 设函数 $y_1(x)$ 与 $y_2(x)$ 是(7.15)的两个线性无关的特解,则

$$y=C_1y_1(x)+C_2y_2(x)$$

是(7.15)的通解,其中 C_1,C_2 为任意常数.

综上所述,函数(7.16)是方程(7.15)通解的充分条件是方程(7.15)的两个特解 $y_1(x)$ 与 $y_2(x)$ 线性无关.

7.4.3 二阶常系数齐次线性微分方程的通解

下面介绍求二阶常系数齐次线性微分方程通解的方法.

二阶常系数齐次线性微分方程的一般形式为

$$y''+py'+qy=0, \tag{7.17}$$

其中 p,q 为常数.

由定理 7.2 知,只要求出它的两个线性无关的特解,就能求出(7.17)的通解.

从方程(7.17)形式上看,其左端是 y'',y' 与 y 分别乘以常数因子的和,若能找到一个函数 y,其 y'',y' 与 y 之间仅相差一个常数,那么这样的函数就有可能是(7.17)的特解. 在初等函数中,指数函数 $y=\mathrm{e}^{rx}$ 符合上述要求,令 $y=\mathrm{e}^{rx}$,其中 r 为待定常数,则 $y'=r\mathrm{e}^{rx}$,$y''=r^2\mathrm{e}^{rx}$,代入方程(7.17) 得

$$(r^2+pr+q)\mathrm{e}^{rx}=0.$$

因 $\mathrm{e}^{rx}\neq 0$,故

$$r^2+pr+q=0, \tag{7.18}$$

称(7.18)为(7.17)的特征方程,方程(7.18)的解称为特征根. 这样微分方程(7.17)的求解问题就转化为代数方程(7.18)的求根问题. 由初等代数的知识知,其特征根有三种情况,下面分别讨论.

(1) 有两个相异实根.

此时 $p^2-4q>0$ 且 $r_{1,2}=\dfrac{-p\pm\sqrt{p^2-4q}}{2}$,而 $\mathrm{e}^{r_1 x}$ 与 $\mathrm{e}^{r_2 x}$ 是(7.17)的两个特解,且 $\dfrac{\mathrm{e}^{r_1 x}}{\mathrm{e}^{r_2 x}}=\mathrm{e}^{(r_1-r_2)x}$ 不为常数,即 $\mathrm{e}^{r_1 x}$ 与 $\mathrm{e}^{r_2 x}$ 线性无关,从而得此时方程(7.17)的通解为

$$y=C_1\mathrm{e}^{r_1 x}+C_2\mathrm{e}^{r_2 x},$$

其中 C_1,C_2 为任意常数.

(2) 有两个相等实根.

此时 $p^2-4q=0$ 且 $r_1=r_2=-\dfrac{p}{2}$,这样(7.17)只有一个特解 $y_1=\mathrm{e}^{r_1 x}$. 可以证明 $y_2=x\mathrm{e}^{r_1 x}$ 是(7.17)的另一个特解,且 y_1 与 y_2 线性无关,从而得(7.17)的通解为

$$y=(C_1+C_2 x)\mathrm{e}^{r_1 x},$$

其中 C_1,C_2 为任意常数.

(3) 有一对共轭复根.

此时 $p^2-4q<0$ 且 $r_{1,2}=\alpha\pm\mathrm{i}\beta$,其中 $\alpha=-\dfrac{p}{2}$,$\beta=\dfrac{\sqrt{4q-p^2}}{2}$,故 $y_1=\mathrm{e}^{(\alpha+\mathrm{i}\beta)x}$ 与 $y_2=\mathrm{e}^{(\alpha-\mathrm{i}\beta)x}$ 是 (7.17)的两个特解.

由于这种复数形式的解在应用上不便,在实际问题中常需要实数形式的解,由欧拉公式可知

$$y_1=\mathrm{e}^{(\alpha+\mathrm{i}\beta)x}=\mathrm{e}^{\alpha x}(\cos\beta x+\mathrm{i}\sin\beta x),$$
$$y_2=\mathrm{e}^{(\alpha-\mathrm{i}\beta)x}=\mathrm{e}^{\alpha x}(\cos\beta x-\mathrm{i}\sin\beta x),$$

记

$$\bar{y}_1=\dfrac{1}{2}(y_1+y_2)=\mathrm{e}^{\alpha x}\cos\beta x,$$

$$\bar{y}_2 = \frac{1}{2i}(y_1 - y_2) = e^{\alpha x}\sin \beta x,$$

而 $\bar{y}_1$ 与 $\bar{y}_2$ 也是(7.17)的特解且线性无关,从而(7.17)的通解为

$$y = e^{\alpha x}(C_1\sin \beta x + C_2\cos \beta x),$$

其中 C_1, C_2 为任意常数.

综上所述,二阶常系数齐次线性微分方程的通解形式如下.

特征方程 $r^2+pr+q=0$ 的根	微分方程 $y''+py'+qy=0$ 的通解
两个相异实根 r_1, r_2	$y = C_1 e^{r_1 x} + C_2 e^{r_2 x}$
两个相等实根 $r_1 = r_2$	$y = (C_1 + C_2 x)e^{r_1 x}$
一对共轭复根 $r_{1,2} = \alpha \pm i\beta$	$y = e^{\alpha x}(C_1\sin \beta x + C_2\cos \beta x)$

例 7.15 求微分方程 $y'' - y' - 6y = 0$ 的通解.

解 特征方程为

$$r^2 - r - 6 = 0,$$

故特征根

$$r_1 = -2, r_2 = 3,$$

从而得原方程的通解为

$$y = C_1 e^{-2x} + C_2 e^{3x},$$

其中 C_1, C_2 为任意常数.

例 7.16 求微分方程 $y'' - 4y' + 4y = 0$ 的通解.

解 特征方程为

$$r^2 - 4r + 4 = 0,$$

故特征根

$$r_1 = r_2 = 2,$$

从而得原方程的通解为

$$y = (C_1 + C_2 x)e^{2x},$$

其中 C_1, C_2 为任意常数.

例 7.17 求微分方程 $y'' - 4y' + 5y = 0$ 的通解.

解 特征方程为

$$r^2 - 4r + 5 = 0,$$

故特征根

$$r_1 = 2+i, r_2 = 2-i,$$

从而得原方程的通解为

$$y = e^{2x}(C_1\sin x + C_2\cos x),$$

其中 C_1, C_2 为任意常数.

注:对于二阶变系数的微分方程求解往往要先结合其他方法,将所给方程化为二阶常

系数线性微分方程,然后再进行求解.

例 7.18 求微分方程 $yy''-(y')^2=y^2\ln y$ 的通解.

解 令 $u=\ln y$,则 $y=e^u$,且 $y'=e^u u'$,$y''=e^u\cdot(u')^2+e^u\cdot u''$,代入原方程得
$$u''-u=0,$$
故特征方程为 $r^2-1=0$,特征根 $r_1=1$,$r_2=-1$,从而
$$u=C_1e^x+C_2e^{-x},$$
于是原方程的通解为
$$\ln y=C_1e^x+C_2e^{-x}.$$

前面讨论的关于二阶常系数齐次线性微分方程求解所用的理论方法以及通解形式,可以推广到 n 阶常系数齐次线性微分方程的情形.

定理 7.3 设函数 $y_1(x),y_2(x),\cdots,y_n(x)$ 是 n 阶常系数齐次线性微分方程
$$y^{(n)}+a_1y^{(n-1)}+\cdots+a_{n-1}y'+a_ny=0 \tag{7.19}$$
的 n 个线性无关的特解,则 n 阶齐次线性微分方程的通解为
$$y=C_1y_1(x)+C_2y_2(x)+\cdots+C_ny_n(x),$$
这里 $C_1,C_2,\cdots,C_n$ 为任意常数.

另外,n 阶常系数齐次线性微分方程的特征方程为
$$r^n+a_1r^{n-1}+\cdots+a_{n-1}r+a_n=0. \tag{7.20}$$
根据(7.17)的特征根情形,可按以下的方式写出(7.19)的通解:

若 $r_1,r_2,\cdots,r_n$ 为特征方程(7.20)的 n 个两两不等的解,则方程(7.19)的通解为
$$y=C_1e^{r_1x}+C_2e^{r_2x}+\cdots+C_ne^{r_nx}.$$

若 r 为特征方程(7.20)的 k 重实根,则方程(7.19)对应的通解为
$$y=(C_1+C_2x+\cdots+C_kx^{k-1})e^{rx},$$
这里 $C_1,C_2,\cdots,C_k$ 为任意常数.

若 r 为特征方程(7.20)的 k 重共轭复根,则方程(7.19)对应的通解为
$$y=e^{\alpha x}[(C_1+C_2x+\cdots+C_kx^{k-1})\cos\beta x+(D_1+D_2x+\cdots+D_kx^{k-1})\sin\beta x].$$

例 7.19 求微分方程 $y^{(4)}-2y'''+2y''=0$ 的通解.

解 其特征方程为
$$r^4-2r^3+2r^2=0,$$
故特征根
$$r_1=r_2=0,r_3=1+i,r_4=1-i,$$
从而知原方程的通解为
$$y=C_1+C_2x+e^x(C_3\sin x+C_4\cos x),$$
其中 C_1,C_2,C_3,C_4 为任意常数.

例 7.20 已知某四阶常系数齐次线性微分方程的四个特解为 $y_1=e^x$,$y_2=xe^x$,$y_3=\cos 2x$,

$y_4 = 2\sin 2x$,求该四阶微分方程及其通解.

解 y_1 与 y_2 所对应的特征根为二重实根 $r_1 = r_2 = 1$,y_3 与 y_4 所对应的特征根为一对共轭复根 $r_3 = 2i, r_4 = -2i$,故特征方程为

$$(r-1)^2(r^2+4) = 0,$$

即

$$r^4 - 2r^3 + 5r^2 - 8r + 4 = 0,$$

从而知它所对应的微分方程为

$$y^{(4)} - 2y''' + 5y'' - 8y' + 4y = 0,$$

四个特解线性无关,则其通解为

$$y = (C_1 + C_2 x)e^x + C_3 \cos 2x + C_4 \sin 2x,$$

其中 C_1, C_2, C_3, C_4 为任意常数.

习题 7.4(A)

1. 下列函数组在定义域内线性无关的是　　　　　　　　　　　　　　　(　　)

   (A) $4, x$　　　　　　　　　　　　(B) $x, 2x, x^2$

   (C) $5, \cos^2 x, \sin^2 x$　　　　　　　(D) $e^t, 2e^t, e^{-t}$

2. 设 y_1, y_2 是方程 $y'' + p(x)y' + q(x)y = 0$ 的两个特解,则 $y = C_1 y_1 + C_2 y_2$ (C_1, C_2 为任意常数)　　　　　　　　　　　　　　　　　　　　　　　　(　　)

   (A) 是此方程的通解　　　　　　　(B) 是此方程的特解

   (C) 不一定是该方程的解　　　　　(D) 是该方程的解

3. 微分方程 $y'' - 2y' - 3y = 0$ 的通解是　　　　　　　　　　　　　　(　　)

   (A) $\dfrac{C_1}{x} + C_2 x^3$　　　　　　　　　(B) $C_1 x + \dfrac{C_2}{x^3}$

   (C) $C_1 e^x + C_2 e^{-3x}$　　　　　　　　(D) $C_1 e^{-x} + C_2 e^{3x}$

4. 微分方程 $y'' + 6y' + 13y = 0$ 的通解是　　　　　　　　　　　　　(　　)

   (A) $e^{-3x}(C_1 \cos 2x + C_2 \sin 2x)$　　(B) $e^{2x}(C_1 \cos 3x - C_2 \sin 3x)$

   (C) $e^{3x}(C_1 \cos 2x - C_2 \sin 2x)$　　(D) $e^{-2x}(C_1 \cos 3x + C_2 \sin 3x)$

5. 若 $y_1 = e^{3x}, y_2 = xe^{3x}$,则它们所满足的二阶齐次线性微分方程为　(　　)

   (A) $y'' + 6y' + 9y = 0$　　　　　　(B) $y'' - 9y = 0$

   (C) $y'' + 9y = 0$　　　　　　　　　(D) $y'' - 6y' + 9y = 0$

习题 7.4(B)

1. 判断下列各组函数是否线性相关.

(1) e^x, e^{-x}； (2) $2x+1, 2x$；

(3) xe^x, e^{-x}； (4) e^{2x+1}, e^{2x}；

(5) $\sin x, \cos x$； (6) $\sin 2x, 2\sin 2x$.

2. 求下列微分方程的通解.

(1) $y''-4y'+3y=0$； (2) $y''-6y'-9y=0$；

(3) $16y''-24y'+9y=0$； (4) $y''+4y=0$；

(5) $y''+8y'+25y=0$； (6) $y'''-4y''+y'+6y=0$；

(7) $y^{(4)}+5y''-36y=0$； (8) $y^{(4)}+3y'''-4y''=0$；

(9) $y^{(4)}+2y'''+3y''+2y'+y=0$； (10) $y^{(5)}+2y'''+y'=0$；

(11) $y^{(4)}-2y'''+y''=0$； (12) $y^{(4)}+5y''-36y=0$.

3. 求下列微分方程满足所给条件的特解.

(1) $4y''+4y'+y=0, y(0)=2, y'(0)=0$；

(2) $y''+4y'+29y=0, y(0)=0, y'(0)=15$；

(3) $4y''-2y'-y=0, y(0)=0, y'(0)=\sqrt{2}$；

(4) $y''-4y'+13y=0, y(0)=0, y'(0)=3$；

(5) $y''+6y'-7y=0, y(0)=0, y'(0)=4$；

(6) $y''+4y=0, y(0)=2, y'(0)=3$；

(7) $y''-8y'+16y=0, y(1)=e^4, y'(1)=0$；

(8) $y''+2y'+y=0, y(0)=4, y'(0)=-2$；

(9) $y''+4y'+3y=0, y(0)=6, y'(0)=10$；

(10) $y'+2y+\int_0^x y\,dx=1, y(0)=1, x\geq 0$.

4. 已知 $y_1=e^{2x}, y_2=e^{-x}$ 是 $y''+py'+qy=0$ 的两个解,写出其通解以及满足 $y|_{x=0}=1$ 及 $y'|_{x=0}=\dfrac{1}{2}$ 的特解.

5. 验证 $y=C_1 e^{x^2}+C_2 xe^{x^2}$ 是 $y''-4xy'+(4x^2-2)y=0$ 的通解.

6. 设 $y''+\dfrac{x}{1-x}y'-\dfrac{1}{1-x}y=0$ 的两个特解为 $y_1=e^x$ 与 $y_2=x$,求其通解及满足 $y|_{x=0}=1, y'|_{x=0}=2$ 的特解.

7. 验证 e^{t^2}, e^{-t^2} 是微分方程 $x''-\dfrac{1}{t}x'-4t^2x=0$ 的两个线性无关特解,并求此方程的通解.

8. 设函数 $\varphi(x)$ 二阶连续可微,且满足方程 $\varphi(x)=1+\int_0^x(x-u)\varphi(u)\mathrm{d}u$,求函数 $\varphi(x)$.

7.5　n 阶非齐次线性微分方程

知识衔接

考虑常系数齐次线性微分方程 $y''+py'+qy=0$,当其特征方程有两个相异实根 r_1, r_2 时,通解为_____;当其特征方程有两个相等实根 $r_1=r_2$ 时,通解为_____;当其特征方程有一对共轭复根 $r_{1,2}=\alpha\pm\mathrm{i}\beta$ 时,通解为_____.

一阶非齐次线性微分方程的通解由对应齐次线性微分方程的通解和非齐次线性微分方程的特解两部分构成,实际上不仅一阶非齐次线性微分方程的通解具有这样的结构,对于 n 阶非齐次线性微分方程的通解也具有相同结构.

7.5.1　n 阶非齐次线性微分方程解的性质

为求 n 阶非齐次线性微分方程的通解,需先讨论非齐次方程解的结构,并根据解的结构求出通解,这里先以二阶非齐次方程为例进行讨论.

定义 7.12　称形如

$$y''+P(x)y'+Q(x)y=f(x) \tag{7.21}$$

的方程为**二阶非齐次线性微分方程**,其中 $P(x), Q(x)$ 称为微分方程的**系数**.

非齐次线性微分方程的解有如下的性质.

定理 7.4　设函数 $y_1(x)$ 与 $y_2(x)$ 是非齐次线性方程(7.21)的两个特解,则

$$y=y_1(x)-y_2(x)$$

是对应的齐次方程的解.

证　设函数 $y_1(x)$ 与 $y_2(x)$ 是非齐次线性方程(7.21)的两个解,则

$$y_1''+P(x)y_1'+Q(x)y_1=f(x),$$
$$y_2''+P(x)y_2'+Q(x)y_2=f(x),$$

两式相减得

$$(y_1-y_2)''+P(x)(y_1-y_2)'+Q(x)(y_1-y_2)=0,$$

故函数 $y_1(x) - y_2(x)$ 是方程(7.21)对应的齐次方程的解.

定理 7.5 设 $y_1(x)$ 是非齐次线性方程
$$y'' + P(x)y' + Q(x)y = f_1(x) \tag{7.22}$$
的特解,$y_2(x)$ 是方程
$$y'' + P(x)y' + Q(x)y = f_2(x) \tag{7.23}$$
的特解,则 $y = y_1(x) + y_2(x)$ 是方程
$$y'' + P(x)y' + Q(x)y = f_1(x) + f_2(x) \tag{7.24}$$
的特解.

证 因为 $y_1(x), y_2(x)$ 分别为方程(7.22)和方程(7.23)的解,所以
$$y''_1(x) + P(x)y'_1(x) + Q(x)y_1(x) = f_1(x),$$
$$y''_2(x) + P(x)y'_2(x) + Q(x)y_2(x) = f_2(x),$$
两式相加得
$$[y_1(x) + y_2(x)]'' + P(x)[y_1(x) + y_2(x)]' + Q(x)[y_1(x) + y_2(x)] = f_1(x) + f_2(x),$$
即 $y = y_1(x) + y_2(x)$ 是方程(7.24)的解.

该定理也称为非齐次线性微分方程解的**叠加原理**.

二阶非齐次线性微分方程解的性质也可以推广到 n 阶非齐次线性微分方程上,这里不再赘述.

7.5.2 二阶非齐次线性微分方程解的结构

定理 7.6 设函数 $y^*(x)$ 是二阶非齐次线性微分方程(7.21)的一个特解,y_1, y_2 及 $Y(x)$ 分别是其对应的齐次线性微分方程的两个线性无关解和通解,则
$$y = Y(x) + y^*(x) = C_1 y_1 + C_2 y_2 + y^*(x)$$
是非齐次线性微分方程(7.21)的通解,其中 C_1, C_2 为任意常数.

证 将 $y = Y(x) + y^*(x)$ 代入(7.21)的左边得
$$[Y(x) + y^*(x)]'' + P(x)[Y(x) + y^*(x)]' + Q(x)[Y(x) + y^*(x)]$$
$$= [Y''(x) + P(x)Y'(x) + Q(x)Y(x)] + [(y^*)''(x) + P(x)(y^*)'(x) + Q(x)y^*(x)]$$
$$= 0 + f(x) = f(x),$$
即 $y = Y(x) + y^*(x)$ 是(7.21)式的解,且含有两个任意常数,故 $y = Y + y^*$ 是方程(7.21)的通解.

该定理给出了二阶非齐次线性微分方程通解的结构,即它所对应的齐次方程的通解加上它本身的一个特解.二阶非齐次线性微分方程解的结构也可以推广到 n 阶非齐次线性微分方程上.

定理 7.7 设函数 $y^*(x)$ 是 n 阶非齐次线性微分方程的一个特解,$y_1, y_2, \cdots, y_n$ 及 $Y(x) = C_1 y_1 + C_2 y_2 + \cdots + C_n y_n$ 分别是其对应的 n 阶齐次线性微分方程的 n 个线性无关解和通解,则
$$y = Y(x) + y^*(x) = C_1 y_1 + C_2 y_2 + \cdots + C_n y_n + y^*(x)$$
是 n 阶非齐次线性微分方程的通解,其中 $C_1, C_2, \cdots, C_n$ 为任意常数.

例 7.21 设线性无关的函数 $y_1(x), y_2(x), y_3(x)$ 均是方程 $y'' + P(x)y' + Q(x)y = f(x)$ 的解,求该方程的通解.

解 由解的性质可知,$y_1(x)-y_3(x)$,$y_2(x)-y_3(x)$ 是对应齐次方程
$$y''+P(x)y'+Q(x)y=0$$
的特解,且 y_1-y_3,y_2-y_3 线性无关.因为若假设 y_1-y_3,y_2-y_3 线性相关,则存在不全为零的常数 k_1,k_2,使得
$$k_1(y_1-y_3)+k_2(y_2-y_3)=0,$$
即
$$k_1y_1+k_2y_2-(k_1+k_2)y_3=0.$$
因为 y_1,y_2,y_3 线性无关,所以 $k_1=k_2=0$,矛盾.故非齐次线性微分方程 $y''+P(x)y'+Q(x)y=f(x)$ 的通解为
$$y=C_1(y_1-y_3)+C_2(y_2-y_3)+y_3=C_1y_1+C_2y_2+(1-C_1-C_2)y_3,$$
其中 C_1,C_2 为任意常数.

例 7.22 求以 $y=(C_1+C_2x+x^2)e^{-2x}$(C_1,C_2 为任意常数)为通解的线性微分方程.

解 根据线性微分方程解的结构定理可知,所求方程为二阶常系数非齐次线性微分方程,其对应的齐次线性微分方程有通解 $(C_1+C_2x)e^{-2x}$,故其特征方程有重根 $r_1=r_2=-2$,从而特征方程为
$$(r+2)^2=0,$$
即
$$r^2+4r+4=0,$$
于是对应的齐次线性微分方程为
$$y''+4y'+4y=0.$$
设所求的非齐次线性微分方程为
$$y''+4y'+4y=f(x),$$
将 x^2e^{-2x} 代入上式得
$$f(x)=(x^2e^{-2x})''+4(x^2e^{-2x})'+4x^2e^{-2x}=2e^{-2x},$$
故所求微分方程为
$$y''+4y'+4y=2e^{-2x}.$$

7.5.3 二阶常系数非齐次线性微分方程的解法

二阶常系数非齐次线性微分方程的一般形式为
$$y''+py'+qy=f(x), \tag{7.25}$$
这里 p,q 为常数.

根据非齐次线性微分方程解的结构可知,要求(7.25)式的通解,只需求出它的一个特解,以及它所对应的齐次方程的通解.对于二阶常系数齐次线性微分方程的通解问题已解决,因此下面要解决的问题是如何求得(7.25)的特解 y^*.

在一般情形下,要求出(7.25)的特解 y^* 是困难的.下面仅就 $f(x)$ 的两种常见形式加以讨论.

(1) $f(x)=P_m(x)e^{\lambda x}$ 型,其中 λ 为常数,$P_m(x)$ 是 x 的 m 次多项式,即
$$P_m(x)=a_0x^m+a_1x^{m-1}+\cdots+a_{m-1}x+a_m,$$
其中 $a_0,a_1,\cdots,a_m$ 为常数且 $a_0\neq 0$.

在 $f(x)=P_m(x)\mathrm{e}^{\lambda x}$ 的情况下,(7.25)式的右端项是多项式 $P_m(x)$ 与指数函数 $\mathrm{e}^{\lambda x}$ 的乘积,而多项式与指数函数乘积的导数仍是同类型的函数. 因此,我们可以推测(7.25)具有如下形式的特解

$$y^* = Q(x)\mathrm{e}^{\lambda x},$$

其中 $Q(x)$ 为多项式. 接下来,求多项式 $Q(x)$,为此将

$$(y^*)' = [\lambda Q(x)+Q'(x)]\mathrm{e}^{\lambda x},$$
$$(y^*)'' = [\lambda^2 Q(x)+2\lambda Q'(x)+Q''(x)]\mathrm{e}^{\lambda x}.$$

代入(7.21)式并消去因子 $\mathrm{e}^{\lambda x}$ 得

$$Q''(x)+(2\lambda+p)Q'(x)+(\lambda^2+p\lambda+q)Q(x)=P_m(x). \tag{7.26}$$

再根据 λ 是否为特征方程

$$\lambda^2+p\lambda+q=0 \tag{7.27}$$

的根,分以下三种情形.

1)若 λ 不是(7.27)式的根,则 $\lambda^2+p\lambda+q \neq 0$. 由于 $P_m(x)$ 为 x 的一个 m 次多项式,要使(7.25)的两端恒等,则应设 $Q(x)$ 为另一个 m 次多项式

$$Q(x)=b_0 x^m+b_1 x^{m-1}+\cdots+b_{m-1}x+b_m.$$

然后将其代入(7.25)式比较等式两端 x 的同次幂的系数,得到以 $b_0,b_1,\cdots,b_m$ 为未知数的 $m+1$ 个方程,从而可以确定出这些系数,并得到所求的特解

$$y^*=Q_m(x)\mathrm{e}^{\lambda x}.$$

2)若 λ 是(7.27)的单根,则 $\lambda^2+p\lambda+q=0, 2\lambda+p \neq 0$,从而(7.25)化为

$$Q''(x)+(2\lambda+p)Q'(x)=P_m(x),$$

这样 $Q'(x)$ 必须为 m 次多项式,从而可设

$$Q(x)=xQ_m(x),$$

其中 $Q_m(x)$ 为 m 次多项式.

可用前面2)的方法确定 $Q_m(x)$ 的系数,于是所求特解为

$$y^*=xQ_m(x)\mathrm{e}^{\lambda x}.$$

3)若 λ 是(7.25)的重根,则 $\lambda^2+p\lambda+q=0, 2\lambda+p=0$. 这样可设

$$Q(x)=x^2 Q_m(x),$$

同样用2)的方法可确定 $Q_m(x)$ 的系数,于是所求特解为

$$y^*=x^2 Q_m(x)\mathrm{e}^{\lambda x}.$$

综上所述,当 $f(x)=P_m(x)\mathrm{e}^{\lambda x}$ 时,二阶常系数非齐次线性微分方程(7.25)的特解具有形式

$$y^*=x^k Q_m(x)\mathrm{e}^{\lambda x}, \tag{7.28}$$

其中 $Q_m(x)$ 是与 $P_m(x)$ 同幂次的多项式,按 λ 不是特征方程(7.27)式的根,是(7.27)式的单根或重根,k 依次取 0,1 或 2.

上述结论可以推广到 n 阶常系数非齐次线性微分方程,需要注意的是,(7.28)式中的 k 是特征根 λ 的重数,即若 λ 不是特征根,k 取 0;若 λ 是 s 重特征根,则 k 取 s.

例 7.23 求微分方程 $y''-3y'+2y=2x\mathrm{e}^{2x}$ 的通解.

解 原方程所对应的齐次方程的特征方程为

$$r^2 - 3r + 2 = 0,$$

特征根为

$$r_1 = 1, r_2 = 2.$$

因为 $\lambda = 2$ 是特征方程的根,设原方程的特解为

$$y^* = x(a + bx)e^{2x},$$

代入原方程得

$$-2ax + 2a - b = 2x,$$

比较等式两端的系数得

$$-2a = 2, 2a - b = 0,$$

故 $a = -1, b = -2$,于是特解为

$$y^* = -x(x+2)e^{2x},$$

从而原方程的通解为

$$y = C_1 e^x + C_2 e^{2x} - x(x+2)e^{2x},$$

其中 C_1, C_2 为任意常数.

例 7.24 求 $y''' + 3y'' + 3y' + y = e^x$ 的通解.

解 对应的齐次方程的特征方程为 $r^3 + 3r^2 + 3r + 1 = 0$,其根为 $r = -1$(三重),即 $\lambda = 1$ 不是特征方程的根,故设原方程的特解为

$$y^* = ae^x,$$

代入原方程得 $a = \dfrac{1}{8}$,于是

$$y^* = \frac{1}{8} e^x,$$

从而原方程的通解为

$$y = Y + y^* = (C_1 + C_2 x + C_3 x^2)e^{-x} + \frac{1}{8} e^x,$$

其中 C_1, C_2, C_3 为任意常数.

(2) $f(x) = e^{\lambda x}(P_m(x) \sin \omega x + P_n(x) \cos \omega x)$ 型,其中 λ, ω 为已知常数,$P_m(x), P_n(x)$ 分别为 x 的 m 次,n 次多项式.

由于非齐次线性微分方程的解符合叠加原理,因此对于

$$f(x) = e^{\lambda x}(P_m(x) \sin \omega x + P_n(x) \cos \omega x)$$

的情形,可看作是 $f(x) = f_1(x) + f_2(x)$,其中

$$f_1(x) = P_m(x) e^{\lambda x} \sin \omega x, \quad f_2(x) = P_n(x) e^{\lambda x} \cos \omega x$$

均是多项式、指数函数与三角函数的乘积形式,这里 $P_m(x), P_n(x)$ 分别是 x 的 m 次,n 次多项式,$m \geq n$.

由欧拉公式知

$$P_m(x) e^{(\lambda + i\omega)x} = P_m(x) e^{\lambda x}(\cos \omega x + i\sin \omega x),$$

即 $P_m(x) e^{\lambda x} \cos \omega x$ 与 $P_n(x) e^{\lambda x} \sin \omega x$ 分别是 $P_m(x) e^{(\lambda + i\omega)x}$ 的实部与虚部.

因此,我们只须考虑微分方程

$$y''+py'+qy=P_m(x)\mathrm{e}^{(\lambda+\mathrm{i}\omega)x} \tag{7.29}$$

的特解问题,其特解的求法正是前面我们所熟悉的内容. 假定已经求出(7.29)的一个特解,则其特解的实部就是

$$y''+py'+qy=P_m(x)\mathrm{e}^{\lambda x}\cos\omega x$$

的特解,其特解的虚部就是

$$y''+py'+qy=P_n(x)\mathrm{e}^{\lambda x}\sin\omega x$$

的特解.

由于 $\mathrm{e}^{(\lambda+\mathrm{i}\omega)x}$ 中的 $\lambda+\mathrm{i}\omega(\omega\neq 0)$ 是复数,而特征方程为实系数的二次方程,因此 $\lambda+\mathrm{i}\omega$ 或者不是特征根,或者是特征方程的单根,故(7.29)的特解具有形式

$$y^*=x^k Q_m(x)\mathrm{e}^{(\lambda+\mathrm{i}\omega)x}, \tag{7.30}$$

其中 $Q_m(x)$ 是与 $P_m(x)$ 同幂次的多项式,按 $\lambda+\mathrm{i}\omega$ 不是特征根或者是特征方程的单根, k 依次取 0 或 1.

再回到我们一开始的问题,对于

$$f(x)=\mathrm{e}^{\lambda x}(P_m(x)\sin\omega x+P_n(x)\cos\omega x)$$

的情形,非齐次线性微分方程 $y''+py'+qy=f(x)$ 的特解应该设为

$$y^*=x^k\mathrm{e}^{\lambda x}(Q_l(x)\cos\omega x+R_l(x)\sin\omega x),$$

其中,(1) 按 $\lambda+\mathrm{i}\omega$ 不是特征根或者是特征方程的单根, k 依次取 0 或 1.

(2) $l=\max\{m,n\}$,即 $Q_l(x)$, $R_l(x)$ 的幂次取 $P_m(x)$ 与 $P_n(x)$ 中较高的幂次.

将此特解代入原方程,通过比较等式两端 $\cos\omega x$, $\sin\omega x$ 的同类项的系数来确定多项式 $Q_l(x)$, $R_l(x)$ 的系数.

上述结论可以推广到 n 阶常系数非齐次线性微分方程,需要注意的是, k 取特征根 $\lambda+\mathrm{i}\omega$ 的重数.

例 7.25 求微分方程 $y''-y=x\cos x$ 的通解.

解 原方程所对应的齐次方程的特征方程为

$$r^2-1=0,$$

特征根为 $r_1=1, r_2=-1$,故对应齐次方程的通解为

$$Y=C_1\mathrm{e}^x+C_2\mathrm{e}^{-x}.$$

依据 $\lambda\pm\mathrm{i}\omega=\pm\mathrm{i}$ 不是特征方程的根,设特解

$$y^*=(ax+b)\cos x+(cx+d)\sin x,$$

代入方程并整理得

$$(-ax+2c-b)\cos x-(cx+2a+d)\sin x=x\cos x,$$

比较系数得 $a=-1, b=0, c=0, d=2$,故特解 $y^*=-x\cos x+2\sin x$,于是原方程的通解为

$$y=Y+y^*=C_1\mathrm{e}^x+C_2\mathrm{e}^{-x}-x\cos x+2\sin x.$$

根据以上内容,对于比较常见的 $f(x)$ 的形式,我们可以将非齐次线性微分方程 $y''+py'+qy=f(x)$ 的特解形式列表如下.

$f(x)$ 的形式	条　件	特解 y^* 的形式
$f(x) = P_m(x)e^{\lambda x}$	λ 不是特征根	$y^* = Q_m(x)e^{\lambda x}$
	λ 是单特征根	$y^* = xQ_m(x)e^{\lambda x}$
	λ 是重特征根	$y^* = x^2 Q_m(x)e^{\lambda x}$
$f(x) = e^{\lambda x}(a\cos \omega x + b\sin \omega x)$	$\lambda \pm i\omega$ 不是特征根	$y^* = e^{\lambda x}(A\cos \omega x + B\sin \omega x)$
	$\lambda \pm i\omega$ 是特征根	$y^* = xe^{\lambda x}(A\cos \omega x + B\sin \omega x)$

对于表中未列出的形式,则可以先分解为以上形式再根据非齐次线性微分方程解的叠加原理来求解.

例 7.26 求微分方程 $y''+y = x^2+\cos x$ 的特解.

解 由于原方程的非齐次项

$$f(x) = x^2+\cos x$$

不是表中所出现的形式,但 $f_1(x) = x^2$ 与 $f_2(x) = \cos x$ 都分别出现在表中,故将求原方程的特解看作是求

$$y''+y = x^2 \tag{7.31}$$

与

$$y''+y = \cos x \tag{7.32}$$

的特解之和. 可以求得 (7.31) 的特解为 $y_1^* = x^2-2$,而 (7.32) 的特解为 $y_2^* = \frac{1}{2}x\sin x$,因此所求原方程的特解为

$$y^* = y_1^* + y_2^* = x^2 - 2 + \frac{1}{2}x\sin x.$$

例 7.27* 求微分方程 $y''-2y'+5y = e^x \sin 2x$ 的特解

解 原方程所对应的齐次方程的特征方程为 $r^2-2r+5 = 0$,其根为 $r = 1+2i, r = 1-2i$,依据 $\lambda+i\omega = 1+2i$ 是特征方程的根,设其特解

$$y^* = b_0 xe^{(1+2i)x},$$

代入方程并整理得 $4b_0 i = 1$,故 $b_0 = -\frac{1}{4}i$,于是

$$y^* = -\frac{1}{4}ixe^{(1+2i)x} = -\frac{1}{4}ixe^x(\cos 2x + i\sin 2x) = -\frac{1}{4}ixe^x\cos 2x + \frac{1}{4}xe^x\sin 2x,$$

从而原方程的特解为

$$\tilde{y} = -\frac{1}{4}xe^x\cos 2x.$$

习题 7.5(A)

1. 若 2 是微分方程 $y''+py'+qy = e^{2x}$ 的特征方程的一个单根,则该微分方程必有一个特

解 $y^* =$ ( )
 (A) Ae^{2x} (B) Axe^{2x}
 (C) Ae^{2x} (D) xe^{2x}

2. 方程 $y''+3y'+2y=x^2e^{-2x}$ 特解的形式为 ( )
 (A) ax^2e^{-2x} (B) $(ax^2+bx+c)e^{-2x}$
 (C) $x(ax^2+bx+c)e^{-2x}$ (D) $x^2(ax^2+bx+c)e^{-2x}$

3. 方程 $y''-2y'+3y=e^{-x}\cos x$ 特解的形式为 ( )
 (A) $y_1=A\cos x+B\sin x$ (B) $y_1=Ae^{-x}$
 (C) $y_1=e^{-x}(A\cos x+B\sin x)$ (D) $y_1=Axe^{-x}\cos x$

4. 微分方程 $y''-y=e^x+1$ 的一个特解应具有形式(式中 a,b 为常数) ( )
 (A) ae^x+b (B) axe^x+b
 (C) ae^x+bx (D) axe^x+bx

5. 通解为 $y=C_1e^{-x}+C_2xe^{-x}+\dfrac{1}{2}x^2e^{-x}$ 的二阶非齐次线性微分方程为 ( )
 (A) $y''-2y'+y=e^{-x}$ (B) $y''+2y'+y=e^{-x}$
 (C) $y''-2y'+y=e^x$ (D) $y''+2y'+y=2e^{-x}$

习题 7.5(B)

1. 求下列微分方程的通解.
(1) $y''-3y'=x-1$；   (2) $2y''+5y'=5x^2-2x-1$；
(3) $2y''+y'-y=2e^x$；   (4) $y''+3y'+2y=3xe^{-x}$；
(5) $y''+4y=x\cos x$；   (6) $y''-y=\sin^2 x$；
(7) $y''-6y'+9y=25e^x\sin x$； (8) $y''-y'-2y=2x+1$.

2. 求下列微分方程初值问题的解.
(1) $y''-4y'=5, y(0)=1, y'(0)=0$；
(2) $y''+y=2\cos x, y(0)=1, y'(0)=0$；
(3) $y''-y=4xe^x, y(0)=0, y'(0)=1$；
(4) $y''-3y'+2y=xe^x, y(0)=y'(0)=0$；
(5) $4y''+16y'+15y=4e^{-\frac{3}{2}x}, y(0)=3, y'(0)=-\dfrac{11}{2}$.

3. 写出下列微分方程的特解形式.
(1) $y''-3y'-4y=3x^2+2$； (2) $y''-3y'-4y=e^{2x}$；
(3) $y''+4y=2\sin x$；   (4) $y''+2y'=3x^2+2$；
(5) $y''-3y'-4y=e^{4x}$；   (6) $y''+4y=\sin 2x$；
(7) $y''+y'=x^2$；   (8) $y''-6y'+9y=e^{3x}$.

4. 求下列微分方程的通解.

(1) $y''-9y=x$；

(2) $y''-2y'+y=x^2+x$；

(3) $y''-5y'+6y=e^x$；

(4) $y''+4y'+3y=e^{-3x}$；

(5) $y''+y'=2x^2e^x$；

(6) $y''-y'-2y=2\sin x$；

(7) $y''+4y=2\cos 2x$；

(8) $y''-6y'+9y=e^x\cos x$；

(9) $y''+9y=\sin x+e^{2x}$；

(10) $y''+y=\cos x+e^x$；

(11) $y'''-2y''-3y'=x^2+2x-1$；

(12) $y'''-y=\sin x$.

5. 求下列微分方程的通解.

(1) $x^2y''+xy'=6\ln x-\dfrac{1}{x}$；

(2) $x^3y'''+x^2y''-4xy'=3x^2$；

(3) $x^3y'''+3x^2y''+xy'-y=x\ln x$；

(4) $x^2y''-4xy'+6y=x$.

6. 利用代换 $y=\dfrac{u}{\cos x}$ 将微分方程 $y''\cos x-2y'\sin x+3y\cos x=e^x$ 化简，并求出原方程的通解.

7. 利用 $x=\cos t(0<t<\pi)$ 化简微分方程 $(1-x^2)y''-xy'+y=0$，并求满足初始条件 $y(0)=1$，$y'(0)=2$ 的特解.

8. 已知 $y''+2y'+y=x$ 的一个特解为 $y_1^*=x-2$，而 $y''+2y'+y=e^{2x}$ 的一个特解为 $y_2^*=\dfrac{1}{9}e^{2x}$，试写出 $y''+2y'+y=x+e^{2x}$ 的一个特解.

9. 已知 $y_1^*=x$，$y_2^*=e^x$，$y_3^*=e^{-x}$ 是 $y''+P(x)y'+Q(x)y=f(x)$ 的三个特解，其中 $P(x)$，$Q(x)$ 和 $f(x)$ 均为已知函数，试写出该方程的通解.

10. 已知 $y_1=1$，$y_2=1+x$，$y_3=1+x^2$ 是方程 $y''-\dfrac{2}{x}y'+\dfrac{2}{x^2}y=\dfrac{2}{x^2}$ 的三个特解，问能否求出该方程的通解？若能，则求出通解.

11. 设二阶常系数线性微分方程 $y''+ay'+by=ce^x$ 的一个特解是 $y=2e^{2x}+(1+x)e^x$，试确定常数 a,b,c，并求该微分方程的通解.

12. 证明若有方程 $f'(x)=f(1-x)$，则必有 $f''(x)+f(x)=0$，并求解此方程.

7.6 常微分方程的应用

常微分方程是数学中极其重要的一个分支，它的实用性很强，在很多学科领域内有着重要的应用，如自动控制、电子装置的设计、弹道的计算、飞机和导弹飞行的稳定性研究、化学反应过程稳定性的研究等. 这些问题都可以化为求常微分方程的解，或者化为研究解的性质的问题. 在解决实际问题中，先根据具体问题的条件建立微分方程，求解这个微分方程，将所得的数学结果应用于实际问题. 本节主要介绍常微分方程在几何、物理、经济等方面的应用，体会常微分方程对解决实际问题的作用.

7.6.1 在几何学中的应用

问题一 切线问题.

例 7.28 设 $y=y(x)$ 是一向上凸的连续曲线，其上任意一点 (x,y) 处的曲率为 $\dfrac{1}{\sqrt{1+(y')^2}}$，且此曲线上点 $(0,1)$ 处的切线方程为 $y=x+1$，求该曲线的方程.

解 因曲线向上凸，故 $y''<0$. 由题设得

$$\frac{-y''}{\sqrt{[1+(y')^2]^3}}=\frac{1}{\sqrt{1+(y')^2}},$$

化简为

$$y''=-[1+(y')^2],$$

因曲线经过点 $(0,1)$，故 $y(0)=1$.

又因在该点处的切线方程为 $y=x+1$，即切线斜率为 1，于是 $y'(0)=1$. 现在归结为求

$$\begin{cases} y''=-[1+(y')^2], \\ y(0)=1, y'(0)=1 \end{cases}$$

的特解.

令 $y'=p, y''=p'$，于是得 $p'=-(1+p^2)$，分离变量解得

$$\arctan p=C_1-x.$$

将 $p(0)=1$ 代入得 $C_1=\arctan 1=\dfrac{\pi}{4}$，所以 $y'=p=\tan\left(\dfrac{\pi}{4}-x\right)$，再积分得

$$y=\int \tan\left(\frac{\pi}{4}-x\right)\mathrm{d}x=\ln\left|\cos\left(\frac{\pi}{4}-x\right)\right|+C_2,$$

将 $y(0)=1$ 代入得 $C_2=1+\dfrac{1}{2}\ln 2$，故所求曲线方程为

$$y=\ln\left|\cos\left(\frac{\pi}{4}-x\right)\right|+1+\frac{1}{2}\ln 2.$$

问题二 面积问题.

例 7.29 设函数 $y(x)(x\geqslant 0)$ 二阶可导，且 $y'(x)>0, y(0)=1$. 过曲线 $y=y(x)$ 上任意一点 $P(x,y)$ 作该曲线的切线及 x 轴的垂线，上述两直线与 x 轴所围成的三角形的面积记为 S_1，区间 $[0,x]$ 上以 $y=y(x)$ 为曲边的曲边梯形面积记为 S_2，并设 $2S_1-S_2$ 恒为 1，求此曲线 $y=y(x)$ 的方程.

解 曲线在 (x,y) 处的切线方程为

$$Y-y=y'(X-x),$$

它在 x 轴上的截距为 $x-\dfrac{y}{y'}$，从而

$$2S_1=y\left|x-\left(x-\frac{y}{y'}\right)\right|=\frac{y^2}{y'},$$

而 $S_2=\displaystyle\int_0^x y(t)\mathrm{d}t$，由于 $2S_1-S_2=1$，则

$$2S_1 - S_2 = \frac{y^2}{y'} - \int_0^x y(t)\,dt = 1,$$

两边同时对 x 求导得

$$(y')^2 - yy'' = 0.$$

令 $y' = p$,则 $y'' = \frac{dp}{dy}p$,故

$$p\left(p - y\frac{dp}{dy}\right) = 0,$$

即

$$p = 0 \text{ 或 } p = y\frac{dp}{dy},$$

解得 $y = C_2 e^{C_1 x}$,由初始条件 $x = 0, y = 1, y'(0) = 1$ 得 $y = e^x$.

7.6.2 在物理学中的应用

问题三 运动问题.

例 7.30 某种飞机在机场降落时,为了减少滑行距离,在触地的瞬间,飞机尾部张开减速伞,以增大阻力,使飞机迅速减速并停下. 现有一质量为 9000 kg 的飞机,着陆时的水平速度为 700 km/h. 经测试,减速伞打开后,飞机所受的总阻力与飞机的速度成正比(比例系数为 $k = 6.0 \times 10^6$). 问从着陆点算起,飞机滑行的最长距离是多少?(注:kg 表示千克,km/h 表示千米/小时.)

解 设距离为 x,速度为 $v = \frac{dx}{dt}$,加速度为 $a = \frac{d^2 x}{dt^2}$,根据牛顿第二定律得

$$m\frac{d^2 x}{dt^2} = -k\frac{dx}{dt} \text{ 或 } \frac{d^2 x}{dt^2} + \frac{k}{m}\frac{dx}{dt} = 0,$$

其特征方程为 $\lambda^2 + \frac{k}{m}\lambda = 0$,解之得 $\lambda_1 = 0, \lambda_2 = -\frac{k}{m}$,故

$$x = C_1 + C_2 e^{-\frac{k}{m}t}.$$

由

$$x\big|_{t=0} = 0, v\big|_{t=0} = \frac{dx}{dt}\bigg|_{t=0} = -\frac{kC_2}{m}e^{-\frac{k}{m}t}\bigg|_{t=0} = v_0$$

得

$$C_1 = -C_2 = \frac{mv_0}{k},$$

于是

$$x(t) = \frac{mv_0}{k}\left(1 - e^{-\frac{k}{m}t}\right).$$

当 $t \to +\infty$ 时,$x(t) \to \frac{mv_0}{k} = 1.05$ km,所以飞机滑行的最长距离为 1.05 km.

例 7.31 长为 100 cm 的链条从桌面上由静止状态开始无摩擦地沿桌子边缘下滑.

设运动开始时,链条已有 20 cm 垂于桌面下,试求链条全部从桌子边缘滑下需多少时间.

解 设链条单位长度的质量为 ρ,则链条的质量为 100ρ. 再设当时刻 t 时,链条的下端距桌面的距离为 $x(t)$,则根据牛顿第二定律有

$$100\rho \frac{d^2 x}{dt^2} = \rho g x,$$

即

$$\frac{d^2 x}{dt^2} - \frac{g}{100} x = 0,$$

这是二阶齐次线性微分方程,解得方程的通解为

$$x = C_1 e^{\frac{\sqrt{g}}{10}t} + C_2 e^{-\frac{\sqrt{g}}{10}t}.$$

由题意知 $x(0) = 20$,$x'(0) = 0$,由此得

$$C_1 = 10, C_2 = 10,$$

所以方程的特解为

$$x = 10 e^{\frac{\sqrt{g}}{10}t} + 10 e^{-\frac{\sqrt{g}}{10}t}.$$

又当链条全部从桌子边缘滑下时,$x = 100$,即

$$100 = 10 e^{\frac{\sqrt{g}}{10}t} + 10 e^{-\frac{\sqrt{g}}{10}t} \text{ 或 } \operatorname{ch} \frac{\sqrt{g}}{10} t = 5,$$

解之得

$$t = \frac{10}{\sqrt{g}} \operatorname{arch} 5.$$

例 7.32 设弹簧的上端固定,下端挂一个质量为 2 kg 的物体,使弹簧伸长 2 cm 达到平衡. 现将物体稍下拉,然后放手使弹簧由静止开始运动,试求由此所产生的振动的周期.

解 取物体的平衡位置为坐标原点,x 轴竖直向下,设 t 时刻物体 m 位于 $x(t)$ 处,由牛顿第二定律得

$$2 \frac{d^2 x}{dt^2} = 2g - g(x + 2) = -gx,$$

其中 $g = 980 \text{ cm/s}^2$.

这是二阶齐次线性微分方程,解得方程的通解为

$$x(t) = C_1 \cos \sqrt{\frac{g}{2}} t + C_2 \sin \sqrt{\frac{g}{2}} t,$$

振动周期为

$$T = 2\pi \sqrt{\frac{2}{g}} = \frac{2\pi}{\sqrt{490}} \approx 0.28.$$

7.6.3 在经济学中的应用

在经济学中,经常要研究各经济变量之间的联系及其变化的内在规律. 为此,有时需要根据经济运行的内在动因,通过建立微分方程模型,并求解微分方程,从数量方面刻画与描述经济系统的运行机理、运行过程及变化趋势. 下面仅通过简单的例子介绍微分方程

在经济学中的应用.

例 7.33 已知某商品的需求函数与供给函数分别为
$$Q = a - bP \ (a, b > 0),$$
$$S = -c + dP \ (c, d > 0).$$

(1) 求商品的均衡价格 P_e;

(2) 设 $P = P(t)$, 且 $P(t)$ 的变化率与该商品的需求量与供给量的差成正比, 当商品的初始价格为 P_0 时, 求价格 $P(t)$ 的表达式;

(3) 当时间 $t \to \infty$ 时, 价格 $P(t)$ 的变化趋势.

解 (1) 当市场上该商品的需求量与供给量相等时, 市场处于均衡状态, 此时的价格为均衡价格, 由 $Q = S$, 即
$$a - bP = -c + dP,$$
解得均衡价格
$$P_e = \frac{a+c}{b+d}.$$

(2) 由题设知, 该商品的市场价格 $P(t)$ 随时间变化的内在动因在于供需的矛盾运动, 因此商品变化规律的数学模型为微分方程的初值问题:
$$\begin{cases} \dfrac{\mathrm{d}P}{\mathrm{d}t} = k(Q-S), \\ P|_{t=0} = P_0, \end{cases}$$

其中 $k > 0$ 为价格调整强度系数. 因 P 是 t 的函数, 所以 Q, S 也为 t 的函数. 将 Q 和 S 的表达式代入初值问题, 并整理, 得一阶线性微分方程
$$\frac{\mathrm{d}P}{\mathrm{d}t} + k(b+d)P = k(a+c),$$

利用公式可求得其通解为
$$P(t) = C \mathrm{e}^{-k(b+d)t} + P_e,$$

其中 C 为任意常数, P_e 为均衡价格. 由初始条件 $P|_{t=0} = P_0$ 可得 $C = P_0 - P_e$, 于是价格调整模型的解为
$$P(t) = (P_0 - P_e)\mathrm{e}^{-k(b+d)t} + P_e.$$

(3) 因
$$\lim_{t \to +\infty} P(t) = \lim_{t \to +\infty} \left[(P_0 - P_e)\mathrm{e}^{-k(b+d)t} + P_e\right] = P_e,$$

即无论初始价格 $P_0 < P_e$ 还是 $P_0 > P_e$, 当 $t \to +\infty$ 时, 都有 $P_t \to P_e$.

习题 7.6

1. 一质量为 m 的潜水艇在水面从静止状态开始下降, 所受阻力与下降速度成正比 (比例系数为 $k > 0$), 浮力为常数 B, 求潜水艇下降深度 x 与时间 t 之间的函数关系.

2. 设一物体质量为 m, 以初速度 v_0 从一斜面滑下, 若斜面与水平面成 θ 角, 斜面摩擦

系数为 $\mu(0<\mu<\tan\theta)$，试求物体滑下的距离与时间的关系.

3. 设弹簧的上端固定，下端挂一质量为 m 的物体，开始时用手托住重物，使弹簧既不伸长也不缩短，然后突然放手使物体开始运动，弹簧的弹性系数为 k，求物体的运动规律.

4. 一质点由原点开始 $(t=0)$ 沿直线运动，已知在时刻 t 的加速度为 t^2-1，而在 $t=1$ 时速度为 $\dfrac{1}{3}$，求位移 x 与时间 t 的函数关系.

5. 设一平面曲线的曲率处处为 1，求曲线方程.

6. 质量为 200 g 的物体悬挂于弹簧呈平衡状态，现将物体下拉，当弹簧伸长 20 cm 时，以初速度 0 放开，使之振动. 假设介质的阻力与速度成正比，速度为 1 cm/s，阻力为 0.1 g，弹性系数 $k=5$ kg/cm，求运动方程.

7. 一单摆长为 l，质量为 m，做简谐运动（无阻尼运动）. 假设其来往摆动之偏角 θ 很小，求单摆的运动方程（用 $\theta(t)$ 描述），并求单摆的周期.

8. 设 $y=f(x)$ 是第一象限内连接点 $A(0,1)$，$B(1,0)$ 的一段连续曲线，$M(x,y)$ 为该曲线上任一点，点 C 为 M 在 x 轴上的投影，O 为坐标系原点，若梯形 $OCMA$ 的面积与曲边三角形 CBM 面积之和为 $\dfrac{x^3}{6}+\dfrac{1}{3}$，求 $f(x)$ 的表达式.

9. 已知需求价格弹性 $\eta(P)=-\dfrac{1}{Q^2}$，且当 $Q=0$ 时，$P=100$，试求价格函数；将价格 P 表示为需求 Q 的函数.

10. 设市场上某商品的需求和供给函数分别为
$$D_d = 10 - P - 4P' + P''$$
和
$$D_s = -2 + 2P + 5P' + 10P'',$$
初始条件 $P|_{t=0}=5$，$P'|_{t=0}=\dfrac{1}{2}$，试求在市场均衡条件 $D_d=D_s$ 下，该商品的价格函数 $P=P(t)$.

11. 已知某厂的纯利润 L 对广告费 x 的变化率 $\dfrac{dL}{dx}$ 与常数 A 和纯利润 L 之差成正比，当 $x=0$ 时 $L=L_0$，试求纯利润 L 与广告费 x 之间的函数关系.

自测题（七）

一、选择题.

1. 下列微分方程中是线性微分方程的为 （　　）

(A) $x(y')^2 - 2yy' + x = 0$　　(B) $x^2 y'' - xy' + y = 0$

(C) $xy' + y = 2\sqrt{xy}$　　(D) $y' + xy - x^3 y^3 = 0$

2. 若连续函数 $f(x)$ 满足关系式 $f(x) = \int_0^{2x} f\left(\dfrac{t}{2}\right) dt + \ln 2$，则 $f(x) =$ （　　）

(A) $e^x \ln 2$ (B) $e^{2x} \ln 2$
(C) $e^x + \ln 2$ (D) $e^{2x} + \ln 2$

3. 微分方程 $y'+y=e^{-x}\cos x$ 满足条件 $y(0)=0$ 的特解为   ( )

(A) $y = e^{-x}\sin x$ (B) $y = e^x \sin x$
(C) $y = e^{-x}\cos x$ (D) $y = e^x \cos x$

4. 设 y_1, y_2 是方程 $y''+py'+qy=0$ 的两个特解，C_1, C_2 为任意常数，则下列命题正确的是   ( )

(A) $C_1 y_1 + C_2 y_2$ 为方程的通解   (B) $C_1 y_1 + C_2 y_2$ 不是方程的通解
(C) $C_1 y_1 + C_2 y_2$ 为方程的解   (D) $C_1 y_1 + C_2 y_2$ 不是方程的解

5. 微分方程 $y''+y=x\cos 2x$ 的一个特解应具有的形式为   ( )

(A) $(Ax^2+Bx)\cos 2x$ (B) $(Ax+B)\cos 2x + (Cx+D)\sin 2x$
(C) $A\cos 2x + B\sin 2x$ (D) $(Ax+B)\cos 2x$

6. 下列微分方程中，通解为 $y = e^{2x}(C_1 \cos x + C_2 \sin x)$ 的方程是   ( )

(A) $y''-4y'-5y=0$ (B) $y''-2y'+5y=0$
(C) $y''-4y'+5y=0$ (D) $y''-4y'+5y=e^{2x}$

二、填空题.

7. 函数 $y^2 = 2Cx$（C 为任意常数）满足的一阶常微分方程是_____.

8. 方程 $\dfrac{dy}{dx} + \dfrac{y}{x} = \dfrac{\sin x}{x}$ 的通解为_____.

9. 以 $y = C_1 e^x + C_2 e^{3x} + x$（$C_1, C_2$ 为任意常数）为通解的二阶常系数非齐次微分方程为_____.

10. 方程 $y^{(4)} + y'' = 0$ 的通解为_____.

三、解答题.

11. 求解初值问题：$\begin{cases} y' \sin x = y \ln y, \\ y\big|_{x=\frac{\pi}{2}} = e. \end{cases}$

12. 求微分方程 $\dfrac{dy}{dx} = \dfrac{1}{x+y}$ 满足条件 $y\big|_{x=0} = 1$ 的特解.

13. 求微分方程 $\dfrac{dy}{dx} = (x+y)^2$ 的通解.

14. 求微分方程 $xy' + 2y = x\ln x$ 满足 $y(1) = -\dfrac{1}{9}$ 的特解.

15. 求微分方程 $y' = \dfrac{x+y}{x-y}$ 的通解.

16. 求微分方程 $y'' = y'e^y$ 满足条件 $y(0)=0, y'(0)=1$ 的通解.

17. 求微分方程 $(1+x^2)y'' = 2xy'$ 满足 $y\big|_{x=0}=1, y'\big|_{x=0}=3$ 的特解.

18. 求微分方程 $y''+2y'+2y=0, y(0)=2, y'(0)=-1$ 的解.

19. 求微分方程 $y''+2y'-3y=e^{-3x}$ 的通解.

20. 设 $\varphi(x)$ 为连续函数，且 $\varphi(x) = e^x + \int_0^x t\varphi(t)dt - x\int_0^x \varphi(t)dt$，求 $\varphi(x)$.

参考文献

1. 华东师范大学数学科学学院.数学分析[M].5版.北京:高等教育出版社,2019.
2. 同济大学数学系.高等数学[M].7版.北京:高等教育出版社,2014.
3. 李继成,朱晓平.高等数学:上册[M].北京:高等教育出版社,2021.
4. 杨国增,李青阳,邵君舟.高等数学:上册[M].北京:机械工业出版社,2013.
5. 陈文灯,黄先开.数学复习指南[M].北京:世界图书出版公司.2001.
6. 陈文灯.数学过关基本题型:数学一、二[M].北京:北京理工大学出版社,2008.
7. 陈启浩等.考研数学基础篇常考知识点解析:数学二[M].北京:机械工业出版社,2012.
8. 蒋国强,蔡蕃.高等数学:上册[M].北京:机械工业出版社,2010.
9. 毛京中.高等数学学习指导[M].北京:北京理工大学出版社,2001.
10. 车秀敏,姚光同.高等数学:上册[M].北京:中国林业出版社,1998.
11. 葛云飞.高等数学[M].沈阳:辽宁大学出版社,2010.
12. 顾静相.经济应用数学:上册[M].3版.北京:高等教育出版社,2019.
13. 陈纪修,於崇华,金路.数学分析:上册[M].2版.北京:高等教育出版社,2004.
14. 林群.微积分快餐[M].3版.北京:科学出版社,2014.
15. 张景中.直来直去的微积分[M].北京:科学出版社,2010.
16. 阿黑波夫,萨多夫尼奇,丘巴里阔夫.数学分析讲义[M].王昆扬,译.北京:高等教育出版社,2006.
17. 刘玉琏等.数学分析讲义:上册[M].北京:高等教育出版社,2009.
18. 陈守信.数学分析选讲[M].北京:机械工业出版社,2009.
19. 胡适耕,张显文.数学分析原理与方法[M].北京:科学出版社,2008.
20. 刘广云.变量数学思维引论[M].北京:科学出版社,2007.
21. 彭辉,叶宏.高等数学辅导[M].济南:山东科学技术出版社,2007.
22. 普通高等学校专升本招生考试命题研究中心.高等数学[M].北京:光明日报出版社,2010.